Rui José da Silva Nabais
organizador

manual básico de ENGENHARIA FERROVIÁRIA

Associação Brasileira
de Pavimentação

oficina de textos

1ª reimpressão 2015

Grafia atualizada conforme o Acordo Ortográfico da Língua Portuguesa de 1990, em vigor no Brasil desde 2009.

Capa e projeto gráfico Malu Vallim
Preparação de textos Hélio Hideki Iraha
Diagramação e preparação de figuras Maria Lúcia Rigon
Revisão de textos Carolina A. Messias
Impressão e acabamento Vida & Consciência

Dados Internacionais de Catalogação na Publicação (CIP)
(Câmara Brasileira do Livro, SP, Brasil)

Manual básico de engenharia ferroviária / Rui José da Silva Nabais, organizador . -- São Paulo : Oficina de Textos, 2014.

"Associação Brasileira de Pavimentação"
Bibliografia.
ISBN 978-85-7975-131-8

1. Engenharia ferroviária 2. Ferrovias
I. Nabais, Rui José da Silva.

14-05542 CDD-625.1

Índices para catálogo sistemático:
1. Engenharia ferroviária 625.1

Rua Cubatão, 959
CEP 04013-043 – São Paulo – Brasil
Fone (11) 3085 7933 Fax (11) 3083 0849
www.ofitexto.com.br e-mail: atend@ofitexto.com.br

Agradecimentos

Este manual não teria sido escrito sem o apoio e a colaboração de algumas pessoas e entidades, às quais desejamos agradecer:

Aos componentes da equipe de autores, pela dedicação e empenho na elaboração dos trabalhos que culminaram na edição deste manual.

À secretária Glória Maria Reis Vaz Oliveira, pelo apoio e por ter acreditado e estimulado esta ideia incondicionalmente, desde a primeira hora.

À diretoria da ABPv do triênio 2014/2016 – engenheiro Eduardo Alberto Ricci (diretor-vice-presidente), engenheiro Fernando Augusto Júnior (diretor administrativo), arquiteta Georgina Libório Azevedo (diretora financeira), engenheira Luciana Nogueira Dantas (diretora técnica) e engenheira Michéle Dal Toé Casagrande (diretora de divulgação) –, pelo apoio e por ter acreditado neste projeto.

Aos engenheiros Marcelo Freire da Costa, Mario Pinto de Mesquita Filho e Leonardo Siqueira, pela contribuição com sugestões e apoio na revisão.

À Huesker, renomada empresa do setor de geossintéticos, pela contribuição técnica e pelo apoio financeiro no desenvolvimento deste projeto.

Engenheiro José Pedro dos Santos Vieira Costa
Diretor-presidente da ABPv

Engenheiro Rui José da Silva Nabais
Organizador

in memoriam

Ao colega e amigo Wilson Tadashi Shimura, falecido precocemente aos 63 anos de idade e que foi um dos principais incentivadores para a elaboração deste manual, ilustre mestre da Engenharia Ferroviária, homem íntegro e profissional competente e dedicado, que permanece vivo em nossa memória, o nosso reconhecimento.

A Engenharia Ferroviária do Brasil sofreu uma perda importante.

Prefácio

A Associação Brasileira de Pavimentação (ABPv), ao patrocinar este *Manual básico de Engenharia Ferroviária*, dá continuidade à linha de manuais de utilidade para os profissionais que militam na área de Engenharia de Transportes.

Foram convidados profissionais com experiência em estudos operacionais, projeto, manutenção e material rodante para que apresentassem sua experiência de maneira organizada e prática.

Para efeitos práticos e como se pode ver no sumário, dividiu-se o manual nas seguintes partes, ordenadas na sequência lógica de um projeto ferroviário:

- conceitos básicos;
- projeto da via permanente;
- noções de equipamentos, operação e manutenção da via permanente.

A parte referente ao projeto da via permanente foi subdividida nos subitens usuais desse tipo de projeto, terminando com o subitem relativo ao orçamento.

Foi dado destaque aos elementos mais específicos de ferrovia – os estudos operacionais, a superestrutura ferroviária e as obras de arte especiais. Enfatizaram-se os estudos operacionais porque sempre devem preceder um projeto ferroviário, e a superestrutura ferroviária, porque é o que mais se enquadra no objeto da ABPv: afinal, trata-se do "pavimento ferroviário".

Como o próprio nome indica, não se trata de uma enciclopédia ferroviária, mas de um manual básico contendo conceitos e indicações práticas e objetivas para a solução de problemas correntes nos itens de estudos operacionais, projeto da via permanente, manutenção e material rodante dessa importante disciplina da Engenharia de Transportes.

Cabe ainda ressaltar que parte importante deste manual resultou de um ciclo de palestras técnicas desenvolvidas em 2011 por alguns dos autores, por sugestão e estímulo do engenheiro Jorge Mesquita, na época Superintendente de Projeto da Diretoria de Engenharia da Valec – Engenharia e Construções, no Rio de Janeiro.

Apresentação

As ferrovias sempre foram indutoras do desenvolvimento econômico e social de um país.

No Brasil, a extinta RFFSA dispunha de normas para todas as suas áreas de atuação: operação, manutenção, administração, pessoal, patrimônio, projetos, entre outras. Essas normas possuíam um nível de detalhamento de reconhecimento nacional e chamavam a atenção de todas as instâncias de governo e de outras empresas, estatais e também privadas, sendo imprescindíveis não só no desenvolvimento do parque industrial como também na esfera administrativa.

Com a extinção da RFFSA, seu antigo prédio de administração geral passou a abrigar uma biblioteca com um riquíssimo acervo, com livros sobre ferrovias mundiais e com normas gerais para todas as áreas concernentes à ferrovia.

O Plano Integrado de Logística (PIL), lançado pelo Governo Federal, prevê a construção de 10.000 km de novas ferrovias, além do trem de alta velocidade que ligará o Rio de Janeiro a São Paulo e Campinas. Com tamanha envergadura, esse plano deixou evidente a enorme carência de profissionais na área ferroviária e também de normas técnicas e especificações de materiais e projetos.

Assim, temos que louvar e parabenizar os autores desta excelente obra, profissionais de reconhecida competência que, com elevado grau de desprendimento, resolveram compartilhar seus conhecimentos e experiências em diferentes áreas de atuação. O resultado é este excelente compêndio, um verdadeiro manual de práticas e técnicas de que poderão fazer uso não só as empresas operadoras ferroviárias, mas também as indústrias, as empresas de consultoria e, sem dúvida, os profissionais que atuam e os que estão sendo preparados para construir o futuro da ferrovia no Brasil.

Manoel Geraldo Costa
Inventariante da extinta RFFSA e ex-presidente da Associação dos Engenheiros da Estrada de Ferro Leopoldina (AEEFL)

Almir Ferreira Gaspar
Presidente da AEEFL

Abreviaturas

AAR	Association of American Railroads
ABNT	Associação Brasileira de Normas Técnicas
ABPv	Associação Brasileira de Pavimentação
AC	Ângulo central de curva horizontal
AMN	Associação Mercosul de Normalização (América do Sul)
Amtrak	National Railroad Passenger Corporation
AMV	Aparelho de mudança de via
Aneor	Associação Nacional das Empresas de Obras Rodoviárias
APTA	American Public Transportation Association
Arema	American Railway Engineering and Maintenance-of-Way Association (antiga Area – American Railway Engineering Association)
ARTC	Australian Rail Track Corporation
ASCE	American Society of Civil Engineers
ATC	Automatic Train Control
ATO	Automatic Train Operation
ATP	Automatic Train Protection
ATT	Alívio de tensões térmicas
BDI	Benefícios e despesas indiretas
CA	Corrente alternada
Capex	Investimento de capital (em inglês, *capital expenditure*)
CB-06	Comitê Brasileiro Metroferroviário (da ABNT)
CBR	California Bearing Ratio (em português, ISC)
CBTC	Communications-Based Train Control
CBTU	Companhia Brasileira de Trens Urbanos
CC	Corrente contínua
CCO	Centro de Controle Operacional
CMA	Comissão de Monitoramento e Avaliação
Coppe-UFRJ	Instituto Alberto Luiz Coimbra de Pós-Graduação e Pesquisa de Engenharia
CPTM	Companhia Paulista de Trens Metropolitanos
Daer/RS	Departamento Autônomo de Estradas de Rodagem do Rio Grande do Sul
DER	Departamento de Estradas de Rodagem
DHP	Dreno horizontal profundo
DIF	Diretoria de Infraestrutura Ferroviária do DNIT
DMT	Distância média de transporte
DNEF	Departamento Nacional de Estradas de Ferro
DNER	Departamento Nacional de Estradas de Rodagem (atual DNIT)
DNIT	Departamento Nacional de Infraestrutura de Transportes (antigo DNER)
DTM	Digital Terrain Model (em português, MDT – Modelo Digital de Terreno)
DUP	Decreto de Utilidade Pública
$e/e_{máx}$	Flecha/flecha máxima de curva vertical
EB	Escopo básico
EFC	Estrada de Ferro Carajás
EFVM	Estrada de Ferro Vitória a Minas
EPI	Equipamento de proteção individual
ETM	Especificações Técnicas de Materiais
ETS	Especificações Técnicas de Serviços
EVTEA	Estudo de viabilidade técnica, econômica e ambiental
FRA	Federal Railroad Administration
GPS	Global Positioning System (em português, Sistema de Posicionamento Global)
i	inclinação (do greide)
IEC	International Electrotechnical Commission
IME	Instituto Militar de Engenharia
IPR	Instituto de Pesquisas Rodoviárias
IS	Instrução de Serviço (do DNIT)
ISC	Índice de Suporte Califórnia
ISF	Instruções de Serviços Ferroviários (do DNIT)

ISO	International Organization for Standardization
Lc	Comprimento da curva de transição
Lidar	Light detection and ranging
MCB	Master Car Builders
MDS	Modelo digital de superfície
MDT	Modelo digital de terreno
MRS	Malha Regional Sudeste
NATM	New Austrian Tunnelling Method
Nava	Norma ambiental Valec
NSIAV	Nota de Serviço de Implantação Altimétrica da Via
OAC	Obra de Arte Corrente
OAE	Obra de Arte Especial
Opex	Custo de operação (em inglês, *operacional expenditure*)
PC, PI e PT	Ponto de início, vértice e ponto final de curvas horizontais
PCV, PIV e PTV	Ponto de início, de inflexão e final de concordância vertical
PN	Passagem de Nível
PP	Ponto de passagem de corte para aterro
RFFSA	Rede Ferroviária Federal S.A.
Sicro	Sistema de Custos Rodoviários (DNIT)
SNCF	Société Nationale des Chemins de fer Français
SRTM	Shuttle Radar Topography Mission (em português, missão espacial de topografia por radar)
TB	Tonelada Bruta
TBM	Tunnel Boring Machines
TIR	Taxa interna de retorno
TKB	Tonelada-quilômetro bruta
TKU	Tonelada-quilômetro útil
TPC	Train Performance Calculator
TPO	Train Performance Optimizer
TS, SC, CS e ST	Pontos notáveis de curva horizontal composta: transição de tangente para curva espiral, de espiral para circular, de circular para espiral e de espiral para tangente, respectivamente.
TTCI	Transportation Technology Center Inc.
TU	Toneladas úteis transportadas
TUE	Trem unidade elétrica
UIC	Union Internationale de Chemins de Fer
Valec	Valec Engenharia, Construções e Ferrovias S.A.
VLT	Veículo Leve sobre Trilhos
VMA	Velocidade Máxima Autorizada no trecho
VP	Via Permanente
Y	Comprimento de curva vertical

Glossário

A Associação Brasileira de Normas Técnicas (ABNT) possui sua própria norma com o vocabulário ferroviário oficial em língua portuguesa.

O Departamento Nacional de Infraestrutura de Transportes (DNIT) disponibiliza um glossário para *download* gratuito (DNIT, 2006a).

Em 2006, a Vale (CVRD) publicou o *Dicionário inglês-português de termos ferroviários*, de Branco (s.d.), também disponível para *download* e bastante útil, principalmente porque, sendo a ferrovia de origem inglesa, muitos termos são originários desse idioma e não possuem um termo em português literalmente correspondente.

Este livro esclarece, quando cabível, alguns termos e expressões faltantes da bibliografia citada do DNIT.

Sumário

Introdução

A origem das estradas de ferro

Pode-se considerar que o transporte sobre trilhos teve origem no século XVI, nas minas da Alsácia e da Europa Central. Um dos primeiros protótipos de locomotiva a vapor foi um veículo autopropulsor idealizado pelo jesuíta francês Ferdinand Verbiest em Pequim, na China, em 1681. Já em 1769, Joseph Cugnot, militar francês, construiu em Paris, na França, um veículo a vapor destinado ao transporte de munição.

O uso de tração animal em meios de transporte precedeu de modo natural o pleno uso do transporte ferroviário, a partir do final do século XVIII, quando a Revolução Industrial, na Inglaterra, propiciou a descoberta da utilização da energia do vapor para mover máquinas, logo depois aplicada também no transporte sobre rodas.

O aparecimento da locomotiva e, com ela, das vias férreas está associado tradicionalmente ao nome do engenheiro inglês Richard Trevithick. Em 1804, em uma mina no País de Gales, após várias tentativas, ele conseguiu fazer uma locomotiva de quatro rodas deslizar sobre trilhos de ferro fundido, puxando cinco vagões com 10 t de carvão à velocidade de 8 km/h. Seu feito motivou os engenheiros a estudar a possibilidade de construir vias férreas e conjuntos de veículos capazes de percorrê-las.

Alguns dos modelos de locomotivas construídos nos primeiros anos do século XIX tiveram uso semelhante ao dos primeiros carros sobre trilhos nas minas inglesas e alemãs. Foi comprovado, entretanto, que as rodas das locomotivas patinavam sobre os trilhos, sem conseguir mover o trem. Não se conhecia ainda a proporção adequada entre o peso da locomotiva e a carga a ser transportada. Assim, começou a busca de soluções para essa questão.

Uma das soluções consistia em lubrificar os trilhos para diminuir o esforço de tração, recurso que foi rejeitado, já que o óleo diminuía a aderência necessária. O inglês John Blenkinsop propôs algo diferente e, em 1812, construiu uma locomotiva que se deslocava sobre dois trilhos de ferro fundido e dispunha de dois cilindros verticais movimentando dois eixos unidos a uma roda dentada, a qual acionava uma cremalheira, que corria entre os trilhos.

Decisivo para a evolução das ferrovias foi o trabalho do inglês George Stephenson, mecânico das minas de Killingworth. Mais um astuto observador do que propriamente um técnico (até os vinte anos, não sabia ler nem escrever), ele soube conjugar todos os elementos existentes até então, desenvolvidos por pesquisadores notáveis, como Papin e, posteriormente, Oliver Evans, Seguin, James Watt, Hancock, Trevithick e Hedley.

A teoria de Blakett, certamente desconhecida, de 1813, demonstrou que o peso de uma máquina e o atrito com os trilhos gerava aderência. Essa teoria foi comprovada por Trevithick, anos mais tarde, quando construiu o protótipo da locomotiva Blucher. Era um engenho complicado que utilizava cadeias para movimentar as rodas, mas que não deu resultados satisfatórios, levando-o a construir, em 1815, uma locomotiva com outros aperfeiçoamentos.

Na ocasião, surgiu outro concorrente, Hackworth, que apresentou a locomotiva Royal George, em que a cadeia sem fim era substituída pelo braço conector, permitindo um grande avanço na técnica ferroviária. Tudo feito até então, entretanto, ainda não representava um passo decisivo na missão de dar rodas de ferro ao mundo.

Certo dia, George Stephenson, observando uma chaleira com água fervente, notou que a tampa do recipiente era permanentemente movimentada por ação do vapor. Ele então teve a ideia de aproveitar essa energia para movimentar uma máquina sobre trilhos de ferro.

Entusiasmado com o êxito de seus experimentos, Stephenson construiu, entre 1823 e 1825, a primeira ferrovia pública com tração a vapor, que ligava a pequena cidade de Stockton ao vale mineiro de Darlington, no norte da Inglaterra. Inaugurada em 27 de setembro de 1825, a Stockton & Darlington Railway foi projetada e construída por incumbência de alguns donos de minas que necessitavam de uma maneira barata de transportar seu carvão para o cais.

A locomotiva a vapor construída por ele, e que pela primeira vez movimentou uma composição ferroviária, foi denominada Locomotion e fez os inimigos do progresso se calarem e as perspectivas para a indústria e o comércio se abrirem.

A estrada de ferro entre Stockton e Darlington tinha 61 km de extensão, com via dupla em dois terços do percurso. Embora a tração na parte montanhosa fosse feita por cabos alimentados por motores a vapor estacionários, o trecho de 36 km operado por locomotivas (para carga) e por cavalos (para passageiros) foi transposto a 24 km/h, e, em razão das longas paradas nas estações intermediárias, a viagem durou sete horas.

A partir de então, a expansão das ferrovias foi contínua, principalmente em razão do apoio financeiro de todos os países que assistiam, naquele momento, ao começo da Revolução Industrial.

Essa linha se tornou um sucesso tanto comercial como técnico, encorajando os comerciantes de Manchester, na Inglaterra, a providenciar uma estrada de ferro até o mar. Stephenson foi encarregado do projeto de engenharia e também de construir, em 1829, essa estrada de ferro, denominada Liverpool & Manchester Railway e que ligava as cidades de Liverpool e Manchester. Considerada a precursora da era das ferrovias, ela revelou as potencialidades do transporte intermunicipal de tração a vapor sobre trilhos. Considerando que Stephenson não teve qualquer predecessor ou instrutor para orientar seus planos e trabalhos, essa obra pode ser qualificada como magnífica.

Trabalhar sem precedentes e inovar em tudo não estão ao alcance de qualquer pessoa. A construção da linha exigia a solução de inúmeros problemas, como vencer o pântano de Chat Moss e grandes obras de arte, entre as quais a ponte de pedra da Rainhill, em curva, assentada sobre sólidos pilares de madeira, e um grande nível de 2 km de extensão, na saída de Liverpool. A maioria dos patrocinadores dessa linha eram homens de negócios que desejavam romper o monopólio do canal existente entre Manchester e Liverpool, que prejudicava seus negócios.

O projeto encontrou séria oposição dos exploradores do canal e do serviço de diligências, uma vez que seus interesses eram prejudicados. Como acontecera subsequentemente com muitas ferrovias, essa oposição impediu por muitos meses a aprovação de seus projetos de lei pelo Parlamento. Além disso, Stephenson teve que lutar contra aqueles que preferiam operar os trens com tração a cabos movidos por uma sucessão de motores a vapor estacionários. Sua insistência fez a direção da Liverpool & Manchester Railway abrir um concurso em Rainhill antes de escolher o tipo de locomotiva mais conveniente para a exploração da rede.

As condições para as máquinas participarem do concurso eram ter velocidade mínima de 16 km/h e capacidade de transporte de 20 t. Na data do concurso, 6 de outubro de 1929, apenas quatro delas estavam aptas a participar.

A locomotiva The Rocket (O Foguete), de George Stephenson e seu filho, Robert, triunfou com facilidade, atingindo a velocidade de 22,5 km/h (bem acima da exigida). Ela utilizava a caldeira tubular inventada pelo engenheiro francês Marc Seguin, a qual multiplicava a capacidade de aquecimento ao fazer passar o ar quente procedente da combustão através de um sistema de tubos imersos na água da própria caldeira. O sistema de expelir fumaça revelou-se, porém, ineficiente, e Robert Stephenson decidiu diminuir as aberturas de escapamento. Desse modo, a cada 836 kg de água vaporizada por hora (contra 520 kg antes da modificação), a locomotiva podia rebocar 10 t a 26 km/h, atingindo o máximo de 46,7 km/h, tornando-se o protótipo de todas as locomotivas construídas desde então.

A Liverpool & Manchester Railway, com extensão total de aproximadamente 50 km, foi inaugurada pelo representante do rei, Duque de Wellington, em 15 de setembro de 1930. E, contrariando as expectativas, o transporte de passageiros se tornou mais importante que o de carga. A velocidade e a modalidade das tarifas dessa nova forma de transporte faziam os passageiros abandonar as diligências e afluir às estações ferroviárias.

O sucesso financeiro dessa linha ferroviária inspirou novos projetos em outros lugares. Seus promotores aplicavam literalmente as estatísticas dessa linha para fazer projeções de renda de suas próprias ferrovias ainda em projeto. Havia se tornado evidente que as ferrovias eram um bom investimento.

Além da Liverpool & Manchester Railway, foi inaugurada na Inglaterra a curta Canterbury & Whitstable Railway, movida por locomotivas em um curto trecho e por cabos em outros.

Em 1832, a França inaugurou sua primeira estrada de ferro, entre Saint-Étienne e Andrézieux, para a qual o engenheiro Marc Seguin projetou duas locomotivas a vapor em complemento à tração por cavalos. Em 1835, na Bélgica, foi inaugurada a linha que liga Bruxelas a Mallines. Nos Estados Unidos, o primeiro trem de passageiros circulou em 25 de dezembro de 1839, entre Charleston e Hamburg, na Carolina do Sul, com uma locomotiva importada da Inglaterra.

Ainda em meados do século XIX, as rodas motrizes passaram a ficar atrás da caldeira, permitindo o uso de rodas de grande diâmetro e promovendo sensível aumento da velocidade. Avanços técnicos como esse fizeram das locomotivas a vapor a forma dominante de tração nas ferrovias, situação que perduraria por mais de um século.

As estradas de ferro no Brasil

Cuba inaugurou a primeira ferrovia na América Latina, de Havana a Guines, em 19 de novembro de 1837. Na América do Sul, as primeiras ferrovias foram inauguradas na Guiana Inglesa, em novembro de 1848, entre Georgetown e Plaisance, com 8 km de extensão; no Peru, em abril de 1851, entre Callao e Lima; e no Chile, em janeiro de 1852, entre Copiapó e Caldera.

Observa-se que, enquanto criavam-se as primeiras linhas no continente, no Brasil a discussão sobre a necessidade da implantação desse moderno meio de transporte vinha de pelo menos quinze anos antes, e ainda não havia ferrovia.

A implantação de ferrovias no Brasil resultou em um conjunto de medidas governamentais que favoreceram a modernização de alguns setores da economia do País, especialmente o de serviços e o de produção industrial. Entre essas medidas, destacam-se: o protecionismo alfandegário; as facilidades para importação de maquinaria; a isenção de impostos, conferida a alguns setores industriais e de serviços; a política de emissões; a concessão de créditos; e a Lei Eusébio de Queirós, que determinava a extinção do tráfico negreiro.

É importante ressaltar que esse panorama não pode ser dissociado, no plano externo, das vinculações do Brasil com a Inglaterra e dos reflexos da Segunda Revolução Industrial; e, no plano interno, das características brasileiras de país agroexportador.

Tendo em vista os fatos anteriormente relacionados, os deputados Pereira de Vasconcelos (Minas Gerais), Manuel Paranhos da Silva (Rio Grande do Sul) e José Floriano de Figueiredo Rocha (Bahia) apresentaram à Câmara, na seção de 3 de outubro de 1835, um projeto que autorizava o governo a conceder privilégio para a construção de uma estrada de ferro ligando a capital do Império (na época, o Rio de Janeiro) às capitais das províncias que eles representavam. Sem despertar interesse e merecer discussões, o projeto transitou rapidamente, nas seções de 15 de outubro de 1835, e foi assinado como lei por Regente Feijó no último dia do mês.

Com o Decreto n° 100, de 31 de outubro de 1835, o regente, em nome do imperador D. Pedro II, sancionou e mandou executar a resolução da Assembleia Legislativa, estabelecendo que o governo estava autorizado a conceder, a uma ou mais companhias que fizessem uma estrada de ferro da capital do Rio de Janeiro para as de Minas Gerais, Rio Grande do Sul e Bahia, carta de privilégio exclusivo, com a duração de quarenta anos, para o uso de carros de transporte. Nos lugares em que a estrada cortasse as estradas já existentes ou sobre elas fosse construída, a empresa seria obrigada a construir outras iguais às que existiam. Entre suas obrigações estava a de dirigir a estrada pelas cidades e vilas que o governo designasse, podendo em tudo o mais lhe dar a direção que melhor lhe parecesse, a de iniciar a estrada no prazo de dois anos, a contar do dia em que o contrato com o governo fosse concluído, e a de fazer, a cada ano, pelo menos cinco léguas de estrada.

Era de se presumir que os autores do projeto almejassem unir, por meio de ligações fáceis e rápidas, as várias regiões do Império e sua capital. No entanto, não se encontra nos anais da Assembleia Legislativa nenhuma exposição de motivos nem quaisquer considerações sobre a utilidade e o benefício que o caminho de ferro traria ao desenvolvimento do País.

O decreto de Regente Feijó surgiu quando o caminho de ferro ainda era uma novidade e não havia muita fé em sua utilização e importância. A autorização caducou não somente pelo projeto ambicioso de chegar até províncias tão distantes, mas também pela descrença geral. Nos meios governamentais, duvidava-se da utilidade desse meio de transporte, e alguns afirmavam que os trens só teriam carga para transportar em um dia no mês, ficando ociosos nos outros.

Após longas discussões, a Câmara dos Deputados aprovou e encaminhou ao Senado um projeto do médico homeopata inglês Thomas Cochrane, entusiasta do novo meio de comunicação e transporte, que garantia juros de 5% sobre o capital empregado na construção de estrada de ferro. Por meio do Artigo 1° do Decreto Legislativo n° 641, de 26 de junho de 1852, autorizava-se o governo

> a conceder a uma ou mais companhias a construção total ou parcial de um caminho de ferro que, partindo do município da Corte, vá terminar nos pontos das províncias de Minas Gerais e São Paulo que mais convenientes forem. Essa concessão compreenderá o privilégio do caminho de ferro por um prazo que não excederá noventa anos, contados da incorporação da companhia (Brasil, 1852).

O governo logo estabeleceu negociações para a construção dessa estrada e, por intermédio do ministro Sérgio Teixeira de Macedo, em 16 de novembro de 1853 foi assinado o contrato por uma junta de diretores composta do Barão de Goldsmith, W. Thompsom, membro do Parlamento, e capitalistas de alta importância e representação na praça de Londres. Foi traçada sua direção, estabelecendo-se que deveria começar em um ponto da cidade do Rio de Janeiro ou junto a ela, passar por seu distrito municipal, atravessar a cadeia de montanhas denominada Serra do Mar e descer ao Vale do Paraíba. Dividindo-se no lugar mais conveniente de sua vizinhança, a estrada deveria então seguir na direção da província de Minas, até a Vila da Paraíba, e de São Paulo, até o lugar denominado Cachoeira.

Esse decreto, conhecido como Lei de Garantia de Juros, instituiu no Parágrafo 6° do Artigo 1° a garantia de juros de 5% sobre o capital empregado na construção de caminhos de ferro; no Artigo 2°, que os contratos ficariam sujeitos à aprovação da Assembleia Legislativa; e, no Artigo 3°, que não tinha efeito a concessão de 4 de novembro de 1840 para a construção da Imperial Companhia de Estrada de Ferro, que iria do município da Corte até a Província de São Paulo, atravessando a Serra do Mar, seguindo pelos municípios de Piraí, Barra Mansa, Resende e Campo Belo. Mas, apesar do decreto, Cochrane não efetivou seu projeto.

Em meados do século XIX, o Brasil era um país cafeeiro, com a produção centrada nas províncias fluminense e mineira, e a exportação escoava da capital do Império, no porto do Rio de Janeiro. Era natural, portanto, que os poderosos fazendeiros de café dessa região, ainda adeptos do escravismo, pressionassem o governo para conseguir um meio de transporte mais moderno que aliviasse o café das tropas de mulas, até então o único meio de transporte dos centros produtores aos portos do fundo da Baía de Guanabara. Também o dono das tropas de carga, o tropeiro, pressionava o governo para não perder a exclusividade no transporte interior-porto e vice-versa.

Como esse transporte também era feito por escravos, sua escassez, a partir de 1850, impulsionou os fazendeiros a reivindicar uma estrada de ferro.

Já a melhora no escoamento da produção agrícola cafeeira acelerou o transporte dos produtos importados, criando condições para a aplicação de capital estrangeiro. Internamente, o crescimento de exportações levou a maior atividade econômica pela criação de novas empresas comerciais, industriais e de serviços, num momento de liberação de capitais, até então aplicados no tráfico e na mão de obra escrava.

O interesse não apenas dos fazendeiros, mas dos exportadores e comerciantes de café no Rio de Janeiro forneceu o sentido das linhas de ferro: do centro produtor para o centro exportador, ou seja, da área agrícola produtora de café para a cidade, porto exportador e importador de bens de consumo.

Irineu Evangelista de Souza, o primeiro grande empresário brasileiro, por meio do Decreto n° 987, de 12 de junho de 1852, ganhou o privilégio de explorar uma linha de navegação pela Baía de Guanabara, do Largo da Prainha, atual Praça Mauá, até um ponto localizado na Praia de Mauá, no antigo município de Estrela, atual Mauá. A partir desse ponto, ele tinha ainda o privilégio de construir uma estrada de ferro até Fragoso, próximo à Raiz da Serra de Petrópolis, mais tarde Vila Inhomirim, de onde poderia estender suas linhas pelo interior até o rio São Francisco. Essa autorização, no entanto, não teria efeito se a estrada não fosse construída num prazo de dois anos.

A inauguração da Estrada de Ferro Mauá, com 14,50 km de extensão, aconteceu em 30 de abril de 1854. Em 16 de dezembro de 1856, a linha foi estendida de Fragoso até Raiz da Serra de Petrópolis, perfazendo 16,32 km de extensão.

A segunda ferrovia brasileira, a Recife & São Francisco Railway (Estrada de Ferro de Recife ao São Francisco), construída pelos ingleses, com 31,50 km de extensão, foi inaugurada em 8 de fevereiro de 1858 e ligava Cinco Pontas a Cabo, em Pernambuco.

Já a terceira ferrovia, a Estrada de Ferro Dom Pedro II, com 48,20 km de extensão, foi inaugurada em 29 de março de 1858 e ligava Corte a Queimados, no Rio de Janeiro, ao passo que a quarta, a Bahia & São Francisco Railway (Estrada de Ferro da Bahia ao São Francisco), com 14 km de extensão, foi inaugurada em 28 de junho de 1860 e ligava Calçada a Paripe, na Bahia.

A São Paulo Railway, anos mais tarde renomeada para Estrada de Ferro Santos-Jundiaí, com 139 km de extensão, só foi inaugurada em 16 de fevereiro de 1867 e ligava Santos a Jundiaí, em São Paulo.

No Ceará, em 30 de novembro de 1873, foi aberta ao tráfego a Estrada de Ferro de Baturité, mais tarde Rede de Viação Cearense, cujo trecho inicial, com 9,10 km de extensão, ligava Fortaleza a Parangaba.

No Sul, a primeira ferrovia, com 33,7 km de extensão, que ligava Porto Alegre a São Leopoldo e foi aberta ao tráfego em 14 de abril de 1874, foi implantada pela The Porto Alegre & New Hamburg Brazilian Railway Company Limited, depois denominada Viação Férrea Rio Grande do Sul.

Em 8 de outubro de 1874, foi inaugurado o trecho da Estrada de Ferro Leopoldina entre Porto Novo do Cunha e Volta Grande, em Minas Gerais.

Em 30 de setembro de 1880, fazendo a ligação entre Sítio e Barroso, também em Minas Gerais, foi inaugurado o primeiro trecho da Estrada de Ferro Oeste de Minas, com 49 km de extensão.

Já no Paraná, somente em 3 de fevereiro de 1885 funcionou o primeiro trecho ferroviário da Estrada de Ferro Curitiba-Paranaguá, com 40,90 km de extensão, entre Paranaguá e Morretes, construído pela Compagnie Générale des Chemins de Fer Brésiliens.

A malha ferroviária brasileira alcançou sua extensão máxima em 1958, com 37.967 km de extensão, já na gestão da Rede Ferroviária Federal S.A. (RFFSA), constituída por meio da Lei nº 3.115, de 16 de março de 1957, com a finalidade de unificar, administrar, explorar, conservar, reequipar, ampliar e melhorar a operação das estradas de ferro do País.

capítulo 1

Conceitos básicos

Hélio Suêvo Rodrigues (1.1 a 1.3) e *Rui José da Silva Nabais* (1.4 e 1.5)

1.1 Função e constituição da via férrea

Um dos conceitos mais completos de estrada de ferro diz que ferrovia é um sistema de transporte terrestre, autoguiado, em que os veículos (motores e rebocados) se deslocam com rodas metálicas sobre duas vigas contínuas longitudinais, também metálicas, denominadas trilhos. Os apoios transversais dos trilhos, os dormentes, são regularmente espaçados e repousam geralmente sobre um colchão amortecedor de material granular denominado lastro, que, por sua vez, absorve e transmite ao solo as pressões correspondentes às cargas suportadas pelos trilhos, distribuindo-as, com taxa compatível à sua capacidade de suporte para o terrapleno (infraestrutura ferroviária).

A ferrovia é composta de dois subsistemas básicos: o de material rodante, do qual fazem parte os veículos tratores e rebocados, e o de via permanente, apresentado na Fig. 1.1, do qual fazem parte a infraestrutura e a superestrutura ferroviária.

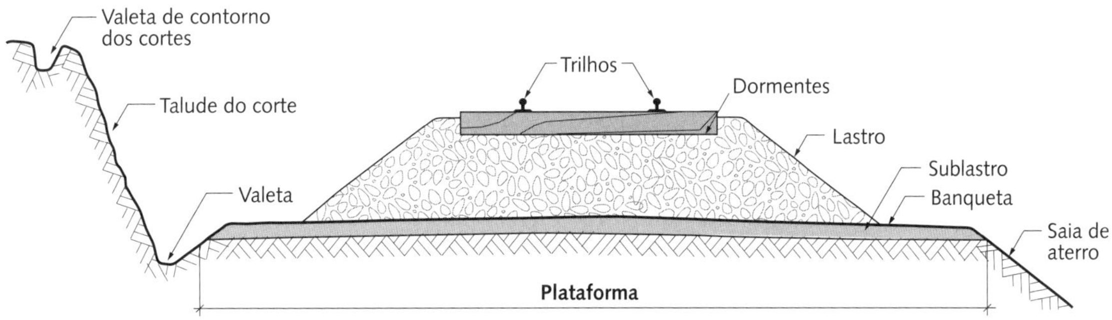

Fig. 1.1 Seção transversal da plataforma ferroviária

A infraestrutura ferroviária é o conjunto de obras que formam a plataforma da estrada e suporta a superestrutura, sendo composta por terraplenagem (aterros e cortes), sistemas de drenagem, obras de arte correntes e especiais (pontilhões, pontes e viadutos) e túneis.

A superestrutura é o segmento da via permanente que recebe os impactos diretos da carga. Seus principais componentes são os trilhos, os acessórios de fixação, os aparelhos de mudança de via, os dormentes, o lastro e o sublastro, que estão sujeitos às ações de degradação provocadas pela circulação dos veículos e de deterioração por ataque do meio ambiente.

A superestrutura é classificada como rígida, quando os dormentes são assentados sobre lajes de concreto ou quando os trilhos são fixados diretamente sobre uma viga, e como elástica, quando se utiliza lastro para distribuir convenientemente sobre a plataforma os esforços resultantes das cargas do material rodante, garantindo a elasticidade e fazendo com que a carga transmitida pelos trilhos seja suportada pelos dormentes e pelo lastro.

1.2 Bitola ferroviária

Denomina-se bitola (*gauge*, em inglês) o comprimento do segmento retilíneo ortogonal aos trilhos, paralelo ao plano de rolamento da via, cujas extremidades tocam as faces internas dos boletos e cujo afastamento desse segmento em relação ao plano de rolamento é de 15,88 mm, conforme apresentado na Fig. 1.2.

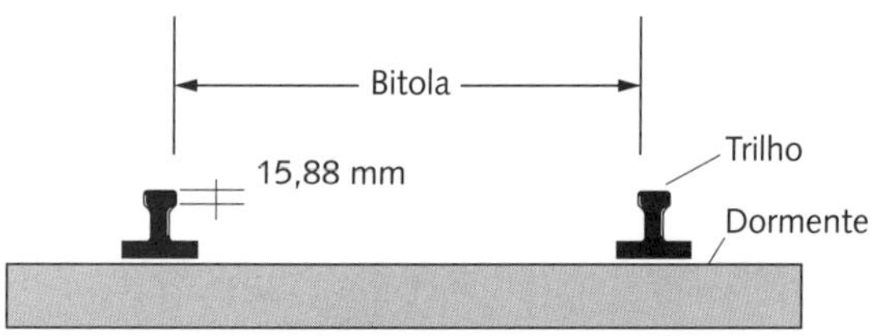

Fig. 1.2 Representação esquemática da bitola

O plano de rolamento é aquele que tangencia simultaneamente a superfície superior do boleto de cada trilho.

Na realidade, a bitola já existia antes da criação das ferrovias, na forma da bitola das rodas das carruagens. Um conjunto de fatores e variáveis cuja convergência natural resultou na adoção da bitola de 1,435 m em larga escala fez com que as posteriores variações de bitola das ferrovias ocorressem com base nessa mesma bitola (consagrada em 1907 na Conferência Internacional de Berna, na Suíça), utilizada pela grande maioria dos países, apesar de serem empregadas também outras medidas.

As outras bitolas existentes no mundo são produto das conveniências técnicas e econômicas locais, regionais e continentais, entre outras, existentes em cada época e em cada espaço geográfico, quando se efetuam os projetos com a fixação da bitola a ser adotada. Como as ferrovias, no início de sua implantação, eram pequenos trechos isolados, ligando os centros urbanos importantes e mais tarde projetados em direção ao mar, a escolha da bitola foi um fato consumado.

Como cada ferrovia se estendeu ampliando sua ação além-fronteiras, surgiu a necessidade de construção de ramais vicinais aos troncos principais com outras bitolas, ramais esses com transbordos para a alimentação de cargas nesses troncos principais. Essa expansão de ferrovias isoladas que se confrontavam com bitolas desiguais começou a obrigar a realização de estudos racionais para sua unificação. Esse problema foi se tornando cada vez mais imperioso à medida que o transbordo de carga e a perda de tempo tornavam os transportes ferroviários mais gravosos em termos econômicos.

No caso do Brasil, as estradas de ferro foram direcionadas do interior para o mar, segundo as conveniências agrícolas, sobretudo pela cultura do café. As ferrovias eram independentes e não houve a menor preocupação em uniformizar a bitola.

No Brasil, pelo Plano Nacional de Viação, a bitola padrão é a larga (1,60 m), porém a que predomina é a métrica (1,00 m). Existem outras bitolas, como as de 0,60 m, 0,76 m, 1,10 m, 1,435 m e 1,60 m/1,00 m (mista).

As vantagens e desvantagens da bitola são relativas quanto à capacidade de tráfego. Por exemplo, hoje é possível encontrar estradas de ferro de bitola métrica, como a Estrada de Ferro Vitória a Minas (EFVM), da concessionária Vale, executando trabalho superior ao de muitas ferrovias de bitola larga.

O fato é que o grande número de variáveis torna a escolha de bitola um assunto polêmico, fazendo com que sua unificação seja difícil.

1.3 Noções gerais

Com o intuito de facilitar o entendimento dos tópicos anteriormente apresentados e dos aspectos envolvidos na operação ferroviária, esta seção oferece algumas informações sobre os tipos de veículos ferroviários, os trens e os pátios de carga e descarga, bem como noções de frenagem.

1.3.1 Veículos ferroviários

Os veículos ferroviários, denominados material rodante, são compostos de algumas unidades tratoras que dispõem de motores para rebocar outros veículos, a exemplo das locomotivas, ou para sua própria movimentação (auto de linha, por exemplo), além de equipamentos como vagões, que não possuem motores e são simplesmente rebocados.

Material rodante de tração

Locomotivas diesel-elétricas

As locomotivas diesel-elétricas, as mais empregadas em trens de carga no Brasil, são constituídas de unidades com um motor diesel que aciona um gerador elétrico de corrente contínua (CC) ou um alternador de corrente alternada (CA), o qual alimenta os motores elétricos de tração (Fig. 1.3). Esses motores podem ser do tipo CC e, nas locomotivas mais modernas, motores de indução trifásicos CA, controlados eletronicamente.

Essa combinação permite, por um lado, que as locomotivas diesel-elétricas desenvolvam toda a potência do motor diesel em baixas velocidades do trem, porque a rotação do motor não está associada à rotação das rodas. Por outro lado, o motor de tração elétrico tem seu torque máximo em baixas rotações, o que significa que a locomotiva diesel-elétrica possui alta capacidade de tração na partida.

Nos veículos em que o motor é acoplado à movimentação da roda por meio de caixa de transmissão, a exemplo dos veículos rodoviários, a potência cresce com a rotação do motor, ou seja, em baixas rotações não se dispõe de toda a potência do motor nem do esforço de tração máximo.

As modernas locomotivas diesel-elétricas e elétricas são classificadas pela disposição de seus truques e pela quantidade de eixos tratores por truque (A para um eixo, B para dois eixos, C para três eixos e D para quatro eixos), sendo comuns os seguintes tipos:

- *BB*: dois truques com dois eixos tratores cada;
- *BBB*: três truques com dois eixos tratores cada;
- *CC*: dois truques com três eixos tratores cada;
- *DD*: dois truques com quatro eixos tratores cada.

No caso de eixos não tratores, são fornecidos números para a quantidade de eixos por truque. Assim, a locomotiva a vapor com rodas não tratoras pode, por exemplo,

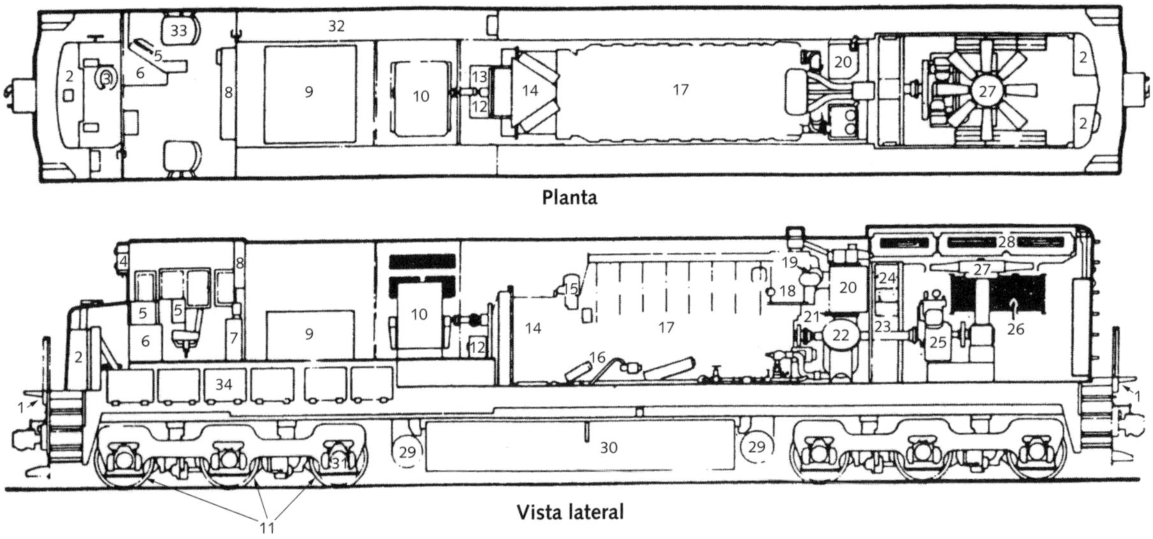

1 - Conexões para unidade múltipla
2 - Caixa de areia
3 - "Toilete"
4 - Faróis e caixa de número
5 - Controles de operação
6 - Aquecedor de cabine
7 - Resfriador de água
8 - Painel de controle do diesel
9 - Lastro
10 - Equipamento soprador
11 - Motores elétricos de tração
12 - Gerador auxiliar
13 - Excitador
14 - Gerador auxiliar
15 - Governador
16 - Bomba de alimentação de combustível e filtro (*strainer*)
17 - Motor diesel
18 - Resfriador intermediário (*inter-cooler*)
19 - Turboalimentador
20 - Tanque de água de refrigeração
21 - Resfriador do óleo lubrificante
22 - Filtro de óleo lubrificante
23 - Filtros de ar do motor diesel (inercial)
24 - Filtros de ar do motor diesel (papel)
25 - Compressor de ar
26 - Grelhas do freio dinâmico
27 - Ventilador do radiador
28 - Radiador
29 - Reservatório de ar
30 - Tanque de combustível
31 - Alternador de eixo
32 - Bateria (lado direito)
33 - Equipamento do freio a ar (lado direito)
34 - Compartimento do equipamento de controle

Fig. 1.3 Configuração de uma locomotiva diesel-elétrica

ser do tipo 2AAA1 (truque com dois eixos não tratores, três eixos individuais tratores e um eixo não trator).

O peso por eixo das locomotivas é limitado pelas características mecânicas de projeto e pela capacidade da via permanente, sobretudo das obras de arte. Atualmente, esse valor é limitado em 32 t/eixo na bitola larga com locomotivas tipo CC com cerca de 180 t. Na bitola métrica, com 25 t/eixo, pode-se ter locomotivas de 150 t.

Locomotivas elétricas

Locomotivas elétricas são aquelas cujos motores elétricos de tração são alimentados por fonte externa, por meio de pantógrafos que fazem contato com a rede aérea de alimentação de energia elétrica ou de sapatas com o terceiro trilho energizado.

A alimentação para locomotivas de maior potência, utilizadas em trens pesados ou trens de passageiros de alta velocidade, pode ser em corrente contínua, em voltagens que variam de 600 V a 3.000 V, ou em corrente alternada, em 25 kV ou 50 kV.

No caso de alimentação em corrente alternada, além de se fazer rebaixamento de tensão, são empregados retificadores para transformação em corrente contínua a fim de alimentar os motores de tração em CC ou trifásico para CA.

Antigamente, o controle das locomotivas era feito por resistores utilizados para variar a tensão aplicada nos motores de tração. Atualmente, são empregados diodos e tiristores no *chopper control* e recursos eletrônicos, no caso de motor trifásico de CA.

Locomotivas a vapor

Locomotivas a vapor foram as primeiras a ter rodas acionadas pelos pistões dos cilindros, alimentados pelo vapor produzido pela caldeira, que era abastecida por lenha, carvão ou óleo combustível. O vagão *tender* acoplado à locomotiva serve como reservatório de água e de combustível para abastecer a caldeira.
No Brasil, as locomotivas a vapor continuam em operação em alguns trens turísticos.

Automotrizes

Automotrizes são as unidades dotadas de propulsão própria, a exemplo de unidades automotrizes de passageiros e autos de linha.

Outros tipos

Exemplos de outros tipos de material rodante de tração:

- locomotiva diesel-hidráulica, em que o motor é acoplado a uma bomba hidráulica que aciona uma turbina ligada às rodas;
- turbina de gás, que aciona um gerador que alimenta o motor de tração;
- locotrator, que é um veículo rodoferroviário utilizado em manobras;
- carro com motor linear/levitação magnética etc.

Material rodante rebocado

Vagões

Os vagões de carga geralmente são dotados de dois truques com dois eixos cada, caixa com estrutura central que recebe a carga, aparelhos de choque e engates com acoplamento automático. A nomenclatura dos vagões é composta de três letras, por exemplo, GDT, que servem para caracterizar o vagão. Há também uma faixa numérica de seis dígitos mais o dígito verificador, que indica o proprietário e a sequência numérica do vagão.
A primeira letra indica o *tipo* do vagão, conforme os exemplos a seguir:

- *fechado* (F): carga geral embalada ou granel com descarga de fundo;
- *gôndola* (G): granéis sólidos e produtos siderúrgicos;
- hopper (H): granéis sólidos e grãos nos vagões fechados;
- *plataforma* (P): produtos siderúrgicos, contêineres e veículos;
- *tanque* (T): granéis líquidos e cimento a granel;
- *isotérmico* (I): cargas frigorificadas;
- *animais* (A): vagões-gaiola para transporte de animais.

A segunda letra representa o *subtipo* do vagão quanto às características de tipo de descarga, se fechado ou revestido ou tipo de utilização, conforme os exemplos a seguir:

- *vagão fechado*: FR (revestido), FS (sem revestimento), FL (lateral – descarga), FE (escotilha para carregamento) e FH (*hopper* – descarga de fundo com tremonha);
- *vagão-gôndola*: GD (*dumper* – descarga com *car-dumper*), GP (portas laterais), GF (fundo móvel – descarga), GH (*hopper* – bordas basculantes ou fundo em lombo de camelo) e GT (tombantes – bordas tombantes);
- *vagão* hopper: HA (aberto), HF (fechado – granéis sólidos), HT (tanque convencional) e HE (com proteção anticorrosiva);
- *vagão-plataforma*: PA (automóveis – com dois pavimentos), PB (bobina), PC (contêiner), PD (dispositivo para fixação de contêiner), PE (convencional com piso metálico), PG (para *piggy-back* – reboques rodoviários) e PR (rebaixado – para cargas de grandes dimensões);
- *vagão-tanque*: TC (convencional), TG (gases), TP (pulverulento), TS (serpentina – para aquecimento);
- *vagão isotérmico*: IC (convencional);
- *vagão de animais*: AC (convencional, com estrado e estrutura metálica);
- vagão do serviço não remunerado, por exemplo, HN.

A terceira letra representa o peso bruto do vagão e a bitola, conforme a Tab. 1.1.

Tab. 1.1 Relação entre o tamanho da bitola, o peso por eixo, o peso bruto máximo do vagão e as respectivas letras de identificação do vagão

Manga (classe de capacidade do eixo)			Peso bruto máximo do vagão (t)
Bitola de 1,00 m	**Bitola de 1,60 m**	**Peso por eixo (t)**	
A	-	7,500	30
B	P	11,75	47
C	Q	16,00	64
D	R	20,00	80
E	S	25,00	100
F	T	32,50	130
-	U	37,50	150

Exemplos de nomenclatura de vagões:

- *GDT*: vagão-gôndola com descarga de fundo com 130 t de peso bruto (bitola de 1,60 m);
- *FHD*: vagão fechado *hopper* (com tremonhas) com 80 t de peso bruto (bitola de 1,00 m);
- *PBS*: vagão-plataforma para bobinas com 100 t de peso bruto (bitola de 1,60 m).

Carro de passageiros

Os carros de passageiros são classificados nos seguintes tipos:

- poltrona;
- dormitório;
- restaurante;
- correio;
- bagageiro.

Outros tipos

Exemplos de outros tipos de material rebocado, que são equipamentos rebocados por locomotivas:

- guindastes ferroviários;
- equipamentos de manutenção de via.

Trens unidades

Trens unidades são composições formadas por carros-motores que podem ter carros-reboques, por exemplo:

- trens de passageiros urbanos e de subúrbios;
- metrôs;
- veículos leves sobre trilhos (VLTs).

1.3.2 Classificação de trens

Os trens de carga são geralmente formados por uma locomotiva posicionada à frente do trem que reboca um comboio de vagões. Existem trens com tração distribuída, com locomotivas no meio e/ou na cauda do trem telecomandadas pela locomotiva principal. Os maiores trens no País podem chegar a ter 330 vagões, com cerca de 3 km de comprimento, como é atualmente o caso na Estrada de Ferro Carajás (EFC).

Os trens podem ser classificados em diversas categorias, seja pela carga transportada, seja pelo tipo de serviço que executam, e possuem prioridades de circulação em função de seu tipo.

Pela carga

Cargueiros

Os trens cargueiros são aqueles compostos de vagões de carga, carregados ou vazios, e podem ser caracterizados como:

- *trem unitário*: composto de vagões com a mesma carga, com origem e destino únicos (por exemplo, trem de minério entre a mina e o porto, trem de carvão mineral entre o porto e a usina siderúrgica, trem de celulose entre a fábrica e o porto);
- *trem direto*: completo, entre dois polos formadores de trens, transporta diversas mercadorias, sem paradas intermediárias para entregar ou pegar carga (por exemplo, trem de derivados de petróleo entre a refinaria e o pátio ligado às bases das distribuidoras);
- *trem parador*: coleta e deixa vagões ao longo de seu percurso;
- *trem local*: faz a conexão entre o pátio e os pontos de carga e descarga dos clientes.

De passageiros

Os trens de passageiros podem ser classificados como urbanos, intercidades e de longa distância. Podem ser paradores, diretos e expressos e ainda apresentar linhas exclusivas, como os trens urbanos e os de alta velocidade, ou conviver com trens cargueiros.

Mistos

Muito comuns antigamente, os trens mistos transportavam vagões de carga junto à locomotiva e carros de passageiros na cauda.

De serviço

Trens de serviço são aqueles que transportam carga não remunerada, da própria ferrovia, ou trens de manutenção da via ou de socorro.

Pela prioridade

Os trens são classificados dentro de uma ferrovia como de alta prioridade, média prioridade e baixa prioridade de circulação, o que define qual trem deve esperar a passagem do outro nos cruzamentos ou estacionar para ser ultrapassado.

Usualmente, os trens de passageiros são de alta prioridade por transportar pessoas. Também são de alta prioridade trens com carga de alto valor agregado com prazo definido de entrega da carga, por exemplo, no esquema *just in time*, no suprimento de um ciclo de produção.

Trens com carga de alto valor agregado, como automóveis e contêineres, geralmente são, no mínimo, de média prioridade de circulação.

Trens com mercadorias a granel podem receber prioridade baixa de circulação, uma vez que o que importa é a produção acumulada em determinado período (quinzenal, por exemplo), e não o transporte específico da carga daquele trem.

Essas prioridades podem ser diferentes de ferrovia para ferrovia em função de características de seu negócio, por exemplo, com os trens unitários obtendo prioridade.

Desempenho dos trens

Velocidade dos trens

A velocidade dos trens é classificada da seguinte maneira:

- *velocidade de percurso*: é a velocidade média do trem entre os pátios de cruzamento, sem considerar os tempos gastos nas paradas e esperas;
- *velocidade comercial*: é a velocidade obtida pela divisão da distância entre a origem e o destino de determinado trem e o tempo total para fazer esse percurso. Os tempos de parada e espera são considerados.

Tipos de licenciamento

Uma das questões básicas da ferrovia é a segurança na circulação dos trens, buscando-se assegurar que um trem não se choque com outro no mesmo sentido ou em sentido contrário.

Em via singela, o licenciamento do trem, que é a permissão dada ao maquinista para prosseguir, permite que apenas um trem possa circular na seção limitada por dois pátios de cruzamento, dotados de linha principal e pelo menos um desvio de cruzamento, além de estabelecer a linha em que o trem deve chegar no pátio do final da seção.

Em via dupla, o licenciamento objetiva manter trens sucessivos no mesmo sentido a distâncias seguras uns dos outros.

Existem diversos tipos de licenciamento de trens, com diferentes graus de confiabilidade e tempos necessários para essa atividade.

O licenciamento influencia o desempenho dos trens em função dos tempos de licenciamento e eventuais paradas obrigatórias. Dos diferentes tipos, podem ser citados:

- talão (com agente de estação);
- *staff* elétrico (com agente de estação);
- via rádio (pode ser combinado com chave de mola);
- via satélite com console digital na locomotiva (combinado com GPS);
- sinal externo com circuito de via;
- *automatic train control* (ATC) com *cab-signal* na cabine da locomotiva;
- seções de bloqueio móveis.

Elementos restritivos para a velocidade

Os elementos a seguir, essencialmente físicos, restringem a velocidade de percurso dos trens:

- condições geométricas da linha (curvas de pequeno raio e descidas acentuadas e longas que provocam aquecimento das rodas em razão da frenagem);
- estado de manutenção da via permanente e do material rodante, que pode introduzir limitação de velocidades operacionais;
- obras de arte (pontes, viadutos e túneis, que limitam a velocidade de passagem);
- passagens de nível;
- áreas urbanas;
- aparelhos de mudança de via (AMVs) (linha desviada);
- velocidade máxima autorizada no trecho (VMA);
- licença restritiva ou condicional.

A velocidade comercial é influenciada por esses elementos restritivos, sendo necessário considerar também o tempo gasto pelas esperas e atrasos para o cruzamento de trens, as paradas intermediárias para coletar ou deixar vagões e paralisações da circulação de trens decorrentes de troca de equipagem, revistas mecânicas, abastecimento de locomotivas, manutenção e problemas na via, acidentes, falha mecânica etc.

Aumento da velocidade

O aumento da velocidade de percurso pode ser obtido com as seguintes medidas:

- aumento da quantidade de locomotivas, aumento da potência das locomotivas ou redução da carga rebocada;
- melhoria do estado de manutenção da via permanente e do material rodante;
- construção de variantes que melhorem as condições geométricas da linha e/ou evitem áreas urbanas;
- eliminação de passagens de nível.

A velocidade comercial pode ser incrementada com o aumento da velocidade de percurso, mas a adoção das seguintes medidas geralmente apresenta resultados muito mais expressivos:

- planejamento da circulação de trens em que haja racionalização de cruzamentos e pontos de parada para pegar ou deixar vagões, com o intuito de reduzir

as esperas de cruzamento e os tempos necessários para troca de equipagens, revistas mecânicas e abastecimento de locomotivas, levando em conta os tempos e os programas de manutenção da via permanente;
- gerenciamento e controle da circulação de trens;
- melhorias no sistema de licenciamento.

É importante ressaltar que o aumento da velocidade comercial resulta na redução das frotas de vagões e locomotivas necessárias para a realização dos transportes, economiza equipagens e melhora a competitividade da ferrovia nos segmentos de transporte de mercadorias de maior valor agregado (contêineres, automóveis, suprimento de indústrias que trabalham no sistema *just in time* etc.).

Outra maneira de reduzir a frota necessária é a redução dos tempos de parada nos terminais de origem e destino dos trens, principalmente para os vagões que ficam aguardando carga ou descarga.

Indicadores de desempenho

Estes são alguns exemplos de indicadores de desempenho de trens e das locomotivas e vagões que os compõem:

a] *Produção*
- *TU* (tonelada útil): tonelagem da carga transportada em determinado período, por exemplo, TU/ano;
- *TB* (tonelada bruta): tonelagem da carga somada ao peso dos vagões, inclusive os vazios, que é transportada em determinado período, por exemplo, TB/ano;
- *TKU* (tonelada-quilômetro útil): somatório do produto das TUs pelas distâncias percorridas pela carga, em km;
- *TKB* (tonelada-quilômetro bruta): somatório do produto das TBs pelas distâncias percorridas pelos vagões, em km;
- *Receita de transporte* (R$): receita gerada em determinado período, por exemplo, anual.

b] *Trens*
- velocidade de percurso;
- velocidade comercial;
- trem-quilômetro: distância percorrida pelos trens em determinado período;
- TKU/trem-quilômetro: corresponde ao carregamento médio do trem.

c] *Locomotivas*
- TKU/locomotiva, TKU/locomotiva disponível, TKU/HP, TKB/locomotiva (por período);
- *percurso anual:* locomotiva-quilômetro;
- *disponibilidade (%):* percentual do tempo em que as locomotivas estão à disposição do transporte (mede a qualidade da manutenção);
- *utilização da disponibilidade (%):* percentual do tempo disponível efetivamente utilizado para trens e manobras (mede a qualidade do gerenciamento do transporte);
- consumo de combustível (L/1.000 TKU e L/1.000 TKB).

d] *Vagões*

- TU/vagão;
- TKU/vagão (por período);
- *disponibilidade (%)*: percentual do tempo em que os vagões estão à disposição do transporte (mede a qualidade da manutenção);
- *percurso anual*: vagão-quilômetro;
- *percentual de percurso carregado*: mede o aproveitamento do vagão;
- *receita/vagão*: por período.

Métodos de cálculo de desempenho de trens

Cálculos manuais

Antigamente, o desempenho dos trens era estabelecido por meio de cálculos manuais, dos quais eram obtidos valores estimados, uma vez que algumas simplificações eram adotadas.

O processo era extremamente trabalhoso e lento, além de exigir muito esforço para calcular o desempenho do trem.

Simuladores de desempenho de trens

Definidos os tipos de trens por trecho, as características das locomotivas (esforço trator, peso, dimensões) e dos vagões (peso, dimensões), a geometria da via (planta e perfil), as velocidades máximas autorizadas por trecho, os pontos de restrição de velocidade e os pontos de parada, os desempenhos dos trens podem ser verificados em um simulador do tipo TPC (*train performance calculator*), sendo obtidas, em forma de planilha, as seguintes saídas para os pontos ao longo da linha:

- quilometragem do ponto;
- tempo acumulado de percurso em cada ponto;
- velocidade a cada ponto, possibilitando verificar se a velocidade mínima de circulação nas rampas críticas foi observada;
- forças atuantes no trem;
- potência desenvolvida;
- consumo de óleo diesel acumulado.

Existe também o simulador TPO (Train Performance Optimizer), por meio do qual se busca otimizar, por exemplo, o combustível, adequando-se o desempenho do trem com essa finalidade. Nesse caso, aproveita-se a energia cinética para subir rampas.

As ferrovias têm simuladores de operação de trens para treinamento de maquinistas e estudos de condução. Esses simuladores são dotados de réplicas de locomotivas com cabine, manipuladores de comando de tração e freios e contam, ainda, com a projeção da linha que se está simulando.

Pátios e terminais

Na ferrovia, o transporte de carga começa e termina nos pátios e terminais, onde são feitos os carregamentos, as descargas dos vagões e a formação e decomposição dos trens. Como se vê, eles têm papel fundamental na cadeia de transporte ferroviário.

Tipos de pátio

Existem diferentes tipos de pátio, escolhidos de acordo com as características da carga e dos volumes a serem movimentados.

Pátios planos

- *Pátios convencionais com feixe de linhas*
  São os pátios que têm um ou mais feixes de linhas, com declividade máxima de 0,2%, e que normalmente são utilizados para pequenas e médias movimentações, sendo os vagões movimentados por locomotivas de manobra e/ou posicionador de vagões (Fig. 1.4).

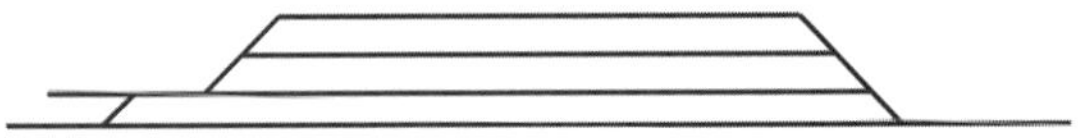

Fig. 1.4 Representação de um pátio convencional com feixe de linhas

- *Peras ferroviárias*
  São os terminais que possuem pera ferroviária para carregamento, geralmente com tulhas alimentadas por esteiras, ou para descarga de vagões em moegas, na maioria das vezes (Fig. 1.5). São empregadas para o transporte de grandes volumes de produtos a granel, como grãos, minérios e carvão mineral. Usualmente, a composição (locomotivas e vagões) é mantida sem desacoplamento durante a operação.

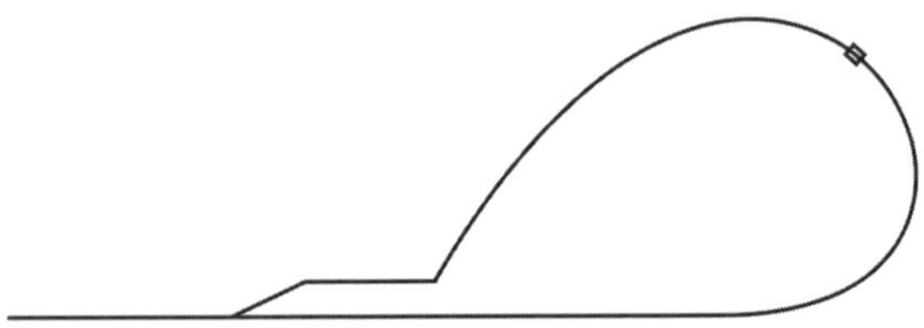

Fig. 1.5 Representação da pera ferroviária

*Pátios de gravidade (*hump yards*)*

São utilizados para triagem direta de um trem e apresentam uma linha mais elevada, na qual os vagões são empurrados pela locomotiva, desacoplados no topo da rampa e descem controladamente pelo declive (Fig. 1.6). Há um radar para a medição de velocidade, um anemômetro para a medição da velocidade e da direção do vento e retardadores de velocidade, acionados pelo sistema, que adéquam a velocidade de acordo com a linha de destino e a posição na linha onde o vagão deve parar. Esses pátios atendem grande volume de vagões, porque são rapidamente triados. Geralmente, existe outro feixe de linhas na saída do pátio de gravidade, onde os trens são classificados e formados.

Funções exercidas nos pátios

Os pátios podem exercer diversas funções, de acordo com suas dimensões, as cargas movimentadas e o posicionamento do pátio na malha ferroviária:

- cruzamento de trens, com linhas para realizar o cruzamento de dois trens;
- recepção e formação de trens de longa distância com vagões destinados ao pátio ou com origem nele;
- recepção e formação de trens coletores e distribuidores de vagões carregados e vazios em desvios na região;
- triagem de vagões de acordo com seus destinos, classificação dos vagões no trem, com ordenação de acordo com os sucessivos pátios onde o trem deverá operar, e estacionamento dos vagões que aguardam o trem que os levará a seu destino;

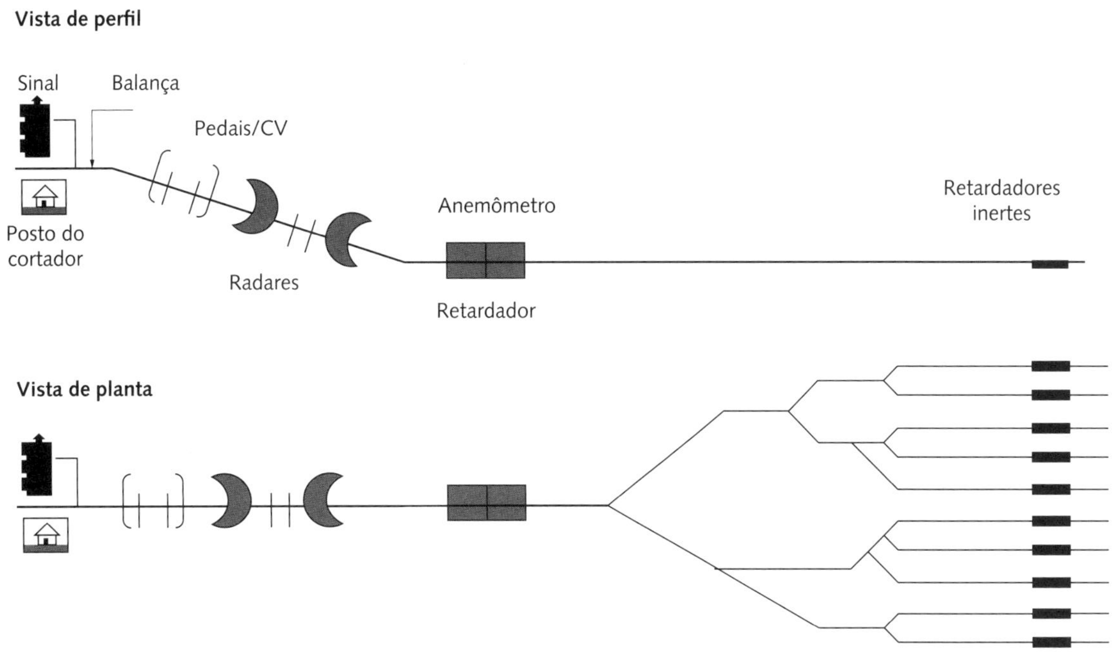

FIG. 1.6 Representação de um pátio de gravidade (*hump yard*)

- centralização e distribuição de carga de uma região, com coleta e distribuição de carga para pátios menores;
- transbordo de carga entre vagões de bitolas diferentes, por exemplo, 1,60 m e 1,00 m, ou troca de truques dos vagões com bitolas diferentes;
- carregamento e descarga de mercadorias em linhas do pátio e armazéns;
- armazenagem e estocagem de carga;
- linhas de abastecimento de locomotivas com óleo diesel e areia;
- linhas para lavagem de vagões para reutilização com outra carga;
- linhas de circulação interna;
- haste de manobra e de estacionamento de locomotivas;
- estacionamento de vagões avariados;
- linhas de apoio e acesso aos depósitos e oficinas de manutenção de locomotivas e vagões;
- triângulo de reversão de locomotivas ou girador de locomotivas, para inverter o sentido de circulação da(s) locomotiva(s);
- linhas de residência de manutenção da via permanente e estacionamento de equipamentos de manutenção da via.

A seguir, são detalhadas algumas dessas atividades e apresentados alguns aspectos que fazem parte das atividades de um pátio ferroviário.

Triagem, formação e classificação

A triagem dos vagões consiste em fazer sucessivas manobras em um grupo de vagões de modo a separá-los segundo seu destino.

A formação de um trem é feita com o agrupamento dos vagões com mesmo destino ou que serão deixados ao longo da viagem em pátios intermediários e com a conexão de mangueiras de freio entre os vagões.

A classificação é a manobra nos vagões do trem para formar grupos com mesmo destino e ordenados de acordo com a sequência de manobras previstas nos pátios intermediários.

Planejamento de manobras

A composição do trem que chega é fornecida pelo sistema de controle operacional. Com base nessa informação e na ocupação do pátio, são definidas as manobras para a triagem dos vagões do trem, de acordo com os destinos locais.

Os trens de distribuição são formados para os pontos de carga/descarga, com posicionamento de vagões em bloco para cada cliente e de acordo com a sequência de atendimento e a forma das manobras previstas (cauda ou frente). A(s) locomotiva(s) de manobra posiciona(m) os vagões nos pontos de carga/descarga (encoste), iniciando a contagem da estadia.

Esses trens conseguem simultaneamente fazer a coleta (retirada) de vagões destinados ao pátio, os quais podem estar carregados ou vazios. Poderão ser formados trens exclusivamente coletores de vagões em função da programação de trens e do tempo de carga/descarga no cliente.

Ao chegar ao pátio, os vagões de trens coletores são triados de acordo com os destinos externos e eventualmente reaproveitados para carregamento.

Os trens formados no pátio com destino externo podem ser de dois tipos: 1) direto para outro pátio (trem lotado), sendo, nesse caso, composto de vagões com destino àquele pátio ou além dele, de acordo com a Ordem de Serviço de Formação de Trens; 2) com paradas intermediárias para entregar e/ou pegar vagões, devendo os vagões ser agrupados por destino (blocados), ordenados segundo a sequência de pátios ao longo da rota e posicionados segundo o tipo de manobra prevista.

A redução dos tempos de permanência das locomotivas e vagões nos terminais representa sensível economia para a ferrovia, com redução da frota necessária e economia de combustível e de pessoal.

Em geral, os tempos de permanência dos vagões nos terminais para carga e descarga excedem o tempo gasto em seu deslocamento.

Documentação de trens e vagões

Os documentos que habitualmente acompanham os vagões/trem são: Nota Fiscal de Transporte Ferroviário de Carga, Conhecimento de Transporte Ferroviário de Cargas, Despacho de Cargas em Lotação e Boletim do Trem.

É fundamental que essa documentação esteja disponível na hora programada de partida dos trens, para não causar atrasos e prejuízos. A preocupação com o peso da carga dos vagões deve ser constante, por razões tanto comerciais quanto de segurança operacional.

Atualmente, os recursos de transmissão de informação permitem que documentos sejam recebidos por meio eletrônico, acelerando as operações. Outro aspecto a se atentar é o despacho em grupo de acordo com o destino, para facilitar a formação dos trens.

Estadia de vagões

A estadia dos vagões corresponde ao tempo que os vagões permanecem à disposição dos clientes para as operações de carga e descarga.

Os contratos comerciais estabelecem as condições de entrega e recebimento dos vagões, especificando os dias da semana e horários, bem como o período de estadia livre, em que não há cobrança de taxa. Quando o vagão fica retido além do tempo estipulado, inicia-se a cobrança de estadia.

Nos casos de vagões de uma ferrovia em outra, as condições de estadia são estabelecidas pelos convênios de tráfego mútuo.

Equipamentos de carga e descarga

Em função da natureza da carga, são empregados diversos tipos de equipamento de carga ou descarga de vagões:

- *granéis sólidos*: tulha (silo de carregamento para grãos, minérios, carvão etc.), moega sob a linha para descarga e transferência para esteiras que levam a carga para silos e pilhas, *car dumper* (tombador de vagões sobre a moega, especialmente com minério de ferro, e que mantém a composição sem desacoplar os vagões graças aos engates rotativos), pá carregadeira etc.;
- *granéis líquidos*: bicos de carregamento alimentados por tubulação, que carregam os vagões-tanque por cima e descarregam acoplando mangueiras às tubulações de descarga ligadas aos tanques e silos (derivados de petróleo, álcool e cimento a granel com descarga pneumática);
- *carga geral*: empilhadeira, ponte e pórtico rolante, *krane-car*, eletroímã para produtos siderúrgicos e ferrosos, carga e descarga manual;
- *contêineres*: pórtico e ponte rolante, *stacker* (empilhador), "transtêiner" (estrutura sobre pneus ou rodas sobre trilhos).

Equipamento de movimentação de vagões nos pátios

Para posicionar os vagões nos pontos de carga e descarga geralmente são empregados os seguintes equipamentos:

- locomotivas principais que chegam ao pátio no trem, principalmente no caso de trens unitários;
- locomotivas de manobra alocadas ao pátio, geralmente menores ou mais antigas que as principais;
- locotrator (*track-mobil*, veículo rodoferroviário) e trator, para pequena quantidade de vagões;
- posicionador de vagões com garras ou com cabos (*car puller*).

Nos pátios com bitola mista, é comum a utilização de vagões "maromba", que possuem engates de bitolas diferentes (no eixo de cada bitola), de modo a permitir que uma locomotiva consiga manobrar vagões das duas bitolas.

Sinalização de pátios

Usualmente, os pátios de menor movimentação apresentam linhas internas não sinalizadas, e a movimentação dos aparelhos de mudança de via (AMV) é feita manualmente.

Em pátios de grande movimento, geralmente existe um controle local que comanda a abertura e o fechamento dos sinais luminosos e a movimentação, a distância, das máquinas de chave elétricas ou pneumáticas, que posicionam os aparelhos de mudança de via (AMVs).

1.4 Fases de um projeto

É importante salientar que um projeto ferroviário, por sua importância e custo, sempre deve ser desenvolvido em pelo menos três fases:

- estudos preliminares (ou de viabilidade técnica, econômica e ambiental – EVTEA);
- anteprojeto (ou projeto básico – instrução normativa n° 80-IN-011A-00-7001 da Valec Engenharia, Construções e Ferrovias S.A., empresa pública vinculada ao Ministério dos Transportes);
- projeto final de engenharia (ou projeto executivo – instrução normativa n° 80-IN-012A-00-8001 da Valec).

Cada fase deve apresentar nível de detalhe e de exatidão compatíveis com seus objetivos, custos e prazos de elaboração.

Concomitantemente com a implantação da ferrovia, deve-se elaborar o *as built* (como construído), no qual são mostradas todas as adequações e/ou alterações ocorridas durante a obra em relação ao projeto contratado.

Apesar da importância do *as built*, ele não será abordado neste livro, uma vez que não difere do serviço de qualquer outra modalidade da Engenharia Civil.

1.4.1 Estudos de viabilidade

Definida a necessidade de transporte de pessoas ou bens entre dois pontos que, pelas características, possa ser feito por ferrovia, ou constatada a necessidade de reforma, ampliação ou melhoria da capacidade de uma ferrovia existente, são necessários estudos de viabilidade técnica, econômica e ambiental (EVTEAs) para definir sua viabilidade, receitas e custos estimados, prazos de implantação e a comparação de sua eficiência com outros meios de transporte concorrentes ou complementares.

Ressalte-se que a ferrovia, um pouco menos que a hidrovia – pois esta exige um rio navegável durante todo o ano (ou a maior parte dele) –, tem limitações quanto a origens e destinos se comparada com modais rodoviários, pois estes permitem o transporte porta a porta. Isso leva a considerar a intermodalidade dos transportes, em que cada um, com suas vantagens, pode complementar os demais, otimizando o sistema de transporte como um todo.

No caso de uma ferrovia existente, os estudos de viabilidade das melhorias a serem implantadas são mais simplificados em relação à sua implantação, pois:

a] seu traçado e seus principais pontos de passagem estão definidos, o que resume ou mesmo elimina o estudo de traçado. Nesse caso, geralmente há apenas melhorias pontuais para a solução de problemas específicos, em particular quanto à operação ou em razão de interferências, por exemplo, em núcleos habitacionais desenvolvidos em torno da ferrovia. Pode ainda existir a necessidade de criar ligações com outros centros produtores ou de consumo;

b] as demandas já são bem conhecidas e consolidadas, o que minimiza erros por estimativas de projeções de taxas de crescimento e de previsões de implantação de empreendimentos (futuros clientes);

c] o conhecimento estabelecido sobre o regime pluviométrico e o comportamento de bacias hidrográficas facilita o detalhamento do custo de drenagem;

d] o histórico da manutenção da ferrovia, particularmente de toda a via permanente, fontes de materiais de construção etc., minimiza erros de estimativa de custos de sua implantação e conservação;

e] dados concretos sobre a operação minimizam problemas quanto à simulação operacional, consumos de combustível ou de energia elétrica etc.

De qualquer modo, o estudo preliminar é composto pela estimativa de custos, somando-se todas as despesas ao longo da vida útil da ferrovia, incluindo a implantação inicial da via permanente e as melhorias futuras, a aquisição de material rodante, a desapropriação da faixa de domínio, as compensações ambientais e a operação e manutenção da via.

Em seguida, ponderam-se as receitas estimadas (inclusive as extraoperacionais – ver Medeiros, 1987) e se verifica a relação custo-benefício e as taxas internas de retorno para a tomada de decisão. Também é pertinente, nessa fase, considerar os benefícios e os custos sociais associados.

A metodologia para o cálculo de receitas e demais estudos econômicos ou de custos operacionais ou sociais não cabe neste livro, sendo listados aqui apenas os procedimentos que levam à estimativa de custo direto de implantação.

Os estudos preliminares se iniciam pela definição da demanda e dos pontos obrigatórios de passagem e, por meio dos estudos operacionais, são definidos os parâmetros condicionantes do projeto, tais como: comprimento das composições, rampas máximas por trecho, raio mínimo, largura da(s) bitola(s), tipo de via (singela ou dupla), tipo de tração, espaçamento entre desvios de cruzamento e maneira de sua implantação (no início ou em fases), tipo e localização das instalações auxiliares, pátios de integração (unimodais ou multimodais), tipo de vagão e de locomotiva e tipo de sinalização e de telecomunicações.

No caso de transporte de passageiros, deve-se também incluir a seleção dos locais das estações comuns e de integração unimodal ou multimodal. Entre os diversos critérios para a seleção de estações de integração, pode ser utilizado o da centralidade (Nabais, 2005).

A partir daí, sobre as cartas de escalas de 1:50.000 ou 1:25.000, pode ser definida a diretriz e suas alternativas para desenvolver, com o auxílio de dados geológicos, o projeto geométrico, permitindo a estimativa do custo de terraplenagem e do comprimento e custo das principais OAEs (túneis, pontes, viadutos). Nessa fase, a estimativa de custos de drenagem, superestrutura ferroviária, obras complementares e de remanejamento de interferências pode ser feita por um valor médio por quilômetro, pois a identificação de fontes de materiais de construção é muito imprecisa.

Estudos ambientais e arqueológicos também são fundamentais nessa fase, uma vez que a presença de obstáculos ambientais ou de sítios arqueológicos pode ser decisiva para a seleção do traçado e, eventualmente, inviabilizar o empreendimento.

O custo de desapropriação nessa fase deve ser estimado com base na área total a ser desapropriada multiplicada por valores médios de terrenos, estimados por localização e tipo de ocupação de forma macro (pasto, tipo de ocupação agrícola, benfeitorias atingidas).

Já a estimativa de custo de construção da infraestrutura de via permanente pode ser obtida do Sistema de Custos Rodoviários (Sicro) (DNIT), e a da superestrutura, dos preços médios de licitações recentes no Brasil.

Os custos de material rodante dependem da frota selecionada, enquanto os das instalações auxiliares devem ser estimados por valores médios. Por sua vez, os custos anuais de conservação e manutenção podem ser estimados em consulta a operadoras ferroviárias ou com base em dados históricos para cada tipo de ferrovia e de região.

Por fim, os custos de melhorias constam de eventuais ajustes de traçado ou correções do greide, implantação de desvios de cruzamento adicionais etc. Essas melhorias são implantadas somente quando necessárias e já com a ferrovia gerando receitas operacionais e extraoperacionais, sendo seus custos individualizados para cada ferrovia e trecho (Medeiros, 1987).

Para o desenvolvimento do projeto geométrico, pode ser utilizado o Escopo Básico EB-101 da publicação IPR 726 do DNIT (2006c), substituindo-se, por exemplo, os estudos de tráfego pelos operacionais.

A Fig. 1.7 ilustra, de modo sucinto, a sequência de operações para o estudo de viabilidade técnico-econômica.

1.4.2 Anteprojetos

Definida a viabilidade técnico-econômica, passa-se à fase seguinte: anteprojeto ou projeto básico. No Brasil, o desenvolvimento do projeto básico pode ser efetuado de acordo com a instrução normativa n° 80-IN-011A-00-7001 (apresentação de projeto básico) da Valec.

Fundamentalmente, essa fase é composta do desenvolvimento dos estudos e projetos das principais disciplinas em escalas apropriadas (geralmente, 1:5.000), conseguindo-se, assim, quantitativos estimados com maior nível de precisão, e pode-se alcançar até aproximadamente 20% dos valores finais. Para a obtenção dessa escala, pode-se trabalhar com fotografia aérea, em voo que permita fotografia na escala de 1:15.000 (pode ser restituída em 1:5.000 e com curvas de nível a cada 2 m), em que já podem ser identificados os principais acidentes topográficos, pequenas e médias bacias hidrográficas, a extensão aproximada das principais OAEs e algumas das principais interferências.

Nessa fase, são necessários alguns estudos de campo com, no mínimo, investigações geotécnicas e sondagens nas margens dos rios, para ser possível avaliar o tipo de

FIG. 1.7 Fluxograma do estudo de viabilidade técnico-econômica

fundações das OAEs e ter noção das distâncias de transporte, com base em uma pesquisa inicial de pedreiras, jazidas e areais e na identificação de locais onde haja solos de baixa capacidade de suporte. Deve-se aproveitar essa fase para tentar melhorar cruzamentos de rios, identificar as interferências mais importantes e localizar potenciais locais para a instalação de canteiros etc. Além da parte geológica e geotécnica, vistorias de profissionais ligados a geometria, hidrologia e drenagem são muito recomendadas.

Assim, obtém-se um traçado mais detalhado que o da fase inicial, com raios de curvatura adequados à classe da ferrovia, podendo ser lançado um greide e serem estimados volumes, classificados e a distribuição de terraplenagem. Também podem ser elaborados anteprojetos de drenagem, obras de arte correntes e especiais, contenções e remanejamento de interferências, além de serem avaliadas obras complementares. O anteprojeto de desapropriação também pode ser elaborado, com os laudos e avaliações das propriedades e benfeitorias a serem desapropriadas.

É nessa fase também que os estudos ambientais começam a ser detalhados, atentando para a obtenção de licenças adequadas a esta e à próxima fase do projeto, tais como as licenças de supressão de vegetação, permitindo o desenvolvimento dos serviços de campo.

No que diz respeito à superestrutura ferroviária, procede-se ao seu cálculo adequado ao tipo de trem adotado e à carga prevista – distância entre dormentes e tipo de dormente, espessura de lastro e tipo de trilho, além da identificação preliminar de pedreira de lastro, a qual já deve ter amostras coletadas e ensaiadas para verificar sua qualidade e avaliar sua suficiência volumétrica. Admite-se, nessa fase de estudo, que pedreiras comerciais sejam indicadas, mas é recomendável o estudo de pedreiras inexploradas, principalmente se a distância de transporte, a qualidade do material e sobretudo a extensão do projeto e os volumes de brita necessários (lastro, dormentes, moirões de cercas, bueiros e demais obras de concreto) justificarem a instalação de uma central de britagem exclusiva para a implantação.

Com esses anteprojetos concluídos, pode-se estimar os serviços necessários e avaliar os quantitativos de maneira mais precisa em relação à fase anterior, sendo viável, portanto, estimar o custo da obra com mais detalhe e exatidão. Com base na lei de licitações (Lei nº 8.666 – Brasil, 1993), já é possível licitar a obra com esses valores, sabendo-se, entretanto, que sofrerão variações expressivas nas fases posteriores.

No entanto, não se pode esquecer que o projeto dito básico, ou anteprojeto, apesar de já fornecer nível adequado à licitação e contratação das obras, ainda não apresenta bom nível de detalhe. Deve-se, então, passar à fase seguinte, que permite a execução dos serviços com menos surpresas e imprevistos.

A Fig. 1.8 ilustra as fases do projeto básico.

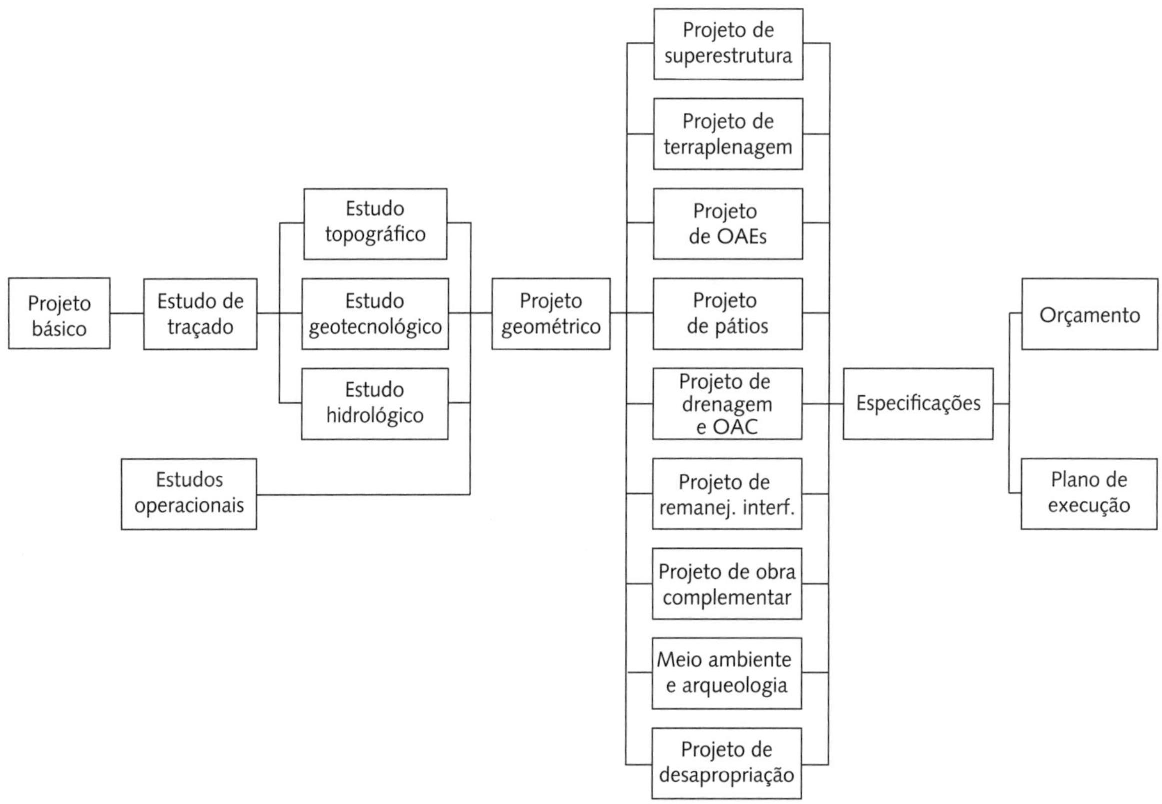

Fig. 1.8 Fluxograma do projeto básico (instrução normativa nº 80-IN-011A-00-7001 da Valec)

1.4.3 Projeto executivo

Concluído o anteprojeto, passa-se à fase de projeto final, de engenharia ou executivo, em que se realiza topografia de campo, mais investigações geotécnicas e mais serviços de campo nas diversas disciplinas do projeto.

Nessa fase, trabalha-se com escalas menores (1:500 a 1:2.000) e são emitidas notas de serviço de todas as disciplinas: terraplenagem, drenagem e OAC, superestrutura e obras complementares. As OAEs e os túneis deverão ser detalhados como mostrado nos capítulos correspondentes deste livro.

O grau de precisão dos quantitativos se aproxima muito dos valores finais da obra. É nessa fase que se corrigem pequenas diferenças de traçado e greide, evitando os principais problemas que não foram detectados anteriormente, em particular desapropriações de benfeitorias de valor histórico, arqueológico, social ou financeiro, problemas de solos moles ou de natureza geológica, problemas associados à arqueologia e ao meio ambiente, interferências de maior importância etc.

Em suma, a principal diferença do projeto básico para o projeto executivo é o nível de precisão e de detalhe, pelo uso de escalas mais adequadas e maior informação das equipes de campo.

O projeto de desapropriação engloba o cadastro de benfeitorias para a aplicação de valores reais, e o orçamento é determinado com base em quantitativos calculados, e não em estimativas ou valores médios.

Nos Caps. 3 a 7, serão abordados os principais aspectos do projeto executivo, cuja sequência usual é apresentada na Fig. 1.9.

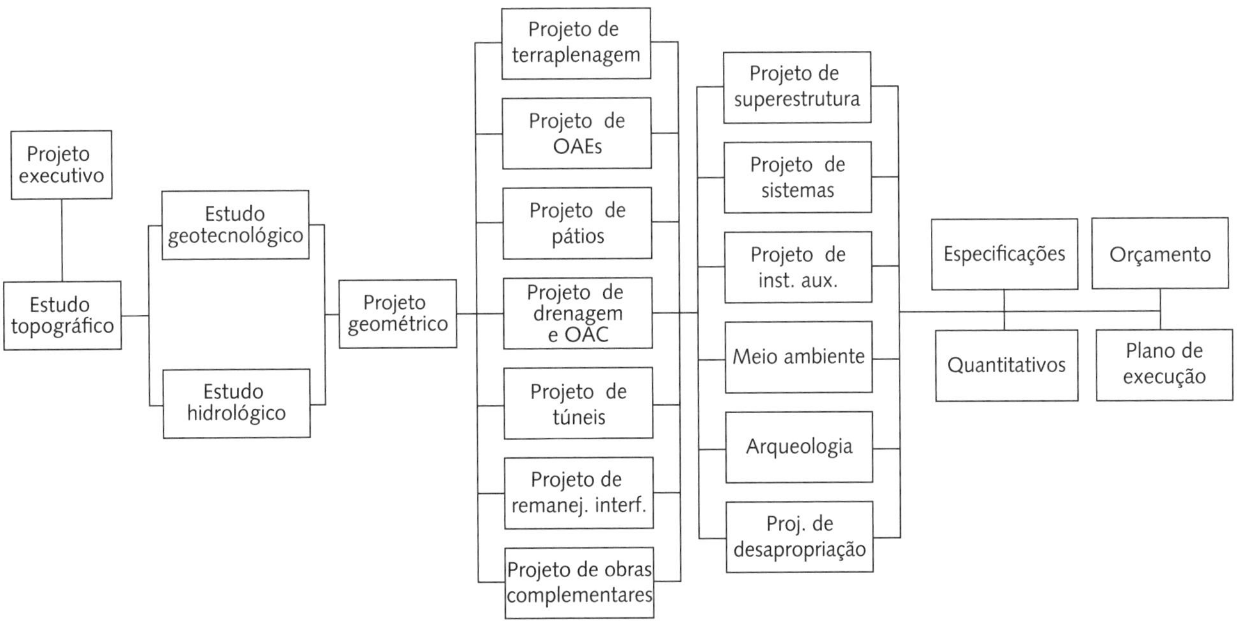

FIG. 1.9 Fluxograma do projeto executivo (instrução normativa nº 80-IN-012A-00-8001 da Valec)

1.5 Especificações

O Brasil possuía um conjunto de normas e especificações do corpo técnico da Rede Ferroviária Federal S.A. (RFFSA). Com sua extinção, grande parte desse acervo se perdeu.

Recentemente, a Valec, em grande parte influenciada por esse acervo e por alguns técnicos advindos da RFFSA, desenvolveu e atualizou uma coletânea de normas de projeto e de construção, com o acréscimo e a adaptação de normas, especificações e instruções de serviço do extinto DNER (atual DNIT) e da experiência internacional. Participaram desse empreendimento profissionais da área ferroviária, consultores e o corpo técnico da Valec.

A Companhia Brasileira de Trens Urbanos (CBTU), órgão do Ministério das Cidades responsável pela política de transporte metropolitano de passageiros, também possui normas e especificações de serviços ferroviários em vigor, elaboradas por seu corpo técnico e que refletem sua experiência acumulada e padrões em uso no Brasil.

É importante salientar que a experiência e a vocação da Valec são direcionadas para o transporte de carga, enquanto a CBTU é responsável pelo transporte urbano de passageiros (essa responsabilidade está em processo de descentralização para os Estados desde a década de 1990).

Atualmente, o DNIT, por meio de sua Diretoria de Infraestrutura Ferroviária, efetua consulta pública para a emissão de um conjunto de Instruções de Serviços Ferroviários (ISF) com enfoque no projeto (ver <www.dnit.gov.br/noticias/consulta-publica-instrucoes-de-servicos-ferroviarios>). A Valec e o DNIT pertencem ao Ministério dos Transportes, o que poderá facilitar a criação de um único e coerente conjunto de especificações, com a atualização das normas existentes e em vigor e que atualmente regulam os contratos de projeto, construção e fornecimentos entre o Ministério e seus diversos fornecedores.

Além dessas três entidades governamentais (Valec, CBTU e DNIT), há a Associação Brasileira de Normas Técnicas (ABNT), as operadoras de ferrovias, as entidades de classe (associações de consultores de engenharia e de fornecedores de material rodante e de materiais e equipamentos ferroviários) e os organismos internacionais ligados à ferrovia (por exemplo, a Arema, antiga Area). Todos apresentam normas e padrões próprios.

É evidente a necessidade da criação de comitês interministeriais e da presença de representantes da sociedade para que, somando-se as experiências individuais, crie-se um padrão único de normas, evitando duplicidades ou mesmo eventuais contradições, prejudiciais para a produtividade e a qualidade de projetos e obras. Os documentos produzidos pelo DNIT e pela Valec estão sendo padronizados atualmente.

A seguir, são detalhadas as especificações brasileiras mais relevantes.

1.5.1 Especificações da Valec

Ao longo de sua existência, a Valec desenvolveu normas e especificações tanto para projetos básicos e executivos (as principais serão descritas nos capítulos correspondentes a cada disciplina) quanto para obras e materiais, utilizando ou adaptando às atuais condições brasileiras, sempre que viável, especificações de órgãos reconhecidos, como o DNIT.

1.5.2 Especificações do DNIT

A Diretoria de Infraestrutura Ferroviária (DIF) do DNIT desenvolve uma série de minutas de Especificações de Projeto (ISF), bem como de Especificações de Materiais (ETM) e de Serviços (ETS), exemplificadas nos capítulos correspondentes.

Além disso, no que diz respeito às especificações de materiais e de obras, o DNIT possui amplo espectro de especificações rodoviárias, aplicáveis em terraplenagem, drenagem, obras complementares e obras de arte correntes e especiais. Como os serviços de pavimentação são usuais em praticamente todos os projetos ferroviários (por exemplo, acessos, pátios intermodais e instalações de apoio), as especificações de pavimentação do DNIT também são aplicáveis.

1.5.3 Especificações da ABNT

A ABNT também possui leque amplo de especificações, principalmente para materiais de via permanente (infraestrutura e superestrutura). A NBR 7641 (TB 131) (ABNT, 1980), por exemplo, estabelece toda a terminologia ferroviária.

Salvo casos especiais devidamente justificados, as normas da ABNT devem ser seguidas. Também podem ser utilizadas normas internacionais reconhecidas, em particular normas dos Estados Unidos ou do Reino Unido (British Standards), que têm experiência secular nessa área.

capítulo 2

Estudos operacionais

Wilson Tadashi Shimura

2.1 O papel dos estudos operacionais nos projetos

2.1.1 Objetivo da ferrovia

Um projeto de ferrovia tem como objetivo estudar ou implantar um trecho ferroviário dentro de padrões técnicos adequados à finalidade da ferrovia: realizar o transporte de carga e/ou passageiros de forma segura e econômica.

O objetivo de um projeto ferroviário não se restringe apenas ao projeto propriamente dito e à sua implantação, devendo também atender, da melhor forma possível, aos requisitos da operação ferroviária, que ocorrerá por mais de trinta anos.

Assim, os parâmetros do projeto devem estar em perfeita sintonia com as necessidades da operação ferroviária desde o início dos trabalhos.

2.1.2 Parâmetros definidores dos projetos

A seguir, são apresentados os dados e parâmetros operacionais definidores do projeto e que orientarão os diversos estudos e projetos.

- *Projeto geométrico*
  - a] *rampa máxima compensada por trecho*: define o trem-tipo;
  - b] *raio mínimo das curvas*: inscrição nas curvas e aspectos de manutenção da via;
  - c] *curvas de concordância horizontal*: trecho de variação da superelevação;
  - d] *curvas de concordância vertical*: esforços no engate;
  - e] *distância mínima entre pontos de inflexão vertical (PIVs)*: minimizar partes do trem em rampas diferentes;
  - f] *rampa compensada máxima nos pátios e desvios de cruzamento*: manter o veículo estacionado sem freios;
  - g] *localização dos desvios de cruzamento e comprimento útil (plano de vias)*: capacitação da via;
  - h] configuração das linhas nos pátios e terminais.
- *Projeto de superestrutura da via*
  - a] *tonelagem bruta (TB) anual (peso das locomotivas e dos vagões carregados e vazios que passam na linha)*: dimensionamento da superestrutura;
  - b] *velocidade dos trens*: dimensionamento da superestrutura e da superelevação nas curvas.
- *Projeto de sinalização e telecomunicações*
  - a] *trem-tipo e quantidade de trens*: seleção de sistema compatível;
  - b] *velocidade dos trens ao longo da linha e distâncias de frenagem*: locação de circuitos de via e sinais;
  - c] *definição dos tipos de equipamento de bordo*: licenciamento e comunicação.

- *Estudos ambientais*
  a] *consumo de combustível*: avaliação de emissão de poluentes.
- *Avaliação econômica e financeira*
  a] *capex*: investimentos em frota, equipamentos, capacitação da via e instalações operacionais;
  b] *opex*: custo operacional e outros custos;
  c] *receita operacional*.

2.1.3 Estudos operacionais nas fases de projeto

Estudo de viabilidade técnica, econômica e ambiental (EVTEA)

Nessa fase, são realizados estudos com menor precisão, como mencionado anteriormente, mas o EVTEA requer que sejam mensurados os custos dos investimentos na implantação da linha e dos pátios, na frota de locomotivas e vagões e nos equipamentos e instalações, bem como os custos operacionais e outros custos e a receita operacional para o período de abrangência do projeto, por exemplo, trinta anos. Esses dados, juntamente com os dados socioeconômicos e ambientais, vão compor a avaliação econômica e financeira do projeto.

A avaliação econômica, do ponto de vista da sociedade, considera os ganhos que a ferrovia gera com a redução dos custos de transporte e dos custos de acidentes, a redução da emissão de poluentes e a valorização da região servida pela ferrovia, comparando-os com os investimentos e custos operacionais ao longo do período de projeto.

A avaliação financeira, do ponto de vista do operador da ferrovia, considera as receitas, os investimentos e os custos operacionais ao longo do projeto. Pode-se concluir que há a necessidade de aporte de capital de outras fontes, por exemplo, de recursos governamentais, para viabilizar o negócio.

Nessa fase de viabilidade, os estudos operacionais definirão os seguintes aspectos:

a] em conjunto com a área de traçado e o projeto geométrico, as definições de rampa máxima compensada e raio mínimo de curva horizontal por trecho da ferrovia, as quais estão associadas aos trens-tipo previstos (quantidade de locomotivas e vagões). Em se tratando de prosseguimento de linha existente, o trem-tipo deverá ser compatível com o trem-tipo do trecho em operação;

b] no caso de via singela, o comprimento e o espaçamento/posicionamento dos desvios de cruzamento, em função da capacidade do trecho, para atender as quantidades de trens previstas nos diversos horizontes do projeto;

c] a estimativa das dimensões e custos dos pátios de movimentação de cargas;

d] o trem-tipo e a quantidade de trens, para a seleção de sistema de licenciamento de trens compatível;

e] os tipos de equipamento de bordo das locomotivas, para licenciamento e comunicação;

f] o consumo de combustível obtido por meio de simulações de desempenho de trens ou estimado por parâmetros de outras ferrovias, para avaliação de emissão de poluentes;

g] os investimentos em frota, os equipamentos, a capacitação da via e as instalações operacionais: *capex*;

h] o custo operacional e outros custos: *opex*;
i] a receita operacional.

No caso de investimentos do Governo Federal, os resultados da avaliação econômico-financeira, com dados das diversas áreas, devem compor o Relatório de Viabilidade de Projetos de Obras de Grande Vulto para Infraestrutura de Transportes, conforme as especificações de Brasil (2009), para apresentação ao Ministério do Planejamento.

Anteprojeto ou estudo básico

Nessa fase, há um detalhamento do plano operacional com base nos seguintes elementos:

a] o anteprojeto geométrico desenvolvido sobre base cartográfica mais precisa, geralmente na escala 1:5.000, fornece elementos em planta e perfil para permitir a realização de simulações de desempenho de trens que permitam estabelecer os tempos de viagem, a velocidade do trem em cada ponto, o consumo de combustível e a verificação da adequação do trem-tipo ao traçado. Caso haja necessidade, o trem-tipo pode ser revisto;
b] a definição dos tempos de viagem nos dois sentidos permite a verificação da capacidade do plano de vias, fazendo-se a adequação e o reposicionamento dos desvios de cruzamento ou dos sinais e estabelecendo-se o plano de implantação de acordo com a quantidade de trens nos diversos horizontes de estudo;
c] com os dados topográficos mais precisos da planta e do perfil da linha principal, são desenvolvidos os projetos básicos dos pátios de movimentação de carga, estabelecendo-se a configuração das linhas para a operação prevista e a concepção dos acessos rodoviários. O detalhamento da geometria das linhas do pátio pela área de projeto geométrico deve ser acompanhado, sendo realizadas eventuais modificações para adequação ao terreno ou às extensões disponíveis;
d] os sistemas de licenciamento de trens e de comunicação são consolidados;
e] o consumo de combustível obtido permite a alocação dos postos de abastecimento de locomotivas;
f] a revisão do cálculo de frota de locomotivas e vagões é feita com dados mais precisos;
g] caso não sejam utilizadas as instalações eventualmente existentes, o plano operacional deve estabelecer a localização das oficinas e postos de manutenção, das equipes de socorro para atendimento de acidentes, dos dormitórios de maquinistas e do Centro de Controle Operacional (CCO).

No modelo adotado pelo Governo Federal, toda a parte ligada à operação (frota, sinalização, equipamentos, edificações, CCO) fica sob responsabilidade do concessionário, e o projeto básico não contempla o detalhamento desses itens.

Projeto executivo

As principais decisões operacionais foram estabelecidas nas etapas anteriores, e no projeto executivo restam as seguintes atividades:

a] acompanhamento do detalhamento dos projetos de pátios de movimentação de carga;

b] acompanhamento do detalhamento do plano operacional;

c] caso requerido, em conjunto com a área de material rodante, seleção de locomotivas, vagões e equipamentos auxiliares.

2.2 Noções gerais de frenagem

A frenagem de trens cargueiros, diferentemente da dos veículos rodoviários, requer distâncias bastante longas, chegando a cerca de 1 km no caso de trens longos em descidas acentuadas.

A seguir, são apresentados resumidamente alguns tipos de freio existentes na composição ferroviária e suas utilizações.

2.2.1 Freio dinâmico das locomotivas

Utilizado para o controle da velocidade do trem e nas reduções de velocidade, o freio dinâmico é resultante da inversão da polaridade do motor de tração, que passa a trabalhar como gerador, transformando a energia mecânica do movimento em energia elétrica, a qual é dissipada em um banco de resistências elétricas. No caso de locomotivas elétricas, a energia pode eventualmente ser devolvida à rede aérea para utilização por outro trem ou ser devolvida à concessionária de energia elétrica (freio regenerativo).

A Fig. 2.1 mostra um exemplo de curva máxima de aplicação de freio dinâmico do tipo estendido para locomotivas com motor de tração com corrente contínua (CC). Existem pontos de aplicação intermediários que permitem que se tenha menor valor de esforço frenante para a mesma velocidade. Observa-se que a eficiência da frena-

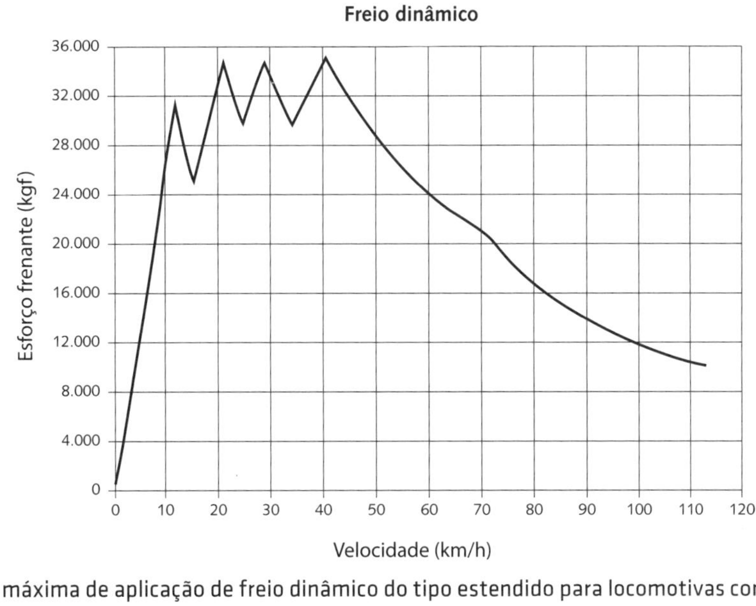

Fig. 2.1 Curva máxima de aplicação de freio dinâmico do tipo estendido para locomotivas com motor de tração de corrente contínua (CC)

gem é nula com a locomotiva parada, cresce até determinada velocidade, alcançando um patamar máximo, e decresce com o aumento da velocidade.

Nas modernas locomotivas com motor de tração de corrente alternada (CA), o freio dinâmico é eficaz mesmo a baixas velocidades, constituindo um patamar constante entre 0 km/h e cerca de 40 km/h, e decresce a partir daí, de maneira similar ao motor de tração de corrente contínua.

2.2.2 Freio independente da locomotiva

É o freio pneumático aplicado por sapatas diretamente nas rodas das locomotivas, sendo utilizado como freio de estacionamento ou em velocidades muito baixas.

2.2.3 Freio pneumático dos vagões

A frenagem nos vagões é feita por sapatas que se aplicam à superfície das rodas por meio do sistema pneumático, o qual aciona o cilindro de freio do vagão, que, por sua vez, transmite a força para as sapatas de freio em cada roda pelo sistema de alavancas denominado timoneria, como mostra a Fig. 2.2.

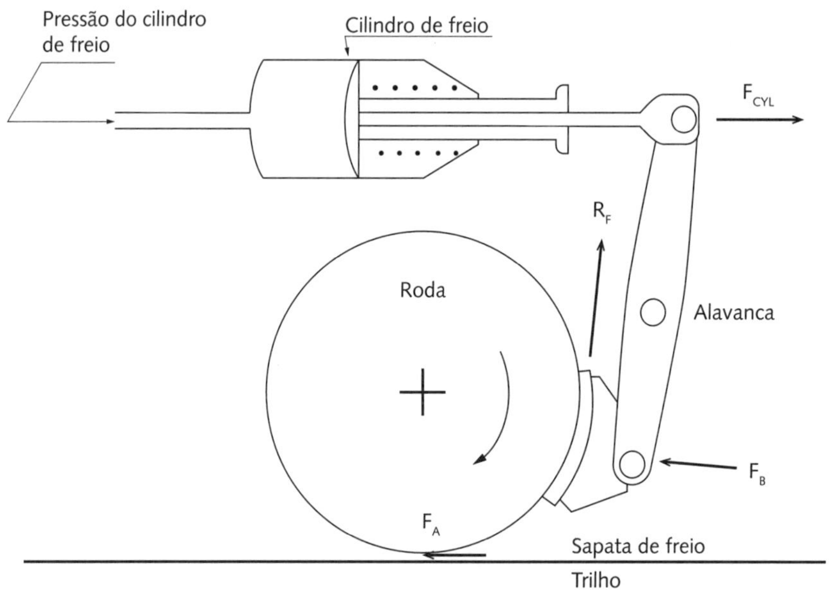

Fig. 2.2 Freio pneumático

Para calcular a força de frenagem (F_B, em kgf), é preciso considerar a pressão no cilindro (*Pc*, em psi), a área do pistão (*A*, em pol^2), o número de cilindros em cada veículo (*N*) e a relação de alavancas do sistema de freio (*Ra*), conforme:

$$F_B = 0{,}4536\, Pc \cdot A \cdot N \cdot Ra \qquad \textbf{(2.1)}$$

Já a força frenante da roda deve ser calculada considerando o índice de frenagem (*IF*, sendo $IF = \frac{F_B}{P}$, em que P = peso do veículo, em kgf); o coeficiente de fricção (*f*, sendo $f = \frac{0{,}33}{(1 + 0{,}0183\, V)(1 + 0{,}004\, t)}$, a fórmula de Parodi) em que *t* = tempo de aplicação do freio, em s, e *V* = velocidade do trem, em km/h); e a eficiência da timoneria (*EFt*), conforme:

$$R_F = 1.000\, IF \cdot f \cdot EFt \qquad (2.2)$$

Observa-se que a eficiência de frenagem diminui com o aumento da velocidade e com o tempo de aplicação do freio, que reduzem o coeficiente de fricção.

Uma das características do freio pneumático dos vagões é que sua aplicação pode ser aumentada, mas para reduzi-la é necessário aliviar o freio pneumático de toda a composição e realizar nova aplicação.

2.2.4 Freios manuais

Os freios manuais são utilizados em caso de estacionamento em rampas por períodos que ultrapassem algumas horas e quando os freios pneumáticos deixam de operar. As locomotivas também possuem freios manuais.

2.2.5 Utilização dos freios

Em descidas longas com rampas acentuadas, com mais de 1 hora de percurso, o aquecimento das rodas dos vagões produzido pela frenagem é limitador de velocidade, por exemplo, se a potência máxima de frenagem for de 30 HP em rodas de 29 polegadas. Esse foi o limitador do dimensionamento da velocidade operacional na descida da Ferrovia do Aço, entre as cidades de Bom Jardim de Minas (MG) e Saudade (RJ).

O uso de locomotivas no meio e/ou na cauda do trem (tração distribuída) diminui o tempo de reação do sistema de freios e produz uma frenagem mais rápida, reduzindo as distâncias de frenagem e os esforços nos engates dos vagões junto às locomotivas à frente do trem.

2.3 Situações operacionais especiais

2.3.1 Operação com tração diesel-elétrica em túneis

Uma situação que pode exigir cuidados é a operação de trens com tração diesel-elétrica em túneis. As locomotivas podem apresentar problemas de perda de potência e superaquecimento por causa dos gases de exaustão do motor diesel, superaquecidos, sem oxigênio e com poluentes, que podem acompanhar o trem e ainda criar condições insalubres para o maquinista. Esses efeitos dependem da extensão e da declividade dos túneis e do tamanho do trem.

- *Túneis longos*: o trem funciona como êmbolo num cilindro infinito e não consegue empurrar o ar para a frente. Ao passar entre a parede e a locomotiva, o ar fresco promove a refrigeração, evitando os problemas de perda de potência e superaquecimento. Entretanto, o tempo para a autolimpeza é bastante longo. No sentido de descida, o volume de ar poluído que fica na passagem do trem é menor em razão da baixa potência desenvolvida. É o caso do "tunelão" da Ferrovia do Aço, com 8.640 m. Para operação plena nos dois sentidos, seria necessário um sistema de ventilação possivelmente com porta de vedação feita com madeira, para o caso de sua abertura falhar, o que minimizaria os danos na locomotiva caso se chocasse contra ela.

- *Túneis curtos (em torno de 1 km)*: o trem consegue empurrar a massa de ar do túnel e o ar poluído e aquecido acompanha as locomotivas, causando superaquecimento dos motores, perda de potência e de rendimento por falta de oxigenação do ar e condições insalubres para o maquinista. É o caso do túnel na chegada de Bom Jardim de Minas (MG), na Ferrovia do Aço, onde foi instalada uma porta de vedação para que o trem não conseguisse empurrar a massa de ar à frente e tivesse ventilação. O túnel 12 da Serra do Mar também é crítico. No caso de operação de túneis com essas características, o intervalo permitido para a operação de trens sucessivos pode ser definido pelo tempo de limpeza do ar poluído, constituindo-se, nesses casos, como limitador dimensionante de capacidade do trecho.

Por essas razões, recomenda-se que os túneis ferroviários que não possuam ventilação tenham um perfil sem um ponto alto em seu interior (rampa e contrarrampa), de forma a facilitar a exaustão dos gases (efeito chaminé).

2.4 Projeto operacional

A seguir, são apresentados os passos para a elaboração de um projeto operacional, cujo nível de detalhamento será função da fase de projeto.

Após a coleta dos dados necessários, em conjunto com a área de traçado, é definida a rampa máxima compensada por trecho, essencial para a definição do trem-tipo por trecho. Em função das características topográficas de cada trecho (plano, ondulado, montanhoso), a ferrovia pode ser dividida em trechos característicos de tração, preferencialmente uniforme em toda a extensão do projeto. Entretanto, poderá ser adotado o esquema de locomotivas adicionais de auxílio (*helpers*) em trechos que exijam rampas mais acentuadas, tomando-se o cuidado de evitar frequentes trechos de auxílio ao longo do traçado.

A definição do trem-tipo requer a informação do volume e do tipo de transporte, a escolha de locomotivas e vagões para formar o trem, as condicionantes geométricas de rampa crítica dimensionante e a avaliação de operação de trens em trechos contíguos, se existirem.

2.4.1 Dados necessários

Características da malha ferroviária

Usualmente, uma ferrovia conecta-se com uma malha existente, ainda que tenham bitolas diferentes. No caso de ferrovias de mesma bitola, deve ser analisada a questão de compatibilidade operacional entre a ferrovia em estudo e a malha existente, pois há grande possibilidade de troca de cargas e mesmo de trens de uma ferrovia operando em outra. Para compatibilizar os trens-tipo, devem ser previstos pátios de intercâmbio entre ferrovias, de modo a recompor e adequar as composições.

Demandas de transporte

As demandas de transporte são geralmente fornecidas pela área de estudos de mercado e contempla usualmente o período de 20 a 30 anos, uma vez que a ferrovia é um investimento que tem longa vida útil e retorno econômico em longo prazo.

O estudo completo de demanda estabelece os polos de carga e descarga e contempla, para cada horizonte, as mercadorias a serem transportadas, suas origens, seus destinos, as quantidades anuais e as sazonalidades (por exemplo, os produtos agrícolas que apresentam maior volume na safra). O estudo deve indicar também a embalagem da carga (granel, embalado, conteinerizado), de modo a definir as características dos vagões a serem utilizados.

Material rodante

Para a definição do trem-tipo e das quantidades de trens, devem ser selecionados os equipamentos que serão utilizados para o dimensionamento da ferrovia.

A escolha da locomotiva de trens de carga geralmente recai sobre aquelas que utilizam ao máximo a capacidade de suporte da via, sendo usuais locomotivas de 180 t na bitola larga (30 t/eixo), com potência de aproximadamente 4.000 HP. Na bitola métrica, são comumente escolhidas locomotivas com 120 t (20 t/eixo) ou 150 t (25 t/eixo), com potência em torno de 3.000 HP. São levantadas informações sobre curvas de esforço trator, consumo de combustível, peso, dimensões e velocidade mínima em regime contínuo.

De acordo com as mercadorias definidas pelas demandas de transporte, os vagões são selecionados e suas lotações efetivas para cada tipo de mercadoria, quase sempre abaixo da lotação nominal, são estabelecidas.

Características geométricas do traçado

Após a definição do traçado, caso seja requerida a simulação de desempenho de trens, os dados da geometria da via em planta e perfil alimentarão a execução desse estudo.

2.4.2 Dimensionamento de trens

Equação básica do movimento

O movimento de uma composição ferroviária é determinado pela resultante das forças que atuam no trem a favor do movimento e das forças resistentes que se contrapõem ao movimento.

A força resultante R determina a variação do movimento. Se $R > 0$, a composição acelera. Se $R = 0$, o trem mantém velocidade constante. Se $R < 0$, a composição desacelera, reduzindo sua velocidade.

Na Fig. 2.3, a força a favor do movimento é o esforço trator (E_T), enquanto as forças contrárias são a resistência normal (R_N), inerente ao movimento do veículo, e a resistência acidental (R_A) decorrente da geometria da via, sendo R_A a soma da resistência de rampa (R_R) e da resistência de curva (R_C). Assim, a resultante R é calculada por:

$$R = E_T - R_A - R_N \quad (2.3)$$

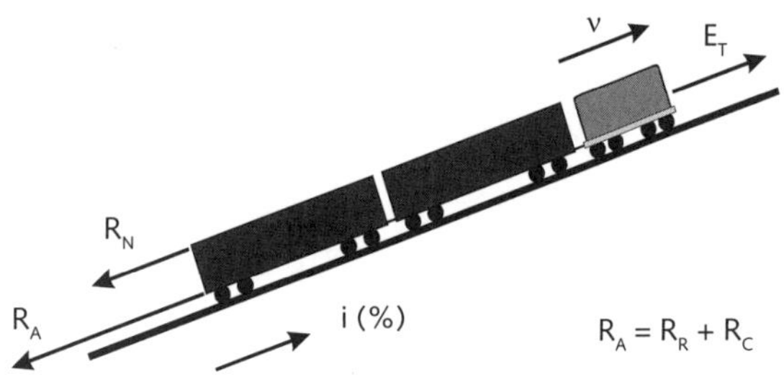

Fig. 2.3 Forças que atuam em um trem em movimento

Em que:
R = resultante das forças;
E_T = esforço trator;
R_A = resistência acidental (resistência de rampa + resistência de curva);
R_N = resistência normal.

Em descidas, a resistência de rampa é a favor do movimento (possui sinal negativo na equação). No caso da frenagem de trens, surgem as forças frenantes na locomotiva e nos vagões, não indicadas na figura.

A aceleração resultante é obtida de acordo com:

$$R = m \cdot a \quad (2.4)$$

Portanto:

$$a = \frac{R}{m} \quad (2.5)$$

Em que:
m = massa do trem;
a = aceleração resultante.

Esforço de tração e de frenagem

As locomotivas fornecem o esforço de tração para movimentar a composição. O esforço trator depende da potência da locomotiva, do ponto de aceleração empregado, da velocidade do trem e da aderência roda-trilho.

Para o controle de velocidade em descidas ou nas reduções de velocidade, o trem utiliza os freios, que geram forças contrárias ao movimento:

- freio dinâmico das locomotivas (inversão da polaridade do motor de tração, funcionando como gerador);
- freio pneumático dos vagões.

Resistências ao movimento

Resistência normal

Resistência normal é a soma das forças contrárias ao movimento que surgem nos vagões e locomotivas por conta dos atritos (resistência de flange e dos rolamentos), como a energia gasta em movimentos parasitas (histerese) e o atrito com o ar (Fig. 2.4).

As diversas fórmulas de cálculo da resistência normal são empíricas e determinadas experimentalmente e, em geral, são expressas em resistência normal unitária (ou específica), isto é, por unidade de peso do veículo, por exemplo, kgf/t.

A fórmula de W. J. Davis é a expressão correntemente aplicada para a determinação da resistência normal:

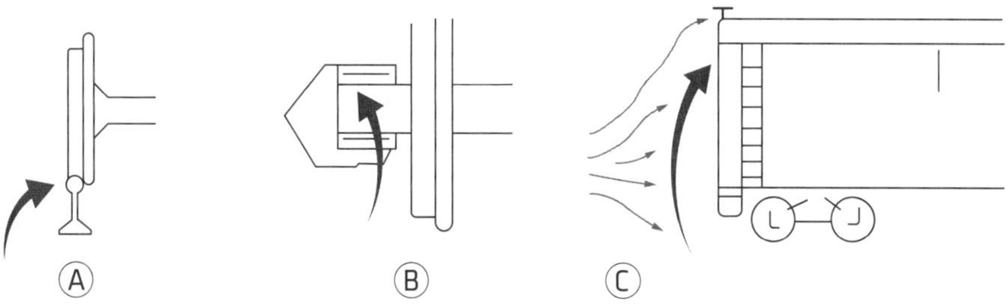

FIG. 2.4 Atrito: (A) no flange, (B) no rolamento e (C) com o ar

$$r_n = 0{,}65 + \frac{13{,}2}{p_e} + k_1 \cdot V + k_2 \cdot \frac{A \cdot V^2}{p_e \cdot n_e} \quad (2.6)$$

Em que:

r_n = resistência normal unitária do veículo ferroviário (kgf/t);

p_e = peso por eixo do veículo ferroviário (tf ou, simplificadamente, t);

k_1 e k_2 = coeficientes específicos do veículo ferroviário, apresentados na Tab. 2.1;

V = velocidade do veículo ferroviário (km/h);

A = área frontal do veículo ferroviário (m^2), determinada na Tab. 2.2;

n_e = número de eixos do veículo ferroviário.

TAB. 2.1 Valores de k_1 e k_2

Veículo		k_1	k_2
Carro		0,0093	0,00064
Vagão		0,0140	0,00094
Locomotiva	aerodinâmica	0,0093	0,00320
	convencional	0,0093	0,00450
Automotriz	simples	0,0280	0,00450
	acoplada	0,0140	0,0450

TAB. 2.2 Área frontal dos veículos ferroviários

Veículo	Área frontal (m^2)		
	Bitola de 1,00 m	Bitola de 1,435 m	Bitola de 1,60 m
Carro	8	11	11
Vagão	6 a 8	7 a 9	7 a 9
Locomotiva	6 a 10	10 a 11	10 a 12

Portanto, a resistência normal total do veículo (R_n) (kgf) é obtida por meio do produto do peso do veículo (t) pela resistência normal unitária (kgf/t):

$$R_n = \text{peso do veículo} \cdot r_n = p_e \cdot n_e \cdot r_n \quad (2.7)$$

Ao comparar a resistência normal unitária (kgf/t) de vagões carregados e vazios, conclui-se que ela é maior nos vazios, pois o peso por eixo (p_e), que divide o segundo e o quarto termo da fórmula, é menor. Desse modo, para o mesmo peso total de grupo de vagões compostos de vagões carregados ou de vagões vazios, a resistência normal total (kgf) é maior para o grupo de vagões vazios.

No processo de revisão da fórmula de Davis (Eq. 2.6), a American Railway Engineering and Maintenance-of-Way Association (Arema), por conta da utilização corrente de rolamentos em vez de mancal de fricção, adotou a fórmula desenvolvida pela ferrovia Canadian National, que apenas ajusta os coeficientes da fórmula de Davis.

Resistência acidental

Resistência acidental (R_A) é aquela que atua sobre o trem por conta da geometria da via, em função das rampas e das curvas em que o trem se encontra, sendo constituída pela soma da resistência de rampa (R_r) e da resistência de curva (R_c):

$$R_A = R_r + R_c \tag{2.8}$$

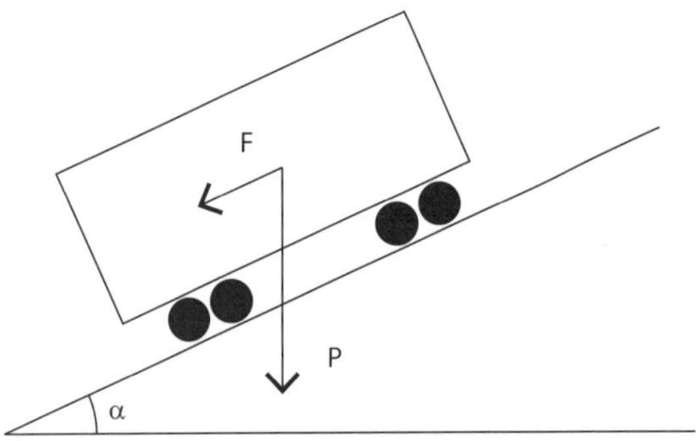

Fig. 2.5 Efeito do peso do veículo na rampa

Resistência de rampa

Resistência de rampa é o efeito do peso do veículo ao se posicionar numa rampa com inclinação i (%) (Fig. 2.5). A força gerada por causa da rampa é representada pela projeção da força peso (*P*) na direção do movimento e empurra o veículo para baixo, sendo, portanto, contra o movimento nas subidas e a favor do movimento nas descidas. A resistência de rampa usualmente é a força resistente mais representativa no movimento dos veículos.

Portanto, a força *F* na direção do movimento é dada por:

$$F = P \cdot sen\alpha \tag{2.9}$$

Em que $sen\alpha \cong tg\alpha \cong \alpha$ (radianos), válido para pequenos valores de α.

Sendo $i = 100 \cdot tg\alpha$, tem-se:

$$tg\alpha = \frac{i}{100} \tag{2.10}$$

Definindo r_r como resistência de rampa unitária, calculada por tonelada do veículo, tem-se (kgf/t):

$$r_r = \frac{F}{P} \tag{2.11}$$

Ao transformar o peso P em toneladas:

$$r_r = \frac{1.000 \cdot F}{P} = \frac{1.000 \cdot P \cdot sen\alpha}{P} = 1.000 \cdot tg\alpha = \frac{1.000 \cdot i}{100} = 10i \tag{2.12}$$

Chega-se finalmente a:

$$r_r = 10 \cdot i\ (\%)\ (\text{kgf/t}) \quad \textbf{(2.13)}$$

E:

$$R_r = P_t \cdot r_r \quad \textbf{(2.14)}$$

Em que:
R_r = resistência total de rampa (kgf);
P_t = peso total do trem (t).

Por exemplo, numa rampa de 1,0%, a resistência de rampa unitária (ou específica) é de 10 kgf/t, o que significa que sobre um vagão de 100 t atuaria uma força de:

$$R_r = 100\ \text{t} \times 10\ \text{kgf/t} = 1.000\ \text{kgf ou } 1\ \text{tf} \quad \textbf{(2.15)}$$

Resistência de curva

A resistência de curva é produzida pelo atrito dos trilhos com as rodas, que se mantêm solidárias no truque ferroviário, gerando um ângulo entre as direções da roda e do trilho, bem como um deslizamento forçado entre a roda e o trilho, uma vez que a rotação da roda interna e externa é a mesma, com percursos iguais, e o desenvolvimento do trilho externo é maior do que o interno à curva. Surge também a força centrípeta que o contato roda-trilho gera para manter o veículo na curva. Evidentemente, a resistência é maior quanto menor for o raio da curva. Existem várias fórmulas que buscam estabelecer a resistência de curva, determinadas experimentalmente:

- *Fórmula europeia (Commission des Courbes à Petits Rayons da UIC):*

$$r_c = \frac{500 \cdot b}{R} \quad \textbf{(2.16)}$$

Em que:
b = bitola (m);
R = raio da curva (m).

- *Fórmulas americanas:*
-

$$r_c = 0{,}6 \cdot G\ (\text{bitola de } 1{,}60\ \text{m}) \quad \textbf{(2.17)}$$

$$r_c = 0{,}54 \cdot G\ (\text{bitola de } 1{,}00\ \text{m}) \quad \textbf{(2.18)}$$

Em que:
r_c = resistência unitária de curva (kgf/t);
G = grau de curva = (1.146/R).

Resistência de partida

Quando o veículo ferroviário permanece algum tempo parado, o filme de lubrificação existente entre o eixo e o mancal – no caso de mancal de fricção – ou entre as esferas e a superfície interna do rolamento fica reduzido, produzindo uma resistência adicional para o início do movimento, denominada resistência de partida.

Essa resistência cai com a velocidade e é atuante até cerca de 3 km/h, valendo, a partir daí, a resistência normal.

O valor da resistência de partida é maior para o mancal de fricção em relação ao rolamento e também em baixas temperaturas, conforme a Tab. 2.3.

Tab. 2.3 Resistência de partida (kgf/t)

Tipo	Condições normais	Abaixo de 0 °C
Mancal de fricção	12,5	17,5
Rolamento	2,5	7,5

Como consequência, os vagões permanecem estacionados sem freio em perfis com inclinação de até aproximadamente 0,2% (resistência de rampa de 2,0 kgf/t), sendo esse o valor adotado usualmente como inclinação máxima nos pátios de estacionamento de vagões.

Resistência de inércia

Por um lado, existe a inércia das partes girantes do trem (rodas), que representa acréscimo virtual de até aproximadamente 3% do peso do trem quando se tenta acelerar ou retardar a composição. Nos cálculos, pode-se considerar essa massa adicional para calcular a força necessária para alterar a velocidade do trem.

Por outro, há o conceito denominado resistência de inércia (r_i), que, na realidade, representa a força necessária, em kgf/t, para alterar a velocidade do trem de V_1 para V_2 numa determinada distância ΔS, admitindo-se aceleração uniforme:

$$r_i = 4\frac{V_2^2 - V_1^2}{\Delta S} \tag{2.19}$$

Em que:
r_i = resistência de inércia (kgf/t);
V_2 = velocidade final (km/h);
V_1 = velocidade inicial (km/h);
ΔS = espaço percorrido (m).

Rampa compensada

Rampa compensada é a rampa imaginária em tangente, cuja resistência corresponde à soma das resistências de rampa e de curva de um determinado trecho. Simplificadamente, a rampa compensada (r_{cp}) é representada por:

$$r_{cp} = r_r + r_c \tag{2.20}$$

Na prática, partes do trem geralmente se encontram em rampas e curvas diferentes, de modo que o efeito das resistências acidentais é o valor ponderado.

Os projetos de ferrovia usualmente estabelecem a rampa compensada a ser utilizada na definição do projeto geométrico (planta e perfil).

Aderência roda-trilho

Um dos fatores limitantes da capacidade de tração das locomotivas é a aderência no contato roda-trilho, através do qual a roda consegue exercer o esforço trator.

A aderência é a resistência que se opõe ao escorregamento de um corpo sobre outro. Se o esforço trator ultrapassar o limite da aderência, ocorre a patinação, com as rodas deslizando sobre os trilhos, sem movimentação do veículo.

$$A = 1.000 \cdot f \cdot P_a \quad \textbf{(2.21)}$$

Em que:
A = aderência (kgf);
f = coeficiente de aderência;
P_a = peso aderente da locomotiva (peso total dos eixos tratores) (tf ou, simplificadamente, t).

Fatores que influenciam a aderência

O coeficiente de aderência sofre variações de acordo com os seguintes fatores:

a] natureza e condições das superfícies em contato, dependendo da condição do trilho e da manutenção da via, bem como da presença de sujeira, óleo ou graxa;
b] condição das rodas e existência de diâmetros diferentes no mesmo eixo, gerando escorregamento;
c] condições atmosféricas, uma vez que implicam trilho seco ou molhado;
d] geometria da via, devido ao escorregamento da roda externa nas curvas de pequeno raio;
e] velocidade do trem, já que a aderência é reduzida com o aumento da velocidade;
f] geração tecnológica da locomotiva, sendo a aderência maior nas locomotivas de corrente alternada do que nas de corrente contínua.

Fórmulas empregadas

Trata-se de fórmulas empíricas, conforme as Eqs. 2.22 e 2.23, referentes a locomotivas diesel-elétricas e elétricas, respectivamente:

$$f = \frac{f_0}{1 + 0,01\ V} \quad \textbf{(2.22)}$$

$$f = f_0 \cdot \frac{8 + 0,1\ V}{8 + 0,2\ V} \quad \textbf{(2.23)}$$

Em que:
f_0 = coeficiente de aderência na partida, cujos valores são dados na Tab. 2.4;
V = velocidade (km/h).

TAB. 2.4 Valores do coeficiente de aderência na partida (f_0)

Tipo de locomotiva	Condição do trilho			
	seco	úmido	com óleo	com areia
A vapor	0,25	0,15	0,10	0,30
Diesel-elétrica e elétrica	0,33 a 0,40	0,22 a 0,30	0,12 a 0,20	0,33 a 0,40

Patinação e suas consequências

A patinação produz várias consequências para a ferrovia:

a] escamação e desgaste localizado da superfície do trilho, o que antecipa a necessidade de troca e reposição;

b] calos na roda, reduzindo sua vida útil;

c] centelhamento no motor de tração de corrente contínua, o que pode danificar componentes;

d] atraso do trem em questão e de outros trens.

Modos de melhorar a aderência

Algumas medidas podem aumentar o coeficiente de aderência:

- manutenção do bom estado de conservação da via permanente e das locomotivas;
- utilização do areeiro das locomotivas quando houver patinação, espalhando areia sobre os trilhos;
- aumento do peso aderente da locomotiva com lastro;
- utilização de locomotivas dotadas de sistema de controle de patinação mais eficaz, com controle de velocidade de cada rodeiro, atuando individualmente em caso de patinação, o que já acontece nas locomotivas modernas.

Tração por simples aderência e sistemas especiais

A tração por simples aderência é o modo como operam as locomotivas convencionais, limitadas a rampas de cerca de 3,0% na carga e até 4,0% no trem de passageiros de alta velocidade.

Existem sistemas especiais que permitem obter esforço trator acima da simples aderência. O sistema cremalheira existente nas linhas da MRS entre Paranapiacaba (SP) e Raiz da Serra (SP) ou no trem do Corcovado, no Rio de Janeiro, é dotado de um terceiro trilho dentado no centro da via no qual a roda da locomotiva-cremalheira se acopla, produzindo esforço trator ou frenagem adicional.

Já o trem de sistema funicular que operava antigamente na Serra do Mar era acoplado a cabos que tracionavam a composição num sistema de contrapeso com outra composição.

Esforço trator de locomotivas

O esforço trator é a força de tração exercida pelas rodas motrizes de um veículo ferroviário sobre os trilhos com a finalidade de gerar movimento.

No caso de locomotivas diesel-elétricas, com a finalidade de obter maior torque na partida, os motores de tração são ligados em série, passando a série-paralelo à medida que a velocidade cresce, podendo ficar em paralelo, de modo a permitir o uso de toda a potência do grupo motor-gerador.

Na partida e até determinada velocidade, o esforço trator é limitado de modo a diminuir a corrente elétrica no motor de tração. Somente depois dessa velocidade é que a potência máxima disponível pode ser utilizada. A locomotiva possui oito pontos de aceleração, permitindo que o esforço trator seja graduado de acordo com as necessidades de condução do trem.

Ao considerar a máxima utilização da potência disponível, tem-se:

$$E_T = \frac{273,65\ P_{HPR}}{V} \quad (2.24)$$

Em que:
E_T = esforço trator (kgf);
P_{HPR} = potência na roda (HP);
V = velocidade (km/h).

O esforço trator útil (E_{TU}) é definido como o esforço disponível na barra de engate da locomotiva, isto é, o esforço trator (E_T) exercido pelas rodas da locomotiva descontado da força necessária para a movimentação da locomotiva (R_L):

$$E_{TU} = E_T - R_L \quad (2.25)$$

Trabalho e potência

Definições

Trabalho é o produto da força pelo deslocamento produzido (distância):

$$\tau = F \cdot d \quad (2.26)$$

Em que:
τ = trabalho (J);
F = força (N);
d = distância (m).

Potência (em W) é o trabalho produzido em uma unidade de tempo (em s):

$$P = \frac{\tau}{t} = \frac{F \cdot d}{t} = F \cdot v \quad (2.27)$$

Em que:
v = velocidade (m/s).

$$P_{(HP)} = \frac{F \cdot v}{273,65} \quad (2.28)$$

Em que:
$P_{(HP)}$ = potência (HP);
F = força (kgf);
v = velocidade (km/h).

A potência para tração de locomotivas diesel-elétricas é dividida em:

- *Potência indicada* (P_{HPi}): potência no motor primário do veículo, já descontada a parcela consumida pelos sistemas auxiliares (compressores, ventiladores, iluminação etc.);
- *Potência efetiva* (P_{HPr}): potência efetivamente transmitida às rodas da locomotiva;
- *Potência útil* (P_{HPu}): potência líquida disponível para a tração dos veículos rebocados, representada pela potência nas rodas das locomotivas com desconto da potência necessária para a movimentação da locomotiva.

Curvas características

A Fig. 2.6 mostra um exemplo de curva característica do máximo esforço trator de uma locomotiva, em que devem ser observados os seguintes aspectos:

- as características eletromecânicas da locomotiva impõem limitação do esforço trator a baixas velocidades até determinado ponto (patamar inicial);
- a partir desse ponto, a curva do máximo esforço trator descreve aproximadamente uma hipérbole do tipo $E_T = P_{OT}/V$;
- existe uma velocidade máxima para a operação da locomotiva;
- a curva representa o máximo esforço trator disponível para cada velocidade, obtida com o acelerador no ponto 8. A aplicação de um ponto de aceleração menor resultará em esforço trator menor para a mesma velocidade, significando que são diversas curvas de esforço trator, uma para cada ponto de aceleração.

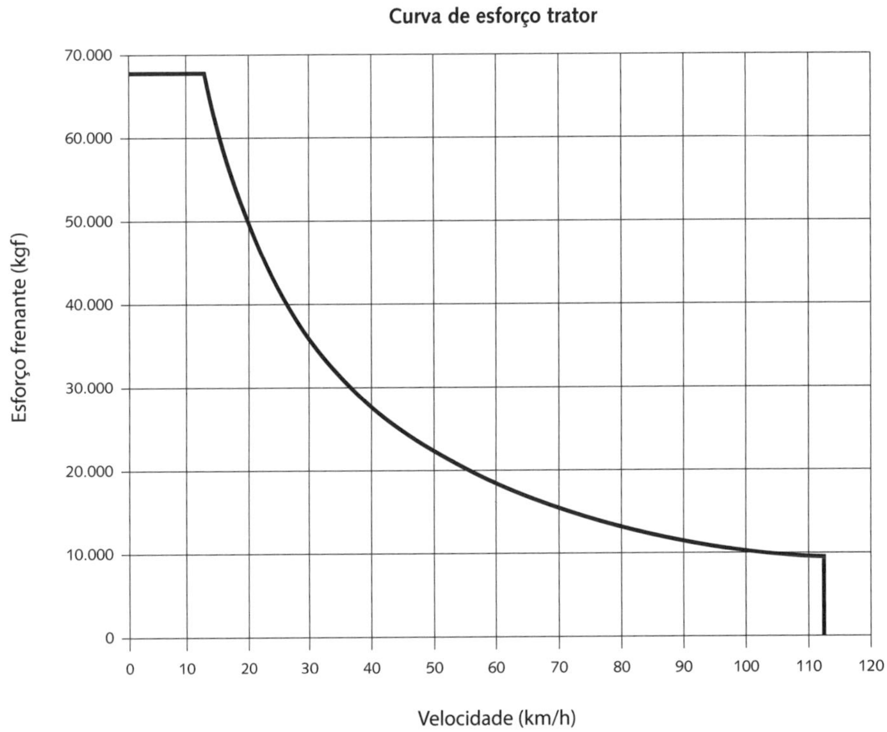

Fig. 2.6 Curva característica do máximo esforço trator de uma locomotiva

Velocidade mínima em regime contínuo

Os motores de tração das locomotivas são dimensionados para classes de isolação que determinam a corrente máxima que pode ser empregada. A utilização fora dos limites compromete a vida útil do motor elétrico devido ao excessivo aquecimento, que produz danos ao equipamento e gradual queima da isolação do motor.

O regime contínuo é aquele que o motor pode suportar no banco de testes por período ilimitado sem ultrapassar determinados limites de aquecimento fixados pelas normas internacionais.

O regime uni-horário é aquele que o motor pode suportar no banco de testes sem ultrapassar os mesmos limites de aquecimento no período de 1 hora.

Dessa maneira, cada locomotiva tem definida a velocidade mínima em regime contínuo, acima da qual o equipamento pode operar indefinidamente e atende as restrições de corrente do motor dentro dos limites de aquecimento. Note-se que a corrente no motor reduz com o aumento da velocidade.

A velocidade mínima em regime contínuo deve ser uma das velocidades a serem respeitadas para o dimensionamento do trem em determinada rampa, evitando-se problemas de manutenção devido à queima prematura dos motores de tração.

Esforço trator e aderência

Apesar de as características eletromecânicas da locomotiva oferecerem determinado esforço trator a baixas velocidades, o esforço trator efetivamente disponível fica limitado pela curva de aderência, conforme pode ser visto na Fig. 2.7.

Enfatiza-se que a aderência varia com as condições da via e da locomotiva e com o clima e que representa, na realidade, uma faixa. Para efeito de dimensionamento, pode-se adotar uma curva de aderência representativa que ofereça boa confiabilidade à operação (por exemplo, de 90%).

O encontro das duas curvas define a velocidade crítica (V_c), o que significa que o dimensionamento do trem na rampa crítica deve ser no mínimo igual a esse valor.

A velocidade dimensionante deve ser maior ou igual ao maior valor entre a velocidade crítica (V_c) e a velocidade mínima em regime contínuo (VMRC), sendo usual que esta seja menor que a primeira.

Os níveis de aderência dimensionante para as locomotivas modernas atingem cerca de 27% nas locomotivas com motores de corrente contínua e cerca de 32% nas com motores de corrente alternada.

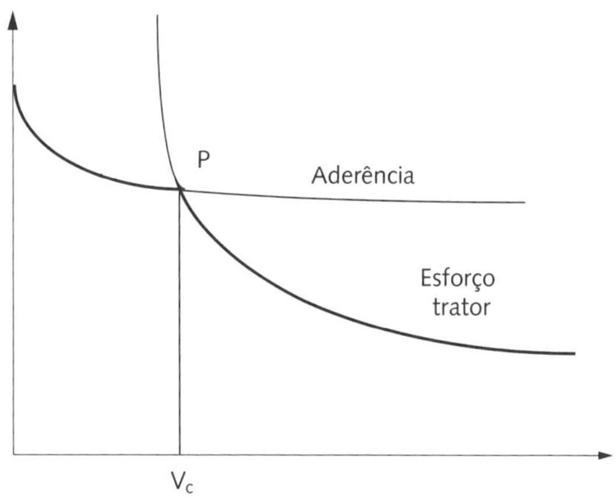

FIG. 2.7 Esforço trator disponível, que é limitado pela curva de aderência

Tração múltipla com locomotivas iguais e diferentes

É usual a utilização de tração múltipla com trens rebocados por mais de uma locomotiva. A quantidade máxima de locomotivas é limitada pelo esforço nos engates, permitindo-se até quatro locomotivas à frente do trem, com a recomendação de até três nas locomotivas com motores de corrente alternada.

Uma das maneiras de aumentar o tamanho e o peso do trem, melhorar a distribuição do esforço trator e reduzir os tempos e esforços de frenagem é utilizar a tração distribuída, isto é, dispor locomotivas no meio e/ou na cauda do trem, com o emprego de dispositivos do tipo Locotrol, que permite ao maquinista controlar todas as locomotivas do trem.

O esforço total para o dimensionamento de trens com utilização de tração múltipla com N locomotivas iguais é obtido pela soma do esforço trator dimensionante de cada uma delas:

$$E_T\ total = N \cdot E_T\ dimensionante \quad (2.29)$$

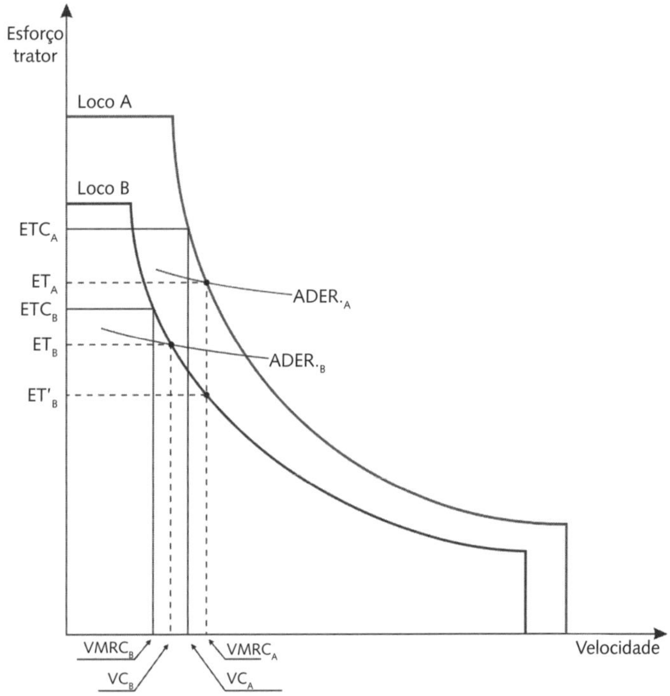

FIG. 2.8 Locomotivas diferentes em tração múltipla

TAB. 2.5 Abreviaturas da Fig. 2.8

Item	Loco. A	Loco. B
Esforço trator contínuo	ETC_A	ETC_B
Esforço trator dimensionante (loco. isolada)	ET_A	ET_B
Esforço trator dimensionante (tração múltipla)	ET'_A	ET'_B
Velocidade mínima em regime contínuo	$VMRC_A$	$VMRC_B$
Velocidade crítica	VC_A	VC_B

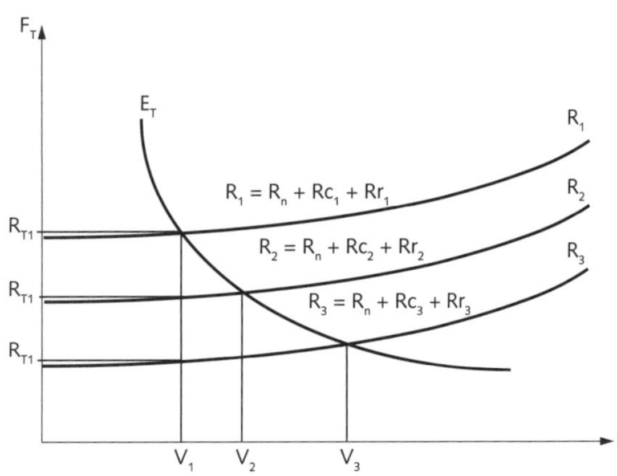

FIG. 2.9 Três situações do trem em rampas diferentes

Entretanto, quando em tração múltipla, as locomotivas são diferentes, com potências distintas e velocidades mínimas em regime contínuo diferentes (Fig. 2.8). Portanto, o dimensionamento deve utilizar a maior velocidade dimensionante (VC) definida por cada tipo de locomotiva.

A Tab. 2.5 apresenta as abreviaturas usadas na Fig. 2.8.

No exemplo da figura, a locomotiva B, de menor potência, perde capacidade em tração múltipla com a locomotiva A, pois a velocidade para o dimensionamento do trem é definida por VC_A, e a capacidade de tração da locomotiva B fica reduzida a $ET'_B < ET_B$.

Isso significa que o esforço trator total da composição, para efeito de dimensionamento, será menor que a soma individual das locomotivas, pois aquelas que apresentam velocidades críticas inferiores serão dimensionadas para velocidades mais altas, exercendo menor esforço trator:

$$E_T\ total < \Sigma\ E_T\ dimensionante \qquad \textbf{(2.30)}$$

Velocidade de equilíbrio

Esforço trator e resistências do trem

Como mencionado, as resistências do trem variam em função da geometria da via (rampa e curva) e da velocidade do trem (resistência normal).

A Fig. 2.9 apresenta esquematicamente três situações do trem em rampas diferentes, resultando em resistências diferentes para cada perfil e para cada velocidade. A velocidade de equilíbrio para cada situação é aquela em que a resistência total é igual ao esforço trator, representada por V_1, V_2 e V_3.

Dimensionamento de trens para a rampa crítica

Usualmente, a ferrovia é dividida em trechos característicos de tração, e em cada um deles é definida a rampa crítica dimensionante – aquela com extensão maior que o comprimento do trem (por exemplo, o dobro) –, onde são determinadas as resistências devidas às rampas e às curvas.

Varia-se o número de vagões rebocados até que a curva de resistência total encontre a curva de esforço trator na velocidade dimensionante mínima definida anteriormente (a maior entre a velocidade crítica e a velocidade mínima em regime contínuo).

Os elementos que influenciam o dimensionamento de um trem em determinado trecho são:

- geometria da via em perfil (rampas) e em planta (curvas);
- peso, quantidade de eixos e dimensões das locomotivas e vagões;
- quantidade de locomotivas no trem;
- esforço trator das locomotivas e velocidade mínima em regime contínuo;
- resistência acidental (rampa + curva);
- resistência normal;
- curva de aderência roda-trilho.

Aplicando as equações anteriormente apresentadas:

$$N \cdot E_{tl} = (N \cdot P_l + n \cdot P_v) \cdot (r_r + r_c) + N \cdot P_l \cdot r_{nl} + n \cdot P_v \cdot r_{nv} \quad (2.31)$$

Em que:
N = número de locomotivas no trem;
E_{tl} = esforço trator dimensionante de uma locomotiva (kgf);
P_l = peso da locomotiva (tf);
n = número de vagões;
P_v = peso do vagão (tf);
r_r = resistência de rampa (kgf/t);
r_c = resistência de curva (kgf/t);
r_{nl} = resistência normal da locomotiva para a velocidade dimensionante (kgf/t);
r_{nv} = resistência normal do vagão para a velocidade dimensionante (kgf/t).

O trem máximo de projeto, que será o trem-tipo, é definido dessa maneira. Após a implantação da ferrovia, ele deverá efetivamente ser testado na prática para que se verifique se corresponde aos cálculos.

2.4.3 Plano de vias

Uma das funções do projeto operacional é estabelecer o plano de vias, que é a disposição dos desvios de cruzamento e pátios.

Após a definição do trem-tipo e a quantificação da demanda em vagões/dia, é feita a estimativa de espaçamento entre desvios, para orientar os estudos de traçado ou projeto geométrico, em função da capacidade de tráfego desejada para o trecho.

É importante lembrar que os desvios de cruzamento têm rampa máxima de 0,2%, o que significa que, numa subida de serra, onde predomina a rampa batida, eles devem ser considerados desde o início da escolha do traçado. Caso contrário, será difícil encaixar o desvio de cruzamento depois.

Após a alocação dos desvios e pátios pelo projeto geométrico, a capacidade deve ser verificada, empregando-se dados de simulação de desempenho de trens e realizando-se ajustes de posicionamento, se necessário.

A seguir, são apresentadas maneiras de determinar a capacidade da via, os fatores que a influenciam, os modos de aumentar sua capacidade e os procedimentos de projeto.

2.4.4 Capacidade da via

Fatores que intervêm na capacidade da via

A capacidade da via é definida como a quantidade diária de trens que pode circular em determinado trecho ferroviário (trens/dia/sentido ou pares de trens) ou também como o volume de carga que pode circular nesse trecho em determinado período.

A capacidade de tráfego depende de diversos fatores, tais como:

- tipo de linha (singela ou dupla);
- plano de vias que contenha posicionamento e extensão dos pátios de cruzamento, no caso de via singela, ou posição da seção de bloqueio, no caso de via dupla;
- tempos de percurso entre pátios de cruzamento ou entre seções de bloqueio;
- sistemas de licenciamento de trens;
- tempo de interrupção da linha para manutenção da via permanente;
- eficiência do sistema.

A capacidade de vazão ou de transporte, por sua vez, depende dos seguintes fatores:

- capacidade de tráfego do trecho;
- tipos e quantidades de trens que circulam ou circularão na via;
- carregamento médio de cada tipo e por sentido;
- carregamento médio por sentido definido pelas características dos trens.

A capacidade de vazão, em toneladas, é representada pelo produto da quantidade de trens em cada sentido, definida pela capacidade de tráfego e pelo carregamento médio em cada sentido. A capacidade total de vazão é a soma das capacidades nos dois sentidos.

Capacidade de tráfego em via singela

Fórmula clássica

A fórmula clássica tem como base o ciclo completo de tempos de um par de trens, em sentidos opostos, considerando o tempo diário oferecido pela via permanente, os tempos de percurso, os tempos de licenciamento e a eficiência do controle operacional do trecho:

$$Cap = \frac{(1.440 - T_m)}{t_i + t_p + 2\theta} \cdot E_f \tag{2.32}$$

Em que:

Cap = capacidade diária em pares de trens;

1.440 = número de minutos do dia;

T_m = tempo diário de manutenção (120 min a 240 min);

E_f = eficiência da operação (0,75 a 0,85);
t_i e t_p= tempo de percurso no sentido ímpar e no sentido par (min);
θ = tempo de licenciamento de um trem (3 min a 12 min).

A fórmula é aplicada para um trecho entre dois pátios com comprimentos úteis suficientes para o cruzamento desses trens.

A Fig. 2.10 ilustra o ciclo completo de um par de trens, com os pátios na linha vertical, e tempo, na linha horizontal. A capacidade da via, em pares de trens, é a quantidade de ciclos que pode ser feita em um dia, descontando os tempos para manutenção da via (T_m) e considerando a eficiência do sistema (E_f), que depende do sistema de licenciamento e controle da circulação dos trens. Conforme a figura, o tempo de ciclo entre dois trens sucessivos no mesmo sentido é dado por ($t_i + \theta + t_p + \theta$), que é o denominador da fórmula clássica.

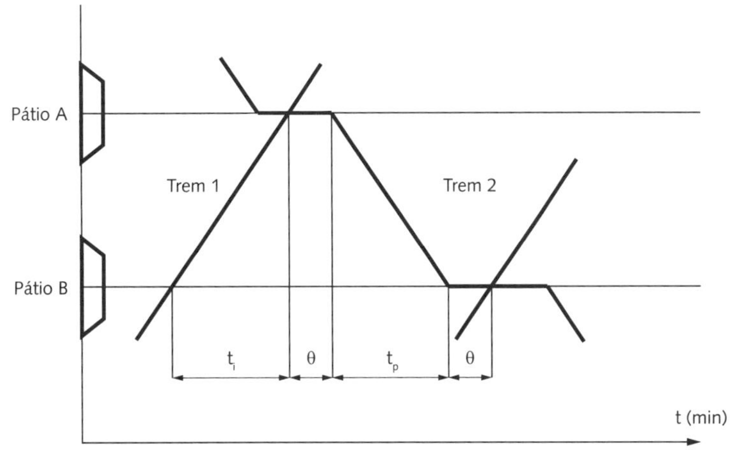

FIG. 2.10 Capacidade em linha singela: fórmula clássica

A capacidade de um trecho ferroviário em que não há entrada ou saída de trens, a não ser nas extremidades, é definida como o menor valor da capacidade encontrada no cálculo entre cada par de pátios de cruzamento do trecho. Essa seção é denominada "seção crítica de capacidade".

A Tab. 2.6 apresenta um exemplo de cálculo de capacidade de um trecho ferroviário para um trem de 1.600 m, cruzando em todos os pátios. A seção crítica se localiza entre o Posto km 161 e o Posto km 182, onde os tempos de percurso são de, respectivamente, 48,3 min e 24,2 min, o que resulta na capacidade de tráfego de 13 pares de trens.

Quando se analisa um trecho com pátios com comprimentos úteis diferentes, em que alguns não permitem o cruzamento do maior trem previsto, o cálculo pode ser feito escalonadamente, verificando-se inicialmente onde os maiores trens cruzam entre si e definindo-se os trechos a serem verificados e sua capacidade para esse trem. Calcula-se a capacidade para o trem imediatamente inferior e assim sucessivamente, com cada cálculo sendo maior que o anterior.

Em seguida, é feita a alocação da capacidade para o trem maior, de acordo com o cálculo para seu trecho característico; depois, para o trem seguinte, aproveitando o

TAB. 2.6 Exemplo de utilização da fórmula clássica

CÁLCULO DE CAPACIDADE DE TRÁFEGO t_{MAN}(min) = 180 θ(min) = 5,0 Efic. = 0,85

PÁTIO		COMPR. ÚTIL (m)	Km DO EIXO	DIST. ENTRE PÁTIOS (km)	TEMPO DE PERCURSO		VELOC. MÉDIA		CAPAC. (pares de trens)
Nº	DENOMINAÇÃO				EXPORT. (min)	IMPORT. (min)	EXPORT. (km/h)	IMPORT. (km/h)	
01	Porto Franco	2.647	6,900						
02	Posto KM 33	1.859	33,506	26,606	33,4	29,5	47,8	54,2	**14,7**
03	Posto KM 51	1.859	51,406	17,900	25,3	22,2	42,4	48,4	**18,6**
04	Posto KM 67	1.859	67,906	16,500	24,3	22,9	40,8	43,2	**18,7**
05	Posto KM 81	1.859	81,806	13,900	27,8	15,6	30,0	53,5	**20,1**
06	Posto KM 102	1.859	102,806	21,000	39,6	24,8	31,8	50,8	**14,4**
07	Posto KM 124	1.859	124,206	21,400	28,1	24,6	45,8	52,2	**17,1**
08	Posto KM 148	1.859	146,706	22,500	27,7	24,1	48,7	56,0	**17,3**
09	Posto KM 161	1.859	161,506	14,800	31,1	17,5	28,6	50,9	**18,3**
10	Posto KM 182	1.859	182,006	20,500	48,3	24,2	25,4	50,8	**13,0**
11	Posto KM 204	1.859	204,806	22,800	36,3	25,2	37,7	54,3	**15,0**
12	Balsas	2.547	226,150	21,344	31,6	21,8	40,6	58,6	**16,9**
	TOTAL			**219,250**	353,5	252,4	37,2	52,1	

intervalo entre os trens maiores e cruzando com eles também nos pátios menores, aguardando no desvio; e assim sucessivamente, até esgotar a capacidade. Evidentemente, um plano de vias heterogêneo não representa uma boa situação operacional.

Teoria das filas

A teoria das filas associa cada seção entre pátios a um guichê simples que atende os clientes, no caso, os trens, que chegam de qualquer lado da seção, obedecendo a uma distribuição do tipo Poisson.

O tempo de atendimento no guichê é definido como o tempo de percurso médio na seção acrescido do tempo de licenciamento.

Varia-se o número de trens para avaliar os atrasos (tempo de licenciamento) e esperas para cruzamento devido à fila que se forma aguardando atendimento.

Define-se capacidade da seção como o valor máximo de trens cuja espera esteja dentro de limites aceitáveis.

Simulador de operação de trechos

O simulador de circulação de trens em um trecho ferroviário é uma ferramenta informatizada que trabalha com as seguintes variáveis:

- plano de vias do trecho;
- tempos de percurso entre pátios de cruzamento, por classe de trem;
- alimentação variável de trens no sistema;
- operações dos trens em pátios intermediários e tempos;
- regra de prioridade dos trens nos cruzamentos;
- previsão de intervalos de manutenção da via.

Utilizando essas informações, o sistema define a circulação dos trens na entrada de dados para o trecho e no período estabelecido.

Dessa maneira, pode-se obter não só a capacidade de tráfego da via, mas também a grade otimizada de circulação no trecho e os tempos totais de circulação dos trens.

Uma das vantagens importantes que o simulador apresenta é o fato de considerar a influência das seções vizinhas, o que não ocorre nos outros métodos de cálculo.

Podem ser utilizados outros tipos de simuladores do tipo Arena, que permitem estabelecer a quantidade e as condições de chegada de clientes (trens) ao guichê de atendimento (seção entre estações) e verificar a fila formada, definindo a faixa aceitável de espera e, portanto, a capacidade da linha.

Capacidade de tráfego em via dupla

No caso da via dupla, a capacidade de uma determinada seção é definida em função do período necessário para que um trem não sofra interferência daquele que está à sua frente no mesmo sentido.

Esse período é chamado de *headway*, conforme a Fig. 2.11. No instante anterior ao representado pela figura, o último vagão do trem 1 ocupava o circuito 1, estando o sinal S_2 na entrada do circuito 1, vermelho, e o sinal S_3 na entrada do circuito 2, amarelo. Nessa situação, o trem 2 deveria preparar-se para parar no sinal S_2, à frente. No instante seguinte, ilustrado na figura, o trem 1 desocupa o circuito 1 e o sinal de sua entrada, S_2, fica amarelo, enquanto o da entrada do circuito 2, S_3, verde. Se o maquinista do trem 2 perceber essa mudança – daí a importância da distância de visibilidade (dv) –, poderá prosseguir sem reduzir a velocidade.

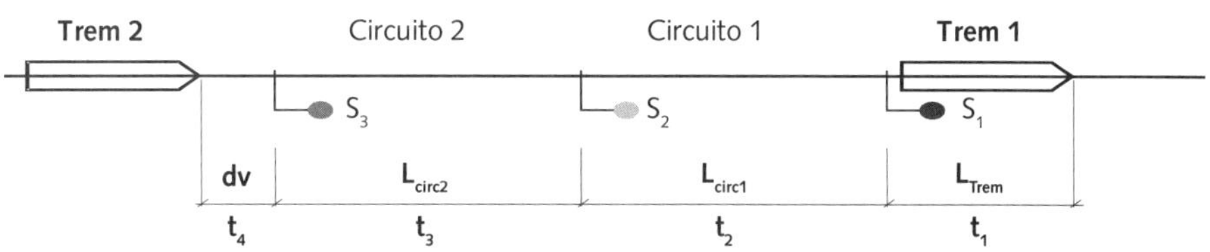

FIG. 2.11 Conceito de *headway*, em que dv = distância de visibilidade e $H = t_1 + t_2 + t_3 + t_4$ (min)

Como mencionado, *headway* é o período necessário entre trens sucessivos no mesmo sentido para que o segundo trem não sofra interferência do primeiro. Corresponde ao tempo de percurso:

- do comprimento do trem 1 (t_1);
- do circuito de via 1 (t_2), entre os sinais S_2 (amarelo) e S_1 (vermelho);
- do circuito de via 2 (t_3), entre os sinais S_3 (verde) e S_2 (amarelo);
- da distância de visibilidade (t_4), de aproximadamente 100 m até o sinal S_3 (verde).

Desse modo, o *headway* em minutos é dado por:

$$H = t_1 + t_2 + t_3 + t_4 \quad \textbf{(2.33)}$$

A Fig. 2.12 apresenta o *headway* no gráfico.

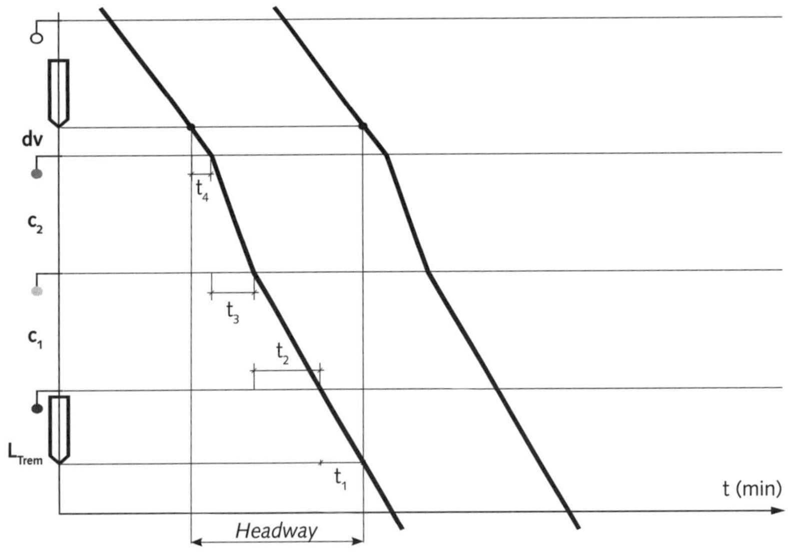

Fig. 2.12 *Headway* no gráfico

A capacidade da via dupla é definida por meio de:

$$Cap = \frac{(1.440 - T_m)}{H} \cdot E_f \qquad (2.34)$$

Em que:

Cap = capacidade em número de trens em determinado sentido;

1.440 = número de minutos do dia;

T_m = tempo necessário para a manutenção da via permanente (min);

E_f = eficiência da operação (0,75 a 0,85);

H = *headway*.

O cálculo deve ser feito para cada par de circuito de via, e nos dois sentidos, verificando-se qual a seção crítica do trecho por sentido.

Observa-se que, nos casos de via dupla, o tráfego geralmente não precisa ser interrompido no período de manutenção, porque a outra linha dessa seção permite que seja feita operação em via singela. Isso significa que a capacidade total será a soma de operação em via dupla e a do período em via singela, que varia de acordo com a seção que esteja em manutenção ou bloqueada por outro motivo.

Operação em frota

Em trechos de via singela sinalizados, com seções de bloqueio intermediárias, é possível fazer a chamada operação em frota (*fleet operation*), que consiste em fazer circular alguns trens no mesmo sentido sucessivamente e, depois que o último chegar ao pátio-pulmão, iniciar a circulação de alguns trens no sentido contrário.

O cálculo da capacidade pode ser feito traçando-se o diagrama de circulação do trecho, respeitando-se tanto o maior *headway* de cada sentido como o período entre trens e verificando-se o tempo total do ciclo. A capacidade é obtida pelo número de ciclos possíveis ao longo do dia multiplicado pelo número de trens em cada ciclo.

Esse tipo de operação exige pátios-pulmão nas extremidades do trecho, de modo a permitir a acumulação de trens.

Esta é a operação usual no sistema cremalheira entre Paranapiacaba e Raiz da Serra, da MRS, em que os trens com locomotivas elétricas operam em frota:

- o sistema cremalheira, com cerca de 10 km, liga em linha singela os pátios de Paranapiacaba e Raiz da Serra, vencendo desnível de cerca de 900 m, com linha em rampa de 10%;
- as locomotivas em tração dupla estão sempre posicionadas na parte inferior do trem, pois os freios dos vagões não são suficientes para pará-los em caso de desacoplamento;
- o trem acopla os vagões no feixe de descida do pátio de Paranapiacaba, com destino à Baixada Santista, e faz a descida até o pátio de Raiz da Serra, onde deixa os vagões no feixe de chegada. As locomotivas deslocam-se até o feixe de subida, acoplando grupo de vagões, e sobem até Paranapiacaba, onde deixam os vagões no feixe de chegada. Então, as locomotivas se dirigem ao feixe de descida, iniciando um novo ciclo;
- após a saída do primeiro trem de Paranapiacaba, entretanto, com intervalo H (*headway* em minutos), parte o próximo trem e assim sucessivamente até o máximo de quatro trens. Quando o último chega a Raiz da Serra, o primeiro trem de subida já está aguardando a liberação da linha e a abertura do sinal. Da mesma maneira, sobem até quatro trens sucessivos para Paranapiacaba. Logo após a chegada do último trem, com intervalo necessário para o licenciamento, o primeiro trem do novo ciclo começa a descer;
- a capacidade, em pares de trens, é dada por:

$$Cap = \frac{(1.400 - T_m) \cdot N}{T_{lp} + T_{vd} + (N-1) \cdot H_d + T_{lr} + T_{vs} + (N-1) \cdot H_s} \cdot E_f \quad \textbf{(2.35)}$$

Em que:
Cap = capacidade em número de pares de trens;
1.440 = minutos do dia;
T_m = tempo diário de manutenção da via;
N = número de trens em frota;
E_f = eficiência da operação (0,75 a 0,85);
T_{lp} = tempo de licenciamento do trem em Paranapiacaba;
T_{vd} = tempo de viagem de descida;
H_d = *headway* de descida;
T_{lr} = tempo de licenciamento do trem em Raiz da Serra;
T_{vs} = tempo de viagem de subida;
H_s = *headway* de subida.

Aumento de capacidade da via

Existem diversas maneiras de aumentar a capacidade da via: investir em locomotivas, pátios e sistemas, alterar a operação ou melhorar sua eficiência. É importante ressaltar que o objetivo é o aumento da capacidade de transporte do trecho, isto é, da capacidade de vazão. A seguir, é feita a descrição de cada modo de aumentar a capacidade de tráfego:

- *Acréscimo de novos pátios de cruzamento.* Desde que haja possibilidade de fazer a implantação de novos pátios nas seções críticas de capacidade, o tempo de percurso nas seções ficará reduzido, aumentando a capacidade de tráfego em número de trens.
- *Ampliação de pátios e do tamanho do trem.* Os pátios são adequados para permitir a operação de trens mais longos com maior tonelagem. Apesar da capacidade em número de trens permanecer a mesma, haverá acréscimo da capacidade de vazão em toneladas.
- *Aumento da velocidade de circulação.* Uma das maneiras de aumentar a capacidade é reduzir o tempo de circulação entre pátios com a utilização de locomotivas mais potentes, que podem desenvolver maior velocidade. Outra maneira é aumentar o número de locomotivas no trem ou reduzir a tonelagem rebocada. Seria necessário, entretanto, verificar qual a influência de fatores como curvas ou rampas acentuadas e velocidades máximas autorizadas no trecho que estabelecem limites de velocidade, reduzindo os possíveis ganhos.
- *Duplicação da via.* Fazendo-se a duplicação da via e a adequada sinalização, obtém-se expressivo ganho na capacidade do trecho, com possibilidade ainda de circulação de trens mais longos. Uma etapa intermediária pode ser a linha semidupla, em que a duplicação é feita em etapas, inicialmente nas seções de menor capacidade, obtendo-se trechos de via dupla intercalados com seção em via singela.
- *Melhoria do sistema de licenciamento.* A adoção de sistemas de licenciamento mais eficazes reduz os tempos de licenciamento, produzindo aumento de capacidade. Ressalte-se que, com trechos com licenciamento via rádio, em que o trem para em cada aparelho de mudança de via (AMV) e o maquinista desce para fazer a chave (movimentar o AMV), há sensível acréscimo no tempo de licenciamento, além de gasto maior de combustível devido às paradas sucessivas. Pode haver considerável ganho no tempo de licenciamento com a adoção de chave de mola, com sinal indicador de *status*, que direciona automaticamente o trem para determinada linha do pátio.
- *Operações especiais.* Operações especiais do tipo operação em frota ou fazer retorno de vagões vazios juntando dois trens representam formas de obter maior capacidade da via implantada, já que reduz a quantidade de trens no sentido de retorno e, consequentemente, possibilita o acréscimo de trens carregados.
- *Melhorias gerenciais.* Um adequado planejamento operacional, com estabelecimento de grade de trens e monitoramento e controle da execução representam um aumento da eficiência operacional e melhor utilização da capacidade dos trechos. Significa aproveitar o máximo da capacidade do sistema sem que haja obrigatoriamente investimentos, ou seja, a maximização do lucro da empresa.

2.4.5 Procedimentos de projeto para definição de plano de vias

O resumo da sequência de atividades para a determinação do plano de vias é apresentado a seguir.

Via singela

a] Quantificação de trens por trecho por horizonte.
b] Estimativa de velocidade de percurso por trecho.
c] Estimativa de distância entre pátios para o horizonte final, usando a fórmula clássica (tempo de percurso em função da velocidade).
d] Simulação de desempenho de trens com os dados geométricos da via e o plano de vias preliminar, estabelecendo os tempos de percurso entre pátios (nos dois sentidos).
e] Verificação da capacidade resultante e eventuais ajustes com reposicionamento dos desvios de cruzamento.

Via dupla

a] Estabelecimento de padrões de distância de frenagem em função da rampa e da velocidade inicial para cada tipo de trem previsto.
b] Estimativa de distâncias de frenagem por seção da via e por sentido.
c] Posicionamento dos travessões, que fazem a ligação de uma via à outra, e dos sinais, em conjunto com a área de sinalização.
d] Verificação da capacidade e eventuais ajustes, se necessários.

2.4.6 Pátios e terminais

Planejamento de pátio ferroviário

O estudo da implantação e localização de um novo pátio ferroviário de movimentação de carga deve conjugar os seguintes fatores:

- um estudo de mercado que estabeleça as demandas potenciais de transporte ferroviário captável, com previsão de pelo menos 20 anos à frente;
- a origem e o destino das cargas na região, buscando o melhor ponto para a localização do pátio;
- a facilidade de acesso rodoviário e/ou hidroviário;
- as condições topográficas das áreas candidatas, preferencialmente planas e secas;
- a área disponível, a forma do terreno e a possibilidade de expansão futura;
- a facilidade de implantação de ramal ferroviário ao cliente, caso necessário;
- o perfil da linha ferroviária no local do pátio, preferencialmente em nível e, no máximo, 0,2%;
- as facilidades de suprimento de energia elétrica, comunicações, serviços públicos e existência de mão de obra próxima do pátio;
- a geometria em planta e perfil com tangentes suficientes para a implantação de AMVs.

Selecionadas as áreas potenciais, busca-se aquela que não somente melhor atenda às condições mencionadas, mas que também permita a implantação das linhas necessárias para o atendimento das demandas de transporte.

Capacidade dos pátios

A capacidade estática é a quantidade de vagões que um pátio pode receber deixando livres apenas as linhas de circulação e as hastes de manobras.

A capacidade operacional em quantidade de vagões é calculada considerando o tempo médio de permanência dos vagões, sendo que a ocupação máxima permitida por linha é de cerca de 80% do tempo.

A produção corresponde à tonelagem que pode ser movimentada no pátio de acordo com a capacidade operacional.

Dimensionamento dos pátios

Um dos métodos para o dimensionamento de um pátio ferroviário é o determinístico, adequado para terminais com movimentação de até cerca de 600 vagões por dia. Outra método é o probabilístico, com base na teoria das filas, recomendado para movimentações maiores.

Também podem ser feitas simulações do funcionamento do pátio por meio de simulador de operação de pátio.

Método determinístico

O dimensionamento pelo método determinístico segue estes passos:

- Definição da movimentação da carga do pátio para os horizontes de projeto.
- Transformação da demanda em vagões por dia, considerando a sazonalidade das cargas (dias de operação/ano), suas características, os tipos adequados de vagões para cada carga e a tonelagem efetiva, igual ou menor que a lotação nominal.
- Balanço de vagões carregados e vazios em função do possível reaproveitamento de vagões, o que significa que o total de vagões que chega ao pátio é igual ao total que sai.
- Definição e quantidade de trens-tipo que chegam e partem do pátio e suas.
- Definição das funções a serem exercidas pelo pátio, das quantidades de vagões por função e dos comprimentos estáticos (comprimento total dos vagões).
- Definição dos tempos de operação e permanência dos vagões no pátio.
- Definição dos comprimentos de linha necessários considerando a permanência dos vagões.
- Dimensionamento de quantidade de silos e armazéns para reserva de área para essa finalidade.
- Definição de arranjo básico para o horizonte final, com a quantidade necessária de linhas para as funções estabelecidas.
- Verificação da adequação do arranjo básico fazendo manualmente os diagramas que simulam as operações dos trens no pátio.
- Para o horizonte final, verificação da taxa de ocupação das linhas, isto é, a relação percentual do tempo diário em que há vagões na linha, em horas. Essa taxa

não deve ultrapassar 80%; caso esse valor seja excedido, acrescentam-se mais linhas até se atender a condição aceitável de ocupação das linhas.

- Definição das fases de implantação das linhas estabelecendo o *layout* inicial como parte do arranjo final, fazendo a verificação da taxa de ocupação das linhas para a demanda de transporte inicial do pátio.

Mais à frente no capítulo, nas Tabs. 2.7 a 2.15 e nas Figs. 2.13 a 2.21, é apresentado um exemplo de dimensionamento de um pátio ferroviário, o pátio de Goianira, na Ferrovia Norte-Sul, cujas características são de carregamento e descarga no próprio pátio e não nos terminais dos clientes, que geralmente são ligados por ramais a determinado pátio da ferrovia.

Nesse exemplo, são previstos lotes junto ao feixe principal, no qual estarão os clientes, com seus silos, tanques e armazéns, e deverá existir uma parte onde contêineres serão movimentados.

As tabelas e figuras que compõem esse exemplo ilustram o dimensionamento da instalação e a concepção prevista para a movimentação da carga.

Método probabilístico

Quando se utiliza o método probabilístico, a verificação da capacidade é feita pelo emprego da teoria das filas. As linhas são associadas a guichês, e os clientes são os grupos de vagões que demandam atendimento, cuja duração corresponde à sua permanência no pátio.

Esse modelo começa a se tornar complexo na medida em que as linhas podem ser ocupadas por diferentes grupos e, na realidade, existem múltiplos guichês para atendimento dos clientes.

Método de simulação de pátio

Quanto ao método de simulação da operação do pátio para seu dimensionamento, pode-se dizer que:

- é uma ferramenta informatizada que simula a operação de um pátio ferroviário, realizando as etapas passo a passo, de acordo com o comando de um operador, que calcula os tempos operacionais;
- requer a definição do *layout* do pátio, a alocação das funções às linhas, as composições de cada trem que chega ao pátio, com a caracterização de cada vagão, isto é sua carga e destino. O operador da simulação determina cada operação e os tempos de manobra, e o sistema faz as alterações na configuração dos trens e vagões no pátio.

Dessa maneira, é possível verificar a capacidade do pátio e analisar as alterações de *layout* e de projetos, bem como as mudanças de forma de operação, a fim de otimizar a utilização das instalações.

Exemplo de dimensionamento de pátio pelo método determinístico

O dimensionamento de um pátio pelo método determinístico, no caso, o pátio de

Goianira, na Ferrovia Norte-Sul, é apresentado nas Tabs. 2.7 a 2.15 e nas Figs. 2.13 a 2.16.

As Figs. 2.17 a 2.22 apresentam esquemas de movimentação de carga nos pátios.

2.4.7 Cálculo de frota de material rodante

O dimensionamento da frota de locomotivas e vagões pode ser feito por meio de dados de produtividade desses equipamentos e da produção prevista em TKU (tonelada-quilômetro útil), de maneira global para determinada ferrovia, ou pode ser feito por meio de cálculos individualizados para determinados fluxos de transporte, utilizando o tempo total de viagem, obtido pela teoria das filas ou por simuladores de operação de malha.

O cálculo por produtividade é empregado geralmente na fase preliminar de projeto, já os cálculos individualizados por fluxos são utilizados no detalhamento do projeto.

Cálculo do ciclo estradal

Definições básicas

O ciclo estradal corresponde ao tempo de uma viagem de ida e volta dos trens de determinado programa de transportes considerando atrasos e esperas para cruzamento.

Para a operação em linha singela, deve-se considerar:

- os tempos de percurso entre pátios no sentido de ida (t_i) e de volta (t_v);
- as esperas de cruzamento, em que se aguarda que o outro trem libere a seção (E);
- os atrasos de cruzamento em razão dos tempos de licenciamento (A_c);
- o tempo necessário para a manutenção da via (t_M);
- outros tempos operacionais do trem (abastecimento de locomotivas, revista de vagões, entrega e retirada de vagões ao longo da viagem).

Outro fator essencial para avaliar os tempos de espera é a quantidade de trens que opera na linha, já que essa espera aumenta exponencialmente com o número de trens, até atingir seu limite de capacidade.

A seguir, são feitas duas abordagens dessa questão: uma probabilística, com o emprego da teoria das filas, e outra com o emprego de simulação de operação de trecho ferroviário.

Teoria das filas

Uma das maneiras de calcular os tempos de viagem dos trens é por meio da teoria das filas. Cada seção entre pátios de cruzamento é entendida como um guichê de atendimento. Os clientes são os trens, os quais demandam um serviço, que é a utilização da linha, tendo um tempo de atendimento (*Ta*) correspondente ao tempo médio de percurso.

Os clientes chegam de ambos os lados do guichê, numa distribuição de chegada dentro de um modelo erlanguiano, produzindo filas e consequente espera.

TAB. 2.7 Demanda anual e diária de transportes no polo de carga de Goianira

Mercadoria	Polo de origem	Polo de destino	Produção em 10^3 toneladas úteis por ano					Dias de operação por ano	Demanda diária - TU (toneladas úteis)				
			Ano 2012	Ano 2020	Ano 2030	Ano 2040	Ano 2050		Ano 2012	Ano 2020	Ano 2030	Ano 2040	Ano 2050
Total de expedição			849	1.620	2.403	3.121	3.458	-	3.119	5.954	8.822	11.460	12.695
Soja	Goianira	Norte	112	635	559	482	586	270	414	2.353	2.070	1.787	2.170
Farelo de soja	Goianira	Norte	-	-	480	960	960	270	-	-	1.778	3.556	3.556
Óleo de soja	Goianira	Norte	-	-	120	240	240	270	-	-	444	889	889
Álcool	Goianira	Norte	191	304	409	498	607	270	706	1.126	1.513	1.844	2.248
Açúcar (exportação)	Goianira	Norte	109	174	234	285	348	270	405	645	867	1.056	1.288
Açúcar (mercado interno)	Goianira	Sul	43	68	92	112	136	270	159	253	340	415	502
Contêiner tomate	Goianira	Sul	58	66	99	99	120	270	214	245	365	365	445
Contêiner carne bov. (exp.)	Goianira	Norte	135	135	135	135	135	270	501	501	501	501	501
Contêiner carne bov. (merc. int.)	Goianira	Sul	161	161	161	161	161	270	597	597	597	597	597
Mercadorias diversas	Goianira	Diversos	40	77	114	149	165	330	123	234	347	450	499
Total de recepção			40	77	114	149	165	-	123	234	347	450	499
Mercadorias diversas	Uruaçu	Goianira	40	77	114	149	165	330	123	234	347	450	499
Total geral do polo			889	1.697	2.517	3.270	3.623	-	3.242	6.188	9.169	11.910	13.194

TAB. 2.8 Características gerais das locomotivas

Bitola	Serviço	Tipo	Potência (HP)	Peso ader. (t)	Dimensões (m)			Vel. Min. Reg.	Esf. Tração Max. Vel. Min.	
					Comp.	Larg.	Alt.	Cont. (km/h)	E.T. (kgf)	Aderência (%)
1,60 m	Carga	GE / GM	4.400	180	21,54	3,02	4,65	19,8	50.315	25,0
	Serviço	GE / GM	1.000	100	S/Esp.	S/Esp.	S/Esp.	S/Esp.	S/Esp.	S/Esp.
1,00 m	Carga	GE / GM	2.200	120	17,79	2,74	3,78	16,0	27.180	20,0
	Serviço	GE / GM	1.000	100	S/Esp.	S/Esp.	S/Esp.	S/Esp.	S/Esp.	S/Esp.

Tab. 2.9 Características gerais dos vagões

Bitola	Tipo	Produto	Peso máx. Admis. (t)	Lotação (t)		Capacid. volumét. (m³)	Tara (t)	Peso bruto efetivo (t)	Comprim. médio (m)	Tempos em minutos por vagão (inclusive com manobra)					
				Nominal	Efetiva					Lavagem e secagem	Carga c/ pera	Carga s/ pera	Descarga c/ pera	Descarga s/ pera	Intercâmbio
1,60 m	HFT	Grãos+açúcar	125,0	94,0	92,0	150	31,0	123,0	19,1	-	10	18	10	18	120
	FHT	Adubo+fert.	125,0	94,0	94,0	150	31,0	125,0	19,1	1.440	-	25	-	25	120
	TCT	D. petróleo	130,0	93,0	93,0	118	37,0	130,0	19,1	-	10	18	10	18	120
	TCT	Álcool	130,0	93,0	93,0	118	37,0	130,0	19,1		10	18	10	18	120
	TCT	Óleo de soja	130,0	93,0	93,0	118	37,0	130,0	19,1		10	18	10	18	120
	FLT	Açúcar ensac.	123,0	92,0	92,0	150	31,0	123,0	19,1	-	-	60	-	60	120
	GPT	Algodão	123,0	92,0	40,0	114	31,0	71,0	19,1	-	-	60	-	60	120
	FLT	Cimento	123,0	92,0	92,0	150	31,0	123,0	19,1	-	-	60	-	60	120
	GPT	Bauxita	120,0	89,0	73,0	132	31,0	104,0	19,1	-	-	18	-	18	60
	PCR	Contêiner	80,0	68,0	30,0	-	12,0	42,0	15,0			5		5	60
	FLT/ GPT	C. geral (méd.)	120,0	89,0	73,0	132	31,0	104,0	19,1	-	-	60	-	60	120
Média da carga geral			120,8	89,9	78,63	121	30,9	109,5	18,7	-	-	-	-	-	-

Tab. 2.10 Dados gerais sobre os tipos de trens de carga

Sentido	Tipo de trem	Tração tripla					
		Quantidade		Tonelada		Comp. do trem (m)	C. desvio útil (m)
		Locos	Vagões	Útil	Bruta		
Export.	Grãos	3	84	7.728	2.604	1.669	1.836
	Adubo+fert.	3	82	7.708	2.542	1.631	1.794
	C. geral	3	84	6.130	2.604	1.669	1.836
Import.	Grãos	3	84	7.728	2.604	1.669	1.836
	Adubo+fert..	3	82	7.708	2.542	1.631	1.794
	C. geral	3	84	6.130	2.604	1.669	1.836

Tab. 2.11 Movimentação diária de vagões por mercadoria e por patamar de demanda

Sentido	Mercadoria	Polo de origem	Polo de destino	Características gerais dos vagões					Vagão por dia (unidade)											
				Tipo	Lotação efet. (t)	Tara (t)	Peso bruto T (t)	Compr. (m)	Ano 2020			Ano 2030			Ano 2040			Ano 2050		
									Carreg.	Vazios	Total	Carreg.	Vazios	Total	Carreg.	Vazios	Total	Carreg.	Vazios	Total
Expedição	**Expedição total do polo**			-	-	-	-	-	**105**	-	**105**	**139**	-	**139**	**168**	-	**168**	**185**	-	**185**
Expedição	Soja	Goianira	Norte	HFT	92	31	123	19,1	26		26	23		23	19		19	24		24
Expedição	Farelo de soja	Goianira	Norte	HFT	92	31	123	19,1	-		-	19		19	39		39	39		39
Expedição	Óleo de soja	Goianira	Norte	TCT	92	31	123	19,1	-		-	5		5	10		10	10		10
Expedição	Álcool	Goianira	Norte	TCT	92	31	123	19,1	12		12	16		16	20		20	24		24
Expedição	Açúcar (exportação)	Goianira	Norte	HFT	92	31	123	19,1	7		7	9		9	11		11	14		14
Expedição	Açúcar (mercado interno)	Goianira	Sul	HFT	92	31	123	19,1	3		3	4		4	5		5	5		5
Expedição	Contêiner tomate	Goianira	Sul	PCR	25,4	12	37	15,0	10		10	14		14	14		14	18		18
Expedição	Contêiner carne bov. (exp.)	Goianira	Norte	PCR	25,4	12	37	15,0	20		20	20		20	20		20	20		20
Expedição	Contêiner carne bov. (merc. int.)	Goianira	Sul	PCR	25,4	12	37	15,0	24		24	24		24	24		24	24		24
Expedição	Mercadorias diversas	Goianira	Diversos	FLT/ GPT	73	31	104	19,1	3		3	5		5	6		6	7		7
Recepção	**Recebimento total do polo**			-	-	-	-	-	**3**	**102**	**105**	**5**	**134**	**139**	**6**	**162**	**168**	**7**	**178**	**185**
Recepção	Mercadorias diversas	Diversos	Goianira	FLT/ GPT	73	31	104	19,1	3	-	3	5	-	5	6	-	6	7	-	7
Recepção	Contêiner vazio (p/ tomate)	Sul	Goianira	PCR	4,6	12	17	15,0	-	10	10	-	14	14	-	14	14	-	18	18
Recepção	Contêiner vazio (p/ carne exp.)	Norte	Goianira	PCR	4,6	12	17	15,0	-	20	20	-	20	20	-	20	20	-	20	20
Recepção	Contêiner vazio (p/ carne merc. int.)	Sul	Goianira	PCR	4,6	12	17	15,0	-	24	24	-	24	24	-	24	24	-	24	24
Recepção	Vazios de soja	Norte	Goianira	HFT	0	31	31	19,1	-	26	26	-	23	23	-	19	19	-	24	24
Recepção	Vazios de farelo de soja	Norte	Goianira	HFT	0	31	31	19,1	-	-	-	-	19	19	-	39	39	-	39	39
Recepção	Vazios de óleo de soja	Norte	Goianira	TCT	0	31	31	19,1	-	-	-	-	5	5	-	10	10	-	10	10
Recepção	Vazios de álcool	Norte	Goianira	TCT	0	31	31	19,1	-	12	12	-	16	16	-	20	20	-	24	24
Recepção	Vazios de açúcar (exp.)	Norte	Goianira	HFT	0	31	104	19,1	-	7	7	-	9	9	-	11	11	-	14	14
Recepção	Vazios de açúcar (merc. int.)	Sul	Goianira	HFT	0	31	31	19,1	-	3	3	-	4	4	-	5	5	-	5	5
Total geral do polo				-	-	-	-	-	**108**	**102**	**210**	**144**	**134**	**278**	**174**	**162**	**336**	**192**	**178**	**370**

Tab. 2.12 Trens por dia operados pelo pátio no polo de carga de Goianira

Sentido	Mercadoria	Polo de origem	Polo de destino	Quantidade de vagões		Tração tripla			
				Tipo	Tração tripla	2020	2030	2040	2050
Expedição	**Expedição total do polo**			-	-	**1,1**	**1,7**	**2,0**	**2,3**
	Soja	Goianira	Norte	HFT	84	0,3	0,3	0,2	0,3
	Farelo de soja	Goianira	Norte	HFT	84	-	0,2	0,5	0,5
	Óleo de soja	Goianira	Norte	TCT	84	-	0,1	0,1	0,1
	Álcool	Goianira	Norte	TCT	84	0,1	0,2	0,2	0,3
	Açúcar (exportação)	Goianira	Norte	HFT	84	0,1	0,1	0,1	0,2
	Açúcar (mercado interno)	Goianira	Sul	HFT	84	0,0	0,0	0,1	0,1
	Contêiner tomate	Goianira	Sul	PCR	84	0,1	0,2	0,2	0,2
	Contêiner carne bov. (exp.)	Goianira	Norte	PCR	84	0,2	0,2	0,2	0,2
	Contêiner carne bov. (merc. int.)	Goianira	Sul	PCR	84	0,3	0,3	0,3	0,3
	Mercadorias diversas	Goianira	Diversos	FLT/GPT	84	0,0	0,1	0,1	0,1
Recepção	**Recebimento total do polo**			-	-	**1,1**	**1,7**	**2,0**	**2,3**
	Mercadorias diversas	Diversos	Goianira	FLT/GPT	84	0,0	0,1	0,1	0,1
	Contêiner vazio (p/ tomate)	Sul	Goianira	PCR	84	0,1	0,2	0,2	0,2
	Contêiner vazio (p/ carne exp.)	Norte	Goianira	PCR	84	0,2	0,2	0,2	0,2
	Contêiner vazio (p/ carne m. int.)	Sul	Goianira	PCR	84	0,3	0,3	0,3	0,3
	Vazios de soja	Norte	Goianira	HFT	84	0,3	0,3	0,2	0,3
	Vazios de farelo de soja	Norte	Goianira	HFT	84	-	0,2	0,5	0,5
	Vazios de óleo de soja	Norte	Goianira	TCT	84	-	0,1	0,1	0,1
	Vazios de álcool	Norte	Goianira	HFT	84	0,1	0,2	0,2	0,3
	Vazios de açúcar (exp)	Norte	Goianira	HFT	84	0,1	0,1	0,1	0,2
	Vazios de açúcar (merc. int.)	Sul	Goianira	HFT	84	0,0	0,0	0,1	0,1
Total geral do polo				-	-	**2,2**	**3,4**	**4,0**	**4,6**

TAB. 2.13 Tempo total de carga e descarga dos vagões no polo de carga de Goianira

Tipo de operação		Sentido	Mercadoria	Polo de origem	Polo de destino	Tipo	Vagões/Dia – Ano				Tempo de carreg. por vagão (min.)	Tempo mínimo de carga e descarga dos vagões (horas) – Ano			
							2020	2030	2040	2050		2020	2030	2040	2050
Com silos	No pátio	Expedição	Soja	Goianira	Norte	HFT	26	23	19	24	11,0	4,7	4,1	3,6	4,3
			Farelo de soja	Goianira	Norte	HFT	-	19	39	39	11,0	-	3,5	7,1	7,1
			Açúcar (exportação)	Goianira	Norte	HFT	7	9	11	14	11,0	1,3	1,7	2,1	2,6
			Açúcar (mercado interno)	Goianira	Sul	HFT	3	4	5	5	11,0	0,5	0,7	0,8	1,0
			Total da expedição (carregamento nas tulhas)				**36**	**55**	**74**	**82**	-	**6,5**	**10,0**	**13,6**	**15,0**
Com bicos de carreg.	No terminal dos clientes	Expedição	Óleo de soja	Goianira	Norte	TCT	-	5	10	10	18,0	-	1,4	2,9	2,9
			Álcool	Goianira	Norte	TCT	12	16	20	24	18,0	3,7	4,9	6,0	7,3
			Total da expedição (carregamento nos bicos)				**12**	**21**	**30**	**34**	-	**3,7**	**6,3**	**8,9**	**10,2**
	No terminal dos clientes	Recepção	Soja	Porangatu	Anápolis	HFT	7	9	11	14	18,0	2,1	2,8	3,4	4,2
			Soja	São Simão	Anápolis	HFT	3	4	5	5	18,0	0,8	1,1	1,4	1,6
			Total da recepção (descarga na moega)				**10**	**13**	**16**	**19**	-	**2,9**	**3,9**	**4,8**	**5,8**
Com palet, sacarias e equip. de carga/desc.	No terminal dos clientes	Expedição	Contêiner tomate	Goianira	Sul	PCR	10	14	14	18	5,0	0,8	1,2	1,2	1,5
			Contêiner carne bov. (exportação)	Goianira	Norte	PCR	20	20	20	20	5,0	1,6	1,6	1,6	1,6
			Contêiner carne bov. (mercado interno)	Goianira	Sul	PCR	24	24	24	24	5,0	2,0	2,0	2,0	2,0
			Mercadorias diversas	Goianira	Diversos	FLT/GPT	3	5	6	7	45,0	2,4	3,6	4,6	5,1
			Total da expedição				**57**	**63**	**64**	**69**	-	**6,8**	**8,4**	**9,4**	**10,2**
		Recepção	Mercadorias diversas	Diversos	Goianira	FLT/GPT	3	5	6	7	45,0	2,4	3,6	4,6	5,1
			Contêiner vazio (para tomate)	Sul	Goianira	PCR	10	14	14	18	5,0	0,8	1,2	1,2	1,5
			Contêiner vazio (para carne exportação)	Norte	Goianira	PCR	20	20	20	20	5,0	1,6	1,6	1,6	1,6
			Contêiner vazio (para carne mercado interno)	Sul	Goianira	PCR	24	24	24	24	5,0	2,0	2,0	2,0	2,0
			Total do recebimento				**57**	**63**	**64**	**69**	-	**6,8**	**8,4**	**9,4**	**10,2**

Tab. 2.14 Extensão necessária de linhas por produto no polo de carga de Goianira

Sentido	Mercadoria	Polo de origem	Polo de destino	Caract.dos vagões		Vagões/dia				Compr. estático (m)				Tempo de Carga/ Descarga e estacionamento (h)				Fator de conversão s/ a estática
				Tipo	Comp. (m)	2020	2030	2040	2050	2020	2030	2040	2050	2020	2030	2040	2050	
Expedição	**Expedição total do polo**			-	-	105	139	168	185	1.765	2.411	2.964	3.255					-
	Soja	Goianira	Norte	HFT	19,1	26	23	19	24	489	430	371	451	8,7	8,1	7,6	8,3	220%
	Farelo de soja	Goianira	Norte	HFT	19,1	-	19	39	39	-	369	738	738	-	3,5	11,1	11,1	220%
	Óleo de soja	Goianira	Norte	TCT	19,1	-	5	10	10	-	92	185	185	4,0	4,0	4,0	4,0	220%
	Álcool	Goianira	Norte	TCT	19,1	12	16	20	24	234	314	383	467	4,0	4,0	4,0	4,0	100%
	Açúcar (exportação)	Goianira	Norte	HFT	19,1	7	9	11	14	134	180	219	267	5,3	5,7	6,1	6,6	220%
	Açúcar (mercado interno)	Goianira	Sul	HFT	19,1	3	4	5	5	53	71	86	104	4,5	4,7	4,8	5,0	220%
	Contêiner tomate	Goianira	Sul	PCR	15,0	10	14	14	18	145	215	215	263	4,0	4,0	4,0	4,0	100%
	Contêiner carne bov. (exp.)	Goianira	Norte	PCR	15,0	20	20	20	20	296	296	296	296	4,0	4,0	4,0	4,0	100%
	Contêiner carne bov. (merc. int.)	Goianira	Sul	PCR	15,0	24	24	24	24	353	353	353	353	4,0	4,0	4,0	4,0	100%
	Mercadorias diversas	Goianira	Diversos	FLT/ GPT	19,1	3	5	6	7	61	91	118	131	8,0	8,0	8,0	8,0	100%
Recepção	**Recebimento total do polo**			-	-	105	139	168	185	1.765	2.411	2.964	3.255	-	-	-	-	-
	Mercadorias diversas	Diversos	Goianira	FLT/ GPT	19,1	3	5	6	7	61	91	118	131	8,0	8,0	8,0	8,0	100%
	Contêiner vazio (p/ tomate)	Sul	Goianira	PCR	15,0	10	14	14	18	145	215	215	263	0,8	1,2	1,2	1,5	100%
	Contêiner vazio (p/ carne exp.)	Norte	Goianira	PCR	15,0	20	20	20	20	296	296	296	296	1,6	1,6	1,6	1,6	100%
	Contêiner vazio (p/ carne m.Int.)	Sul	Goianira	PCR	15,0	24	24	24	24	353	353	353	353	2,0	2,0	2,0	2,0	100%
	Vazios de soja	Norte	Goianira	HFT	19,1	26	23	19	24	489	430	371	451	2,0	2,0	2,0	2,0	100%
	Vazios de farelo de soja	Norte	Goianira	HFT	19,1	-	19	39	39	-	369	738	738	2,0	2,0	2,0	2,0	100%
	Vazios de óleo de soja	Norte	Goianira	TCT	19,1	-	5	10	10	-	92	185	185	2,0	2,0	2,0	2,0	100%
	Vazios de álcool	Norte	Goianira	TCT	19,1	12	16	20	24	234	314	383	467	4,0	4,0	4,0	4,0	100%
	Vazios de açúcar (exp.)	Norte	Goianira	HFT	19,1	7	9	11	14	134	180	219	267	2,0	2,0	2,0	2,0	100%
	Vazios de açúcar (merc. int.)	Sul	Goianira	HFT	19,1	3	4	5	5	53	71	86	104	2,0	2,0	2,0	2,0	100%
Total geral do polo				-	-	210	278	336	370	3.530	4.822	5.928	6.510	-	-	-	-	-

TAB. 2.14 Extensão necessária de linhas por produto no polo de carga de Goianira (cont.)

Sentido	Mercadoria	Polo de origem	Polo de destino	Caract.dos vagões		Vagões/dia				Extensão mínima de linhas operac. para tração dupla (m)					
				Tipo	Comp. (m)	2020	2030	2040	2050	Cruzam. de trens	Formação/ recepção	Outras funções			
												2020	2030	2040	2050
Expedição	**Expedição total do polo**			-	-	**105**	**139**	**168**	**185**	**1.836**	**1.815**	**667**	**824**	**1.483**	**1.645**
Expedição	Soja	Goianira	Norte	HFT	19,1	26	23	19	24	-	-	389	320	257	344
Expedição	Farelo de soja	Goianira	Norte	HFT	19,1	-	19	39	39	-	-	-	120	750	750
Expedição	Óleo de soja	Goianira	Norte	TCT	19,1	-	5	10	10	-	-	-	34	68	68
Expedição	Álcool	Goianira	Norte	TCT	19,1	12	16	20	24	-	1.815	39	52	64	78
Expedição	Açúcar (exportação)	Goianira	Norte	HFT	19,1	7	9	11	14	-	-	65	94	123	161
Expedição	Açúcar (mercado interno)	Goianira	Sul	HFT	19,1	3	4	5	5	-	-	22	30	38	48
Expedição	Contêiner tomate	Goianira	Sul	PCR	15,0	10	14	14	18	-	-	24	36	36	44
Expedição	Contêiner carne bov. (exp.)	Goianira	Norte	PCR	15,0	20	20	20	20	-	-	49	49	49	49
Expedição	Contêiner carne bov. (merc. int.)	Goianira	Sul	PCR	15,0	24	24	24	24	-	-	59	59	59	59
Expedição	Mercadorias diversas	Goianira	Diversos	FLT/GPT	19,1	3	5	6	7	-	-	20	30	39	44
Recepção	**Recebimento total do polo**			-	-	**105**	**139**	**168**	**185**	-	-	**169**	**238**	**296**	**333**
Recepção	Mercadorias diversas	Diversos	Goianira	FLT/GPT	19,1	3	5	6	7	-	-	20	30	39	44
Recepção	Contêiner vazio (p/ tomate)	Sul	Goianira	PCR	15,0	10	14	14	18	-	-	5	11	11	16
Recepção	Contêiner vazio (p/ carne exp.)	Norte	Goianira	PCR	15,0	20	20	20	20	-	-	20	20	20	20
Recepção	Contêiner vazio (p/ carne m. int.)	Sul	Goianira	PCR	15,0	24	24	24	24	-	-	29	29	29	29
Recepção	Vazios de soja	Norte	Goianira	HFT	19,1	26	23	19	24	-	-	41	36	31	38
Recepção	Vazios de farelo de soja	Norte	Goianira	HFT	19,1	-	19	39	39	-	-	-	31	62	62
Recepção	Vazios de óleo de soja	Norte	Goianira	TCT	19,1	-	5	10	10	-	-	-	8	15	15
Recepção	Vazios de álcool	Norte	Goianira	TCT	19,1	12	16	20	24	-	-	39	52	64	78
Recepção	Vazios de açúcar (exp.)	Norte	Goianira	HFT	19,1	7	9	11	14	-	-	11	15	18	22
Recepção	Vazios de açúcar (merc. int.)	Sul	Goianira	HFT	19,1	3	4	5	5	-	-	4	6	7	9
Total geral do polo				-	-	**210**	**278**	**336**	**370**	**1.836**	**1.815**	**836**	**1.062**	**1.779**	**1.978**

Tab. 2.15 Taxa de ocupação das linhas do pátio (até 2050) no polo de carga de Goianira

Linha nº	Operação	Tipo de trem	Capac. estática das linhas		Disponibilidade da linha em horas/dia			Movimento diário						Ocupação p/ trem ou vagão (h)	Ocupação da linha por horizonte					
								Ano 2020		Ano 2040		Ano 2050			Ano 2020		Ano 2040		Ano 2050	
			Ext. (m)	Q. vag.	Total	Manut.	Livre	Vagões	Trens	Vagões	Trens	Vagões	Trens		Total (h)	Taxa (%)	Total (h)	Taxa (%)	Total (h)	Taxa (%)
L3	Recepção/ formação/ expedição	Grãos/ cont./ açúcar/ álcool	1908	84	24	2	22	207	3,7	335	4,0	367	4,4	3,0	11,1	50,5	12,0	54,4	13,1	59,5
L4a	Carregamento de grãos/ farelo/estac.	Grãos/ farelo	850	42	24	2	22	26	0,5	58	0,7	62	0,7	12,0	12,0	54,5	12,0	54,5	12,0	54,5
L4b	Carregamento de grãos/ farelo/estac.	Grãos/ farelo	850	42	24	2	22	26	0,5	58	0,7	62	0,7	12,0	12,0	54,5	12,0	54,5	12,0	54,5
L5a	Carregamento de açúcar/ estacionam.	Açúcar	850	42	24	2	22	10	0,2	16	0,2	19	0,2	12,0	12,0	54,5	12,0	54,5	12,0	54,5
L5b	Carregamento de grãos/ farelo/estac.	Grãos/ farelo	850	42	24	2	22	26	0,5	58	0,7	62	0,7	12,0	12,0	54,5	12,0	54,5	12,0	54,5
L6a	Circ./man./c. Geral (futura)	Distr./ Coleta	1.100	58	24	2	22	-	-	-	-	-	-	-	-	-	-	-	-	-
L6b	Carr. de açúcar/ estacionam. (futuro)	Açúcar	350	18	24	2	22	10	0,2	16	0,2	19	0,2	12,0	12,0	54,5	12,0	54,5	12,0	54,5
L7a	Circ./ manobra/c. geral	Distr./ Coleta	40	2	24	2	22	-	-	-	-	-	-	-	-	-	-	-	-	-
L7b	Circ./ manobra/c. geral	Distr./ Coleta	400	22	24	2	22	-	-	-	-	-	-	-	-	-	-	-	-	-

Nota: Admitiu-se que o carregamento de álcool fosse feito em área em condomínio, em regime de *pool*.
Trem-tipo de 56 vagões em 2012 e de 84 vagões em 2025 e 2045

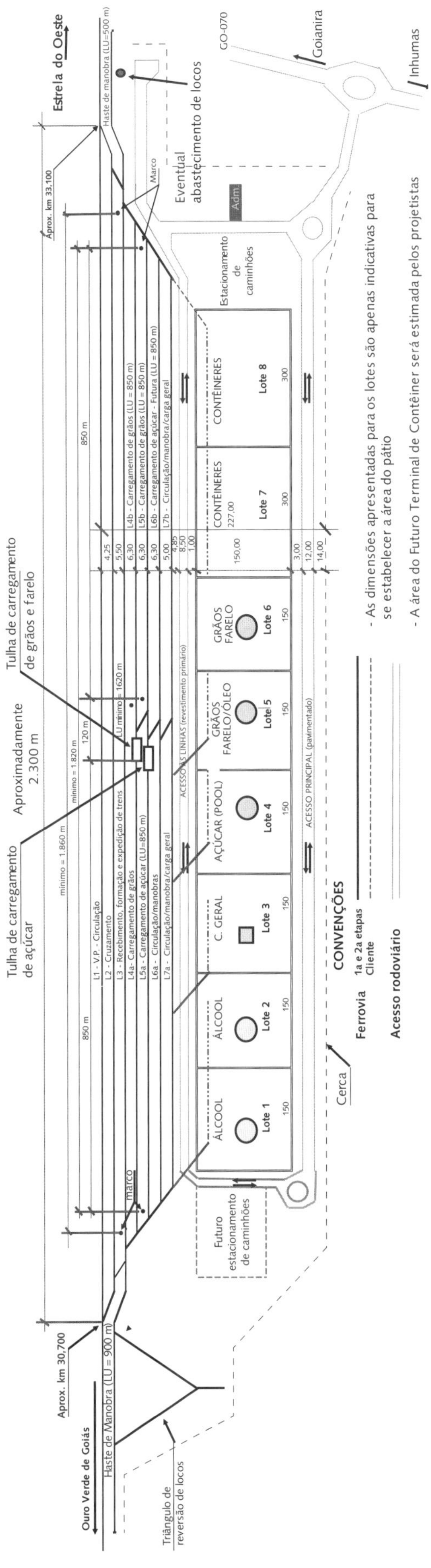

FIG. 2.13 *Layout* final do pátio no polo de carga de Goianira

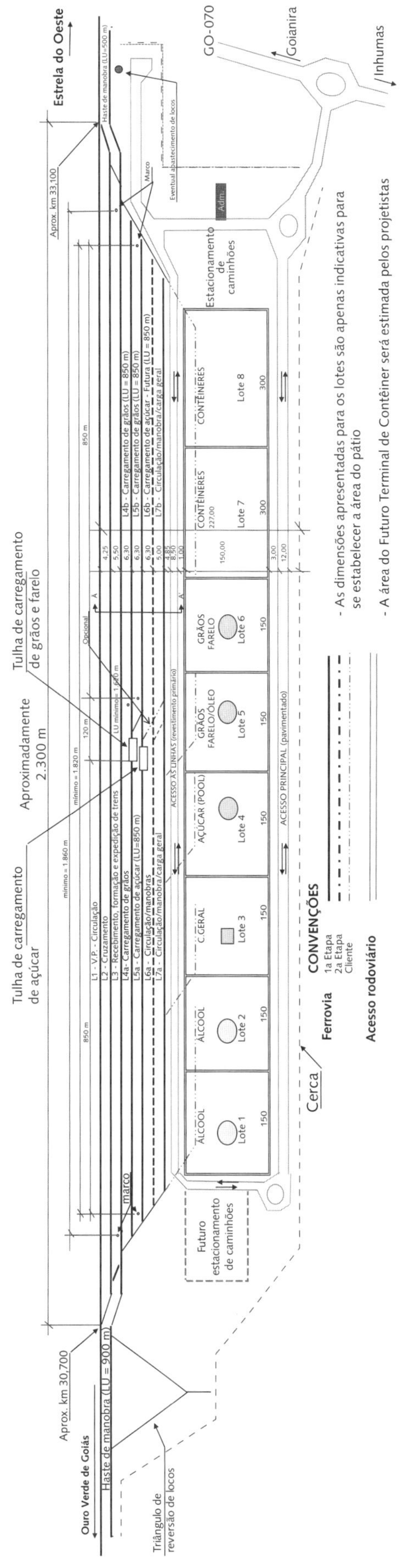

FIG. 2.14 *Layout* inicial do pátio no polo de carga de Goianira

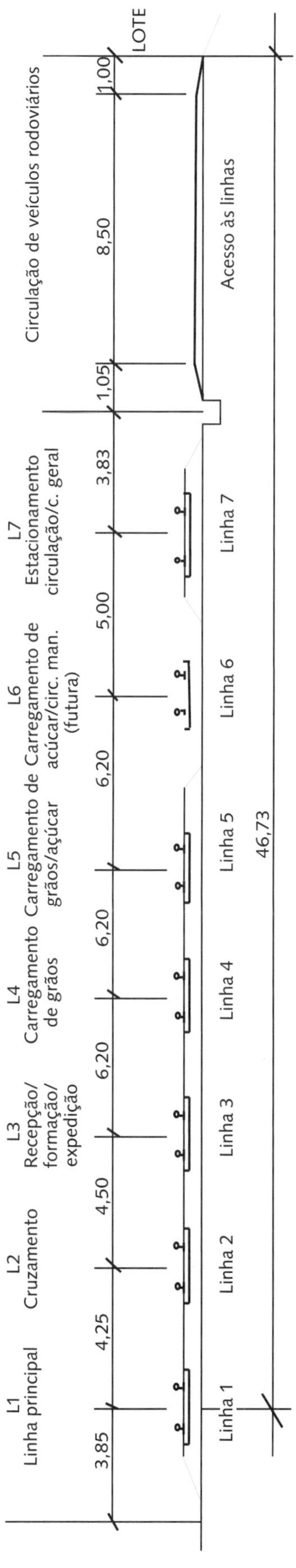

Fig. 2.15 Seção transversal do pátio no polo de carga de Goianira

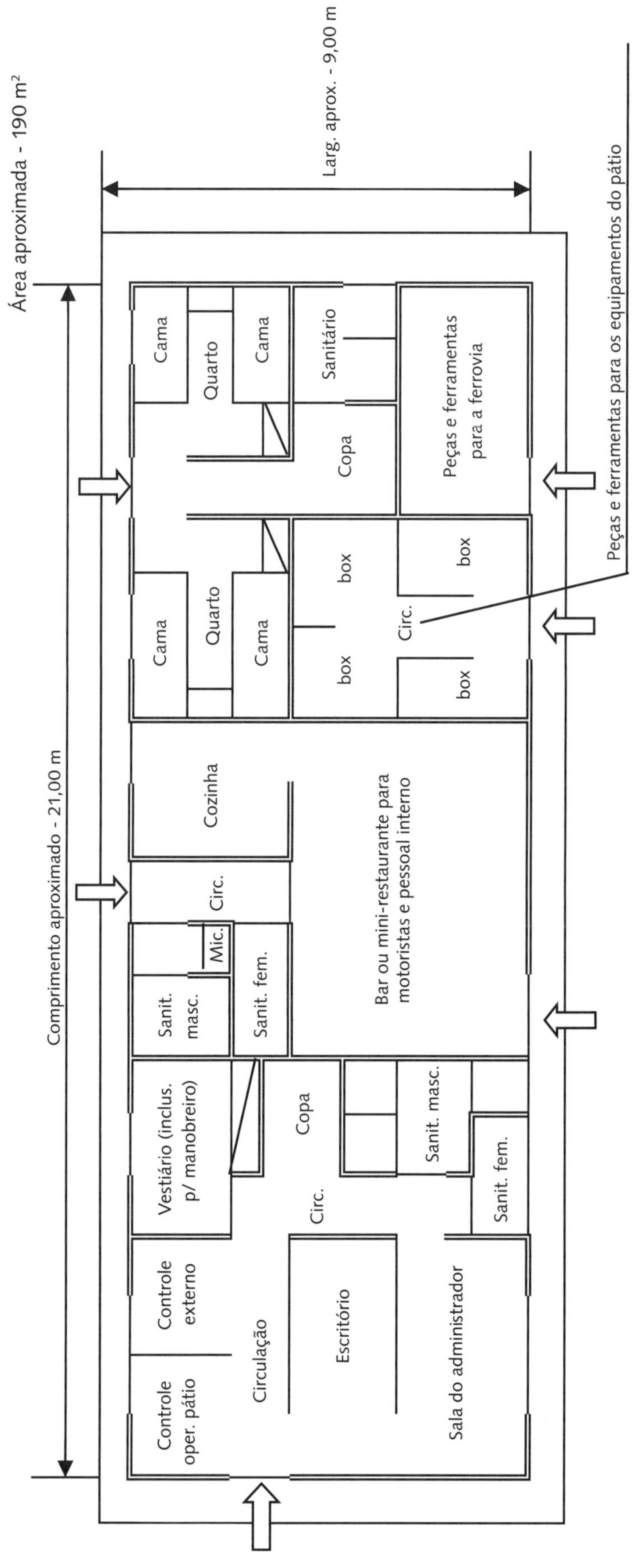

Fig. 2.16 Planta esquemática do prédio de administração e serviços no polo de carga de Goianira

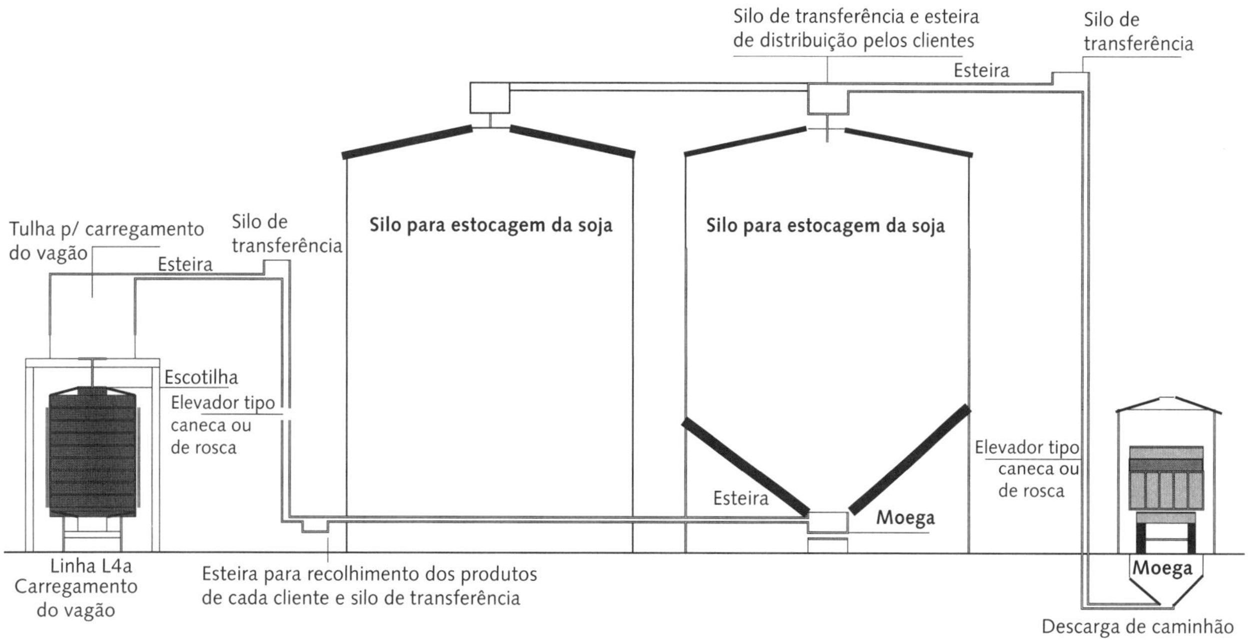

FIG. 2.17 Descarga, estocagem e carregamento de grãos e farelo

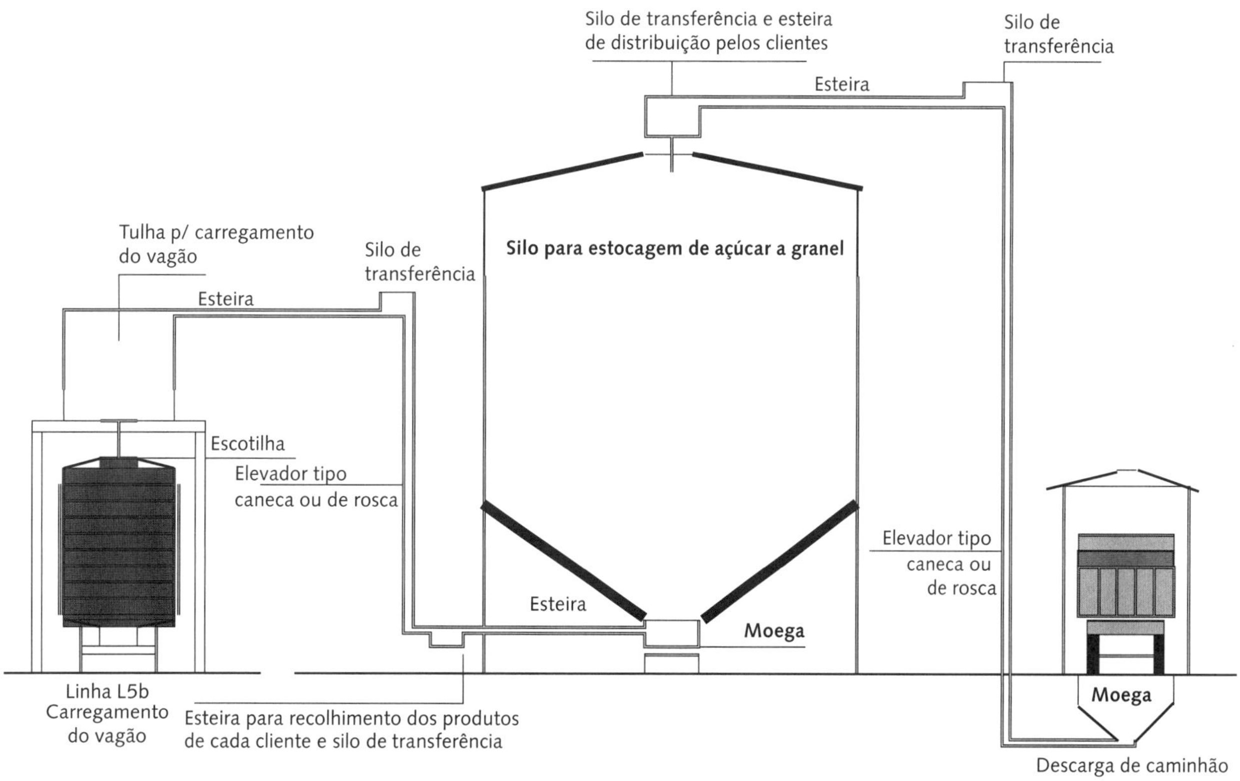

FIG. 2.18 Descarga, estocagem e carregamento de açúcar a granel

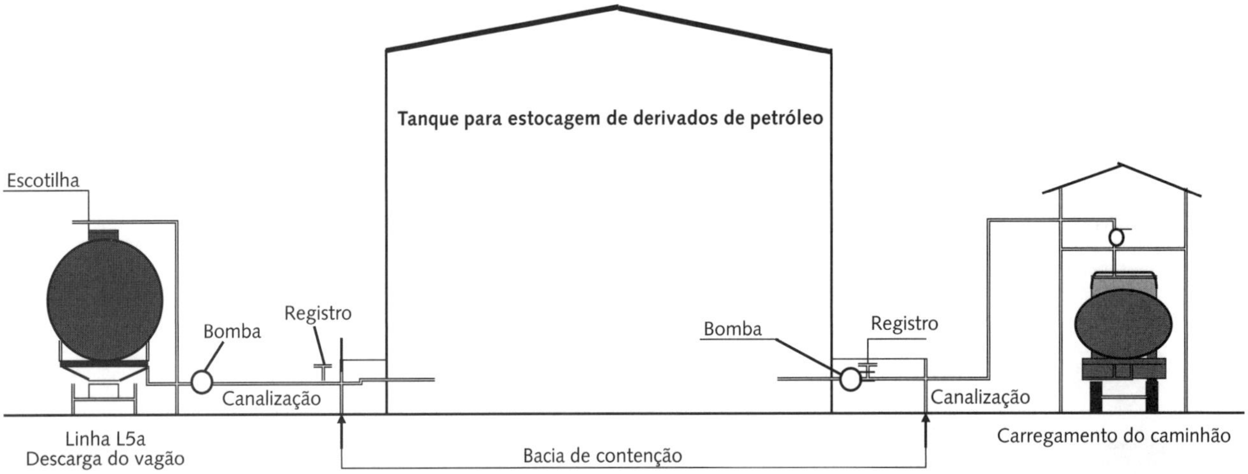

Fig. 2.19 Descarga, estocagem e carregamento de derivados de petróleo

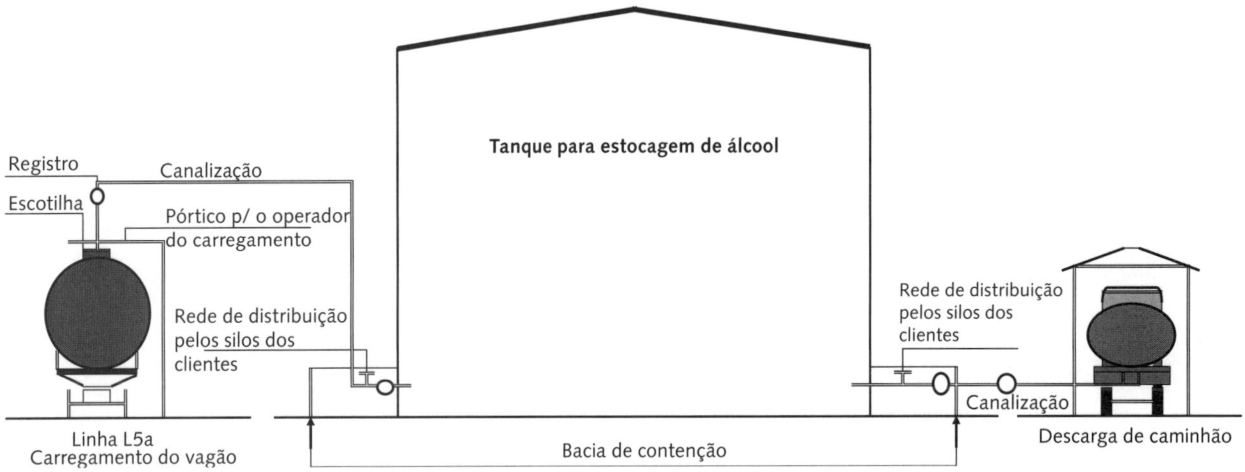

Fig. 2.20 Descarga, estocagem e carregamento de álcool

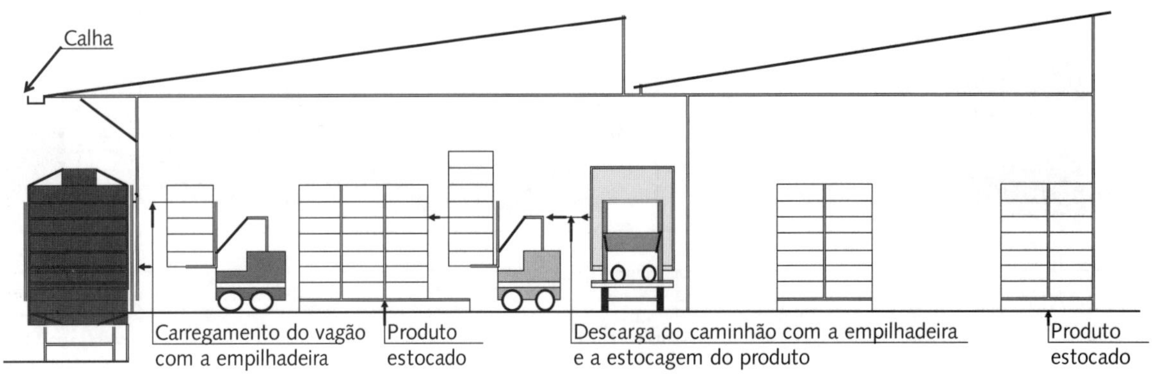

Fig. 2.21 Descarga, estocagem e carregamento de carga geral que exija armazenagem

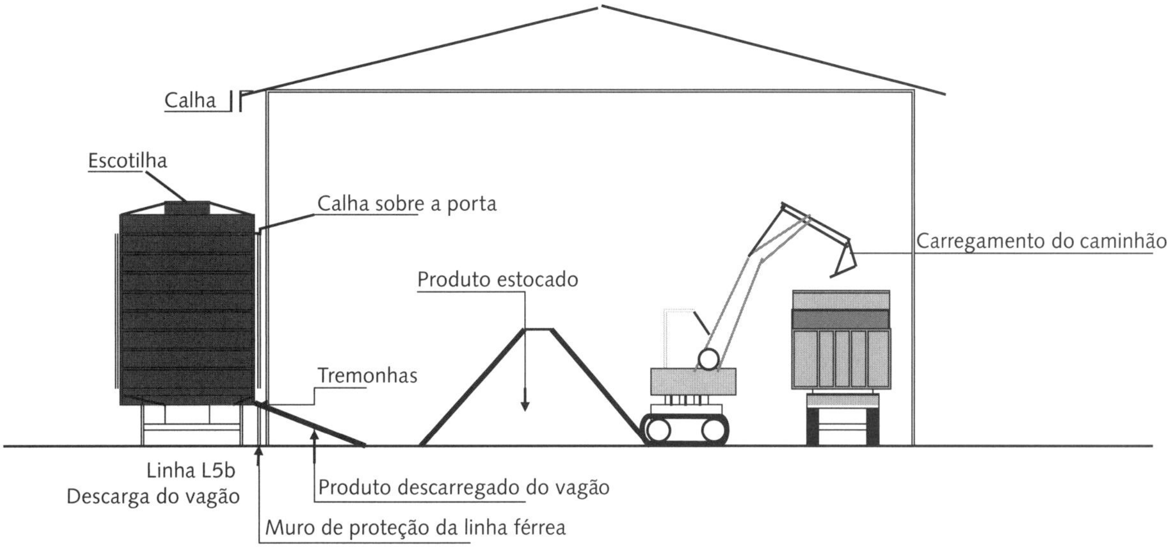

FIG. 2.22 Descarga, estocagem e carregamento de adubo a granel

Como exemplo, é apresentado o modelo estabelecido por Elbrond para a EFVM, da Vale, com algumas simplificações para facilitar o emprego da teoria das filas.

As esperas em cada seção entre os pátios de cruzamento podem ser obtidas por meio de:

$$E = \frac{Ta^2}{\frac{1.440 - Tm}{nt} - Ta} \cdot c \tag{2.36}$$

Em que:
E = espera (min);
Ta = tempo médio de atendimento na seção (min);
1.440 = número de minutos por dia;
Tm = tempo para a manutenção da via permanente (min);
nt = número de trens/dia na seção;
c = constante (0,2 a 0,3).

Para a determinação do ciclo estradal, utiliza-se:

$$Ciclo\,(h) = \frac{1}{60} \cdot \frac{\Sigma ti + \Sigma tv + 2 \cdot \Sigma E}{1 - \frac{nt \cdot Ac}{2 \cdot 1.440}} \tag{2.37}$$

Em que:
$Ciclo$ = ciclo estradal – ida e volta (h);
Σti = soma dos tempos de percurso de ida (min);
Σtv = soma dos tempos de percurso de volta (min);
ΣE = soma das esperas em cada pátio (min);
nt = número de trens por dia na linha;
Ac = atraso em cada cruzamento.

O número de cruzamentos é definido por meio de:

$$Nc = \frac{Ciclo(h) \cdot 60 - (\Sigma ti + \Sigma tv + 2 \cdot \Sigma E)}{Ac} \quad (2.38)$$

Em que Nc é o número total de cruzamentos na viagem de ida e volta.

Para ilustrar esse cálculo, é apresentada a Tab. 2.16, uma planilha contendo o cálculo do ciclo estradal, o número de cruzamentos e a velocidade média de trecho ferroviário.

Ciclo total

O ciclo total é obtido acrescentando-se os outros tempos previstos na operação do trem:

- paradas em pátios intermediários para deixar e/ou pegar vagões;
- paradas para revista de vagões e abastecimento de locomotivas;
- troca de equipagem;
- interrupção da circulação em horário de maior densidade de tráfego de passageiros;
- outras causas programadas.

Para o cálculo dos ciclos totais das locomotivas, é necessário acrescentar os tempos necessários nos terminais de origem e destino dos trens, tais como manobras, revistas e abastecimento, estabelecendo o tempo total de um ciclo da locomotiva para determinado programa.

Para os vagões, devem ser acrescidos os tempos nos terminais de origem (espera, carregamento, formação) e de destino (descarga, manobras, esperas), obtendo-se, assim, o tempo total do vagão em determinado programa de transporte.

Simuladores de operação de trecho

Conforme mencionado, os tempos de circulação em determinado trecho podem ser obtidos por meio de simulador de operação de linha, que estabelece uma grade de trens (gráfico de circulação) para uma configuração de quantidade de trens e de horários de entrada no trecho, considerando os tempos de percurso, as regras de prioridade de cruzamento de trens e as paradas intermediárias programadas.

Manutenção e utilização do material rodante

Dois fatores incidem sobre o cálculo da frota de locomotivas e vagões, respectivamente: o índice de disponibilidade do material rodante e a utilização da disponibilidade para a locomotiva. O primeiro mede a qualidade da manutenção, e o segundo, a qualidade do gerenciamento da operação.

Disponibilidade

A disponibilidade representa o percentual de tempo que a locomotiva ou o vagão está disponível para a operação, e é o complemento da imobilização percentual, ou seja:

$$DISP\ (\%) = 100 - imobil\ (\%) \quad (2.39)$$

TAB. 2.16 Cálculo do tempo de viagem (ciclo de ida e volta)

Pátio		Compr. útil (m)	Km do eixo	Dist. entre pátios (km)	Tempo de percurso		Nº trens na seção					Espera (w)				
Nº	DENOMINAÇÃO				Export. (min)	Import. (min)	2015	2020	2025	2035	2045	2015 (min)	2020 (min)	2025 (min)	2035 (min)	2045 (min)
01	PORTO FRANCO	2.647	6,900													
02	P 02	1.859	33,506	26,606	33,4	29,5	3,3	5,6	7,2	8,8	10,8	0,8	1,5	2,0	2,5	3,3
03	P 03	1.859	51,406	17,900	25,3	22,2	3,3	5,6	7,2	8,8	10,8	0,5	0,8	1,1	1,3	1,7
04	P 04	1.859	67,906	16,500	24,3	22,9	3,3	5,6	7,2	8,8	10,8	0,4	0,8	1,0	1,3	1,7
05	P 05	1.859	81,806	13,900	27,8	15,6	3,3	5,6	7,2	8,8	10,8	0,4	0,7	0,9	1,1	1,4
06	P 06	1.859	102,806	21,000	39,6	24,8	3,3	5,6	7,2	8,8	10,8	0,8	1,5	2,1	2,6	3,5
07	P 07	1.859	124,206	21,400	28,1	24,6	3,3	5,6	7,2	8,8	10,8	0,6	1,0	1,3	1,7	2,2
08	P 08	1.859	146,706	22,500	27,7	24,1	3,3	5,6	7,2	8,8	10,8	0,5	1,0	1,3	1,6	2,1
09	P 09	1.859	161,506	14,800	31,1	17,5	3,3	5,6	7,2	8,8	10,8	0,5	0,8	1,1	1,4	1,8
10	P 10	1.859	182,006	20,500	48,3	24,2	3,3	5,6	7,2	8,8	10,8	1,1	2,0	2,7	3,5	4,6
11	P 11	1.859	204,806	22,800	36,3	25,2	3,3	5,6	7,2	8,8	10,8	0,8	1,4	1,9	2,4	3,1
12	BALSAS	2.547	226,150	21,344	31,6	21,8	3,3	5,6	7,2	8,8	10,8	0,6	1,0	1,4	1,7	2,2
	TOTAL			219,250	353,5	252,4	3,3	5,6	7,2	8,8	10,8	7,0	12,5	16,8	21,1	27,6

Quadro resumo

Nº	Trecho	Extensão (km)	Ciclo estradal (ida e volta) (h)					Nº de cruzam. (ida e volta) (un)					Velocidade média (km/h)				
			2015	2020	2025	2035	2045	2015	2020	2025	2035	2045	2015	2020	2025	2035	2045
	PORTO FRANCO - BALSAS	219,250	10,39	10,61	10,79	10,97	11,23	0,71	1,24	1,62	2,01	2,53	42,2	41,3	40,7	40,0	39,1

OBS: Número de trens na seção: total nos dois sentidos

AC (atraso em cada cruzamento, em minutos) = 5,0

t_{MAN} (tempo diário médio de manutenção da via permanente, em minutos) = 120

fator c (fator de ajuste das esperas em cada seção – modelo de Elbrond) = 0,30

Quanto menor a disponibilidade, maior a necessidade de frota de locomotivas, porque uma parcela dessa frota estará aguardando manutenção. Os valores de disponibilidade que podem ser encontrados nas melhores ferrovias são de 90% para locomotivas e 97% para vagões.

Utilização da disponibilidade

A utilização da disponibilidade definida para as locomotivas representa o percentual do tempo disponível do equipamento que é efetivamente utilizado para realizar o programa de transporte, isto é, no trem ou realizando manobras.

Essa definição varia de uma ferrovia para outra. Para a locomotiva rebocada no retorno do trem, a disponibilidade é considerada utilizada, pois faz parte do programa, além disso, sem retorno, não haveria nova ida. Em outras ferrovias, é considerada não utilizada, já que a locomotiva está desligada.

Essencialmente, um melhor gerenciamento leva à melhor utilização das locomotivas e à economia de frota, ou seja, à maximização da capacidade produtiva e à redução de investimentos para a aquisição de locomotivas. Um bom padrão de utilização da disponibilidade varia de 85% a 90%.

Produtividade do material rodante

A produtividade das locomotivas e vagões é expressa em TKU (toneladas-quilômetro úteis) em um determinado período. Ela pode ainda considerar a disponibilidade do material rodante, de modo a estabelecer o valor do equipamento efetivamente disponível. Portanto, a produtividade pode ser representada, por exemplo, por TKU/locomotiva/ano, TKU/locomotiva disponível/ano, TKU/vagão/ano e TKU/vagão disponível/ano.

Dimensionamento da frota necessária

Para determinado programa de transportes, o cálculo da frota necessária pode ser feito com a utilização das seguintes equações:

- *Cálculo da quantidade de trens por dia*

$$Ntrens = \frac{TUanual}{DiasOp \cdot TUtrem} \qquad (2.40)$$

Em que:
Ntrens = número de trens por dia;
TUanual = toneladas úteis anuais;
DiasOp = número de dias de operação por ano;
TUtrem = tonelagem útil do trem.

- *Cálculo da frota de locomotivas*

$$Nlocos = \frac{Ntrens \cdot NLtrem \cdot CicloTot}{24 \cdot \frac{DISP}{100} \cdot \frac{UtDisp}{100}} \qquad (2.41)$$

Em que:
Nlocos = número de locomotivas necessário ao programa de transporte;
Ntrens = número de trens por dia;
NLtrem = número médio de locomotivas no trem;
CicloTot = ciclo total (h);
24 = número de horas de um dia;
DISP = disponibilidade das locomotivas (%);
UtDisp = utilização da disponibilidade das locomotivas (%).

- *Cálculo da frota de vagões*

$$Nvag = \frac{Ntrens \cdot NVtrem \cdot CicloTot}{24 \cdot \frac{DISP}{100}} \quad (2.42)$$

Em que:
Nvag = número de vagões necessário ao programa de transporte;
Ntrens = número de trens por dia;
NVtrem = número médio de vagões no trem;
CicloTot = ciclo total (h);
24 = número de horas de um dia;
DISP = disponibilidade dos vagões (%).

- *Cálculo da frota pela produtividade*
Para estimativas mais gerais, podem ser utilizados cálculos considerando a produtividade dos equipamentos em TKU/locomotiva, TKU/locomotiva disponível, TKU/vagão e TKU/vagão disponível, que pode ser aplicada a toda a frota ou à frota específica.
Tendo a TKU que se pretende transportar, a produtividade da ferrovia e sua disponibilidade, podem ser aplicadas as seguintes equações:

$$Frota\ de\ locomotivas = \frac{TKU\ total}{\frac{TKU}{locomotiva}} \quad (2.43)$$

$$Frota\ de\ locomotivas = \frac{100 \cdot TKU\ total}{\frac{TKU}{locomotiva\ disponível} \cdot DISP(\%)} \quad (2.44)$$

$$Frota\ de\ vagões = \frac{TKU\ total}{\frac{TKU}{vagão}} \quad (2.45)$$

$$Frota\ de\ vagões = \frac{100 \cdot TKU\ total}{\frac{TKU}{vagão\ disponível} \cdot DISP(\%)} \qquad (2.46)$$

2.4.8 Instalações e equipamentos de apoio operacional

Os Estudos de Viabilidade Técnica, Econômica e Ambiental (EVTEA) requerem que, além dos investimentos em frota de material rodante e pátios, sejam estimados os investimentos necessários para a implantação das instalações de apoio operacional e para a aquisição dos equipamentos exigidos para o funcionamento da ferrovia.

No projeto básico ou executivo, a concepção e/ou o detalhamento das instalações podem estar incluídos no escopo do serviço.

- *Estações*: necessárias para passageiros, caso a ferrovia opere com esse tipo de trem, ou para estações nos pátios exercendo funções de controle da operação, emissão de documentos e, eventualmente, funções comerciais.
- *Centro de controle operacional*: trata-se de um projeto específico que contém a parte de edificação e de sistemas de controle da circulação, telecomunicações, suprimento de energia etc.
- *Oficinas e postos de manutenção de locomotivas e vagões e posto de abastecimento de locomotivas*: o projeto operacional estabelecerá a localização dessas instalações, que constituirão projetos específicos.
- *Material rodante em serviço interno*: corresponde às locomotivas e aos vagões necessários para o transporte de materiais para a manutenção da via e de sistemas.
- *Equipamentos de bordo das locomotivas*: equipamentos necessários para o licenciamento, a comunicação e, se for o caso, a tração distribuída.
- *Equipamentos de socorro*: a ferrovia precisa ser dotada de trens de socorro compostos de guindaste ferroviário, vagões para material de via e carros para o pessoal e equipamentos.
- *Dormitório de maquinistas*: o projeto operacional deve estabelecer a localização dos dormitórios dos maquinistas em função do revezamento de equipagens previsto.
- *Sistema de gerenciamento operacional*: as ferrovias modernas de carga são dotadas de sistemas de gerenciamento operacional que controlam as locomotivas, os vagões, os trens e os pátios por meio de sistemas informatizados que trabalham quase em tempo real, pois dependem de alimentação de informações feita por agentes de estação. O sistema possui informação sobre cada vagão, como carga, origem, destino, cliente e local onde se encontra (pátio, trem, cliente, oficina), e apresenta informações sobre os trens, como formação (locomotivas e vagões), horário, local onde se encontra e previsão de chegada ao destino. O sistema controla também os pátios, com informação dos vagões neles contidos, e os trens em formação.

2.4.9 Custos operacionais e outros custos

Conforme mencionado, os custos operacionais entram na composição dos estudos de viabilidade econômica e financeira, sendo compostos dos seguintes itens:

Custos operacionais

Manutenção de via e dos sistemas

Os custos de manutenção da via e dos sistemas são compostos de parte fixa e de parte variável. A parte fixa corresponde aos custos de equipamentos de manutenção de via, residências de via com a parte fixa de infraestrutura e superestrutura da via, estaleiro de solda, sistemas de licenciamento de trens e pessoal mínimo para manter o sistema. Já os custos variáveis dependem da produção da ferrovia, da extensão da linha e do custo de produção e produtividade dos equipamentos.

Manutenção do material rodante

Os custos de manutenção de material rodante (locomotivas e vagões) no serviço comercial e interno da ferrovia e de equipamento de socorro também são compostos de parte fixa, correspondente à estrutura de pessoal necessária para a realização de manutenção, e de parte variável, que é proporcional à frota a ser mantida.

Operação

Custos fixos

Custos de pessoal da operação correspondentes à tração (maquinistas e supervisores), ao movimento (pessoal do CCO, cabines de pátios) e aos pátios e terminais (supervisores, agentes de estação e manobreiros) dimensionados para o volume de operação previsto.

Custos variáveis

Consumo de combustíveis e lubrificantes, que são proporcionais à produção da ferrovia. Representa a maior parcela dos custos operacionais.

Outros custos

Custos de administração da ferrovia (com exceção dos operacionais, já considerados) e custos com seguros do patrimônio e das cargas dos clientes.

2.4.10 Receitas operacionais

Para a avaliação financeira do empreendimento, são calculadas as receitas operacionais da ferrovia com base na produção em TKU prevista para cada ano e as tarifas e fretes obtidos pela análise de tarifas referenciais e aferidas pelos estudos de mercado.

capítulo 3

Estudos básicos e infraestrutura

Rui José da Silva Nabais (3.1 a 3.4; 3.6 a 3.8), *Claudio Cesar de Freitas Delorenci* (3.5) e *Cássio Alberto Teoro do Carmo* (3.9)

3.1 Estudos de traçado

3.1.1 Especificações

O estudo de traçado se desenvolve nas três fases do projeto, e é mais intenso nas duas primeiras: estudo de viabilidade e projeto básico (ou anteprojeto).

Na fase de projeto executivo, o estudo de traçado se resume a variantes localizadas, que auxiliam a solucionar problemas específicos ocasionados por dificuldades ambientais, geológicas, de desapropriações, arqueológicas ou até mesmo de caráter político-social, não identificadas nas fases precedentes, ou que, eventualmente, ajudam a minimizar os custos de implantação e/ou de operação.

A Valec orienta esse estudo por meio da Especificação de Projeto n° 80-EG-000A-26-0000, e existe, além disso, a ISF-205 da DIF/DNIT.

3.1.2 Fase preliminar

Além das especificações da Valec e da DIF/DNIT para o estudo de traçado de uma ferrovia, pode-se utilizar, com pequenos ajustes, as normas do DNIT para projetos rodoviários, em particular a IS-207, da publicação IPR 726 (DNIT, 2006c).

O estudo de traçado é iniciado com a identificação dos pontos obrigatórios "de condição" ("cidade, vila, povoado, centro produtor, local em que o traçado da estrada deve passar" – DNIT, s.n.t.). Isso significa que se definem a origem e o destino da ferrovia e os locais que, obrigatoriamente, serão servidos por ela. Esse procedimento define a "vocação da ferrovia", ou seja, sua importância estratégica e econômica e o que será transportado – passageiros, minério, produção agrícola, turismo, combustíveis etc. Ao definir transporte de passageiros, definem-se as cidades, bairros e distritos a serem atendidos. Nessa fase, são necessários conhecimentos de dados estatísticos e econômicos e a posição relativa entre esses pontos.

Identificados esses pontos, passa-se ao estudo dos pontos obrigatórios "de passagem" ("garganta, local de travessia de curso d'água em que a estrada deve passar por imposição da topografia do terreno" – DNIT, s.n.t.). Isso exige a consulta de bases que permitam visualizar o terreno, portanto cartas com curvas de nível ou fotografias em estereoscopia, permitindo assim a definição de alguns alinhamentos sobre elas nas escalas disponíveis, muitas vezes 1:100.000 ou até mesmo 1:1.000.000, e com curvas de nível a cada 40 m ou 50 m.

Nessa fase, são selecionados os principais pontos de travessia dos rios mais importantes e identificados (e evitados) problemas de ordem ambiental, geológica, arqueológica e social, tais como: reservas ecológicas, áreas de instabilidade ou regiões alagadiças, terras indígenas, áreas de quilombolas, locais densamente populacionais (se for uma ferrovia de carga) etc.

Essa definição dos alinhamentos pode também ser elaborada sobre fotografia aérea ou de satélite, ou ainda com o uso de modelos digitais, tais como SRTM, por exemplo, definindo-se diretrizes amplas. Na realidade, nessa fase ainda não existe exatamente um traçado, mas alinhamentos ou diretrizes tecnicamente viáveis.

As diferenças entre o estudo de traçado para ferrovias e para rodovias residem nas curvas horizontais, pois o raio mínimo ferroviário não deve ser inferior a 341,823 m, muito superior ao mínimo rodoviário (seção 3.6) e à limitação da inclinação das rampas, definidas pelo estudo operacional e por simulações, que apresentam sempre valores muito inferiores aos limites adotados em rodovias.

3.1.3 Anteprojeto

Definida a viabilidade técnica e econômica do empreendimento, passa-se ao detalhamento da diretriz selecionada, já com os raios de cada curva bem definidos e caracterizados os cruzamentos com rios, rodovias e ferrovias e a proximidade de povoados, otimizando rampas e curvas, bem como o movimento de terra.

Para o estudo de traçado, adotam-se, além da especificação da Valec anteriormente citada, os mesmos critérios de projetos rodoviários (sugere-se a IS-207, da publicação IPR 726 – DNIT, 2006c) na forma usual, destacando-se:

- definição dos pontos obrigatórios de passagem: pontos exatos de início e final, locais onde existe potencial de carga, e localização dos respectivos terminais, de passageiros, de estações, ou ainda turísticos;
- seleção dos locais para integração com outros modos de transporte e demais ramais ferroviários;
- minimização do movimento de terra;
- localização dos melhores locais de travessia dos principais acidentes topográficos, tais como rios ou gargantas de montanhas;
- minimização de problemas de interferências de forma geral e travessias urbanas;
- evitar locais geologicamente instáveis, áreas alagadiças ou com potencial de solos de baixa capacidade etc.;
- redução de potenciais problemas ecológicos e/ou arqueológicos.

A fase de projeto básico para a definição do traçado é crucial, pois devem ser levadas em conta todas as restrições de rampa máxima e de raio mínimo indicadas nos estudos operacionais, sem o que a operação ou a construção pode se tornar inviável e os custos de implantação podem ser muito elevados pelos volumes de terraplenagem e pela eventual necessidade de túneis e viadutos extensos.

Nessa fase, algumas considerações geológicas devem ser analisadas (instabilidade de cortes ou de fundação de aterros, por exemplo), minimizando surpresas na fase dos estudos posteriores.

Portanto, o estudo de traçado de ferrovias diferencia-se do rodoviário nos seguintes pontos:

- a decisão sobre a implantação de uma rodovia passa por critérios econômicos, sociais, políticos e estratégicos, que definem, após uma estimativa de volume e composição de tráfego, qual classe de rodovia será adequada a essa demanda para o tipo de orografia da região. Por sua vez, a ferrovia atualmente nasce de uma decisão estratégica ou econômica, pois visa objetivamente transportar determinada carga de valor (quantitativo) elevado entre dois pontos de forma segura, rápida e econômica;

- uma rodovia pode ser facilmente implantada por segmentos independentes ou por fases, improvisando variantes temporárias, passagens molhadas, pontes provisórias, revestimento primário etc., sendo progressivamente adequada à demanda, em termos de traçado, tipo de revestimento, largura etc. Já um trecho ferroviário exige sua implantação contínua e integral em termos de suas características básicas, como bitola, obras de arte especiais, superestrutura, instalações de apoio etc., só permitindo evolução quanto à duplicação, eletrificação, implantação de mais pátios ou alongamento dos existentes e criação de variantes localizadas;
- o material rodante, definido em grande parte pelas características de implantação (por exemplo, um vagão de combustível não pode transportar passageiros), é outra diferença entre os dois setores, pois no rodoviário cada usuário adquire ou aluga um veículo de acordo com sua conveniência no momento;
- os aglomerados urbanos demandam que as rodovias se aproximem (ou se desenvolvam em sua direção), incrementando sua acessibilidade, e nem sempre a passagem de uma ferrovia, principalmente de carga, é apreciada, em razão do desconforto que pode trazer em termos de ruídos e interferências no tráfego urbano, dividindo a cidade em duas áreas e até mesmo criando certa poluição visual;
- os raios e as rampas admissíveis, que, no caso das ferrovias, são muito mais restritivos e exigem maiores desenvolvimentos para vencer os mesmos desníveis.

Dessa maneira, inicialmente, após a caracterização da demanda, o projeto de uma ferrovia tem que desenvolver os estudos operacionais, os quais definirão as características geométricas que irão influenciar todo o estudo de traçado e as limitações de raio e de rampa máxima (e, consequentemente, a velocidade de projeto e a velocidade de operação), bem como a definição do comprimento do trem-tipo (portanto, dos desvios de cruzamento e seu espaçamento), a potência e a quantidade das locomotivas, o tipo de vagão a ser utilizado e a carga por eixo.

Também é nessa etapa que se define a localização de pátios de integração (unimodais ou multimodais) e de transbordo e de oficinas, postos de abastecimento e demais instalações auxiliares, bem como o tipo de sinalização a ser adotado e a necessidade de acessos rodoviários tanto para a manutenção da via quanto para a chegada e/ou a destinação da carga.

O estudo de traçado é de importância primordial, pois pode inviabilizar técnica ou economicamente o empreendimento, elevar o custo de tal modo que atrase a construção ou tornar a relação custo-benefício pouco atrativa.

3.1.4 Projeto executivo

Na fase de projeto executivo, não há mais estudo de traçado, a não ser de variantes localizadas, para reduzir custos de implantação (soma do custo direto mais desapropriações) ou solucionar problemas específicos (contornar uma edificação histórica, um cemitério ou um templo, evitar solos moles, solucionar interferência com um serviço público, minimizar problemas ambientais, arqueológicos ou geológicos, adequar a travessia de um rio e eliminar problemas sociais, como desapropriações de parte importante de um bairro) que não puderam ser identificados nas fases anteriores devido às escalas utilizadas.

Esse ajuste fino geralmente é feito no próprio campo pelas equipes de topografia, que efetuam a locação do eixo selecionado e entram em contato com autoridades e associações de produtores e moradores.

A Fig. 3.1 apresenta um fluxograma do estudo de traçado.

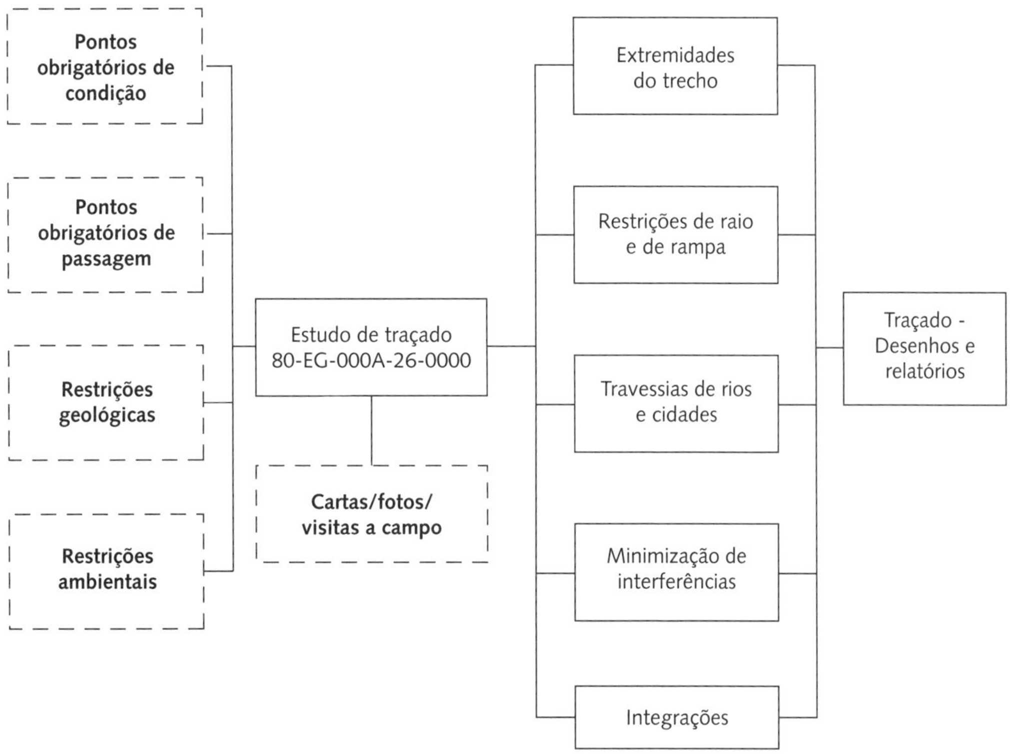

Fig. 3.1 Fluxograma do estudo de traçado (Especificação de Projeto n° 80-EG-000A-26-0000 da Valec)

3.2 Estudos topográficos

3.2.1 Especificações

O estudo topográfico de uma ferrovia se desenvolve em três fases, desde o estudo de viabilidade técnico-econômica até ao detalhamento do projeto executivo, em escalas progressivamente menores, determinando assim o grau de precisão a ser atingido pelas diversas disciplinas do projeto.

A Valec adota a Especificação de Projeto n° ES 80-EG-000A-28-0000 para definir critérios, tolerâncias e limitações na execução de serviços topográficos para serviços ferroviários em cada fase do projeto. Podem também ser utilizadas as normas IS-204 e IS-205, indicadas na publicação IPR 726 (DNIT, 2006c), desde que se adéquem às tolerâncias, particularmente em relação à superestrutura e à exatidão requerida para a implantação de trilhos e dormentes.

A DIF/DNIT adota a ISF-203 e a ISF-204, bem como a ISF-201 e a ISF-202, as quais também devem ser consultadas e utilizadas no que for aplicável.

3.2.2 Fase preliminar

Na fase de estudo de viabilidade, não existem estudos topográficos de campo, resumindo-se esse estudo a subsidiar o estudo de traçado na coleta e análise de cartas, de modelos digitais, como SRTM e fotografias aéreas via satélite, permitindo a obtenção de perfis longitudinais das alternativas de traçado observadas, sobre os quais são estudados greides que obedeçam às premissas de rampa máxima definidas nos estudos operacionais.

Com isso, é possível estimar volumes de terraplenagem pelo método da cota vermelha média ("diferença entre a cota de terreno e a de greide, em piquete de locação de eixo da estrada" – DNIT, s.n.t.) e calcular quantitativos. Nesse caso, como o estudo geotécnico ainda não definiu as profundidades dos horizontes de material de segunda e terceira categorias, pode-se arbitrar os percentuais desses materiais para fazer uma estimativa de custos mais apurada.

Dada a pequena precisão de qualquer um dos tipos de base de dados utilizados, é evidente que o rigor dos valores é mínimo, confirmando que seu uso somente é adequado nessa fase quando a estimativa de custos apresenta maior tolerância.

3.2.3 Anteprojeto

Definida a viabilidade técnico-econômica e prosseguindo o estudo topográfico para a fase seguinte, de anteprojeto ou de projeto básico, a maior precisão requerida exige o uso, no mínimo, de aerofotogrametria, com voos em escala menor, que permitam obter fotos (pelo método convencional ou por radar – Lidar) nas escalas de 1:8.000 ou 1:15.000, ou seja, conseguir restituições em escalas de 1:2.000 (atual norma da Valec) ou 1:5.000 (valor anteriormente adotado pela Valec e o mais usual para essa fase) ou ainda um modelo digital do terreno (MDT) compatível com as escalas a serem utilizadas nessa fase.

Com o modelo digital do terreno, se a restituição for feita na escala de 1:2.000, o estudo topográfico já consegue curvas de nível até de metro em metro e o cálculo de volumes com maior precisão. Na escala de 1:5.000, devem ser adotadas curvas de nível a cada 2 m, por uma questão de representação gráfica.

3.2.4 Projeto executivo

Para a precisão final de projeto executivo, torna-se necessária a topografia convencional de campo, em que a locação, o nivelamento e as seções transversais, além dos levantamentos especiais (como talvegues, batimetria, locais de pátios de integração e transbordo, de interferências e de ocorrências de materiais de construção), permitem a adoção de escalas adequadas à precisão exigida para cada disciplina.

Nessa fase são adotadas, por exemplo, para projeto geométrico, as representações de 1:2.000 (H) e 1:200 (V) e curvas de nível a cada 1 m. Para pátios, projetos de OAE, contenções e túneis, escalas menores são mais adequadas, por isso a topografia de campo é essencial, utilizando-se equipamentos com o nível de precisão adequado às tolerâncias admissíveis, referidas nas especificações anteriormente citadas.

É relevante assinalar que a principal diferença entre os estudos topográficos para ferrovia e para rodovia é o grau de precisão, já que as tolerâncias ferroviárias são mais rigorosas, uma vez que as rampas ferroviárias são muito menores e os trilhos devem ser paralelos o tempo todo e encaixar-se milimetricamente (tanto na horizontal quanto na vertical). É muito mais fácil adequar erros topográficos num pavimento rodoviário do que em uma ferrovia.

As normas citadas podem ser utilizadas, sendo que, perante novos equipamentos tipo GPS geodésico, algumas simplificações são admitidas, tais como a locação por coordenadas sem necessidade de implantar PIs e a diminuição das exigências de amarrações de pontos notáveis e dos pontos em tangentes longas sempre que se proceda ao fechamento das poligonais, os equipamentos utilizados tenham a precisão requerida e as equipes de campo sejam experientes.

Porém, continua sendo exigido o nivelamento de precisão, a batimetria dos principais cursos d'água, o levantamento cuidadoso das interferências e das seções mais longas em regiões de topografia acentuada e a caracterização dos pontos de inflexão longitudinal e transversal do terreno e de erosões e demais particularidades.

3.3 Estudos geológico e geotécnico

3.3.1 Especificações

Entre as ferramentas de que o engenheiro ferroviário dispõe para o desenvolvimento de seus projetos encontram-se a Geologia e a Geotecnia.

Com os dados fornecidos por essas duas ciências, podem ser desenvolvidos o projeto de terraplenagem e a fundação das obras de arte especiais e ser obtidos outros materiais de construção, como areia e brita. A solução de outros problemas, como a prevenção de acidentes do tipo quedas de barreiras e instabilidade de fundação de aterros, além da otimização do uso dos solos e de distâncias de transporte, também é possível com a utilização dos dados dessas duas disciplinas da Engenharia.

É imprescindível utilizar essas duas ferramentas, da mesma maneira como se utilizam os dados obtidos por meio da Topografia e da Hidrologia, como subsídios aos demais capítulos do projeto, em particular, terraplenagem, superestrutura ferroviária, obras de arte especiais, obras de contenção e drenagem. A Geologia pode e deve subsidiar o estudo de traçado.

A Valec instituiu a Especificação de Projeto nº 80-EG-000A-29-0000, agregando em uma única especificação as duas matérias, pela sua evidente correlação, para disciplinar esta parte do projeto ferroviário.

Com as devidas adequações (por exemplo, não é necessária a pesquisa de material com ISC > 60% para base), pode ser utilizado o padrão da IS-202 e da IS-206, da publicação IPR 726 (DNIT, 2006c), para o desenvolvimento desses estudos.

Os estudos geológico e geotécnico de rodovias e ferrovias são idênticos. Eventualmente, o que diferencia um projeto ferroviário de um rodoviário, salvo em casos de uso de brita graduada na base de rodovia, é a necessidade de maior quantidade de agregado pétreo (o consumo da brita para lastro excede 2 m^3/m, mesmo em linha singela) na ferrovia, e, além disso, não existe a necessidade de pesquisa de material com CBR > 60% (mínimo para base rodoviária) para a ferrovia. Nos demais aspectos, os estudos são perfeitamente idênticos e adotam as mesmas normas de sondagem, coleta de amostras e métodos de ensaio.

Por um lado, as obras de terraplenagem, sublastro e lastro e as obras de arte especiais e demais dispositivos em concreto (neles se incluindo dormentes, moirões de concreto para cercas, PNs etc.) atingem ou excedem 50% do custo total de implantação; por outro, o eventual colapso de um talude ou de uma ponte pode paralisar integralmente a operação ferroviária por um prazo mais ou menos longo, ao contrário de uma rodovia, em que se pode trafegar em meia pista ou improvisar facilmente uma variante temporária. Assim, constata-se a importância que assumem as informações e recomendações originadas por esses dois estudos, não podendo, de forma alguma, serem desconsideradas.

3.3.2 Estudo de viabilidade

Na fase de estudo de viabilidade, convém existirem informações, mesmo que num nível macro, sobre as características geológicas a respeito da estabilidade de taludes dos cortes e dos aterros e sobre as possíveis ocorrências de solos moles, pois o engenheiro de traçado pode evitar todas ou, pelo menos, as principais áreas em que isso pode ocorrer, minimizando o custo de suas soluções.

Desse modo, de posse da diretriz (ou diretrizes) definida pelo estudo de traçado, o geólogo pode desenvolver o estudo em termos da geologia geral e regional por meio de pesquisa bibliográfica, visita ao local e fotointerpretação. Com esse estudo, ele pode emitir um mapa geológico e um relatório que contenha, além da descrição geológica da faixa selecionada, as recomendações pertinentes sobre estabilidade de taludes, potencialidade de ocorrência de materiais de construção, existência de solos colapsíveis etc. Isso facilita os ajustes da diretriz que, nas fases posteriores, minimizarão potenciais problemas ou custos adicionais em soluções particulares, frequentemente onerosas e nem sempre muito eficientes.

3.3.3 Anteprojeto

Nessa fase, definido o traçado, complementa-se o estudo geológico com alguns detalhes suplementares obtidos em campo (geologia local) e com os resultados preliminares obtidos da geotecnia.

O estudo geotécnico, composto por serviços de campo e de escritório, é necessário somente a partir da fase de projeto básico. Por meio dele se materializam ou são eliminadas as observações feitas pelo estudo geológico no que se refere à fundação de aterros (regiões de tálus, solos moles e/ou regiões cársticas, por exemplo), à estabilidade de regiões de cortes e à fundação de OAE e de obras de contenção.

Assim, com base nas informações geológicas e do projeto geométrico e de terraplenagem, deve ser estabelecido um plano de sondagem abrangendo:

i estudo de subleito;
ii estudo de caixas de empréstimo;
iii estudo de jazidas de sublastro;

iv estudo de pedreiras;
v estudo de areais;
vi estabilidade de taludes;
vii definição de horizontes de segunda e terceira categorias;
viii fundação de aterros;
ix fundação de OAE.

Para a pesquisa de solos para empréstimos, é necessário que o projeto de terraplenagem indique as potenciais necessidades de volumes e características técnicas: CBR mínimo (para camadas finais de aterros), índices físicos, granulometria, limites de expansibilidade e localização aproximada ou ideal.

O diagrama de Bruckner fornece, mesmo na fase de projeto básico e sem uma distribuição exata dos volumes de terraplenagem, uma estimativa inicial das compensações em distâncias razoáveis ou economicamente aceitáveis, que pode ser utilizada no plano de sondagens.

No caso de volumes de jazidas, é necessário multiplicar o volume médio de consumo de sublastro por quilômetro pela extensão do trecho, adicionando um valor para pátios e desvios e uma folga para perdas. Os valores sugeridos para o início dessa estimativa são de 25% a 35% de folga para cobrir as perdas e necessidades para desvios e pátios e otimização de distâncias médias de transporte.

A dificuldade reside na compatibilização temporal desse planejamento. A distribuição da terraplenagem necessita dos dados fornecidos pelos estudos geotécnicos, que, por sua vez, são os dados de entrada para o planejamento dos mesmos estudos. Resta, portanto, serem adotados critérios de bom senso: a partir do lançamento do greide, do cálculo de volumes e do diagrama de Bruckner e dos conhecimentos iniciais da geologia e da geotecnia locais é possível fazer uma estimativa grosseira de locais onde pode haver a necessidade de empréstimos de material para aterros (nem que seja pela cota vermelha média), para aproveitar a campanha de sondagens de forma eficiente.

Nos locais de obras de arte especiais, em especial nas pontes, é necessária a execução, no mínimo, de sondagens à percussão em ambas as margens (ao menos no nível de projeto básico). Porém, as sondagens devem ser preferencialmente mistas nos locais de encontros e pilares (ver mais detalhes no Cap. 4).

É aceitável, como demonstram as normas anteriormente indicadas, que na fase de projeto básico seja executada apenas uma sondagem em cada margem, que defina um perfil geotécnico aproximado apenas para efeito de seleção do tipo de fundação e para um quantitativo preliminar. No caso de sondagens à percussão, não é possível ignorar o procedimento de deslocamentos da sonda quando o impenetrável for muito raso.

Sondagens mistas também são recomendadas em cortes, pelo menos nos mais altos, para tentar definir, do modo mais próximo possível da realidade, os horizontes de materiais de primeira, segunda e terceira categorias, subsidiando não apenas sua cubagem, mas também permitindo a definição das inclinações dos taludes e, portanto, dos *offsets*. É procedimento usual adotar um SPT acima de 20 para caracterizar o material de segunda categoria.

Um item frequentemente descurado, mas muito importante para o projeto de drenagem profunda, é a medição do nível de água nas sondagens efetuadas.

Para as definições de inclinação de taludes, além da coleta de amostras indeformadas para ensaios especiais (na próxima fase), as observações de taludes existentes em rodovias dentro das mesmas formações geológicas podem ser úteis e não devem ser desprezadas, recomendando-se sua análise em complemento aos ensaios, que devem ser feitos para um estudo mais científico ou menos empírico.

3.3.4 Projeto executivo

A diferença entre os estudos geotécnicos nas fases de projeto básico e de projeto executivo reside não somente na densidade de coleta de amostras, mas também na realização de algum ensaio de amostras especiais (por exemplo, amostras indeformáveis para estudo de coesão e atrito interno). Isso pode ser visto em qualquer uma das especificações e instruções de serviço anteriormente abordadas.

Assim, nas jazidas de sublastro, enquanto na fase de projeto básico é admissível a execução de um furo em cada canto da jazida e de um no ponto central, no projeto executivo a malha de coleta de amostras deve ser adensada para cada 30 m ou 60 m de lado, dependendo de sua área e da homogeneidade do material.

Nas OAEs, recomenda-se, pelo menos para as pontes mais longas, a execução de sondagens rotativas (mistas) em, no mínimo, dois pontos em cada margem do curso de água. Em rios caudalosos também se recomenda a execução de pelo menos uma sondagem mista dentro da calha do rio utilizando flutuante. Isso permite a definição de um perfil geológico e, portanto, a escolha do tipo de fundação a ser adotada em cada OAE e o levantamento dos quantitativos preliminares.

Na fase de projeto executivo, os volumes necessários para jazidas de sublastro e caixas de empréstimo e suas localizações ideais devem ser mais aprimorados, já que no caso do sublastro é possível conhecer a quantidade, o comprimento e a localização dos desvios de cruzamento, além das áreas dos pátios, podendo-se apenas somar cerca de 5% a 10% para perdas e em torno de 10% para reservas eventuais e otimização das distâncias de transporte.

No caso de caixas de empréstimo, a distribuição da terraplenagem identifica não apenas os volumes necessários, mas também a localização dos aterros. Portanto, é possível identificar o volume e a área onde cada volume escavado será aplicado.

Alargamentos e suavização de taludes de cortes a fim de obter material de empréstimo e de aterros para utilização como locais de bota-fora são procedimentos usuais facilitadores, pois, por um lado, localizam-se dentro da faixa, minimizando o impacto ambiental e/ou a necessidade de obtenção de licenças ou eventuais desapropriações, e, por outro, podem melhorar a estabilidade dos taludes e a drenagem superficial e profunda.

Ao se constatar a existência de rodovias a serem pavimentadas nos acessos aos pátios, uma pesquisa de material de base (ISC > 60%) pode ser necessária. Caso não seja possível ou se seus quantitativos forem diminutos, é preferível adotar a base em brita graduada, por se tratar de material de melhor qualidade, facilitar a execução (uma vez que a pedreira e o britador estão instalados), além de seus custos não impactarem significativamente o orçamento final do serviço.

Com base nos resultados dos ensaios, deve ser organizado o relatório contendo as conclusões e recomendações a serem seguidas pelas demais disciplinas do projeto, em particular as de terraplenagem, drenagem, contenções e obras de arte especiais. Todos os boletins de sondagens e de ensaios, bem como os croquis de localização das áreas estudadas e de cada jazida, formam os anexos do relatório e são muito importantes para que construtora, supervisora e fiscalização possam fazer eventuais ajustes na fase de obra.

A Fig. 3.2 apresenta um fluxograma dos estudos geológico e geotécnico.

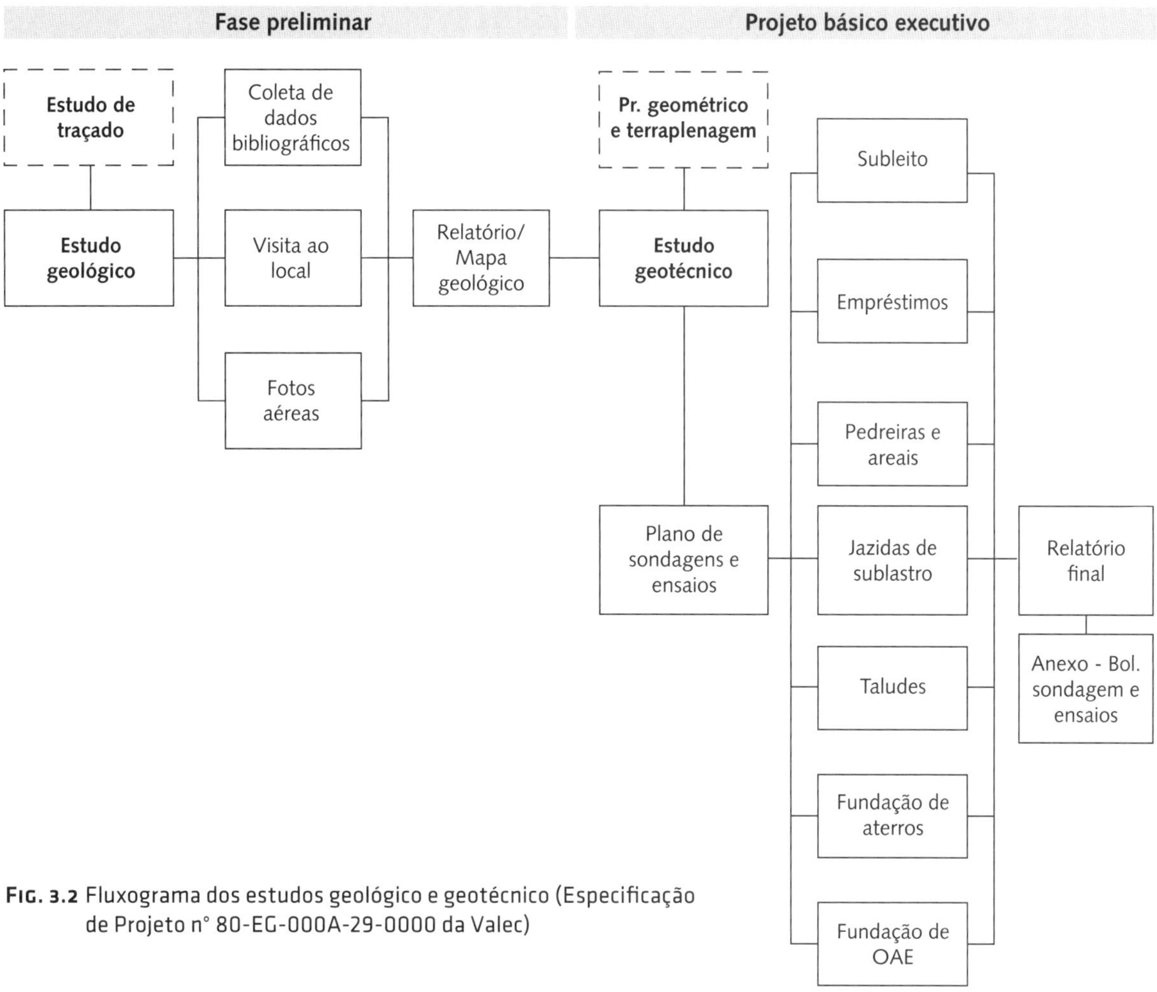

Fig. 3.2 Fluxograma dos estudos geológico e geotécnico (Especificação de Projeto n° 80-EG-000A-29-0000 da Valec)

3.4 Estudos hidrológicos

3.4.1 Especificações

O estudo hidrológico (Especificação de Projeto n° 80-000A-27-0000 da Valec) antecede o projeto de drenagem e permite definir as precipitações médias mensais e anuais, as curvas de frequência/intensidade/duração e os respectivos histogramas de médias mensais e de número médio de dias de chuva por mês e por ano. Ele serve também para calcular a vazão das bacias que cruzam a ferrovia e fornecer os demais dados climáticos, importantes tanto para o desenvolvimento do projeto de drenagem quanto para o planejamento da obra.

Para o desenvolvimento do estudo hidrológico, pode ser utilizada a sistemática preconizada na IPR-715 (DNIT, 2005b), em complemento à Especificação de Projeto anteriormente citada. A DIF/DNIT apresenta a ISF-208 sobre essa mesma matéria.

De maneira objetiva, partindo de ampla coleta de dados, o estudo hidrológico serve não só para a caracterização climática da região, mas também para proporcionar elementos para o planejamento adequado da obra em função do clima e do regime de chuvas da região, a fim de fornecer os seguintes dados ao projeto de drenagem:

- curvas de frequência, intensidade e duração;
- histogramas com precipitações médias mensais;
- histogramas com número médio de dias de chuva por mês;
- vazões das bacias cruzadas pelo eixo do projeto.

3.4.2 Fases do estudo

Não é usual desenvolver o estudo hidrológico na fase de viabilidade técnico-econômica e ambiental (por vezes se faz uma breve descrição do clima da região por meio da classificação de Köppen, das precipitações características da região etc.). Uma vez que o traçado fica definido na fase de projeto básico, em tese, o estudo hidrológico se encerra também nessa fase, destinando-se ao projeto executivo apenas pequenos ajustes, decorrentes, por exemplo:

- da maior precisão do levantamento topográfico de campo, caracterizando melhor os pontos de cruzamento das linhas de água com o eixo ferroviário e sua esconsidade;
- do traçado feito pelo levantamento topográfico;
- da correção de algum parâmetro das bacias diante do melhor conhecimento da geologia local, dos ensaios geotécnicos e da cobertura vegetal da região observada em visitas de campo;
- da análise comparativa com obras em rodovias próximas ao eixo do projeto ferroviário e cujo comportamento é conhecido e poderá se refletir em parâmetros utilizados no cálculo;
- da constatação de que divisores de água podem ter sido mal definidos na fotografia aérea, uma vez que, por exemplo, a cobertura vegetal ou a ação humana ou natural posterior ao voo pode ter alterado essas condições.

O estudo hidrológico, de posse do traçado selecionado, além de coletar dados de postos pluviométricos e fluviométricos e demais dados climáticos da região, utiliza ainda sua caracterização geológica e se serve de dados topográficos, sejam cartas, sejam fotos, para ser desenvolvido adequadamente.

Um fluxograma simplificado com a sequência dos dados de entrada e relatórios de saída dos estudos hidrológicos é mostrado na Fig. 3.3.

3.5 Licenciamento e estudos ambientais

3.5.1 Licenciamento ambiental

O objetivo desta seção é inserir na dimensão dos projetos de Engenharia, de modo sintético, os principais estudos ambientais que devem ser observados

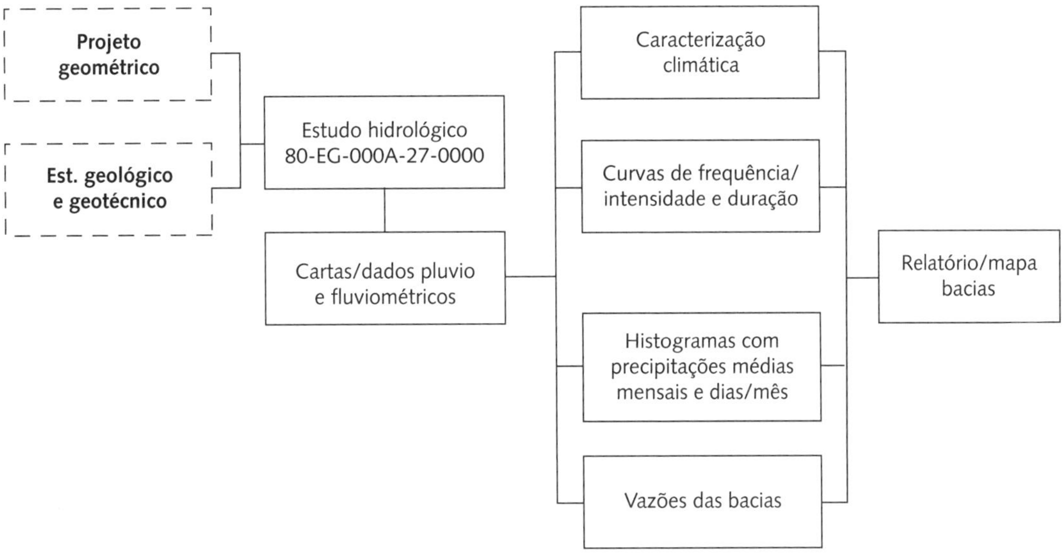

FIG. 3.3 Fluxograma do estudo hidrológico (Especificação de Projeto n° 80-EG-000A-27-0000 da Valec)
Nota: para estudo hidrológico, adotar a publicação IPR-715 (DNIT, 2005b).

durante as fases de um projeto ferroviário, visando a obtenção de seu licenciamento ambiental.

O licenciamento ambiental tornou-se obrigatório em todo o território nacional, e as atividades efetiva ou potencialmente poluidoras não podem ser instaladas e operadas sem o devido licenciamento. As empresas que atuam sem a licença ambiental estão sujeitas às sanções previstas em lei, incluindo as punições relacionadas na Lei de Crimes Ambientais (Lei n° 9.605 – Brasil, 1998), tais como advertências, multas, embargos e paralisação temporária ou definitiva das atividades, entre outras.

Considera-se que o processo de licenciamento ambiental impõe prazos adicionais e condições para que as obras sejam efetivamente iniciadas ou desenvolvidas, interferindo diretamente no cronograma geral de engenharia. Nesse contexto, o meio ambiente deve ser incluído como parte integrante do planejamento de um empreendimento (Quadro 3.1).

De acordo com a definição da Resolução Conama n° 237, art. 1°, I (Conama, 1997), licenciamento ambiental é:

> o procedimento administrativo pelo qual o órgão ambiental competente licencia a localização, instalação, ampliação e operação de empreendimentos e atividades utilizadoras de recursos ambientais, consideradas efetiva ou potencialmente poluidoras ou daquelas que, sob qualquer forma, possam causar degradação ambiental, considerando as disposições legais e regulamentares e as normas técnicas aplicáveis ao caso.

Cabe ao Instituto Brasileiro do Meio Ambiente e dos Recursos Naturais Renováveis (Ibama) o licenciamento de atividades potencialmente causadoras de significativo impacto ambiental de âmbito nacional ou regional, em especial das que interessem a dois ou mais Estados ou a um país limítrofe. Também está sob sua responsabilidade o licenciamento das referidas atividades em áreas marítimas adjacentes à costa, em

Quadro 3.1 Fases de licenciamento ambiental e fase de engenharia do empreendimento

Fase de licenciamento	Objetivo	Fase da engenharia do empreendimento	Prazo do estudo (empreendedor)	Prazo da análise (Ibama/ órgãos estaduais de meio ambiente)	Validade das licenças
Pedido da licença	Análise prévia e emissão do Termo de Referência para o empreendimento	Concepção do projeto	1 mês	1 a 2 meses	2 anos
Licença Prévia (LP)	EIA/Rima - Demonstrar a viabilidade ambiental	Projeto básico de engenharia	1 a 2 anos	6 meses a 1 ano	6 meses a 5 anos
Licença de Instalação (LI)	PBA - Programar e detalhar medidas compensatórias e mitigadoras	Ajustamento do projeto básico às medidas projetadas e/ou recomendadas	6 meses a 2 anos	6 meses a 1 ano	2 a 5 anos
Autorização de Supressão de Vegetação (ASV)	Detalhamento qualitativo e quantitativo dos desmatamentos e das limpezas do terreno	Projeto de engenharia detalhado ou executivo	4 meses a 1 ano	4 a 6 meses	1 a 4 anos
Gerenciamento e supervisão ambiental	Garantir a execução dos PBAs e a conformidade ambiental da obra	Execução das obras (construção)	O mesmo da obra (2 a 3 anos)	O mesmo da obra, limitado a 5 anos	-
Licença de Operação (LO)	Atestar a conformidade do empreendimento com o projeto e as medidas ambientais aprovadas	Conclusão da obra e conservação rotineira (operação)	3 a 6 meses após a conclusão da obra	2 a 4 meses	4 a 5 anos

Fonte: adaptado de Bellia et al. (2004).

terras indígenas e em unidades de conservação de domínio da União, bem como o licenciamento de atividades relacionadas a material radioativo ou com utilização de energia nuclear e de empreendimentos militares.

Cabe aos órgãos ambientais estaduais e do Distrito Federal o licenciamento dos empreendimentos localizados em seus territórios cujos impactos compreendam mais de um município, assim como o dos desenvolvidos em área recoberta por vegetação de preservação permanente, definida no art. 2° do Código Florestal (Lei n° 4.771 – Brasil, 1965). Também são de sua responsabilidade os casos que lhes forem delegados pela União, por convênio ou instrumento legal.

Os órgãos ambientais municipais cuidam do licenciamento ambiental dos empreendimentos de impacto local, com anuência, quando necessária, dos órgãos competentes da União, dos Estados e do Distrito Federal. O mesmo ocorre nos casos de licenciamento de empreendimentos que lhes forem delegados pelo Estado. Em qualquer caso, o licenciamento ambiental será conferido num único nível de competência, devendo o órgão competente consultar, quando couber, os demais integrantes do Sistema Nacional do Meio Ambiente (Sisnama), nos termos dos arts. 4°, par. 1°; 5°, parágrafo único; e 6° e 7° da Resolução Conama n° 237 (Conama, 1997).

Nesse contexto, é importante destacar que a Resolução Conama n° 237 (Conama, 1997) alterou parcialmente a Resolução Conama n° 1 (Conama, 1986), tratando o licenciamento ambiental de maneira mais sistematizada. O art. 3° determinou os Estudos de Impacto Ambiental (EIAs), exigíveis somente quando houver risco de significativa degradação, consoante ao estabelecido no art. 225, § 1°, IV, da Constituição Federal de 1988. Essa resolução estabelece, em seu Anexo 1, que os seguintes empreendimentos e atividades estão sujeitos ao licenciamento ambiental:

- rodovias, ferrovias, hidrovias, metropolitanos;
- obras auxiliares a portos e hidrovias (barragens e diques; canais para drenagem; retificação de curso d'água; abertura de barras, embocaduras e canais; dragagem e derrocamento em corpos d'água);
- extração e tratamento de minerais para obras civis;
- outras obras de arte (pontes, viadutos, túneis, trincheiras);
- serviços de utilidade (resíduos industriais, resíduos sólidos urbanos) em áreas portuárias;
- transporte, terminais e depósitos: transporte de cargas perigosas; marinas, portos e aeroportos; transporte por dutos; terminais de minério e de petróleo e derivados; terminais e depósitos de produtos químicos e produtos perigosos;
- recuperação de áreas contaminadas ou degradadas.

O licenciamento é aplicado para a localização, construção, instalação, ampliação, modificação e operação de empreendimentos e atividades (art. 2°).

Todos os empreendimentos de infraestrutura de transporte e a atividade de transporte de cargas perigosas devem ser submetidos, portanto, ao licenciamento ambiental.

As licenças definidas pela Resolução Conama n° 237 (Conama, 1997) são:

i *Licença Prévia (LP)*: concedida na fase preliminar do planejamento do empreendimento ou atividade aprovando sua localização e concepção, atestando a viabilidade ambiental e estabelecendo os requisitos básicos e condicionantes a serem atendidos nas próximas fases de sua implementação.

ii *Licença de Instalação (LI)*: autoriza a instalação do empreendimento ou atividade de acordo com as especificações constantes dos planos, programas e projetos aprovados, incluindo as medidas de controle ambiental e demais condicionantes, da qual constituem motivo determinante.

iii *Licença de Operação (LO)*: autoriza a operação da atividade ou empreendimento após a verificação do efetivo cumprimento do que consta das licenças anteriores, com as medidas de controle ambiental e condicionantes determinados para a operação.

Parágrafo único: As licenças ambientais poderão ser expedidas isolada ou sucessivamente, de acordo com a natureza, características e fase do empreendimento ou atividade.

Outro aspecto a ser considerado para um projeto de engenharia, no que se refere ao licenciamento ambiental, é que, além das três licenças citadas, um empreendimento precisa obrigatoriamente obter autorizações específicas no Ibama e no Instituto Chico Mendes de Conservação da Biodiversidade (ICMBio), como a Autorização de Supressão de Vegetação e a Autorização de Coleta, Captura e Transporte de Fauna Silvestre, por exemplo.

Além das autorizações desses órgãos, para que as obras de implantação de um projeto sejam efetivamente iniciadas, o empreendedor deve buscar a anuência dos demais organismos intervenientes que participam do processo de licenciamento ambiental, tais como a Fundação Nacional do Índio (Funai), o Instituto do Patrimônio Histórico e Artístico Nacional (Iphan), a Fundação Cultural Palmares, o Instituto Nacional de Colonização e Reforma Agrária (Incra), entre outros.

Adiante são apresentadas, de maneira concisa, as ações necessárias para a obtenção dessas licenças.

3.5.2 Obtenção de licenças ambientais

Os estudos e as atividades ambientais são realizados visando a obtenção da Licença Prévia (LP), da Licença de Instalação (LI) e da Licença de Operação (LO). Os procedimentos necessários para a obtenção de cada um desses diplomas ambientais são apresentados a seguir.

Obtenção da Licença Prévia (LP)

Para a obtenção da Licença Prévia, na perspectiva do empreendedor, devem ser executadas as seguintes etapas:

- solicitação/pedido de licença, que corresponde à inscrição no Cadastro Técnico Federal (CTF), no órgão ambiental licenciador;
- elaboração de Estudos de Impacto Ambiental (EIA) e respectivo Relatório de Impacto Ambiental (Rima), devidamente aprovados pelo órgão ambiental licenciador;
- realização de audiências públicas, promovida pelo empreendedor e pelo órgão ambiental licenciador;
- deferimento do órgão ambiental licenciador autorizando a LP.

Essas etapas são descritas de modo detalhado a seguir.

Etapa 1: Pedido da licença

Antes de iniciar o processo, o empreendedor deve se inscrever no Cadastro Técnico Federal (CTF) e declarar a atividade exercida, relacionada aos empreendimentos passíveis de licenciamento ambiental (ver anexo da Resolução Conama n° 237 (Conama, 1997)). A abertura de processo de licenciamento ambiental de determinado empreendimento é solicitada ao órgão ambiental licenciador.

Nessa fase inicial, o empreendedor envia ao órgão ambiental licenciador a concepção geral do projeto, informando os municípios atravessados e, com base nos dados disponíveis, as interferências do traçado com as redes elétricas; com as rodovias e estradas; com as barragens existentes e previstas (quando possível); com unidades de conservação, com terras indígenas, com população quilombola; com população ribeirinha; com assentamentos do Incra etc.

Etapa 2: Elaboração do Estudo de Impacto Ambiental (EIA)

Com a abertura do processo de licença, o órgão ambiental licenciador elabora um Termo de Referência (TR) para orientar a elaboração do Estudo de Impacto Ambiental (EIA). O empreendedor deve, então, realizar o EIA de acordo com o TR emitido pelo órgão ambiental licenciador. Para a elaboração do EIA, faz-se necessário que o projeto básico de engenharia esteja finalizado.

Após a conclusão dos trabalhos, o EIA é enviado pelo empreendedor para o órgão ambiental licenciador analisar e aprovar.

Um EIA deverá contemplar, pelo menos para atender o art. 6° da Resolução Conama n° 1 (Conama, 1986), o seguinte conteúdo:

i Diagnóstico ambiental da área de influência do projeto, completa descrição e análise dos recursos ambientais e suas interações, tais como existem, de modo a caracterizar a situação ambiental da área, antes da implantação do projeto, considerando:
  a] *o meio físico*: o subsolo, as águas, o ar e o clima, destacando os recursos minerais, a topografia, os tipos e aptidões do solo, os corpos d'água, o regime hidrológico, as correntes marinhas e as correntes atmosféricas;
  b] *o meio biológico e os ecossistemas naturais*: a fauna e a flora, destacando as espécies indicadoras da qualidade ambiental, de valor científico e econômico, raras e ameaçadas de extinção, e as áreas de preservação permanente;
  c] *o meio socioeconômico*: o uso e ocupação do solo, os usos da água e a socioeconomia, destacando os sítios e monumentos arqueológicos, históricos e culturais da comunidade, as relações de dependência entre a sociedade local, os recursos ambientais e a potencial utilização futura desses recursos.

ii Análise dos impactos ambientais do projeto e de suas alternativas, através da identificação, previsão da magnitude e interpretação da importância dos prováveis impactos relevantes, discriminando: os impactos positivos e negativos (benéficos e adversos), diretos e indiretos, imediatos e a médio e longo prazo, temporários e permanentes; seu grau de reversibilidade; suas propriedades cumulativas e sinérgicas; a distribuição dos ônus e benefícios sociais.

iii Definição das medidas mitigadoras dos impactos negativos, entre elas os equipamentos de controle e sistemas de tratamento de despejos, avaliando a eficiência de cada uma delas.

iv Elaboração do programa de acompanhamento e monitoramento dos impactos positivos e negativos, indicando os fatores e parâmetros a serem considerados.

Evidentemente, esses itens podem ser complementados, adequados ou alterados pelo TR emitido pelo órgão ambiental licenciador.

Etapa 3: Elaboração do Relatório de Impacto Ambiental (Rima)

A principal característica do Rima é ser um documento escrito em linguagem não técnica e de fácil compreensão, para leigos, em que constam todos os aspectos importantes do EIA. Com isso, pretende-se que, independentemente do grau de conhecimento científico, o público interessado e envolvido possa tomar conhecimento da avaliação ambiental realizada, das possíveis consequências e das medidas mitigadoras sugeridas. É um documento de extrema importância no âmbito de tomadas de decisão, assim como de informação pública, de conscientização e de participação dos cidadãos no processo de licenciamento ambiental.

Após a análise do EIA/Rima e a aprovação do órgão ambiental licenciador, esses documentos são distribuídos para os municípios impactados.

O próximo passo é o agendamento, pelo órgão ambiental licenciador, das audiências públicas para apresentar e defender a execução do projeto.

Etapa 4: Audiências públicas

A solicitação e a realização de audiências públicas são facultadas pelo órgão ambiental licenciador. A Resolução Conama nº 9 (Conama, 1990) estabelece a audiência pública como um instrumento integrante do processo de licenciamento ambiental, que objetiva expor aos interessados o conteúdo do EIA e de seu referido Rima, dirimindo dúvidas e recolhendo dos interessados as críticas e sugestões a respeito.

Isso significa que as audiências públicas são promovidas pelo órgão ambiental sempre que julgar necessário, ou por solicitação de entidade civil, do Ministério Público, ou por solicitação de cinquenta ou mais cidadãos, seguindo os procedimentos estabelecidos pela resolução. As atas das audiências públicas, assim como os documentos escritos e assinados que forem entregues ao presidente dos trabalhos da audiência, servirão de base, juntamente com o Rima, para a análise e o parecer final do licenciador quanto à aprovação ou não do projeto.

Destaca-se que a não realização de uma audiência pública solicitada implica o cancelamento do processo de licenciamento, com exceção de uma determinação explícita e formal do órgão ambiental licenciador.

Posteriormente, o organismo ambiental de licenciamento emite um parecer técnico, deferindo ou indeferindo a LP.

Deve ser destacado que a obtenção da LP não autoriza a realização de obra de implantação do empreendimento.

Obtenção da Licença de Instalação (LI)

O empreendedor elabora o PBA e os demais estudos e documentos necessários para a obtenção da LI, programando e detalhando as medidas compensatórias e mitigadoras.

Nessa fase, é realizado o ajustamento do projeto básico ambiental às medidas projetadas e/ou recomendadas.

O empreendedor envia o PBA ao órgão ambiental licenciador para que seja analisado, e então, um parecer técnico seja emitido. Somente após um parecer técnico favorável ao empreendimento é que será emitida a LI.

A LI autoriza o início das obras de implantação do empreendimento a partir do cumprimento, por parte do empreendedor, de todas as condicionantes relacionadas na licença emitida, bem como dos prazos estabelecidos. Nenhuma obra, no entanto, pode ser realizada antes que o empreendimento obtenha a Autorização de Supressão de Vegetação (ASV), mesmo que já tenha a LI.

Nesse contexto, são executados os serviços de levantamento fitossociológico e de inventário florestal visando à obtenção da ASV. Para a execução dessa atividade, o ideal é que o empreendimento possua seu projeto de engenharia detalhado ou executivo.

Tanto a LI quanto a ASV possuem diversas condicionantes ambientais, e o não cumprimento de qualquer uma delas pelo empreendedor coloca em risco a própria licença, podendo a obra ser paralisada, embargada ou, em situação extrema, cancelada.

Outro aspecto importante a ser considerado durante a implantação de um empreendimento, e que está relacionado à LI, é a obrigatoriedade dos estudos referentes ao patrimônio arqueológico, anterior ao início das atividades de obra.

Os serviços de engenharia que causam interferência física no terreno só podem ocorrer após a liberação do trecho por uma equipe de arqueologia, que realiza os trabalhos de levantamento arqueológico e de resgate do(s) sítio(s) arqueológico(s), eventualmente interceptado(s) pelo traçado.

Durante a fase de construção, deve ser implementado um Sistema de Gestão Ambiental (SGA), objetivando garantir a execução dos PBAs e a conformidade ambiental do empreendimento, assegurando, assim, a manutenção de seu licenciamento e buscando equacionar as divergências e demandas com o órgão ambiental licenciador e os demais organismos intervenientes.

Obtenção de Licença de Operação (LO)

A solicitação da LO deve ser feita somente após a conclusão da obra e durante a conservação rotineira (operação).

Para sua obtenção, o empreendedor deve atestar a conformidade do empreendimento com o projeto e as medidas ambientais aprovadas pelo órgão ambiental licenciador.

Sua concessão é por tempo determinado. A licença não tem caráter definitivo e, portanto, sujeita o empreendedor à sua renovação, com condicionantes supervenientes.

Segundo a *Cartilha de licenciamento ambiental* (TCU, 2007), a Licença de Operação possui três características básicas:

- é concedida após a verificação, pelo órgão ambiental, do efetivo cumprimento das condicionantes estabelecidas nas licenças anteriores (prévia e de instalação);
- contém as medidas de controle ambiental (padrões ambientais) que servirão de limite para o funcionamento do empreendimento ou atividade;
- especifica as condicionantes determinadas para a operação do empreendimento, cujo cumprimento é obrigatório, sob pena de suspensão ou cancelamento da operação.

3.5.3 Considerações finais

A legislação ambiental brasileira é calcada nos princípios de qualidade total, na medida em que estabelece seu sistema de licenciamento na forma de um processo de melhoramento contínuo, válido para todas as fases de qualquer empreendimento que afete o meio ambiente. Esse processo compreende desde o requerimento de Licença Prévia, que equivale à comprovação da viabilidade ambiental do empreendimento, até a desmobilização total depois de ultrapassada a vida útil do empreendimento, incluindo a recuperação das áreas antes ocupadas, excedendo a fase operacional propriamente dita.

Dessa maneira, conforme indicado no Quadro 3.1, para conseguir a Licença de Operação (e sem considerar sua manutenção), o prazo mínimo para a execução das atividades relacionadas é de 70 meses (pode durar até 140 meses se a obra for realizada em 3 anos, o que nem sempre ocorre), uma vez que envolvem tanto a execução das tarefas e condições estabelecidas na licença como o acompanhamento da tramitação junto aos múltiplos organismos licenciadores (há interferência dos seguintes órgãos, pelo menos: Ibama; OEMAs; prefeituras; Funai; Incra; Fundação Palmares; ICMBio e Iphan; além dos organismos de controle: CGU; TCU; MPU e seus correlatos nas esferas estadual e municipal).

As licenças estabelecem condicionantes para sua própria validade, que constituem compromissos formais de ações a serem realizadas rotineiramente pelo empreendedor que recebe a licença, e, além disso, possuem prazo improrrogável de validade (estabelecendo um sistema contínuo de licenciamento a cada vencimento da licença anterior).

O processo de licenciamento e de manutenção das licenças é permanente, enquanto durar a vida útil do empreendimento, e até mesmo depois, nos procedimentos de desmobilização e recuperação ambiental, exigindo também serviços de gerenciamento ambiental contínuo por parte de qualquer empreendimento sujeito ao licenciamento, tal como prevê a legislação pertinente.

Com o passar do tempo e após ter adquirido experiências significativas no que se refere à questão ambiental, alguns dos principais empreendedores governamentais e da iniciativa privada criaram mecanismos de conduta para orientar os serviços realizados durante a fase de implantação e operação de seus empreendimentos, por meio do estabelecimento de normas ambientais, ou normas técnicas ambientais, em consonância e devidamente aprovados pelos organismos fiscalizadores.

Essas normas ambientais devem se adotadas por todos os envolvidos no projeto de engenharia (projetistas, construtores, supervisores, concessionários e pela fiscalização da própria empresa).

A abrangência de assuntos e temas contemplados nas normas ambientais pode ser observada, ilustrativamente, na relação de normas ambientais da Valec, reproduzidas no Quadro 3.2.

As normas ambientais adotadas durante as fases de projeto, construção e operação de um projeto de

Quadro 3.2 Normas ambientais da Valec (Navas)

Nava nº	Título
1	Qualidade ambiental da construção
2	Plantios paisagísticos
3	Recuperação das áreas degradadas
4	Transplante de espécimes vegetais selecionados
5	Construção e operação de canteiros
6	Extração de materiais de construção
7	Educação ambiental
8	Administração, saúde e segurança da mão de obra
9	Prevenção contra queimadas
10	Rotinas para monitoramento ambiental
11	Levantamento anual e recuperação do passivo ambiental
12	Gestão ambiental
13	Rotinas de acompanhamento de compromissos ambientais
14	Desapropriações e reassentamentos
15	Passagens de fauna
16	Resgate da flora
17	Reprodução e multiplicação de mudas em viveiros
18	Contingências para evitar e/ou mitigar acidentes-Respostas a emergências
19	Drenagem e controle da erosão
20	Controle e minimização da supressão da vegetação
21	Relocação e averbação de reservas legais interceptadas
22	Emissões atmosféricas
23	Ruídos e vibrações
24	Proteção de mananciais
25	Gerenciamento de resíduos
26	Resgate da fauna
27	Comunicação social
28	Treinamento da mão de obra

engenharia não reduzem a importância e a necessidade de atendimento das condicionantes estabelecidas nas licenças ambientais (LP, LI e LO) e no PBA de determinado empreendimento.

Esclarece-se que a adoção das normas ambientais é um compromisso das empresas construtoras e supervisoras com o empreendedor e, por outro lado, o atendimento do que se encontra estabelecido numa determinada licença ambiental e no PBA é um compromisso do empreendedor com o órgão ambiental licenciador.

As normas ambientais, quando observadas, asseguram melhores práticas construtivas, que beneficiam, por um lado, os diretamente envolvidos nas obras de engenharia, e, por outro, o meio ambiente onde o projeto é desenvolvido.

Em função da complexidade e da envergadura da execução das atividades e do controle e do monitoramento das ações e serviços de engenharia e ambientais, considerando a sinergia entre elas e seu caráter dinâmico, caberá ao empreendedor utilizar um Sistema de Gerenciamento Ambiental (SGA). Recomenda-se aos interessados no assunto que consultem Bellia et al. (2004).

A Fig. 3.4 mostra as principais fases do projeto, dos estudos e das atividades a serem executadas pelo empreendedor para a obtenção do licenciamento ambiental.

3.6 Projeto geométrico

3.6.1 Especificações

Tal como um projeto rodoviário, o projeto geométrico de uma ferrovia se desenvolve sobre uma base topográfica, após os estudos de traçado, os quais visam caracterizar as diretrizes tecnicamente possíveis, e devem obedecer à sequência indicada anteriormente, ou seja, em cada fase se adotam procedimentos adequados à precisão correspondente.

As especificações recomendadas (Valec e DNIT) são apontadas na sequência. Entretanto, elas são apenas indicativas e só devem ser adotadas caso o cliente ou o edital de licitação/contrato não possua exigências específicas, distintas delas.

O projeto geométrico se desenvolve apenas nas fases de anteprojeto e de projeto executivo, com escalas, objetivos e graus de acurácia diferenciados.

3.6.2 Anteprojeto (ou projeto básico – Especificação de Projeto n° 80-EP-011A-00-7001 da Valec)

Definida a viabilidade técnico-econômica, o padrão operacional e a diretriz (estudo de traçado) e de acordo com as exigências operacionais, passa-se à definição do traçado (Especificação de Projeto n° 80-EG-000A-26-0000 da Valec) e aos estudos topográficos e geotécnicos (Especificação de Projeto n° 80-EG-000A-29-0000 da Valec) de anteprojeto. É então possível confirmar a viabilidade técnica e econômica do empreendimento, podendo-se desenvolver um projeto geométrico com as restrições impostas pela operação.

Dessa maneira, com dados de topografia em escalas menores em relação ao estudo preliminar, no qual se visa apenas definir a viabilidade das rampas, os raios admissíveis, a travessia dos principais rios e os respectivos comprimentos de suas OAEs, e de posse de alguns dados geotécnicos mais apurados e de uma pré-avaliação

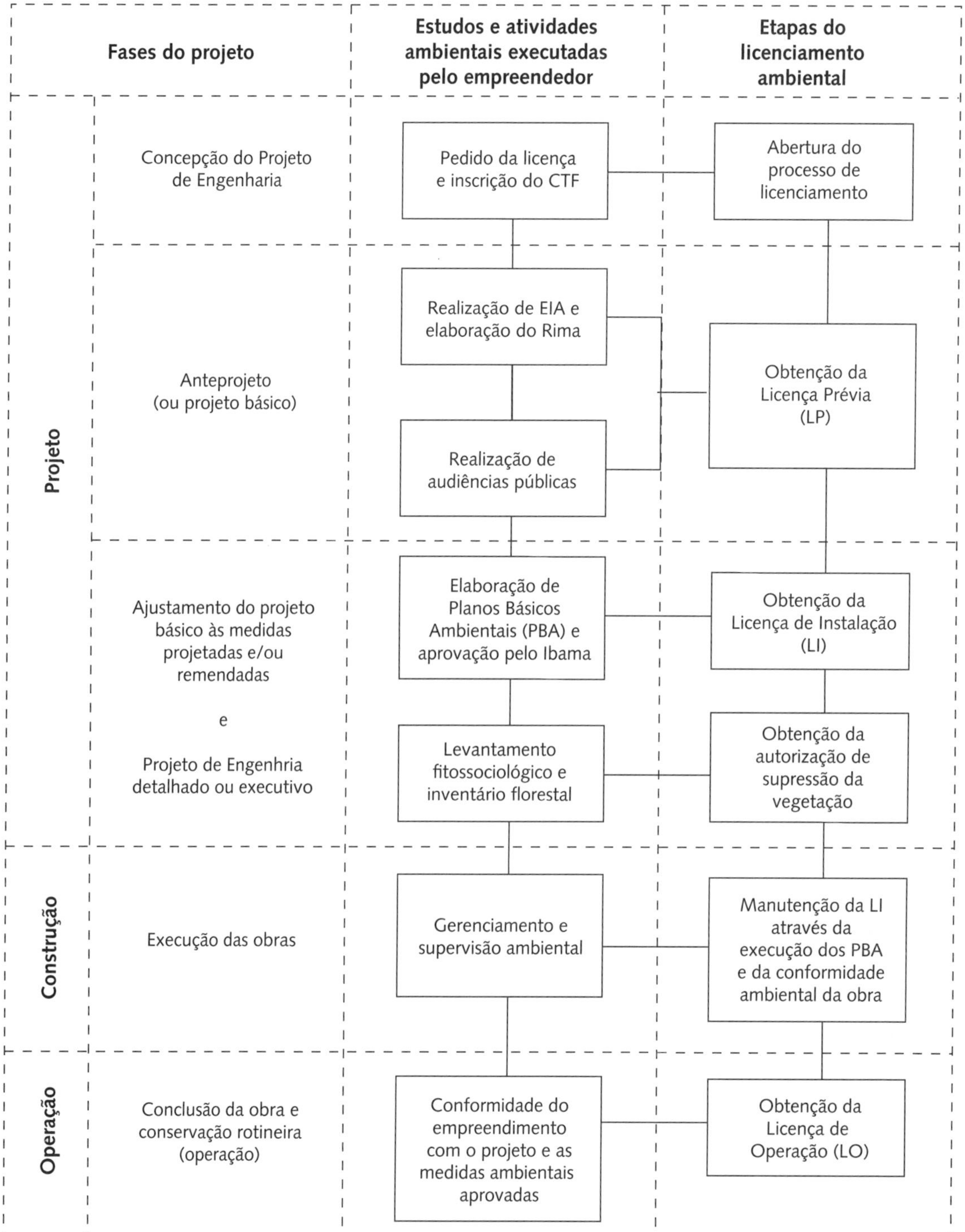

Fig. 3.4 Fluxograma das principais fases do projeto para a obtenção do licenciamento ambiental

de obras de arte correntes e especiais, é possível melhorar o traçado e o greide e, com isso, concretizar um projeto geométrico (básico) em escala de 1:5.000 (H) e 1:500 (V), com precisão suficiente para essa segunda fase.

Em virtude da possibilidade legal de, no Brasil, licitar-se a obra com base no projeto básico, surgem algumas recomendações a respeito do uso de escalas de 1:2.000 para a geometria. Porém, se a aerofotogrametria ou a topografia "clássica" não for executada com essa precisão, apenas se "ampliam" os desenhos e, consequentemente, a precisão não é alterada, sendo recomendável o questionamento: o projeto foi desenvolvido nessa escala ou apenas ampliado?

3.6.3 Projeto executivo (ou projeto final – Especificação de Projeto nº 80-IN-0000A-00-8001 da Valec)

A fase final do projeto geométrico exige topografia. Nessa fase, a topografia e o traçado devem ajustar os últimos detalhes em relação a interferências e particularidades que tenham passado despercebidas na fase anterior.

É importante observar que a topografia para a superestrutura da via permanente exige maior precisão que no caso rodoviário.

Portanto, o projeto geométrico de ferrovias (Especificação de Projeto nº 80-EG-000A-17-0000 da Valec) pode seguir as mesmas normas de um projeto rodoviário, como aquelas existentes na IS-208, da IPR 726 (DNIT, 2006c), e na IPR 706 (DNIT, 1999b), com as seguintes adequações:

i *Geometria horizontal* (planimetria)

- Em ferrovia não existe superlargura.
- A superelevação é dada na superestrutura, portanto toda a terraplenagem (e sublastro) é projetada como se fosse uma única tangente.
- Os raios de curvatura ferroviários são sempre maiores que os raios rodoviários, recomendando-se o raio mínimo de 343,823 m. Esse raio mínimo é fruto de condições operacionais, permitindo manter a velocidade de operação, e da experiência internacional no que diz respeito ao desgaste de trilhos e de material rodante.
- Curvas horizontais de raio inferior a 1.800 m exigem transição em espiral (usualmente clotoides). O comprimento das curvas de transição é de 1 m/min do grau de curva, e, em casos excepcionais, admite-se a metade desses valores (ver a Tab. 3.1).
- Entre curvas de sentido oposto, deve ser deixada uma tangente mínima em torno de 30 m, o suficiente para acomodar dois vagões, minimizando, dessa maneira, esforços de torção no material rodante. Essa é a condição desejável, mas é possível, em casos extremos, que essa distância se reduza a praticamente zero, uma vez que a superelevação é quase nula no início das transições.
- Existindo equipamentos de manutenção de superestrutura (alinhadoras, niveladoras e socadoras) cuja regulagem é dada em grau de curva múltiplo de 20' de grau, recomenda-se a utilização de raios fracionários (ver a Tab. 3.1).
- É necessário considerar postos (desvios ou pátios) de cruzamento cuja entrevia, localização e comprimento já foram definidos nos estudos operacionais em função do tipo e comprimento dos trens, velocidade de operação e carga a ser transportada. Idealmente, essa posição é dada após uma simulação operacional.
- Os aparelhos de mudança de via (AMVs) devem se localizar em tangente.
- Nos desvios de cruzamento ou, em geral, nos locais de linha dupla situados em curva devem ser utilizadas curvas concêntricas, somando-se ou subtrain-

do-se ao raio da via principal o valor da entrevia mais a bitola utilizada. Esse procedimento permite manter a entrevia constante ao longo de todo o desvio.

- Em ferrovias de linha singela, a plataforma deve manter o eixo na linha principal, com declividade transversal nesse eixo, mesmo nos desvios de cruzamento e nos pátios.
- A largura da seção transversal deve acomodar o lastro e considerar, além da drenagem superficial, o espaço para que a manutenção da via permanente opere em segurança.
- A Valec recomenda que, em aterros altos, essa largura seja maior para permitir o aumento do lastro ao longo do tempo, em função de inevitáveis recalques decorrentes dos assentamentos residuais.

ii *Geometria vertical (altimetria)*

- O projeto vertical de uma ferrovia tem sua rampa máxima definida pelos estudos operacionais, podendo essa rampa ser assimétrica (limitação de rampa de ida e de volta diferente) em função da carga estimada em cada sentido.
- A segunda restrição refere-se à compensação de rampa em função dos raios de curvatura adotados. Na tabela de raios (Tab. 3.1), é indicada a rampa a ser adicionada à rampa geométrica (0,06% por grau de curva). Esse acréscimo deve ser computado, no mínimo, a partir do meio das curvas de transição, sendo ele decorrente da conjugação de dois fatores: o atrito da roda com o trilho externo e a componente da tração da locomotiva que vai sendo decomposta ao longo da curva em cada engate.
- Para concordâncias verticais, devem ser utilizadas curvas parabólicas, sendo usual dispensar a curva de concordância quando a diferença algébrica de rampas consecutivas é inferior a 0,2% ($i_1 - i_2 < 0{,}2\%$).
- O comprimento da curva vertical deve atender às normas da Arema. Na especificação de projeto geométrico da Valec, as condições são um pouco mais restritivas, exigindo uma taxa de variação de 0,066% ($y = 303{,}03\ (i_1 - i_2)$).
- A flecha máxima das curvas é dada pela equação $e_{máx} = y(i_1 - i_2)$, e o valor do fator K, por $y/(i_1 - i_2)$. Adotando-se o comprimento indicado, o valor de K mínimo é respeitado, não sendo necessária outra verificação.
- Devem ser evitados PIVs (entre rampas invertidas) com distância inferior ao comprimento de um trem-padrão da ferrovia, de modo que uma mesma composição não se encontre simultaneamente em três rampas de sentido diferente (problemas com a frenagem que é comandada pela locomotiva, portanto o comando de frear ou não é dado simultaneamente para toda a composição).

Tab. 3.1 Raios, grau de curva e comprimento de transição

Raio (m)	Grau de curva (G_{20})	Lc (m)	Compensação de curva (%)
341,823	3°20'	200	0,20
361,914	3°10'	190	0,19
382,016	3°00'	180	0,18
404,482	2°50'	170	0,17
458,403	2°40'	160	0,16
491,141	2°30'	150	0,15
528,916	2°20'	140	0,14
572,967	2°10'	130	0,13
625,072	2°00	120	0,12
625,072	1°50'	110	0,11
687,574	1°40'	100	0,10
763,966	1°30'	90	0,09
859,456	1°20'	80	0,08
962,230	1°10'	70	0,07
1.145,930	1°00'	60	0,06
1.375,111	0°50'	50	0,05
1.718,883	0°40'	40	0,04
2.291,838	0°30'	Dispensável	0,03
3.437,752	0°20'	Dispensável	0,02

- Pátios, ou seja, lugares onde as composições permanecem estacionadas, devem localizar-se em nível, admitindo-se rampas de no máximo 0,15%. Porém, admitem-se quebras do greide dentro do desvio.
- Os aparelhos de mudança de via (AMVs) devem localizar-se em greide reto.
- Salvo indicação específica de parte dos projetistas de OAE, as obras de arte especiais ferroviárias devem ser projetadas para receber diretamente o lastro. Dado que a espessura de sublastro e lastro de uma ferrovia é constante, o greide a ser projetado deve referir-se ao sublastro, facilitando a concordância e o detalhamento da geometria, bem como a emissão das notas de serviço (nota: a superelevação é dada no lastro).
- Nessa fase, há que se tomar cuidado extremo em relação à cobertura dos bueiros e demais detalhes quanto a problemas comuns do greide associados à drenagem superficial, sendo normal essa interatividade com as outras disciplinas, em particular, a drenagem e a terraplenagem.
- Em áreas onde a proximidade do nível de água é frequente, é recomendável que o greide (sublastro) respeite, pelo menos, 1,0 m a 1,5 m acima da enchente máxima (ou das ondas, por exemplo, em lagos de barragens), minimizando os efeitos de infiltração e de consequente variação da umidade nas camadas superiores do aterro e do sublastro, bem como a perda de capacidade de suporte.
- As fórmulas para o cálculo de superelevação serão dadas no Cap. 6, uma vez que ela ocorre na superestrutura.

3.6.4 Peras ferroviárias

Uma particularidade da geometria de projetos ferroviários são seus terminais de carga e de descarga, frequentemente localizados em portos e em instalações industriais como fábricas e minas. Nesses locais, além de ramais específicos para manutenção (acesso a oficinas e locais de vistoria de locomotivas e vagões), abastecimento de locomotivas e descarga de produtos secundários transportados no retorno (combustíveis e suprimentos ou matérias-primas para a mina ou a indústria), a composição tem que ter espaço de manobra para retornar.

Existem também nesses locais os chamados pátios de formação, onde as composições, após a carga ou descarga, aguardam a ordem de entrada na linha principal para iniciarem sua viagem. Detalhes sobre esses ramais e pátios de formação estão descritos mais detalhadamente no Cap. 1 (seção 1.3).

Porém, além desses ramais e pátios de formação, existe a necessidade de uma pera ferroviária (*loop*), onde o trem possa manobrar para a carga ou a descarga e ficar na posição de partida para a linha principal ou o pátio de formação.

Na definição do DNIT (s.n.t.), pera é uma "via férrea acessória (de traçado curvilíneo ou mistilínio) destinada a inverter a posição do trem por marcha direta". De fato, seu nome resulta de seu formato mistilíneo, ou seja, com curvas reversas.

O projeto de uma pera depende do comprimento do trem, do ponto de carga ou descarga, da velocidade de operação recomendada pelo fabricante do silo de carga ou do dispositivo de descarga (por exemplo, virador de vagões), entre outros fatores.

Há recomendações genéricas para peras ferroviárias:

- O trem carregado deve localizar-se numa tangente, minimizando o esforço de tração.
- A rampa no ponto de carga e/ou descarga deve ser ascendente, para manter os engates sempre tracionados durante a operação.
- Em todo o pátio, o greide deve ser inferior a 0,15%, e no trecho em tangente, no ponto de carga e/ou descarga, não deve exceder 0,05%.
- Existindo operação noturna, os locais devem ser iluminados com intensidade adequada à segurança de cada local. Por exemplo, próximo dos pontos de carga/ descarga ou de vistoria do material rodante deve ser projetada mais iluminação do que em locais com menor circulação de pessoas.

3.7 Projeto de terraplenagem

3.7.1 Especificações

Os serviços de terraplenagem de uma ferrovia seguem os mesmos critérios de um serviço rodoviário, destacando-se que a camada final deve obedecer aos requisitos geotécnicos para suportar as tensões transmitidas através da espessura da camada projetada de sublastro em termos de ISC > 20. Seu projeto pode ser desenvolvido de acordo com a ISF-211 ou a especificação da Valec referida a seguir.

Conforme a Especificação de Projeto n° 80-EG-000A-20-0000 da Valec, o recomendado é que essa camada final deve ter espessura de 60 cm, compactada a 100% do Proctor Normal, com expansibilidade inferior a 2% e ISC acima de 8%. Essa é uma recomendação genérica e deve, contudo, ser verificada para cada projeto específico, pois essas especificações podem variar (em particular, o ISC) em função de cargas transportadas, bitola, tipo de trilho, dormente e espessura de lastro e de sublastro.

O corpo do aterro pode ser constituído de materiais de primeira, segunda e terceira categorias, desde que especificados claramente no projeto. Um exemplo de especificação para o uso de material de terceira categoria no corpo do aterro encontra-se nos itens 5.1 e 5.3.12 da ES-108 do DNIT, no item 4.2 da Especificação 5/1991 do DAER/RS, e no item 7.2 da Especificação de Projeto n° 80-ES-028A-20-8003 da Valec, bem como em algumas especificações internacionais, o que mostra tratar-se de uma prática bastante comum. Na ES-108 (DNIT), são também referidas as condições para o uso de areia nos aterros e os cuidados a serem tomados nesse caso.

Se o corpo do aterro for feito de material de primeira ou segunda categoria, ele deve ser compactado na energia correspondente a 95% do Proctor Normal, dentro da umidade ótima. A Especificação de Projeto n° 80-ES-028A-20-8003 da Valec regula as energias de compactação e as tolerâncias admitidas para umidade (mais ou menos 3%) e geométricas (4 cm de espessura e 30 cm de largura, não sendo admitidas variações da largura para menos).

A Valec especifica ainda os cuidados com as saias dos aterros e remunera sua execução por m^2 (item 11.2).

Dessa maneira, para o desenvolvimento do projeto de terraplenagem, além dos dados da topografia – nivelamento do eixo, seções transversais – e da geometria – greide, seção transversal, tipo de corte e de aterros –, são necessários, preliminarmente, estudos geológicos e geotécnicos, os quais poderão seguir a Especificação de Projeto nº 80-000A-29-0000 da Valec ou as IS-202 e IS-206, da publicação IPR 726 (DNIT, 2006c), para definição de:

- inclinação de taludes de cortes e de aterros (classificados) e banquetas (altura e largura);
- potenciais problemas de estabilidade de taludes;
- solos compressíveis e fundação de aterros e soluções possíveis, inclusive com o uso de geossintéticos, conforme a seção 3.9.1;
- localização de fontes de materiais de construção, tais como areais, caixas de empréstimo, pedreiras ou jazidas de sublastro.

3.7.2 Etapas do projeto

De posse dos estudos geológico e geotécnico, com o greide projetado e os demais parâmetros do projeto em termos de geometria e de características geotécnicas da região, definem-se, por segmento homogêneo: larguras de plataformas de corte e de aterro, inclinação de taludes, necessidade e detalhes de banquetas.

Feito isso, passa-se às etapas seguintes, que são:

- cálculo de volumes e diagrama de Bruckner;
- distribuição de terraplenagem (dispensável no estudo de viabilidade);
- notas de serviço (apenas no projeto executivo);
- cálculo de quantitativos por distâncias de transporte.

3.7.3 Cálculo de volumes e diagrama de Bruckner

O cálculo de volumes de terraplenagem pode ser feito pelo método da cota vermelha média, na fase de estudo de viabilidade. Porém, dados os atuais *softwares* disponíveis, nas fases subsequentes o cálculo deve ser feito pelo método da área média ou pelo método da média das áreas, utilizando-se os dados de topografia (ou aerofotogrametria).

O método da cota vermelha média é uma simplificação, pois adota a seção transversal plana e horizontal, assumindo que o volume em cada estaca é produto da área definida pelos dois planos horizontais – o terreno e a plataforma ferroviária – e pelos taludes, e fornece precisão adequada apenas no nível de estudo de viabilidade técnico-econômica. No entanto, dados os atuais recursos fornecidos pela informática, esse método ficou praticamente obsoleto e serve hoje apenas para estudos expeditos, por exemplo, para comparar duas pequenas alternativas de traçado.

Nas fases de anteprojeto e de projeto de engenharia, o cálculo de volumes de terraplenagem é feito pelo método da média das áreas, quando o volume entre um par de estacas é calculado pela média da soma das áreas de duas seções transversais consecutivas e multiplicando-se esse valor pelas distâncias entre elas. O outro método, o da área média, é quando se atribui ao intervalo entre duas estacas consecutivas a área da seção intermediária, ou seja, multiplica-se o valor da área da seção intermediária pela semidistância das três estacas (anterior, intermediária e seguinte). Portanto, nesses dois casos, o volume é calculado como se existissem n paralelepípedos cuja base é a média de duas seções transversais consecutivas e a altura é a distância entre elas ou a área da seção intermediária, tendo por altura a semidistância entre essa seção e as seções anterior e posterior.

O cálculo de volumes deve basear sua classificação em material de primeira, segunda e terceira categorias, portanto é importante que se faça um bom estudo geotécnico, com uma campanha de sondagens bem estruturada, de preferência com sondagens rotativas ou, pelo menos, à percussão. Como regra prática, é usual considerar valores de SPT da ordem de 20 golpes como a consistência de material de segunda categoria. Rochas alteradas ou muito fraturadas também são usualmente classificadas como de segunda categoria. O impenetrável à percussão, quando for impossível a execução de sondagens rotativas, deve ser confirmado com deslocamento da sonda de acordo com os padrões usuais de sondagem.

É igualmente importante que o estudo geotécnico defina os tipos de materiais quanto ao seu aproveitamento nas várias camadas de terraplenagem e no subleito por suas características de capacidade de suporte (ISC progressivamente maior de baixo para cima), expansibilidade e índices físicos.

Nos quadros de cálculo de volumes são separados os valores correspondentes à compensação lateral, de modo a facilitar a etapa seguinte.

É utilizada uma coluna com os valores acumulados da terraplenagem, o conhecido diagrama de Bruckner, que indica ao final se o greide está balanceado ou se existe excesso ou falta de material de uma maneira meramente geométrica. Esse diagrama mostra também quais os segmentos em que o desequilíbrio corte/aterro é maior, permitindo eventuais acertos no greide para melhorar a compensação, evitando ou minimizando qualquer bota-fora ou empréstimo.

3.7.4 Coeficientes de homogeneização

A partir das informações geotécnicas, da experiência regional ou dos profissionais envolvidos e de informações bibliográficas, é possível determinar os fatores de empolamento e de compactação ou, de forma genérica, os fatores de homogeneização (relação entre a mesma massa de solo para diferentes graus de compactação). Esses valores podem ser obtidos, nos materiais de primeira e de segunda categoria, com base na comparação entre as densidades *in situ*, solta e máxima após os ensaios de compactação na energia requerida para a camada em que será utilizado cada solo. Para a terceira categoria, só a experiência permite definir esse coeficiente.

É usual "empolar" os aterros (multiplicar o volume dos aterros pela relação das densidades máxima e *in situ*) para elaborar o diagrama de Bruckner e a distribuição de terraplenagem. Nota-se, porém, que, ao utilizar materiais de diferentes fatores de homogeneização (por exemplo, primeira e terceira categorias), esse procedimento dificulta a distribuição de terraplenagem, podendo ser adotada a sistemática inversa ("compactar" os cortes), o que é pouco usual em projetos ferroviários.

3.7.5 Distribuição de terraplenagem

Considerando os volumes geométricos e homogeneizados obtidos da maneira anteriormente referida e o diagrama de Bruckner, é possível fazer a distribuição da terraplenagem da mesma forma como em projetos rodoviários, tomando-se o cuidado de utilizar os materiais mais "nobres" (maior ISC, menor expansibilidade, plasticidade adequada) nas camadas superiores.

Como mostrado nas especificações citadas neste capítulo, o material de terceira categoria só deve ser utilizado no corpo do aterro ou como enrocamento nas saias dos aterros, de preferência nas cabeceiras das pontes ou em regiões alagáveis.

Aplica-se, nesse momento, a clássica fórmula (aterro + bota-fora = corte + empréstimo), na qual não podem ser ignorados os fatores de homogeneização. Isso significa que a soma dos volumes de aterro no corpo e na camada final (95% e 100%), em rocha e bota-fora, multiplicados pelos fatores de empolamento respectivos, tem que ser igual à soma de todos os volumes geométricos de corte (dos cortes comuns, dos alargamentos e dos empréstimos).

Outro cuidado a ser tomado é proceder a uma distribuição econômica, tentando otimizar as distâncias de transporte. Esses procedimentos podem tomar a forma de tabela (mais usual) ou de um gráfico.

3.7.6 Quantitativos

Um detalhe crítico do projeto de terraplenagem consiste na determinação dos quantitativos, os quais têm que ser classificados e separados por distâncias de transporte, de acordo com os critérios de medição e pagamento estabelecidos nas respectivas especificações.

Algumas verificações, como a clássica equação citada na seção anterior, precisam ser efetuadas. A Fig. 3.5 ilustra de forma simplificada a sequência adotada no projeto de terraplenagem típico.

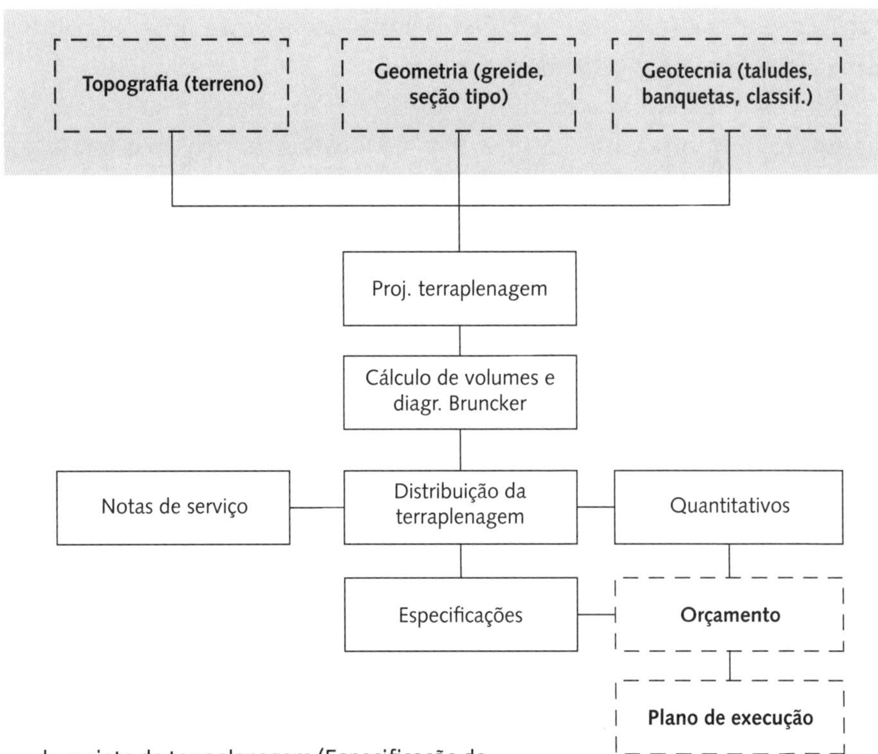

FIG. 3.5 Fluxograma de projeto de terraplenagem (Especificação de Projeto n° 80-EG-000A-20-0000 da Valec)

3.8 Projeto de drenagem e obras de arte correntes

3.8.1 Especificações

O projeto de drenagem, cujo objetivo é preservar a via permanente (VP) da ferrovia dos efeitos danosos das águas pluviais e profundas, pode ser subdividido em drenagem superficial, profunda e de transposição de talvegues.

O cálculo de seus dispositivos pode seguir padrão idêntico ao proposto na publicação IPR 724 (DNIT, 2006b).

O estudo hidrológico (Especificação de Projeto n° 80-000A-27-0000 da Valec), descrito na seção 3.4, é a principal fonte de dados para o projeto de drenagem, além de fornecer informações importantes para o planejamento da obra.

Existem muitos dispositivos de drenagem superficial, profunda e de transposição de talvegues padronizados tanto pela Valec quanto pelo DNIT (IPR 736 – DNIT, 2010). Qualquer um pode ser adotado, desde que seus autores sejam devidamente citados. Esse procedimento, além de facilitar a elaboração do projeto, também facilita o orçamento (são dispositivos usuais e seus consumos e custos estão disponíveis, por exemplo, no Sicro) e a construção, pois as construtoras estão acostumadas com ele.

Outra grande vantagem da adoção desses dispositivos, cuja eficácia tem sido amplamente testada, é que eles permitem manter um padrão similar em relação a outras ferrovias, facilitando a manutenção.

Além disso, os dispositivos padronizados pela Valec, em particular as obras de arte correntes, são calculados para suportar as cargas ferroviárias (bitola larga, lastro de brita e vagões de 80 t) e incluem dispositivos usuais em ferrovia, como bueiros capeados e bueiros celulares pré-moldados de até 3,50 m × 3,50 m, o que representa outra grande vantagem em relação ao álbum do DNIT. Os bueiros celulares e capeados (Valec) são calculados para receber diretamente o sublastro, exigindo uma espessura de recobrimento mínima.

No caso dos bueiros celulares, o cálculo foi diferenciado para diversas alturas de aterro, o que permite otimizar os consumos de aço e concreto, podendo-se até mesmo, em aterros altos, adotar a parte central e as extremidades adequadas à carga respectiva, o que pode não ser construtivamente prático (por exemplo, as espessuras das paredes são diferentes, o que exige um sistema de encaixe fora do padrão corrente), mas, em casos de extrema necessidade de economia, pode ser feito.

De modo idêntico ao projeto geométrico, o projeto de drenagem se desenvolve em duas fases: de anteprojeto e de projeto executivo.

O projeto de drenagem deve ser principalmente conceitual no anteprojeto, deixando-se para a fase de projeto executivo o detalhamento das notas de serviço de cada um dos dispositivos, bem como a verificação de comprimentos críticos, por cada corte ou aterro, tipo de revestimento da drenagem superficial, posição de descidas de água de aterro etc.

Em trechos urbanos, podem ser seguidas as recomendações de Diogo e Sciammarella (2008) para integrar o sistema projetado com o existente.

As seguintes recomendações podem servir de parâmetro durante o desenvolvimento do projeto.

3.8.2 Drenagem superficial

A drenagem superficial de uma ferrovia é similar à de uma rodovia, adotando-se dispositivos idênticos, tais como sarjetas de corte e de aterro, descidas de água, dissipadores de energia e valetas de proteção de cortes e de aterros.

As principais diferenças se concentram nos seguintes itens:

- as curvas, pois a plataforma de terraplenagem ferroviária (e de sublastro) não tem superelevação, razão pela qual não há diferença entre a drenagem do lado interno e a do externo da curva;
- a drenagem superficial de ferrovia se dá ao nível do sublastro, e o lastro é autodrenante;
- as inclinações longitudinais de uma ferrovia são muito pequenas se comparadas às de uma rodovia, implicando comprimentos críticos menores para idênticas condições pluviométricas e de dispositivo adotado;
- a declividade transversal é dada em relação ao eixo da linha principal, mesmo em desvios de cruzamento, o que implica larguras de plataforma diferenciadas nos pátios e nos desvios de cruzamento;
- a drenagem dos pátios ferroviários, que podem ser equiparados a estacionamentos rodoviários, com áreas grandes e declividades baixas. É interessante relembrar que o greide nos pátios, que usualmente atingem mais de 2 km de extensão, não pode exceder 0,15%, exigindo estudos particularizados e cuidadosos, já que diversas linhas possuem greides idênticos, as larguras das entrevias são pequenas e, em sua maioria, o lastro se espalha uniformemente em toda a área.

A drenagem superficial e profunda dos pátios, portanto, é conseguida ao variar transversalmente a declividade da plataforma de terraplenagem, que se estende ao sublastro, associada à variação de profundidade longitudinal de canaletas localizadas nos vários pontos baixos transversais.

Por isso, os dispositivos de drenagem superficial (nos pátios de transbordo e multimodais) ficam debaixo do lastro, tendo sua capacidade reduzida (transformando-se quase em drenos cegos). Nos pátios também é possível, desde que estejam localizados em aterros, projetar um sistema de caixas coletoras de altura variável e bueiros transversais e longitudinais por onde o escoamento da água é feito variando sua declividade e selecionando os pontos de deságue adequadamente ou integrando o mesmo à drenagem de transposição de talvegues.

Além do problema de pátios citado anteriormente, o principal cuidado a ser adotado é a verificação de comprimentos críticos de sarjetas e canaletas em corte, visto que usualmente os cortes são longos e as rampas de ferrovia são de valores muito pequenos, frequentemente próximos de zero.

Assim, a verificação do comprimento crítico (razão entre a capacidade de vazão e o valor da vazão afluente por metro), além de levar em conta a velocidade de escoamento para selecionar o tipo de revestimento e a forma como se dá a saída no final, tem que ser cuidadosa. Com frequência, devem ser utilizados dispositivos com profundidade variável para se obter uma declividade adequada ao fluxo da água, minimizando o efeito de deposição de detritos por efeito de velocidade de escoamento muito baixa.

A escolha do tipo de revestimento, portanto tomando partido da variação do coeficiente de rugosidade de Manning – solo, grama, concreto –, é também uma forma de melhorar a velocidade de escoamento e, consequentemente, sua capacidade e comprimento crítico.

Outra providência é considerar que, como existe uma declividade transversal da plataforma, as águas, ao atingirem seus dispositivos de drenagem, já apresentam velocidade inicial diferente de zero, auxiliando o fluxo natural ($\upsilon_0 > 0$).

No caso de aterros longos, as seguintes providências são geralmente usadas:

- variação da profundidade da canaleta, permitindo manter a declividade mínima recomendada no fundo (por exemplo, 0,25%);
- execução de saídas e descidas de água muito próximas;
- inversão de declividade longitudinal, de modo a diminuir a quantidade de descidas de água, reduzindo-as praticamente à metade;
- estabelecimento de altura mínima de aterro para cada tipo de solo, que exige a adoção de sarjetas de aterro.

De forma idêntica a um projeto rodoviário, a inversão da declividade de parte dos dispositivos de drenagem em relação ao greide pode ser prática, de modo a se atingirem velocidades de escoamento compatíveis e melhorar seu comprimento crítico ou ainda reduzir o número de saídas de água. Esse procedimento, como citado anteriormente, é muito usual em aterros altos e com declividades inferiores a 0,3%, reduzindo o número de descidas de água das sarjetas de aterro sem comprometer a segurança da plataforma e dos taludes.

3.8.3 Drenagem profunda

O objetivo da drenagem profunda é preservar as camadas superiores da terraplenagem, do sublastro e da superestrutura dos efeitos das águas profundas, interrompendo sua subida por capilaridade ou evitando que as águas infiltradas permaneçam muito tempo no corpo da terraplenagem, reduzindo sua capacidade de suporte.

Como exposto, podem ser adotados projetos-padrão tanto da Valec como do álbum de projetos-tipo do DNER.

Basicamente, têm-se quatro tipos distintos de dispositivos para solucionar o problema de águas subsuperficiais:

- drenos longitudinais;
- drenos transversais;
- colchões drenantes;
- drenos horizontais profundos (DHP).

Os drenos longitudinais se aplicam em cortes, usualmente do lado de montante do corte, quando há necessidade de rebaixar o nível de água, portanto quando o greide fica abaixo do nível freático, devendo ser feita investigação a esse respeito em cada corte.

Identicamente à solução para sarjetas e canaletas, podem-se utilizar drenos longitudinais de profundidade variável, até mesmo invertendo a declividade em relação ao greide, de maneira a se atingirem velocidades de escoamento compatíveis e melhorar seu comprimento crítico.

Drenos transversais são muito utilizados em pontos baixos de aterros e a jusante dos PPs (pontos de passagem de corte para aterro). Dependendo do tipo de encontro utilizado nas obras de arte especiais, também devem ser adotados drenos transversais nas cabeceiras das pontes.

Os colchões drenantes são utilizados em cortes em rocha e em aterros sobre solos saturados. No primeiro caso, deve-se fazer um rebaixo de 30 cm a 40 cm, o qual deve ser preenchido com rachão, cujo diâmetro máximo não deve exceder 2/3 da espessura total do rebaixo (ver Especificação de Projeto n° 80-DES-000A-20-7000 da Valec). Um cuidado a ser tomado nesses casos é que, como raramente todos os cortes são em rocha, no ponto baixo, na transição de rocha para solo, a água que percola sob o lastro (no colchão) tem que ser retirada para os pontos de passagem (PPs) por dispositivos transversais e drenos longitudinais ou valetões laterais.

Em aterros sobre solos moles ou áreas alagáveis, recomenda-se, em caso de pequenas espessuras, a remoção dos solos inadequados e sua substituição por solo granular, com permeabilidade mínima de 10^{-3} cm/s (ver Especificação de Projeto n° 80-DES-000A-20-7000 da Valec). O procedimento a ser adotado com aterros sobre espessuras elevadas de solos moles foi abordado na seção 3.7, e o uso de geossintéticos, na seção 3.9.

Os DHPs (drenos horizontais profundos) têm sua aplicabilidade conforme sugerido na publicação IPR 724 (DNIT, 2006b) e servem para acelerar o rebaixamento do nível freático particularmente durante a própria execução do corte, melhorando a estabilidade dos taludes.

3.8.4 Drenagem de transposição de talvegues (OAC e OAE)

Como as cargas ferroviárias e rodoviárias são diferentes, recomenda-se o uso de projetos como os da Valec, em particular no que tange a bueiros celulares, os quais são calculados para diversas alturas de aterro, iniciando-se com altura zero, o que significa que o sublastro pode ser colocado diretamente na laje de topo, facilitando o lançamento do greide.

Pontes e pontilhões também são utilizados para a transposição de talvegues e são descritos no Cap. 4.

A Fig. 3.6 mostra a sequência de um projeto de drenagem padrão.

3.9 Aplicação de geossintéticos como reforço em obras ferroviárias

Os geossintéticos são materiais fabricados a partir de polímeros para aplicação em obras geotécnicas (contenções em aterro reforçado, aterros reforçados sobre solos moles), obras rodoviárias (reforço de base de pavimentos e restaurações), obras ferroviárias (reforço de lastro e sublastro) e obras de terraplenagem. Entre os geossintéticos, as geogrelhas são os materiais especificamente desenvolvidos para atuar como reforço de estruturas, apresentando ampla aplicabilidade em

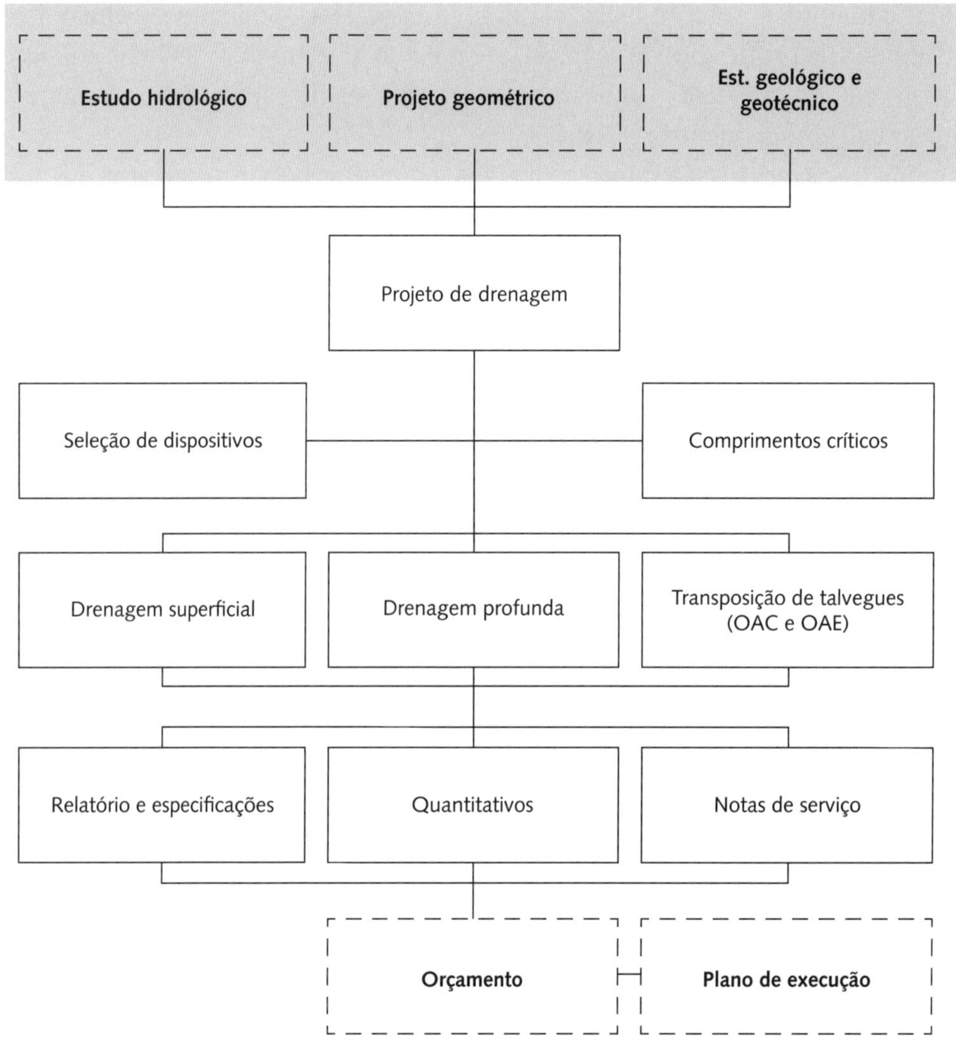

Fig. 3.6 Fluxograma de projeto de drenagem (Especificação de Projeto n° 80-EG-000A-19-0000)
Notas: - Para projeto de drenagem, adotar a publicação IPR 724 (DNIT, 2006b).
- Para trechos urbanos, utilizar o manual de Diogo e Sciammarella (2008).

obras ferroviárias, uma vez que os serviços de terraplenagem representam parte importante de obras desse tipo.

De maneira geral, os geossintéticos apresentam grande potencial de utilização na construção de ferrovias, tanto em obras de infraestrutura, composta basicamente por terrapleno e obras relacionadas à drenagem (rebaixamento do nível de água, quando necessário, e sistemas de captação e destinação de águas pluviais), terraplenagem e obras de contenções, quanto na implantação da superestrutura, por meio da utilização da geogrelha como reforço de sublastro ou lastro. Em muitas situações, a adoção de uma solução envolvendo o uso de geogrelha representa economia para o projeto, sendo algumas vezes a única a viabilizar a execução da obra do ponto de vista técnico e econômico.

Portanto, sempre que o uso da geogrelha for adequado, é preciso analisar qual material melhor satisfaz às necessidades requeridas pelo projeto. Essa análise deve levar à especificação das propriedades que caracterizam a geogrelha mais adequada para cada situação. Em outras palavras, o dimensionamento deve levar à determinação de uma geogrelha que cumpra os parâmetros especificados: resistência à tração do material, níveis de deformabilidade adequados, comportamento em fluência, interação com o solo, entre outros.

3.9.1 Geossintéticos

A NBR 12553 (ABNT, 2003c) classifica o geossintético como um produto polimérico (sintético ou natural) industrializado desenvolvido para aplicação em obras geotécnicas e que desempenha uma ou mais funções, entre as quais se destacam: reforço, filtração, drenagem, separação, impermeabilização e controle de erosão superficial.

Em um contexto geral, os principais geossintéticos utilizados em estruturas ferroviárias, como esquematizado na Fig. 3.7, podem ser classificados nos seguintes tipos: geotêxteis, geodrenos, geocélulas, geogrelhas e geocompostos. Cada um deles possui uma característica específica, como pode ser observado no Quadro 3.3.

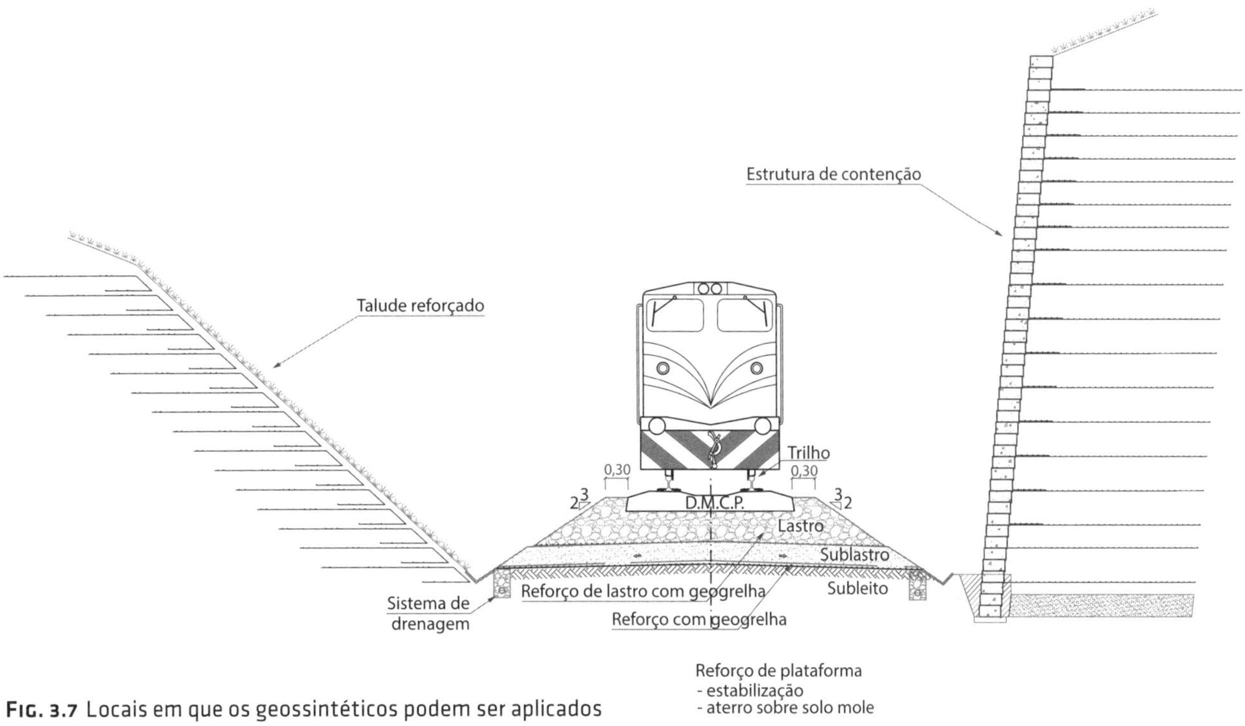

FIG. 3.7 Locais em que os geossintéticos podem ser aplicados

QUADRO 3.3 Funções de alguns geossintéticos utilizados em projetos de engenharia

Geossintético	Separação	Proteção	Filtração	Drenagem	Controle de erosão	Reforço
Geotêxtil	x	x	x	x	-	x
Geogrelha	-	-	-	-	-	x
Geocélula	-	x	-	-	x	x
Geotubo (tubo dreno)	-	-	-	x	-	-
Geocomposto	x	-	x	-	-	x

Fonte: ABNT (2003c).

Geotêxtil (GT)

A NBR 12553 (ABNT, 2003c) classifica o geotêxtil como um produto têxtil bidimensional permeável, composto de fibras cortadas, filamentos contínuos, monofilamentos, laminetes ou fios, formando estruturas tecidas, não tecidas ou tricotadas, cujas propriedades mecânicas e hidráulicas permitem que desempenhe várias funções numa obra geotécnica (Fig. 3.8). Esse produto é classificado em três categorias.

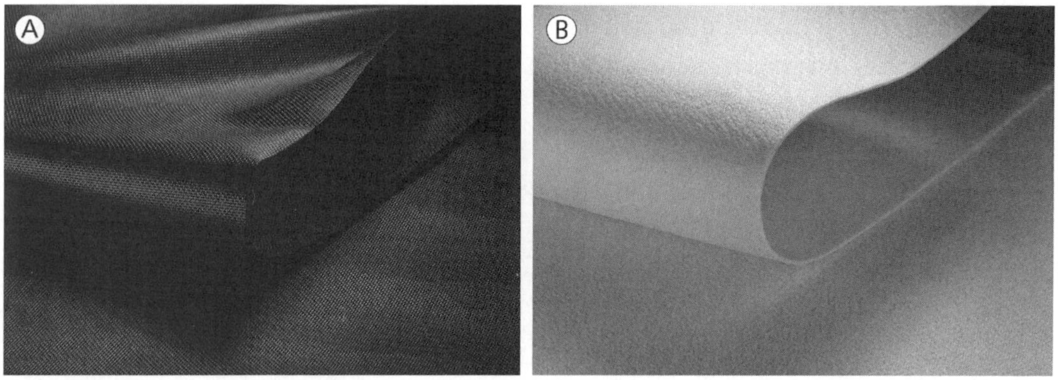

Fig. 3.8 Geotêxtil de (A) estrutura tecida e de (B) estrutura não tecida
Fonte: Huesker.

Fig. 3.9 Geogrelha tecida

Geogrelha (GG)

Segundo a NBR 12553 (ABNT, 2003c), geogrelha é um produto com estrutura em forma de grelha com função predominante de reforço, cujas aberturas permitem a interação com o meio em que está confinada, sendo constituída de elementos resistentes à tração. É considerada unidirecional quando apresenta maior resistência à tração em uma direção e bidirecional quando apresenta a mesma resistência à tração nas duas direções. Em função do processo de fabricação, as geogrelhas podem ser extrudadas, soldadas ou tecidas (Fig. 3.9).

Fig. 3.10 Geocomposto para reforço (GCR) (geogrelha tecida + geotêxtil)

Geocomposto (GC)

Segundo a NBR 12553 (ABNT, 2003c), geocomposto é um produto industrializado formado pela superposição ou associação de um ou mais geossintéticos entre si ou com outros produtos, geralmente concebido para desempenhar uma função específica. Pode ser dividido nas seguintes categorias: geocomposto argiloso para barreira impermeabilizante (GCL), geocomposto para drenagem (GCD) e geocomposto para reforço (GCR) (Fig. 3.10).

Geocélula (GL)

A geocélula é confeccionada a partir de lâminas de polietileno de alta densidade (PEAD), polietileno (PE) ou polipropileno (PP) (Fig. 3.11). A ligação das células pode ser feita por meio de costura ou solda ultrassônica. Seu processo de fabricação possibilita a formação de elementos semelhantes a uma colmeia, que podem ser posteriormente preenchidos com material granular, solo, solo-cimento ou concreto.

FIG. 3.11 Geocélula de polipropileno (PP)

3.9.2 Aplicações mais correntes dos geossintéticos em ferrovias

Os geossintéticos desempenham várias funções em uma ferrovia, tanto na implantação quanto na reabilitação, como: separação de materiais com diferentes granulometrias, filtração, drenagem e reforço do solo. Em obras ferroviárias, os geossintéticos podem ser aplicados dentro ou abaixo da camada de lastro e/ou sublastro.

Os locais em que os geossintéticos podem ser aplicados são ilustrados na Fig. 3.7.

Muros de contenção e taludes íngremes

A necessidade de obras de contenção é bastante comum na implantação de uma malha ferroviária ou em ações para sua manutenção. Isso é sempre válido, uma vez que as ferrovias geralmente são construídas sobre terrenos em aterro e/ou em corte. Além disso, em muitos pontos dessa ferrovia é necessário utilizar uma estrutura para garantir a estabilidade, que pode ser de um corte, de uma encosta ou de um aterro com talude mais íngreme.

Muitas são as soluções possíveis para a concepção de estruturas de contenção. Na maioria dos casos, trata-se de uma alternativa interessante do ponto de vista econômico e técnico. Estruturas de solo reforçado apresentam-se como uma dessas alternativas (Fig. 3.12).

Nessas situações, a geogrelha é utilizada basicamente como elemento de reforço de uma estrutura de solo. O aterro reforçado atua como uma estrutura de contenção por gravidade. Visando uma economia de material e espaço por meio da redução da

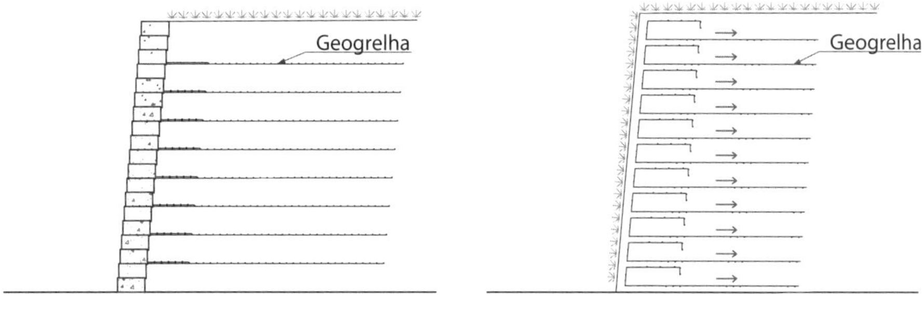

FIG. 3.12 Alternativas para contenção com solo reforçado

declividade do talude na face da estrutura e, consequentemente, da base do aterro, o aterro pode ser executado com a utilização de camadas de geogrelha como reforço, garantindo assim sua estabilidade.

Da mesma maneira, se houver, na execução de aterros para a implantação de uma ferrovia, necessidade de reduzir a declividade de um talude – com o objetivo de ocupar menor área, por exemplo –, o uso da geogrelha como reforço de solo pode ser uma maneira interessante de viabilizar a execução desse talude.

Em geral, o solo reforçado é uma alternativa vantajosa do ponto de vista econômico, uma vez que utiliza material de construção geralmente abundante e relativamente barato: o solo local. O uso de geogrelhas sintéticas como elementos de reforço, quando for o caso, é interessante, uma vez que torna a solução bastante versátil. Em geral, a utilização de geogrelhas sintéticas não restringe o tipo de solo para a estrutura; permite a variação da geometria e da altura do aterro (basicamente sem um valor limitante); garante as condições de drenagem e de continuidade do maciço de solo compactado; e é compatível com as condições de deformabilidade da estrutura, sejam deformações internas, sejam deformações por recalques do solo de fundação.

Basicamente, as alternativas para a face da contenção são duas, face em estrutura pré-moldada e estrutura envelopada com fechamento vegetado ou não estrutural:

a] *Estrutura em solo reforçado com elementos pré-moldados na face*: em algumas regiões, é bastante comum a execução de muros de contenção reforçados com geogrelhas e faceados por blocos pré-moldados (geralmente de concreto) (Fig. 3.13). Trata-se de blocos concebidos especificamente para essa aplicação, e em geral são autoportantes, não exigem argamassa e trabalham em conjunto com as geogrelhas, as quais geralmente são diretamente ancoradas nesses blocos na região da face do muro. Os blocos funcionam, durante a execução, como fôrmas de compactação, garantindo praticidade e agilidade à obra, além de fazer a função estética da estrutura.

b] *Solo reforçado com face envelopada pela geogrelha*: nesse caso, a própria geogrelha garante a estabilidade da face da estrutura, sendo cada camada de solo reforçado envolvida (envelopada) por ela na face (Fig. 3.14). A execução exige a utilização de um sistema de fôrmas, removíveis ou não. Deve haver alguma solução para a constituição da face da estrutura, que cumpre função estética

Fig. 3.13 Estrutura em solo reforçado com face pré-moldada

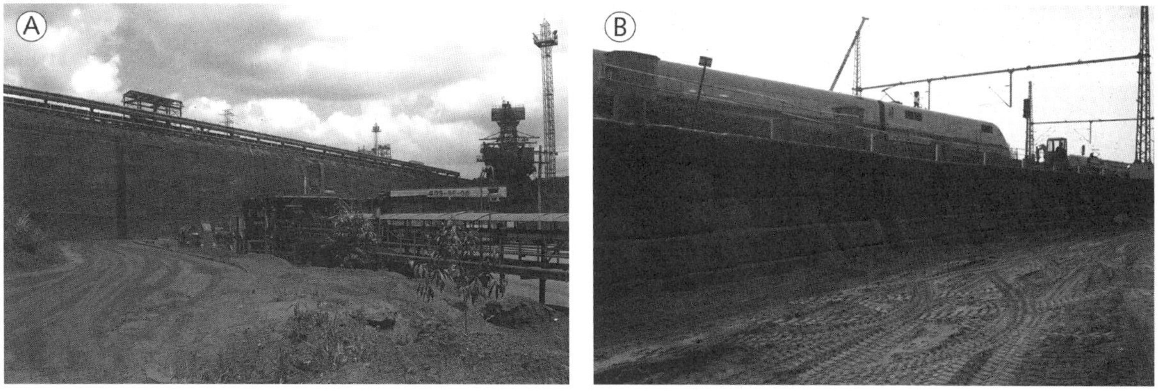

FIG. 3.14 Estrutura em solo reforçado com face em concreto projetado (A) e vegetado (B)

e de proteção da estrutura, especialmente com relação a problemas de erosão. Nesse sentido, é comum o plantio no talude, por meio de técnicas de hidrossemeadura, por exemplo, obtendo-se uma estrutura reforçada com aspecto natural. Outras soluções também são possíveis, como concreto projetado e alvenaria não estrutural.

Em cada uma dessas concepções, a execução de aterros com solo reforçado consiste basicamente na compactação do solo em camadas alternadas, com a instalação das camadas de geogrelhas em comprimentos adequados. Um sistema de drenagem eficiente é importante para garantir o bom desempenho da estrutura.

Reforço de aterros sobre solos moles

A ocorrência de regiões de solo de baixa capacidade portante é comum no traçado de ferrovias a serem implantadas. Para problemas relacionados a solos moles também existem algumas soluções possíveis por meio da utilização de geogrelhas como reforço de solos.

Aterros com geogrelha com reforço basal

Para que se possa executar um aterro alto sobre um solo de fundação de baixa capacidade portante, uma questão a ser verificada é a condição de estabilidade da estrutura e o risco de ruptura global do aterro.

Uma alternativa bastante usual é a construção de aterros sobre solos moles estabilizados com bermas de equilíbrio. A depender da altura do aterro e das condições de resistência do solo mole, essas bermas podem alcançar larguras elevadas (30 m ou mais), necessitando de uma grande área disponível lateralmente à plataforma para sua implantação, bem como de grande volume de terra. A grande desvantagem dessa solução é a ocorrência de recalques significativos, tanto totais quanto diferenciais, durante a operação do aterro. Dependendo das características da camada de solos moles, esses recalques podem se manifestar por muitos e muitos anos e com monta expressiva, havendo a necessidade de intervenções de manutenção constantes durante o período operacional da obra.

Nesse caso, o uso de geogrelhas para reforço da base do aterro pode trazer grandes vantagens, ao minimizar as bermas necessárias para a estabilização do aterro e, em alguns casos, até eliminá-las (Fig. 3.15). A geogrelha também ajuda a minimizar os recalques diferenciais do aterro, tornando as transições mais suaves. Entretanto, ressalte-se que os recalques totais e o tempo necessário para sua ocorrência não se alteram com a inclusão do geossintético. Como principal vantagem, destaca-se a redução dos volumes de aterro e do tempo necessários para a implantação da obra.

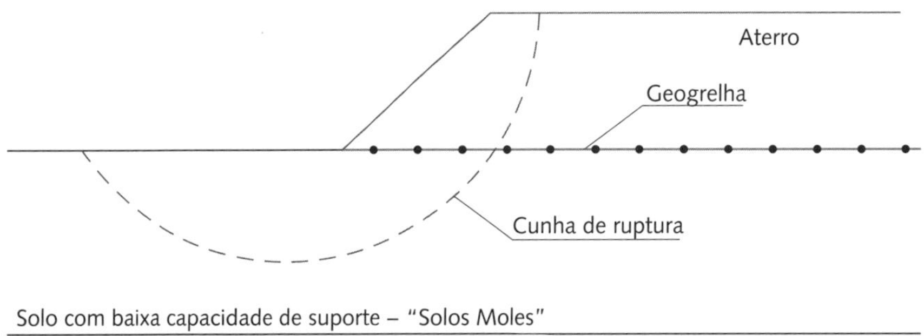

Fig. 3.15 Aterro sobre solos moles reforçado com geogrelha

Aterros com geogrelha na base e geodrenos verticais

A inclusão de drenos verticais na camada de solos moles da fundação do aterro constitui um complemento à alternativa anterior. Esses drenos podem ser de areia ou de brita, com seção circular, ou pré-fabricados com materiais geossintéticos, sendo nesse caso denominados geodrenos.

A utilização de drenos verticais acelera o processo de adensamento primário da camada de solos moles e, consequentemente, dos recalques associados a esse fenômeno. Assim, antecipam-se para o período construtivo as deformações que ocorreriam durante a operação da obra, o que caracteriza um pré-carregamento. Nesse caso, os recalques ainda remanescentes para o período de operação são muito menores e muitas vezes associados ao fenômeno de adensamento secundário.

O espaçamento da malha de drenos é dimensionado de acordo com o tempo disponível para a pré-carga da camada de solos moles, em função do cronograma da obra. Em geral, esse tempo corresponde a alguns meses.

Para melhorar ainda mais o desempenho futuro do aterro, pode ser construída uma sobrealtura de aterro acima da cota de projeto, de modo a acelerar o processo de adensamento e compensar os recalques da pré-carga. Geralmente, essa alternativa exige a previsão de um período de espera para a ocorrência do adensamento. Após esse período, caso ainda haja uma espessura de aterro remanescente acima da cota de projeto, executa-se o corte da sobrealtura, o que resultará em um sobreadensamento da camada de solos moles, reduzindo drasticamente os recalques primários operacionais e minimizando os recalques secundários.

A geogrelha colocada na base do aterro deve ser dimensionada de modo a garantir as condições de estabilidade do aterro imediatamente após sua construção e ao longo da vida útil da obra. Ela pode ser dimensionada para a construção do aterro em uma única etapa (altura final de projeto mais sobrealtura).

A metodologia executiva consta de:

a] Execução do aterro de conquista para permitir a entrada de equipamentos pesados na obra (plataforma de trabalho). A depender das características do subsolo local, essa etapa pode ser desnecessária.

b] Colocação/execução dos drenos verticais a partir da plataforma de trabalho, atravessando toda a espessura da camada de solos moles.

c] Execução de um colchão drenante no topo dos drenos, caso o aterro de conquista não tenha previsto essa função.

d] Colocação da geogrelha na base do aterro para garantir sua estabilidade global.

e] Construção do aterro com sobrealtura (acima da cota de projeto).

f] Espera para desenvolvimento dos recalques primários, até sua estabilização.

g] Corte de aterro remanescente acima da cota de projeto.

h] Acabamento da superfície do aterro.

A alternativa apresentada na seção "Aterros com geogrelha com reforço basal" apresenta desempenho seguramente superior durante a operação da obra. Entretanto, ainda podem ser esperados alguns recalques pós-construtivos, mas de pequena magnitude (Fig. 3.16).

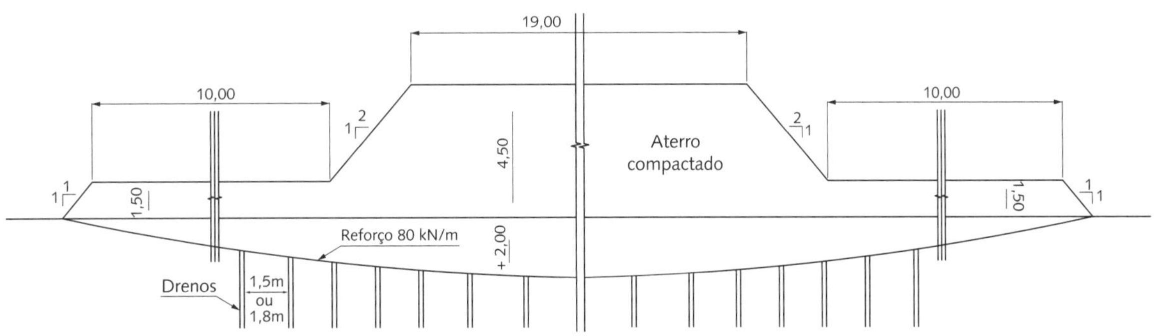

FIG. 3.16 Ilustração de uma seção típica de aterro reforçado sobre solos moles com o uso de drenos verticais

Aterros reforçados apoiados sobre estacas

Quando não se pode permitir a ocorrência de recalques ou quando o período previsto para o adensamento total é muito grande, uma solução pode ser a execução do aterro sobre estacas de concreto ou estacas metálicas, as quais devem ser apoiadas em camadas de solo mais resistentes (Fig. 3.17). Nessa solução, utiliza-se a geogrelha como elemento de distribuição das cargas verticais para as estacas, eliminando a necessidade de execução de laje de concreto na base do aterro.

A Fig. 3.18 mostra um exemplo de aplicação de aterro ferroviário sobre estacas pré-moldadas.

Aterros reforçados sobre colunas Ringtrac®

Essa opção de melhoria de solos moles consiste na utilização de colunas de areia confinadas com geossintético tubular de reforço (colunas Ringtrac®). A inserção das colunas de areia proporciona melhoria das propriedades geotécnicas da

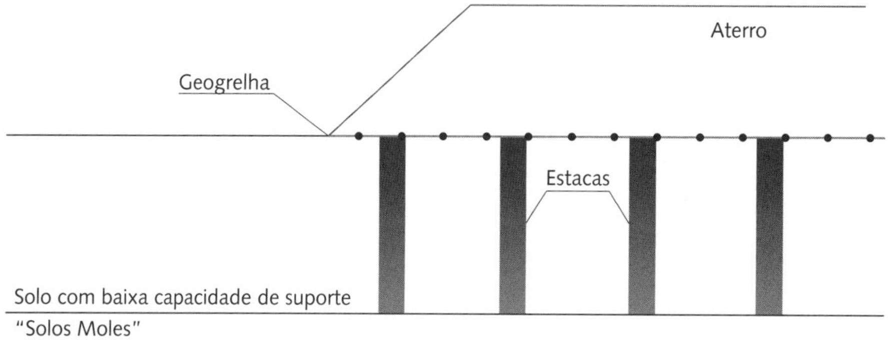

Fig. 3.17 Aterro reforçado sobre estacas

camada de solos moles no que se refere à condição de estabilidade global do aterro a ser construído e ao desenvolvimento dos recalques pós-construtivos.

É necessária a colocação da geogrelha na base do aterro para alcançar a perfeita estabilização global e a distribuição de cargas, garantindo a eliminação de eventuais recalques diferenciais. O arranjo típico dessa solução é apresentado na Fig. 3.19.

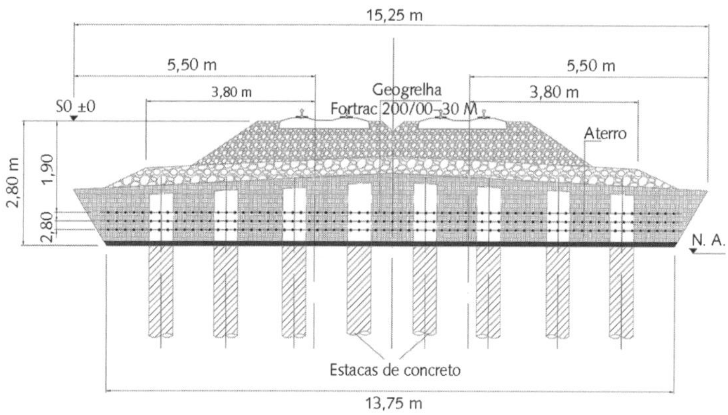

Fig. 3.18 Aterro ferroviário reforçado sobre estacas
Fonte: Huesker.

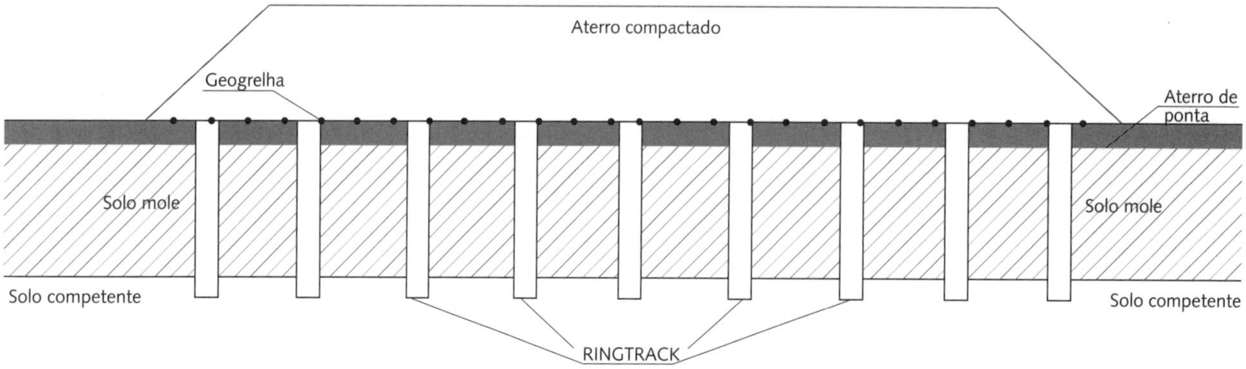

Fig. 3.19 Ilustração de uma seção típica de aterro reforçado sobre solo mole e melhorado com colunas Ringtrac®

A metodologia executiva das colunas Ringtrac® consta de:

a] Execução do aterro de conquista para permitir a entrada de equipamentos pesados na obra (plataforma de trabalho). Dependendo das características do subsolo local, essa etapa pode ser desnecessária.

b] Execução das colunas Ringtrac®.

1) Inicia-se com a cravação de uma camisa metálica tubular, de ponta fechada por válvula em comporta, através de martelo vibratório ou por percussão, com peso compatível com o diâmetro e o comprimento da coluna que será executada.

2) O Ringtrac® é cortado em peças, no comprimento das colunas que serão executadas, costurado em uma das extremidades e armazenado adequadamente, junto às frentes de serviço.

3) Um funil de boca ajustada ao diâmetro da coluna de areia e previamente preparado com a fixação, em sua boca afunilada, da peça de geossintético tubular é acoplado na parte superior da camisa metálica tubular que foi cravada.

4) Uma retroescavadeira de porte apropriado preenche com areia, através do funil, a peça de Ringtrac® dentro da camisa metálica tubular cravada.

5) Ao ser aberta a válvula em comporta na ponta da camisa metálica tubular, esta é gradativamente sacada com vibração para a densificação da areia no interior da coluna.

c] Colocação da geogrelha na base do aterro para garantir sua estabilidade global.

d] Execução do aterro compactado.

Na Fig. 3.20 é apresentada a metodologia executiva das colunas Ringtrac®.

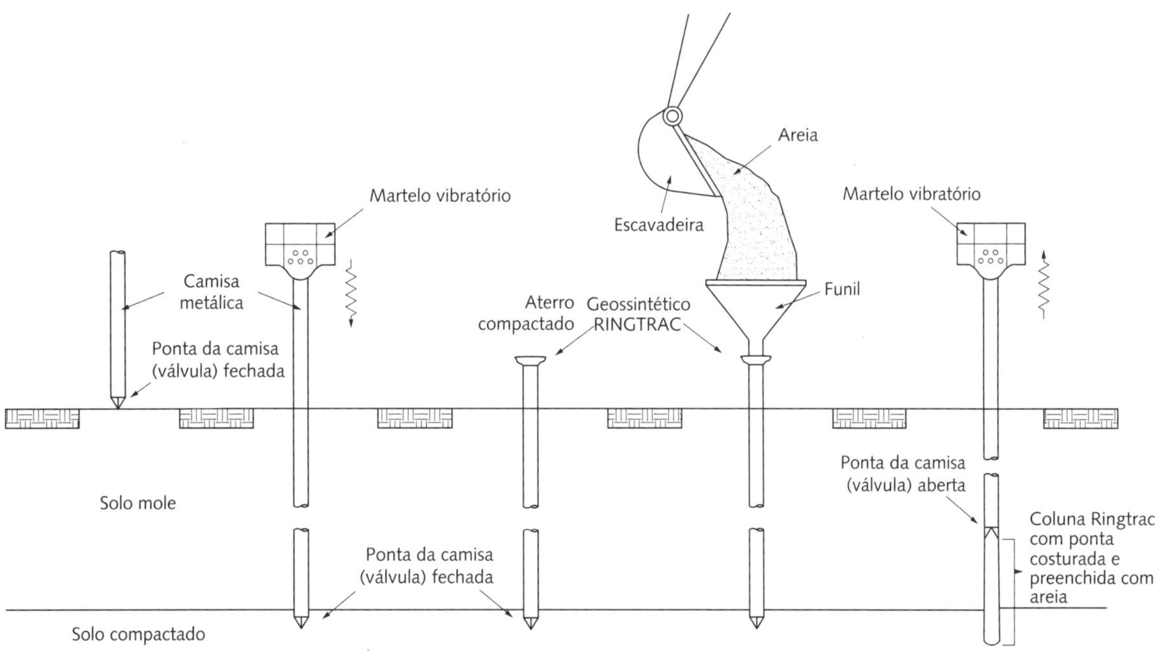

FIG. 3.20 Sequência construtiva das colunas Ringtrac®

Em relação às alternativas de aterro sobre solos moles com geogrelha na base e com geogrelha mais drenos verticais, essa opção apresenta desempenho seguramente superior durante a operação da obra. Entretanto, ainda podem ocorrer alguns recalques pós-construtivos, mas de pequena magnitude e num tempo bastante curto (recalques de "equilíbrio do sistema"). Destaca-se que os recalques por adensamento (em longo prazo) são eliminados nessa alternativa.

A Fig. 3.21 apresenta uma obra de aterro sobre solos moles melhorado com colunas Ringtrac®.

Fig. 3.21 Execução de um aterro sobre solos moles utilizando colunas Ringtrac® e geogrelha

Drenagem/filtração e separação

Os geossintéticos usados para essa função, segundo Pinto (2005), são essencialmente os geotêxteis. Dentro deles, é analisada a influência do tipo de estrutura face ao solo de fundação e seu comportamento em longo prazo (colmatação).

Um dos fatores de grande relevância no estudo do desempenho dos geotêxteis em obras ferroviárias na função de filtragem/drenagem é o caráter dinâmico (cíclico) que as cargas apresentam.

O sistema de drenagem é fundamental para evitar a deterioração da ferrovia devido à ação da água da chuva sobre as camadas de lastro e sublastro ou da água bombeada do subleito para o lastro. Um geocomposto drenante disposto em pontos importantes da estrada de ferro pode atuar na drenagem transversal da seção, prevenindo o acúmulo de água. Para essa aplicação, o geocomposto deve apresentar grande capacidade drenante e resistência a danos mecânicos (Maia et al., 2012).

Segundo Maia et al. (2012), o fluxo de água do subleito para a camada granular pode carregar finos do subleito. Isso pode ocorrer por causa do aumento do nível de tensão no subleito devido à passagem dos trens. Nesse caso, um geotêxtil pode atuar como filtro, permitindo a livre passagem da água e, ao mesmo tempo, retendo as partículas sólidas do subleito. Para desempenhar essa função, o geotêxtil deve atender a critérios específicos de permeabilidade e filtro, além de ser resistente à colmatação.

Os geossintéticos também podem ser utilizados para separar as camadas que compõem a infraestrutura da ferrovia, as quais apresentam diferentes granulometrias e propriedades (Fig. 3.22). A passagem do trem sobre os trilhos provoca a movimentação dos dormentes, o que faz com que os finos do subleito possam ser bombeados para dentro da camada granular, reduzindo a resistência drenante dessa camada. Os geossintéticos podem evitar que o material granular penetre no subleito constituído por solo mole, mantendo a espessura e a integridade da camada granular e aumentando sua vida útil. Para atuar convenientemente nessa função, os geossintéticos devem apresentar resistência à concentração de tensões (rasgo, punção e estouro), assim como tamanho das aberturas compatível com a granulometria dos materiais que se propõem a separar.

FIG. 3.22 Geossintético utilizado como camada de separação e reforço de sublastro
Fonte: Huesker.

Reforço de lastro e sublastro

Os solos granulares, em particular, não apresentam resistência a tensões de tração, portanto fica a cargo dos geossintéticos desempenhar essa função, de modo a garantir resistência à tração ao conjunto solo/geossintético. O reforço é conseguido por meio da mobilização de atrito na interface do solo com o geossintético.

Adicionalmente, no caso das geogrelhas, é também mobilizada a resistência nas barras transversais de suas aberturas, o que geralmente se denomina "resistência por empuxo passivo".

Segundo Vertematti (2004), nessa aplicação a geogrelha apresenta basicamente duas funções: reforço estrutural do aterro de base e confinamento do solo durante a compactação. A Fig. 3.23 apresenta, de maneira ilustrativa, os principais mecanismos de atuação da geogrelha como reforço de lastro e sublastro.

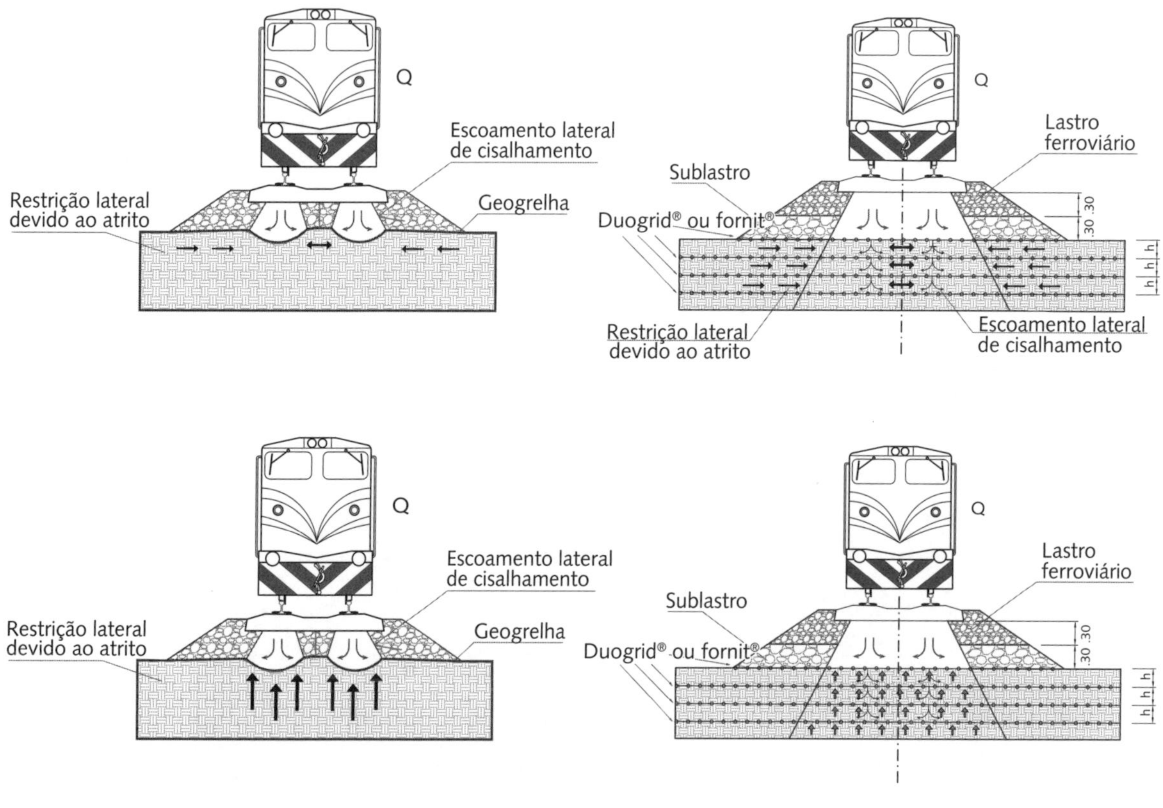

Fig. 3.23 Efeito membrana da geogrelha como reforço de lastro e sublastro

No efeito confinante, a geogrelha é mobilizada por meio de sua resistência à tração e atua no sentido de se opor à deformação lateral da camada de base, confinando o material que constitui essa camada. Isso é interessante durante a compactação das camadas de sublastro ou lastro (camadas acima do nível da geogrelha), pois garante maior eficiência ao processo, resultando em camadas com maior capacidade de suporte. É também interessante que as deformações horizontais do solo de aterro sejam minimizadas, pois isso se reflete na minimização das deformações verticais.

Por meio do chamado "efeito membrana", a tendência de deslocamento vertical da plataforma ou sublastro leva a geogrelha à mobilização de sua capacidade de resistência à solicitação em tração (uma vez que esta apresente boa ancoragem na camada de solo). Dessa maneira, o reforço é capaz de aumentar a capacidade estrutural do aterro e distribuir melhor as cargas verticais sobre o substrato (plataforma ou sublastro), minimizando eventuais problemas de recalques diferenciais.

Um fator importante é a ancoragem do reforço, pois o geossintético tracionado deve distribuir esse esforço no material envolvente por meio de esforços tangenciais. Caso o comprimento de ancoragem fique fora da área carregada, deve ser considerada a execução de um envelopamento da borda do material a ser reforçado, similar ao que é executado em estruturas de contenção.

O efeito mais importante para o reforço de lastro é o de embricamento, que somente é conseguido por meio do uso de geogrelhas. Para que esse efeito seja mobilizado, deve existir uma compatibilidade entre a granulometria dos agregados e a dimensão da abertura das geogrelhas.

O embricamento do lastro na malha da geogrelha permite a limitação no deslocamento lateral da geogrelha, minimizando o efeito de ancoragem. Portanto, esse deslocamento, em vez de ser condicionado unicamente pelo atrito e embricamento entre partículas, é também restringido pelo esforço de tração da geogrelha.

As geogrelhas são geralmente aplicadas na camada de lastro e sublastro, pretendendo garantir seu reforço pela diminuição dos assentamentos verticais e diferenciais e por sua contenção lateral (funcionalmente desempenhada pelas ombreiras de lastro). Dadas as exigências impostas aos deslocamentos verticais nas obras ferroviárias, as geogrelhas utilizadas devem possuir elevado módulo de deformabilidade, para que se mobilizem elevadas resistências mesmo a baixas deformações. As propriedades que governam a eficiência de uma geogrelha são diversas, entre as quais se destacam: a razão entre as dimensões do solo confinante e as aberturas da geogrelha, a tensão de confinamento a que está sujeita e o grau de compacidade do solo.

No reforço de solos, a utilização de geogrelha apresenta deformação menor do que quando se utilizam geotêxteis. Isso se traduz em aumento da resistência do solo (reforçado) e em maior mobilização de atrito (resistência) na interface solo-reforço (Koerner, 2004).

No mecanismo de reforço com as geogrelhas, são considerados três tipos de mobilização da resistência. Assim, surgem atritos laterais nas barras longitudinais da geogrelha, atrito solo-solo nas aberturas (sempre que nele exista movimento relativo) e impulso passivo nas barras transversais, que é mobilizado progressivamente à medida que o deslocamento relativo do solo-geogrelha aumenta (Jewell, 1996) (Fig. 3.24).

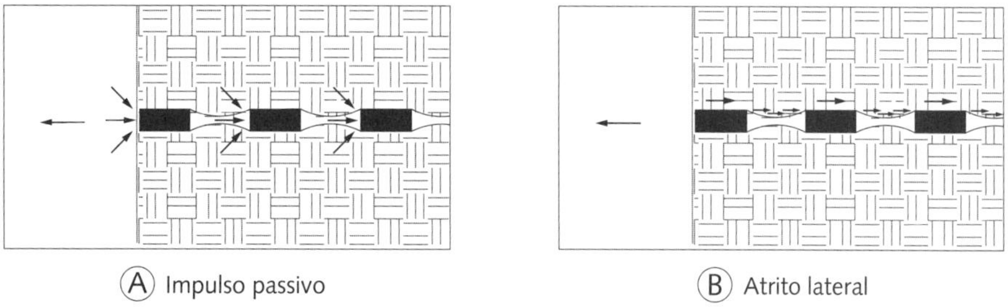

FIG. 3.24 Mecanismo de interação solo-geogrelha
Fonte: adaptado de Jewell (1996).

Esses tipos de restrição/atrito surgem da existência de movimentos relativos entre o solo e o reforço (atrito lateral e impulso passivo) e de movimentos relativos na própria massa de solo (interação solo-solo). Esses movimentos podem ser de dois tipos: de ruptura ou de arranque. Independentemente do tipo de movimento, a ocorrência de ruptura com movimento relativo entre o solo e o reforço sempre significa que a resistência da interface (*f*) foi excedida. É possível que a resistência da interface seja superior à resistência à tração do próprio reforço e passe a ser o parâmetro crítico determinante da condição de desempenho do reforço.

Jewell (1996) define a resistência à ruptura na interface solo-reforço para movimento de arrancamento como:

$$T = 2 \cdot W \cdot L \cdot \sigma'_n \cdot f \cdot tg\phi' \quad \textbf{(3.1)}$$

Em que:
W = largura do reforço na direção perpendicular à solicitação do reforço;
L = comprimento;
σ'_n = tensão normal efetiva ao nível da interface solo-reforço;
f = coeficiente de interface solo-reforço, que varia entre 0 e 1;
ϕ' = ângulo de atrito do solo para tensões efetivas de pico ou a volume constante, dependendo da densidade do solo, compacto ou solto, respectivamente.

Essa equação é de aplicação geral, no entanto a principal dificuldade em sua utilização reside na definição do *f*. Para geogrelhas, a resistência à ruptura é a soma das duas parcelas: atrito lateral solo-geogrelha (T_L) e atrito solo-solo ($T_{s/s}$), que são definidos por Jewell (1996) por meio das seguintes equações:

$$T_L = 2 \cdot a_s \cdot W \cdot L \cdot \sigma'_n \cdot tg\delta' \quad \textbf{(3.2)}$$

$$T_{(s/s)} = 2 \cdot (1 - a_s) \cdot W \cdot L \cdot \sigma'_n \cdot tg\phi' \quad \textbf{(3.3)}$$

Em que a_s = área superficial da geogrelha.

Igualar a soma dessas duas parcelas à definição da resistência à ruptura resulta no coeficiente de interação da interface:

$$f = f_{cd} = a_s \cdot \left(\frac{tg\delta}{tg\Phi}\right) + (1 - a_s) \quad \textbf{(3.4)}$$

Em que:
δ = ângulo de atrito da interface solo-geogrelha.

Para movimentos de arranque, dado que se considera nula a resistência da interface correspondente ao atrito solo-solo, a resistência da interface é igual à soma do atrito lateral solo-geogrelha (T_L) com o impulso passivo (T_p), sendo:

$$T_p = \left(\frac{L}{S}\right) \cdot a_b \cdot W \cdot B \cdot \sigma'_p \quad \textbf{(3.5)}$$

Em que:
S = distância entre as barras transversais da geogrelha;
a_b = fração de largura (W) da geogrelha disponível para a mobilização da resistência;
B = espessura das barras transversais da geogrelha;
σ'_p = tensão passiva mobilizada em termos de tensão efetiva.

Igualar a soma das duas parcelas à definição da resistência à ruptura resulta no coeficiente de interação de arrancamento:

$$f = f_a = a_s \cdot \left(\frac{tg\delta}{tg\Phi'}\right) + \left(\frac{\sigma'_p}{\sigma'_n}\right) \cdot \left(\frac{a_b \cdot B}{S}\right) \cdot \left(\frac{1}{2 \cdot tg\Phi'}\right) \qquad (3.6)$$

Se na interface ocorrerem ambos os movimentos (de ruptura de arrancamento), o coeficiente da interface a considerar será o mínimo entre os dois coeficientes.

As Eqs. 3.1 a 3.6 são aplicadas para o caso de solos soltos, considerando-se a resistência do solo a volume constante.

3.9.3 Reforço de lastro ferroviário

Atualmente, os materiais que compõem a superestrutura de uma ferrovia são bastante estudados e conhecidos, como dormentes de diferentes materiais (madeira, concreto, aço e plástico), perfis de trilhos e agregados que compõem o lastro. No entanto, garantir que as tensões geradas pela operação da ferrovia sejam controladas ao nível da capacidade de carga admissível do terreno (subleito) ainda é, em muitos casos, um grande desafio. Mas é certo que, por meio das técnicas de reforço de solos disponíveis, as tensões ao nível da plataforma podem ser drasticamente reduzidas com intervenções ao nível das camadas que constituem a infraestrutura.

Segundo Pinto (2005), as geogrelhas são usadas para reforço da camada de lastro para diminuir as deformações verticais permanentes que essa camada sofre durante a aplicação de carga cíclica; para controlar as deformações diferenciais que possam surgir no desenvolvimento longitudinal da obra; e ainda para provocar melhor confinamento do lastro, restringindo seus movimentos laterais. As deformações plásticas e diferenciais pioram o comportamento da estrutura da via, dando origem a deformações sucessivamente maiores. Esse fenômeno acarreta a deterioração da via, pondo em risco a segurança e a eficiência da via e tendo como consequência a redução da velocidade de circulação ou mesmo sua total restrição.

A utilização de geogrelhas no lastro melhora seu desempenho, permitindo intervalos de manutenção mais espaçados, o que reduz o custo de manutenção e o tempo que a via fica interrompida para o tráfego (Fig. 3.25).

A eventual necessidade de utilizar geogrelha como reforço pode estar vinculada a vários fatores. Um deles é a falta de capacidade de suporte de carga da fundação, em que seriam verificadas deformações verticais excessivas e a consequente penetração das camadas granulares na plataforma. Outro fator é o dimensionamento inadequa-

Fig. 3.25 Geogrelha utilizada como reforço de lastro

do das espessuras das camadas de lastro, sublastro ou reforço. Nesse caso, é possível verificar elevadas deformações verticais, mas sem a penetração do lastro na plataforma, a menos que os níveis de degradação sejam tão altos que os níveis de tensão se tornem demasiadamente elevados face à capacidade de carga da base da plataforma.

A eficiência da geogrelha no reforço de lastro, por sua vez, é afetada por diversos fatores, como a abertura da malha da geogrelha e sua posição dentro da estrutura (profundidade).

Com base em diversos estudos desenvolvidos ao longo dos anos, é consenso que a inclusão da geogrelha como reforço de lastro ferroviário tem diversos benefícios, como:

1) reduzir de modo eficaz as deformações verticais das camadas de lastro e sublastro, podendo essa redução chegar a 60%;
2) reduzir a quebra de partículas da camada de lastro, aumentando a longevidade de suas características resistentes, e reduzir os ciclos de manutenção da via, diminuindo a exploração de novas jazidas de materiais pétreos;
3) garantir uma estrutura mais homogênea em termos de comportamento mecânico, reduzindo a probabilidade de ocorrência de deformações diferenciais;
4) incentivar a utilização de lastro reciclado em estruturas ferroviárias.

Gobel, Weisemann e Kirschner (1994) desenvolveram uma pesquisa comparativa de valores de capacidade de carga (E_{v2}) obtidos para ensaios em modelos físicos simulando uma estrutura ferroviária carregada com carga dinâmica de 76 kN a uma frequência de 12 Hz (simulando composições de passageiros a uma velocidade superior a 160 km/h). A estrutura foi montada sobre uma camada elástica que simulava um subleito de baixa capacidade de suporte, da ordem de E_{v2} = 10 MN/m^2 (CBR ~ 2%).

Duas situações foram ensaiadas: a condição de implantação da estrutura e a condição de manutenção com recuperação por socaria da camada de lastro. Em ambos os casos, a estrutura foi montada e ensaiada com e sem geogrelha colocada na base da camada de sublastro. De maneira geral, o uso da geogrelha apresentou bom desempenho, gerando ganhos de capacidade de carga E_{v2} de até duas vezes em relação à estrutura não reforçada.

Indraratna et al. (2011) também desenvolveram uma pesquisa para verificar o ganho de desempenho em termos de deformações verticais e laterais, respectivamente, pelo uso de geogrelhas e de geocompostos, na simulação de reciclagem de lastro em meios físicos. Esses autores destacaram que a quebra dos grãos que compõem a camada de lastro foi reduzida em 50% pelo uso da geogrelha.

Com relação às deformações verticais (ε_1), a utilização de geocompostos como reforço de lastro foi mais eficaz, reduzindo as deformações verticais em comparação com a geogrelha utilizada isoladamente. Já as deformações laterais (ε_2 e ε_3) foram calculadas com base na média dos deslocamentos laterais das paredes verticais e das dimensões iniciais dos corpos de prova. É importante lembrar que a deformação ε_2 (deformação principal intermediária) corresponde à direção perpendicular à orientação do dormente, ou seja, ao alinhamento longitudinal da ferrovia, ao passo que ε_3 (deformação principal mínima) corresponde à direção de orientação dos dormentes.

Ainda de acordo com Indraratna et al. (2011), a inclusão dos geocompostos como reforço do lastro reciclado (após o desguarnecimento) reduz significativamente as deformações, que podem chegar a ser inferiores às do lastro novo.

Já Kuo et al. (2006) desenvolveram suas pesquisas por meio da medição de recalque por placa de recalque em trechos experimentais de uma ferrovia de transporte de carga em Taiwan. A geogrelha foi colocada em diversas posições, e o melhor desempenho em termos de redução de recalques foi obtido com a geogrelha reforçando o sublastro da via. A redução de recalque medido chegou a 20 mm, o que denota aumento da capacidade de carga da estrutura da via pelo uso da geogrelha.

De acordo com as pesquisas realizadas por Gobel, Weisemann e Kirschner (1994), Indraratna et al. (2011) e Kuo et al. (2006), o uso de geotêxteis separadores também é recomendável nesse tipo de estrutura. Esse material é capaz de evitar a contaminação das camadas granulares de sublastro e lastro pelo puncionamento de finos do subleito, permitindo o fluxo de águas pluviais e a percolação de águas subterrâneas (adequando-se ao sistema de drenagem projetado). Esse efeito é muito importante, já que contribui para a preservação das características originais do material que compõe as camadas estruturais, diminuindo igualmente a demanda por manutenção. Nesse sentido, os geocompostos formados por geogrelhas e geotêxteis (Fig. 3.10) apresentam-se como os materiais ideais para aplicação como reforço de sublastro ou lastro ferroviário.

3.9.4 Fatores que influenciam o desempenho da geogrelha

As geogrelhas devem possuir determinadas propriedades para que possam desempenhar sua função de reforço tanto durante as etapas de transporte, manuseio e instalação como durante o tempo de vida útil da obra.

Para as funções de reforço em obras geotécnicas e de reforço de lastro e sublastro, a geogrelha deve cumprir algumas exigências específicas, como:

a] resistência à tração e módulo de rigidez, já que essas são características que contribuem diretamente para a eficácia da função de reforço da geogrelha;

b] alta resistência à fluência, para evitar que os reforços percam eficiência durante a vida da obra. Essa função é muito importante em estruturas de contenção e aterros sobre solos moles devido às solicitações permanentes;

c] boa capacidade de interação com o solo/agregado;

d] resistência ao rasgo, para evitar a ocorrência de descontinuidades físicas, que culminariam na perda de rigidez e de resistência da geogrelha;

e] alta resistência e baixa deformabilidade. Conforme a Fig. 3.26, a resistência e a deformação da geogrelha estão diretamente relacionadas ao polímero que a constitui.

f] resistência à abrasão, especialmente quando for aplicada nas camadas granulares da ferrovia;

g] resistência a solicitações dinâmicas em longo prazo (fadiga da geogrelha), já que, em alguns casos, a principal solicitação que mobiliza a geogrelha é gerada pela passagem da composição ferroviária;

h] interação agregado/geogrelha, determinada pela abertura da malha da geogrelha e pela comparação com as dimensões das partículas do agregado (Fig. 3.27).

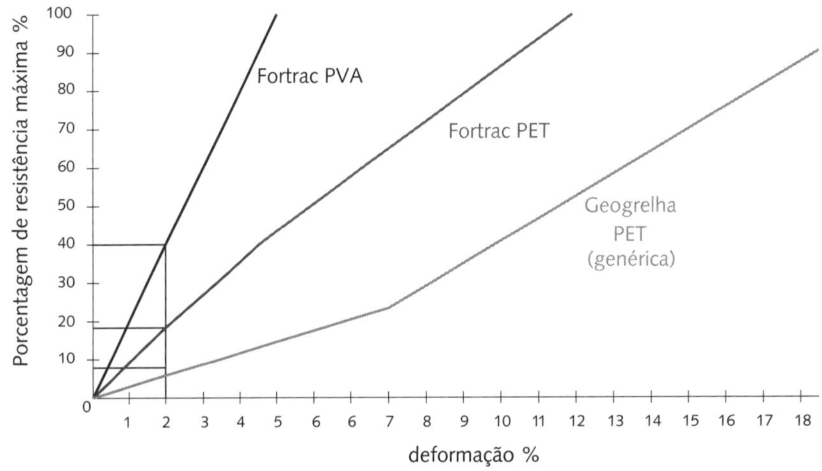

Fig. 3.26 Curvas de resistência à tração em função da deformação para as geogrelhas PET e PVA

3.9.5 Comentários finais

As geogrelhas são produtos de grande versatilidade, e seu emprego está se consolidando no Brasil. Na maioria das situações de projetos viários de ferrovias, a solução com o emprego de geogrelhas como reforço de solos ou de pavimentos ferroviários já é considerada tradicional no Brasil, principalmente na área geotécnica.

Na seção 3.9.2 foram apresentadas as aplicações de geogrelhas mais tradicionais em projetos de implantação de estruturas ferroviárias. O Quadro 3.4 traça um perfil bastante genérico, porém indicativo, da caracterização de geogrelhas em cada uma das aplicações abordadas.

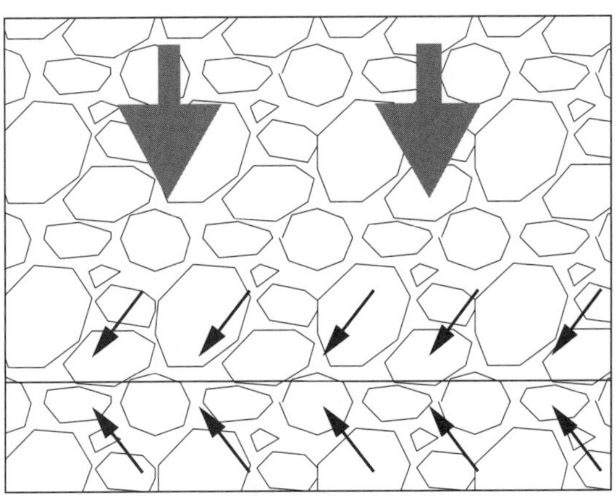

Fig. 3.27 Dimensão das partículas do agregado e abertura da geogrelha

O uso de geossintéticos, em quaisquer das aplicações abordadas, é plenamente embasado, tratando-se de técnicas com total garantia de qualidade e êxito sempre que empregadas de maneira adequada. No que se refere a projeto, utilizam-se métodos de análise consagrados e conta-se com ferramentas de dimensionamento computacionais bastante robustas. Diversos países contam com rigorosas normas de projeto que controlam e apontam o correto emprego dessas soluções, por exemplo, BS 8006/1995, DIN 4084/1981 e DIN V 4084-100/1996.

Com relação às obras, conta-se hoje com vasta experiência e largo histórico de obras implantadas e de estruturas em operação, inclusive no Brasil. Também

QUADRO 3.4 Perfil indicativo da caracterização das geogrelhas em cada aplicação

Aplicação	Tipo de geogrelha (*)	Polímero mais comumente empregado (**)	T_{proj} (ou J) em situações típicas (***)	Aspectos mais importantes
Muros de contenção em aterros reforçados	Unidirecional	PET, PVA	10 kN/m ≤ T_{proj} ≤ 80 kN/m; 150 kN/m ≤ J ≤ 1200 kN/m	Fluência; rigidez/deformabilidade; interação
Taludes íngremes reforçados	Unidirecional	PET, PVA	10 kN/m ≤ T_{proj} ≤ 80 kN/m; 150 kN/m ≤ J ≤ 1.200 kN/m	Fluência; rigidez/deformabilidade; interação
Aterros reforçados sobre solos moles	Unidirecional	PET, PVA, aramida	T_{proj} ≥ 100 kN/m; J ≥ 1.500 kN/m	Fluência; interação
Aterros reforçados sobre colunas granulares	Unidirecional	PET, PVA, aramida	T_{proj} ≥ 80 kN/m; J ≥ 1.200 kN/m	Fluência; rigidez/deformabilidade; interação
Aterros reforçados sobre estacas	Bidirecional	PET, PVA, aramida	T_{proj} ≥ 80 kN/m; J ≥ 1.200 kN/m	Fluência; rigidez/deformabilidade; interação
Reforço de lastro/sublastro	Bidirecional	PP, PET, PVA	800 kN/m ≤ J ≤ 2.200 kN/m	Fadiga; rigidez inicial; interação

Notas:

* Geogrelha unidirecional é a que possui resistência na direção ortogonal significativamente menor que a resistência na direção principal, mas que não é nula. Geogrelha bidirecional é a que possui resistências em ambas as direções de tracionamento, com valores da mesma ordem de grandeza.

** De acordo com o mercado brasileiro.

*** T_{proj} é a resistência de projeto, de dimensionamento, que deve ser garantida pela geogrelha em longo prazo, descontados todos os fatores de redução. J é o módulo de rigidez secante na deformação mobilizada (de trabalho).

se conta com grande acervo de experiências de caráter científico, com base nas quais se podem embasar análises para dimensionamento e parâmetros para previsões de comportamento de estruturas a serem projetadas com significativa acurácia.

A oferta de geogrelhas e geotêxteis é imensa, sendo possível dispor de produtos de elevada qualidade e destacado desempenho. O conhecimento sobre esses materiais é amplo no que se refere ao entendimento dos parâmetros de caracterização e de projeto, havendo normalização específica para a obtenção de qualquer um desses parâmetros. Tudo isso, portanto, aumenta a confiabilidade das soluções e amplia significativamente a aplicabilidade desses materiais.

capítulo 4

Projeto de obras de arte especiais (OAEs)

Jorge de Oliveira Cunha (4.1 a 4.6) e *Carlos Serman* (4.7)

4.1 Normas e especificações

Na área da construção, obras de arte designam construções realizadas por artífices (obras de artífice que evoluíram para obras de arte). São do tipo especial, únicas, que adquirem dimensão e originalidade apreciáveis, como pontes, viadutos, túneis, passagens, pontilhões, barragens e eclusas (Figs. 4.1 a 4.4), em oposição a construções mais comuns, como edifícios e casas.

Fig. 4.1 Ponte: obra de arte destinada a transpor um curso d'água, como um rio, canal, braço de mar, lagoa etc

Fig. 4.2 Pontilhão: obra de arte destinada a transpor um curso d'água ou uma via com um único vão de 10 m a 15 m

Os projetos de obras de arte especiais (OAEs) como pontes, viadutos e passagens inserem-se num projeto mais amplo, o da rodovia ou da ferrovia. Este capítulo tem como objetivo orientar o desenvolvimento de projetos de obras de arte especiais metroferroviárias. São abordados itens gerais que devem ser tratados na elaboração e apresentação desses projetos, desde a definição de soluções ao mínimo de padronização desejável aos projetos até alguns aspectos particulares que levam à minimização de retrabalhos na aprovação dos projetos junto aos órgãos contratantes.

Toda essa abordagem tem como base as experiências nos projetos contratados pela Rede Ferroviária Federal (RFFSA) e pela Empresa de Engenharia Ferroviária (Engefer). A elas são agregadas as atualizações, decorrentes da evolução das metodologias de cálculo, tecnologia dos materiais e processos construtivos, vivenciadas na retomada da construção de ferrovias pelo Governo Federal a partir de 2000, cuja gestão mais direta dos projetos é atualmente feita pela Valec, empresa vinculada ao Ministério dos Transportes. Também é importante referenciar as contribuições das produções técnicas sobre projetos de OAEs metroferroviárias dos engenheiros Sérgio Marques Ferreira de Almeida e Bernardo Rocha para a formulação desses conceitos e a formatação deste capítulo.

Nos projetos de OAEs, devem ser cumpridas as prescrições das normas brasileiras em vigor, como a NBR 6118 (ABNT, 2007), a NBR 7187 (ABNT, 2003a), a NBR 6122 (ABNT, 2010a), a NBR 7189 (ABNT, 2008), a NBR 7188 (ABNT, 2013), a NBR 6123 (ABNT, 2009a) e a NBR 8681 (ABNT, 2003b).

Quando essas normas forem omissas sobre determinados itens, poderão ser adotadas normas estruturais estrangeiras, sendo as mais utilizadas: Code-Modèle CEB-FIP pour les Structures en Béton; Building Code Requirements for Reinforced Concrete - ACI-318; e Deutsche Industrie-Normen (DIN).

No desenvolvimento de projetos de OAEs, são sempre recomendadas a leitura e a consideração das especificações da Valec, no caso das OAEs ferroviárias (Especificação de Projeto n° 80-EG-000A-11-0000 da Valec); da CBTU, no caso das OAEs metroviárias (IT-216); e do DNIT, no caso das OAEs ferroviárias (ISF-216 e ISF-223) e rodoviárias (ISF-214). Entretanto, não sendo esses os órgãos contratantes, essas especificações adquirem caráter apenas indicativo e só devem ser adotadas caso o cliente ou o edital de licitação/contrato não possua exigências próprias, distintas dessas.

FIG. 4.3 Viaduto: obra de arte destinada a transpor obstáculos não constituídos por água, ou seja, vales, estradas etc.

FIG. 4.4 Passagem: obra de arte do tipo galeria, com alas, constituída por uma ou várias células (multicelular), que propicia o cruzamento de duas vias ou serve de passagem de pedestres ou animais

4.2 Elementos necessários ao projeto e interfaces interdisciplinares

Inserido no projeto de uma ferrovia ou de um sistema metroferroviário urbano, o projeto de OAEs, como pontes, viadutos e passagens, deve ser elaborado perpassando por um conjunto maior de conhecimentos, não somente na área estrutural, mas também nas interfaces com outras disciplinas, como topografia, geometria de estradas, hidrologia e geotecnia, além de tecnologias de sistemas construtivos, materiais de construção e fundações. Pode-se dizer, portanto, que se trata de um projeto multidisciplinar no âmbito da Engenharia Civil.

Dessa maneira, antes de conceber o projeto de uma OAE, é necessário ter disponível um conjunto de dados e informações de campo e de escritório. Esses elementos podem ser divididos em topográficos, de via, geométricos e de gabaritos, hidrológicos e geotécnicos, e são apresentados sucintamente a seguir.

4.2.1 Elementos topográficos

Os elementos topográficos necessários para o projeto de uma OAE são obtidos por meio de levantamentos de campo, e consistem da planta topográfica e do perfil longitudinal da via e do terreno, nos quais devem estar incluídas informações sobre o traçado, o greide e todos os elementos geométricos da via.

Para o desenvolvimento do projeto das OAEs, deve ser disponibilizado um desenho da região de cada uma delas com uma planta topográfica incluída, com curvas de nível de metro em metro e em uma escala de ao menos 1:1.000 (o ideal seria 1:500). Além disso, a planta deve abranger uma largura de 100 m para cada lado do eixo da via e um comprimento no entorno de 100 m antes e 100 m depois da posição inicialmente prevista para a obra; deve conter o perfil longitudinal da via, obtido por levantamento de 20 m em 20 m, prolongando-se por pelo menos 100 m além de cada extremidade da obra; e, por fim, deve indicar o greide da estrada e o perfil do terreno, incluindo a batimetria da calha do rio, no caso de pontes.

4.2.2 Elementos de via

Os elementos de via aos quais os projetos das OAEs devem atender derivam das características da estrada, definidas pelos órgãos públicos responsáveis por sua construção e manutenção. As velocidades diretrizes, rampas máximas, raios mínimos, larguras de via e outras características adotadas no projeto da estrada são especificados em função da classe da via definida, tratando-se de elementos de via a serem considerados em todo o projeto da estrada, inclusive naquilo em que afetam as OAEs.

4.2.3 Elementos geométricos e gabaritos

Os projetos das OAEs devem estar em conformidade com os fundamentos básicos do projeto geométrico da via onde estão inseridos, como o greide, em perfil, e o traçado, em planta, bem como com os gabaritos a serem preservados, referentes ao que as OAEs vão transpor.

O desenvolvimento planimétrico e altimétrico de uma OAE é, na maioria dos casos, definido pelo projeto da estrada quando da elaboração do traçado da via, principalmente nas pontes sobre cursos d'água pequenos, em viadutos menores e nas passagens. Contudo, quando a via cruza médios ou grandes rios ou transposições topográficas com vales mais longos ou acentuados, o projeto da estrada deve ser elaborado levando em conta a melhor localização da ponte ou do viaduto e, nesses casos, a posição da OAE pode determinar o traçado da via. Nessas situações, recomenda-se uma interação entre os técnicos dos projetos de geometria da via e de OAEs, podendo-se observar os seguintes critérios, como considerações gerais na escolha da melhor posição para a locação das OAEs:

- transpor o canal principal ou o vale de preferência perpendicularmente ao eixo da via, além de procurar cruzar na seção mais estreita do rio ou do vale, de modo a minimizar o comprimento da OAE;
- evitar a conjugação de pontes ou viadutos curvos em travessias que levem a pilares muito altos (maiores que 30 m, como referência usual última).

Deve-se ainda evitar transpor um rio logo após a região onde deságua um afluente, para evitar o depósito de sedimentos sob a ponte. Também se deve evitar transpor a montante desse ponto, uma vez que podem ser necessárias duas pontes, o que acarretaria o aumento do custo da obra. A melhor posição para a transposição do rio é um pouco a jusante da região onde deságua seu afluente. Havendo condicionantes impeditivas para tal, em alguns casos pode-se ainda avaliar a realização de uma alteração no curso natural do rio por meio da construção de um canal devidamente dimensionado e direcionado, chamado de *corta-rio*.

Os gabaritos de estradas de rodagem e de ferrovias encontram-se especificados nas normas de projetos de rodovias e ferrovias de seus órgãos gestores, e dizem respeito à altura e à largura livres para trânsito dos veículos que se deve considerar por ocasião do projeto. Não há uma padronização geral, nacional, nem para estradas nem para vias urbanas, sendo necessário buscá-la junto ao órgão gestor local da via a ser transposta e observar as dimensões dos gabaritos estabelecidos.

Nos viadutos, o gabarito vertical deve ser atendido em toda a largura do gabarito horizontal, só se podendo dispor externamente a este o início dos taludes dos aterros de acesso, os blocos da fundação dos apoios etc. Pode-se considerar, de maneira mais ampla e geral:

- No caso de viaduto ferroviário que cruza uma rodovia, deve-se verificar junto ao órgão pertinente (e incluir no relatório) o gabarito definido para a via e se há previsão de duplicação. Para as vias rodoviárias que não dispõem de informação correta sobre o gabarito, adotam-se as dimensões livres de 13 m de largura (duas pistas de 3,6 m, dois acostamentos de 2,5 m e dois guarda-rodas de 0,4 m) ortogonal ao eixo da rodovia, ajustando à esconsidade, quando houver, por 6 m de altura do greide da rodovia acabado (asfaltado) à face inferior da superestrutura.
- No caso de viaduto rodoviário que cruza uma ferrovia, deve-se preservar, para a ferrovia, as dimensões livres de 11,7 m de largura, com 5,85 m para cada lado normal ao seu eixo (ajustar à esconsidade, quando houver), por 8 m de altura do greide (sublastro) à face inferior da superestrutura.

Nas pontes, ao se transporem rios navegáveis, o gabarito de navegação corresponde a uma altura livre entre o nível de máxima cheia (nesse caso, geralmente o tempo de recorrência Tr = 50 anos) e o infradorso da superestrutura da ponte, por uma largura livre entre as faces de blocos dos pilares, adjacentes ao "canal de navegação". Essas dimensões do gabarito de navegação, a serem preservadas em cada rio navegável, podem ser obtidas na capitania dos portos da região da hidrovia. Porém, alerta-se para um conflito que parece existir a respeito dessa competência nas hidrovias mais estruturadas, onde a Agência Nacional de Transportes Aquaviários (Antaq/DNIT) também se coloca como órgão responsável pela aprovação do gabarito necessário para o projeto da ponte.

Apenas como primeira orientação e fonte de consulta, apresenta-se o Quadro 4.1, com os gabaritos das hidrovias do Plano Nacional das Vias Navegáveis Interiores (PNVNI).

QUADRO 4.1 Gabaritos das hidrovias do Plano Nacional das Vias Navegáveis Interiores (PNVNI)

Gabarito	Características	Tirante de ar
I	Especial: para rios a que a navegação marítima tem acesso	Definido em função da maior altura de mastro de embarcação marítima
II	Para rios de grande potencial de navegação. Comboio-tipo de 32 m de boca	15 m
III	Para rios de mediano potencial de transporte. Comboio-tipo de 16 m de boca	10 m
IV	Para rios de pequeno potencial de transporte. Embarcações de 11 m de boca	7 m
V	Reduzido: para rios interrompidos ou com remota possibilidade de navegação	-

Quando não existe navegação no rio, a folga mínima entre o nível de máxima cheia (para esse caso, sendo considerado geralmente o tempo de recorrência Tr = 100 anos) e o infradorso da superestrutura, denominada *free-board* ou *tirante livre*, é de:

- 1 m, para condições normais de escoamento;
- 0,5 m, no caso de remansos de barragem ou bacias de represamento, quando existe controle do nível de água máximo e não existe vegetação flutuante;
- 2 m, em casos de regime de rio torrencial e possibilidade de transporte superficial de vegetação densa.

4.2.4 Elementos hidrológicos

Os elementos necessários para definir a seção de vazão do rio, ou seja, aqueles que determinam o "vão hidráulico" mínimo necessário a ser transposto por uma ponte, são:

- área da bacia de contribuição do rio (km^2);
- precipitação e intensidade de chuva;
- declividade do rio na região da obra (%);
- permeabilidade do terreno;
- velocidade da correnteza (m/s).

O tempo de recorrência das chuvas a ser utilizado para o dimensionamento desse tipo de obra é geralmente de 50 anos, em obras urbanas, e de 100 anos, em obras situadas em áreas rurais.

Também são necessárias outras informações sobre o regime do rio, que podem ser agrupadas em:

- levantamento topográfico de no mínimo 100 m a montante e a jusante;
- cota de cheia máxima registrada na região da obra;
- observação sobre a erosão das margens e do leito;
- cota do nível d'água regular;
- cota do nível d'água mínimo.

De modo geral, em projetos de estradas rodoviárias ou ferroviárias é necessário desenvolver os estudos hidrológicos, em que se levantam todos esses dados e se apresenta a determinação das vazões de projeto de cada um dos cursos d'água cruzados pela via. Uma das conclusões desses estudos é a definição da estrutura necessária, de um bueiro simples a uma ponte, para a transposição da via sobre cada curso d'água. Os valores das vazões de projeto também são utilizados nos estudos hidráulicos da ponte, conduzindo à definição da seção de vazão e do vão hidráulico mínimo que possibilitem o escoamento da vazão de projeto, um dos fatores que definem o comprimento mínimo necessário de uma ponte.

4.2.5 Elementos geotécnicos

Consistem nos dados necessários à caracterização geológica e geotécnica do solo no correr da via. São obtidos por meio de sondagens do solo na região da OAE, que, em geral, são divididas em duas fases. Na primeira fase, correspondente à etapa de projeto básico, são feitos apenas alguns furos de sondagem com a finalidade de avaliar o comprimento da obra sob a ótica do terreno do local da transposição, bem como o tipo de fundação que, em função do perfil geológico e geotécnico do terreno, pode-se adotar. Na etapa seguinte, o desenvolvimento do projeto executivo, em que já se dispõe dos desenhos de forma da obra com as locações definitivas dos pilares, retorna-se ao campo para efetuar os furos de sondagens complementares, em geral na posição de cada um dos apoios da OAE, para permitir um preciso dimensionamento das fundações.

As sondagens podem ser à percussão, geralmente utilizadas na etapa de projeto básico, ou mistas, em geral pouco realizadas no projeto básico, sendo a maioria prevista na etapa do projeto executivo, complementando as sondagens iniciais e propiciando uma boa avaliação do perfil geológico e geotécnico do terreno na região da OAE e uma definição mais precisa do tipo e das características da fundação mais apropriada em cada OAE.

Os boletins de sondagem de reconhecimento do subsolo devem conter os seguintes elementos:

- planta de locação dos furos de sondagem em relação ao eixo locado;
- nível d'água observado;
- cota da boca do furo;
- número de golpes do SPT;
- classificação das diversas camadas atravessadas;
- porcentagem de recuperação da rocha e RQD, quando se tratar de sondagem rotativa.

4.3 Concepção da OAE

Com as informações e dados dos elementos de projeto apresentados na seção anterior, passa-se à avaliação da concepção de OAE mais adequada para a transposição a ser vencida. A caracterização da concepção da OAE decorre das seguintes definições:

- a posição da OAE, no contexto do projeto da estrada em que está inserida, com a definição de seu traçado em planta, do greide em perfil e dos pontos de início e fim da OAE, que definem sua extensão;
- a solução estrutural da OAE, isto é, no caso de pontes e viadutos, o sistema estrutural, a modulação dos vãos e a seção transversal da OAE;
- o tipo de fundação da OAE.

Além dos critérios técnicos, há que se associar o critério econômico à definição da concepção da OAE. Quanto maiores os vãos, maior é o custo da superestrutura e menor a soma dos custos da meso e infraestrutura; e quanto menores os vãos, menor é o custo da superestrutura e maior a soma dos custos da meso e infraestrutura. Numa primeira aproximação, sob o aspecto econômico, o vão indicado é aquele em que o custo da superestrutura é aproximadamente igual à soma dos custos da meso e infraestrutura.

4.3.1 Traçado e greide da OAE

São definidos em interface com o desenvolvimento do projeto geométrico da estrada da qual a OAE faz parte, com as inter-relações e considerações já explicitadas na seção 4.2.3.

4.3.2 Início, fim e extensão da OAE

A definição do comprimento da OAE tem como base a análise dos elementos topográficos, hidrológicos (que possibilitam o estudo hidráulico, no caso das pontes) e geotécnicos.

Nos viadutos urbanos, os pontos de início, fim e comprimento da obra são, de modo geral, definidos no projeto geométrico em face das construções e do viário existentes no local e do gabarito da transposição, que praticamente condicionam a posição, a extensão e o número de vias transpostas, havendo muito pouca flexibilidade na definição daqueles parâmetros da obra.

Nos viadutos fora do meio urbano, não existindo outras condicionantes peculiares à região de transposição do vale ou de outra via, parte-se das interseções do terreno natural ou do aterro de acesso com o greide da estrada como lançamento inicial dos pontos de início e fim e comprimento da obra. Ao cruzar outra via, verifica-se se os *off-sets* dos aterros de acesso não invadem efetivamente o gabarito horizontal da via transposta (deve-se ter atenção à esconsidade do cruzamento, se for o caso), e, ao cruzar um vale, se a estabilidade deles sobre as encostas do vale está garantida. Avalia-se então aquela posição inicial em face da altura do aterro de acesso perante a capacidade de suporte do terreno de base e também da comparação entre os custos de aterro e viaduto (em geral, a partir de aterros com mais de 12 m), que podem implicar a necessidade, por causa do terreno de base, ou o benefício, por causa do custo, de aumentar o comprimento mínimo inicial.

Nas pontes, o comprimento deve ser tal que atenda ao vão hidráulico mínimo que possibilita o escoamento da vazão do projeto do curso d'água transposto, que se caracteriza pela indicação da linha de cota do nível d'água máximo de projeto (Namp). Atendido esse requisito, os *off-sets* dos aterros de acesso podem ser dispostos o mais próximo possível, porém fora da caixa regular do rio, desde que o solo da região apresente a capacidade de suporte dos aterros de acesso. Caso os *off-sets* dos aterros de acesso sejam atingidos pela linha do Namp, devem ser revestidos com dispositivo de proteção contra a erosão do talude até aquela cota. Com essa disposição inicial, verifica-se o atendimento do gabarito vertical de navegação, quando se cruzam hidrovias, e, como nos viadutos, a altura dos aterros de acesso e seu avanço devem ser avaliados diante da capacidade de suporte do terreno de base, de sua economicidade perante a disposição de mais ou menos um vão de ponte e, ainda, diante do posicionamento dos *off-sets* e da garantia da condição de estabilidade deles nas encostas da calha do rio, definindo-se, então, o posicionamento e a extensão da ponte.

De modo geral, sem condicionantes especiais do solo, do talude ou da interferência a vencer, os aterros de acesso nos extremos das OAEs devem considerar inclinações de talude de 1,5 (horizontal) para 1 (vertical) e, onde houver, banquetas de 4,0 m de largura a cada 8,0 m de altura de aterro, sendo que até 10,0 m de altura do aterro não há necessidade de banqueta (detalhes definidos nos estudos geotécnicos).

4.3.3 Solução estrutural da OAE

Antes de tratar diretamente de sistemas estruturais, modulações dos vãos e seções transversais mais adotadas nas OAEs metroferroviárias, é importante descrever, de maneira sintética, os elementos que constituem essas obras, como geralmente classificados, e os materiais mais adotados nessas construções.

Elementos constituintes

A estrutura das pontes e viadutos pode ser subdividida em quatro partes: superestrutura, mesoestrutura, infraestrutura e encontros (Fig. 4.5). Cada uma dessas partes, por sua vez, é constituída dos seguintes elementos:

- *Superestrutura*:
  - lajes;
  - vigas principais (longarinas);
  - transversinas;
  - cortinas;
  - guarda-corpo, guarda-rodas.
- *Mesoestrutura*:
  - aparelhos de apoio;
  - travessas;
  - vigas de amarração;
  - pilares.
- *Infraestrutura*:
  - sapatas;
  - blocos de coroamento (das fundações profundas);
  - tubulões;
  - estacas (raiz, escavada, metálica).
- *Encontros*:
  - leves;
  - aporticados;
  - caixão ou pesados.

Os encontros (estruturas de acesso às pontes) e as lajes de transição são obrigatórios em pontes e viadutos metroferroviários. Ambos visam a não prejudicar a superestrutura metroferroviária: o primeiro elimina deslocamentos indesejados

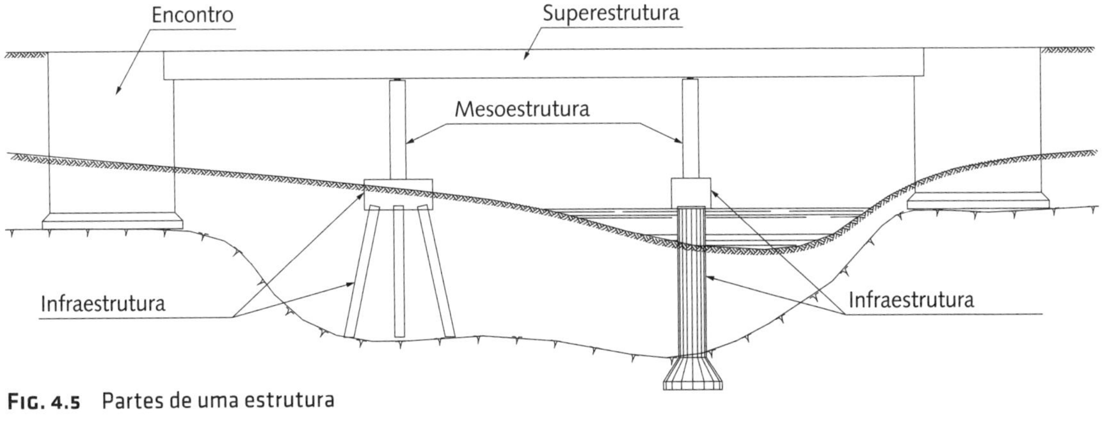

FIG. 4.5 Partes de uma estrutura

Fig. 4.6 Encontros do tipo (A) leve e (B) aporticado

nas extremidades das OAEs, e o segundo suaviza a transição entre um apoio mais elástico e um mais rígido.

Os *encontros do tipo leve* são constituídos basicamente do bloco de coroamento das fundações profundas ou do corpo da sapata, se for o caso (Fig. 4.6A), encaixados no talude do terreno natural ou assentes sobre o aterro de acesso. São acrescidos de um berço, no qual se apoia a superestrutura, e de uma parede transversal, que atua como cortina, complementada com alas nas duas laterais, conjunto que contém o aterro de acesso em sua junção com a ponte ou o viaduto.

Os *encontros do tipo aporticado* se caracterizam por sua estrutura em linhas de pórticos (em geral, duas linhas), cujas barras verticais são os tubulões ou as estações (de uma linha longitudinal) e a barra horizontal é constituída por uma viga (em geral, com altura um pouco maior que a da superestrutura, para torná-la mais rígida) (Fig. 4.6B). As linhas de pórtico são unidas por uma travessa frontal, na qual se apoia a superestrutura; uma cortina com alas posterior, contendo o aterro de acesso; e uma laje superior no comprimento do encontro, dando continuidade à laje da superestrutura. Esses encontros são adotados quando a utilização de encontros leves implica o acréscimo de mais um vão na obra, tornando os aporticados economicamente mais vantajosos, ou quando, com o uso do encontro leve, o *off-set* do aterro de acesso da ponte cai no leito do rio ou o do viaduto invade o gabarito horizontal da via a transpor, agora com a função de aumentar o mínimo necessário o comprimento da OAE, sem a necessidade de acrescer mais um ou dois vãos.

Os *encontros do tipo caixão* se caracterizam pela forma de uma caixa retangular constituída por vigas-parede nas laterais, apoiadas sobre uma linha contínua de blocos que contornam e dão unidade ao conjunto das fundações profundas ou sobre a sapata, quando for esse o tipo de fundação. Uma laje na face superior dá continuidade à laje da superestrutura no comprimento do encontro. Na parede dianteira, um recorte com uma travessa dá apoio à superestrutura e, na parede posterior, cortinas (quando necessárias na largura) e alas complementam o suporte do prisma de aterro complementar que une a OAE ao aterro de acesso ou ao talude do terreno natural. Quando esse tipo de encontro passa a ter a função de absorver esforços horizontais transmitidos pela superestrutura (por exemplo, quando se propõe a solução de viga contínua em estrutura com pilares altos visando reduzir esforços horizontais no topo desses pilares), para buscar o equilíbrio do conjunto dos esforços transmitidos ao encontro, este pode ter um bloco inteiriço na base e ser preenchido com brita ou outro material disponível que compatibilize o peso do conjunto constituído por encontro mais enchimento com os esforços horizontais ou de levantamento, passando então a ser denominado *encontro do tipo pesado*.

Por sua vez, a estrutura das passagens ferroviárias é subdividida em duas partes: a galeria e as alas.

Materiais utilizados

A escolha do material mais adequado depende do caráter da obra, provisório ou permanente, da grandeza do vão, do sistema construtivo, da agressividade do meio ambiente, da disponibilidade do material na região e do fator econômico. Os materiais utilizados são:

- *madeira*: atualmente com uso limitado às obras provisórias, como pontes ou viadutos para transposições temporárias durante a construção, devido à breve vida útil do material;
- *concreto armado*: adotado nas passagens e geralmente nas pontes e viadutos com vãos menores, de 15 m a 20 m;
- *concreto protendido*: geralmente adotado em pontes e viadutos com vãos acima de 20 m, podendo ser utilizado em grandes vãos associados a determinados processos construtivos, como por balanços sucessivos;
- *aço*: mais utilizado para transpor grandes vãos, quando pode ser economicamente mais viável, ou para cruzar vias de grande fluxo ou centros urbanos, em que há dificuldades de implantação de canteiros de obra e sua execução deve interferir o mínimo possível na ocupação e na circulação local;
- *solução mista*: usualmente de aço, nas longarinas, e de concreto, na laje.

Soluções estruturais

Serão tratadas nesta seção as soluções estruturais, que se caracterizam pelo sistema estrutural da superestrutura das obras; a faixa mais econômica da modulação de vãos em cada uma delas; e as seções transversais. As soluções mais regularmente adotadas nas pontes e nos viadutos metroferroviários são apresentadas a seguir.

- *Estrutura em laje*

  Utilizada em pontes e viadutos de pequeno vão (pontilhões, por exemplo), geralmente com superestrutura constituída por uma laje maciça ou vazada (para alturas maiores que 60 cm), num vão biapoiado, de concreto armado, para vãos de até 10 m, ou de concreto protendido, para vãos de até 20 m. Esse tipo de estrutura e seção transversal tem como principal característica a simplicidade de execução da obra, que pode ser toda pré-moldada. Em contrapartida, apresenta um elevado consumo de concreto e, consequentemente, elevado peso próprio.
- *Estrutura em viga de alma cheia*

  É o sistema estrutural mais utilizado nos projetos de pontes e viadutos no Brasil, por conduzir a soluções econômicas para vãos médios (de 20 m a 50 m) e pela simplicidade executiva que oferece. Pode ser utilizada em concreto armado, concreto protendido, aço ou soluções mistas com vigas de aço e laje de concreto armado.

  As vigas de alma cheia podem ser adotadas em estruturas isostáticas, hiperestáticas ou associações delas. Quando em estrutura simplesmente apoiada, os vãos econômicos situam-se entre 10 m e 20 m, para obras em concreto armado, e entre 20 m e 40 m, para obras em concreto protendido. A seção transversal em vigas de alma cheia associada à estrutura em sequência de vãos biapoiados é apropriada para a utilização de pré-moldagem das vigas com o processo construtivo por lançamento de vigas, resultando em grande economia de formas e dispensando o escoramento (Fig. 4.7). Nesse sistema, o vão econômico para vigas de concreto protendido é de 30 m e o vão máximo é de aproximadamente 45 m, de modo a compatibilizar o peso da viga com a capacidade de carga do equipamento que faz seu lançamento.

O sistema estrutural em vigas contínuas conduz a soluções estruturais econômicas, pelo melhor equilíbrio e distribuição dos esforços, porém, de modo geral, implicam obras executadas convencionalmente sobre escoramento direto. As vigas contínuas possuem geralmente de dois a cinco vãos, em função do vão econômico e do comprimento total da obra. As estruturas em vigas contínuas de concreto armado são utilizadas para comprimentos totais de pontes sem juntas de dilatação de até 100 m, enquanto nas de concreto protendido, esse valor se eleva para até 250 m. Para obras com comprimentos superiores, deve-se prever juntas de dilatação no vigamento, para evitar o surgimento de fissuras de retração no tabuleiro e minimizar as solicitações horizontais nos pilares. Nesses casos, utilizam-se sistemas que associam vigas contínuas a vigas isostáticas ou vigas contínuas a vigas contínuas.

Fig. 4.7 Viaduto na Ferrovia do Aço, com estrutura em sequência de vãos biapoiados com vigas pré-moldadas lançadas

Em obras ferroviárias, é obrigatória a utilização de encontros nos apoios extremos, para garantir a perfeita transição entre o aterro de acesso e a obra, impedindo danos no alinhamento e no nivelamento dos trilhos.

- *Estrutura em viga de alma vazada (treliça)*

As vigas de alma vazada são as treliças isostáticas e hiperestáticas. Embora existam algumas aplicações de treliças de concreto protendido, o mais usual é a utilização de treliças de aço. O sistema estrutural em treliças de aço foi muito empregado em pontes e viadutos ferroviários, por causa de sua grande eficiência para vencer grandes vãos (mais econômico entre 100 m e 150 m) e absorver solicitações elevadas (Fig. 4.8). No entanto, com a evolução da tecnologia dos materiais (concreto e cabos de aço) no desenvolvimento de processos construtivos (lançamento de vigas pré-moldadas, execução por balanços sucessivos), o fator econômico fez diminuir seu uso no Brasil. Como os sistemas em treliça geralmente exigem grande altura de construção, é comum a utilização de treliças invertidas, com tabuleiro inferior (Fig. 4.9).

Fig. 4.8 Ponte de Estreito, com 1.300 m de comprimento total e o vão maior, em estrutura de treliça metálica, com 154 m

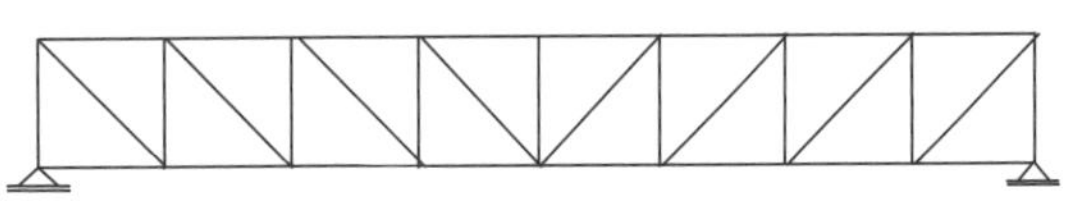

Fig. 4.9 Viga Pratt com tabuleiro inferior

- *Estrutura em pórtico ou quadro rígido*

As vantagens desse esquema estrutural são a economia nos pilares, em razão do melhor comportamento

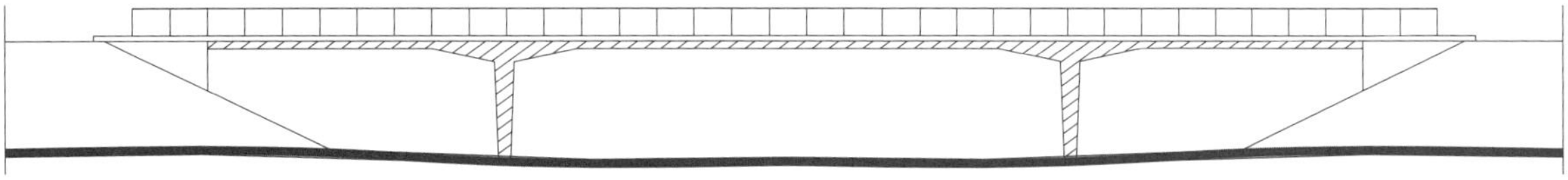

FIG. 4.10 Viaduto em pórtico com pilares verticais

dos pilares à flambagem; a possibilidade de vencer vãos maiores, devido à hiperestaticidade da estrutura; e a eliminação de alguns aparelhos de apoio, que estão sempre sujeitos a desgastes (Fig. 4.10). Atualmente, a adoção dessa solução estrutural é bastante associada à utilização do processo construtivo por balanços sucessivos, que possibilita vencer grandes vãos, dispensando escoramento, inclusive em vales profundos com pilares mais altos, com ganhos econômicos em relação a outras soluções (Fig. 4.11). Nas obras ferroviárias, são comuns e têm-se mostrado econômicas modulações do tipo 30,0 m + 50,0 m + 30,0 m; 40,0 m + 64,0 m + 40,0 m; e 50,0 m + 80,0 m + 50,0 m.

FIG. 4.11 Ponte na Ferrovia Norte-Sul com estrutura em pórtico, construída pelo processo de balanços sucessivos

- *Estrutura em arco*

As pontes e os viadutos em arco desempenharam importante papel no passado, pois esse sistema estrutural era o único que permitia vencer grandes vãos em concreto armado, por apresentar como característica principal da estrutura a predominância de esforços de compressão (Figs. 4.12 e 4.13). Também por causa da evolução da tecnologia dos materiais e do desenvolvimento dos processos construtivos, essa solução passou a ter pouco uso, principalmente pelo alto custo do escoramento, no caso dos arcos em concreto, e do aço estrutural, no caso dos arcos metálicos. Um fator que condiciona a adoção de uma estrutura em arco é a qualidade do terreno de fundação, já que ele fica sujeito a elevados empuxos na região das fundações do arco.

A solução em arco com tabuleiro inferior ainda é uma opção muito considerada quando a altura de construção é limitada na parte inferior (gabaritos) (Figs. 4.14

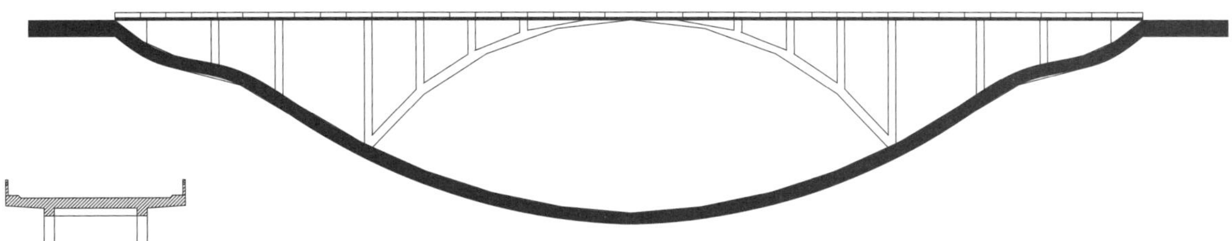

FIG. 4.12 Arco com tabuleiro superior

Fig. 4.13 Ponte sobre o rio Paraíba, na Estrada de Ferro Central do Brasil, no ramal de São Paulo, próximo a Queluz (SP), que apresenta arco com tabuleiro superior

e 4.15). As obras em arco com tabuleiro superior ou intermediário são consideradas de maior valor estético, o que não ocorre com os arcos com tabuleiro inferior.

Verificadas as condicionantes que levem à adoção desse tipo de solução, tem-se mostrado mais econômico o uso de arcos em vãos de 50 m a 150 m.

- *Estruturas estaiada e pênsil*

As estruturas estaiada e pênsil, consideradas estruturas suspensas, são constituídas por um tabuleiro apoiado em pilares e encontros e também por suspensão, em intervalos ao longo da estrutura, por um sistema de cabos de aço.

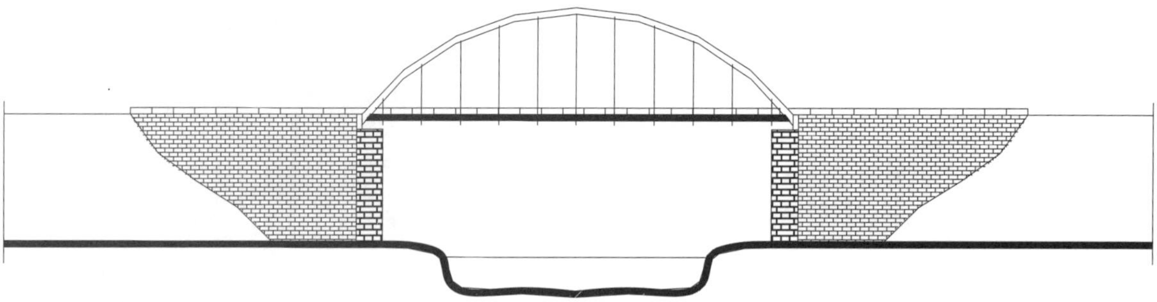

Fig. 4.14 Arco com tabuleiro inferior

Fig. 4.15 Ponte sobre o rio Paraíba, na Ferrovia do Aço, com vão principal em arco e tabuleiro inferior com 60 m de comprimento. É possível ver os apoios provisórios ainda não demolidos do escoramento do vão

Nas obras estaiadas, há um conjunto de cabos inclinados que parte de torres (pilones) e ancora-se em um ou vários pontos do vão, proporcionando apoios elásticos (Figs. 4.16 e 4.17). Os tabuleiros podem ser metálicos ou em concreto protendido, enquanto suas torres podem ser metálicas ou em concreto armado. Essas obras são de elevado valor estético, em razão de sua leveza e elegância, e bem econômicas para vãos situados entre 200 m e 600 m.

Nas obras pênseis, em geral há um par de cabos que são suspensos em forma de catenária, ancorados nos encontros e apoiados no topo de torres que, por meio de tirantes verticais, propiciam também apoios elásticos ao tabuleiro a intervalos regulares (Figs. 4.18 e 4.19). Trata-se do

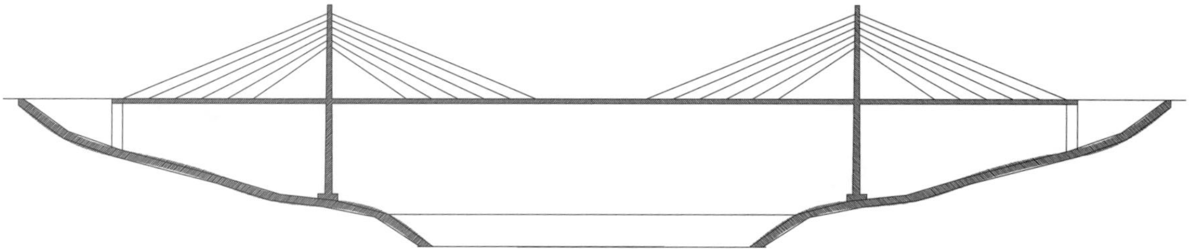

Fig. 4.16 Ponte estaiada com cabos com arranjo em leque e harpa

sistema mais adequado e econômico para vencer vãos muito grandes. Estruturalmente, essas obras exigem grande resistência à torção do tabuleiro para minimizar os movimentos vibratórios transversais provocados pela ação do vento.

De maneira geral, a escolha da seção transversal das pontes e viadutos é influenciada pelos seguintes fatores:

- grandeza do vão longitudinal associado ao sistema estrutural;
- altura de construção disponível ou esbeltez desejada;
- processo construtivo adotado e meios e equipamentos disponíveis;
- economia e simplicidade das formas;
- largura necessária à seção transversal.

Como opção inicial, a seção transversal aberta com duas vigas principais é a mais utilizada em pontes e viadutos ferroviários de concreto quando não existe preocupação estética nem restrição em relação à altura do vigamento principal.

Atualmente, as seções transversais abertas com vigas principais em geral estão associadas à adoção da estrutura em vãos biapoiados e ao processo construtivo em

Fig. 4.17 Ponte Estaiada, que transpõe o rio Pinheiros, na qual está instalada a Estação Engenheiro Jamil Sabino (Santo Amaro), da Linha 5 do Metrô de São Paulo

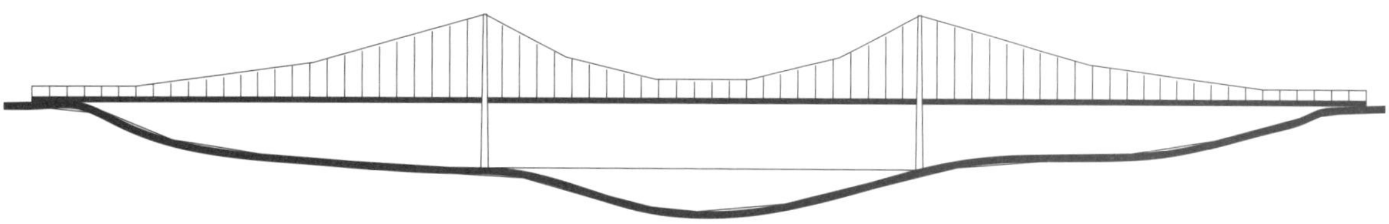

Fig. 4.18 Ponte pênsil típica

Fig. 4.19 Ponte pênsil Affonso Penna, no traçado da antiga Companhia Mogiana de Estradas de Ferro (CMEF), construída sobre o rio Parnaíba e que liga as cidades de Itumbiara (GO) e Araporã (MG)

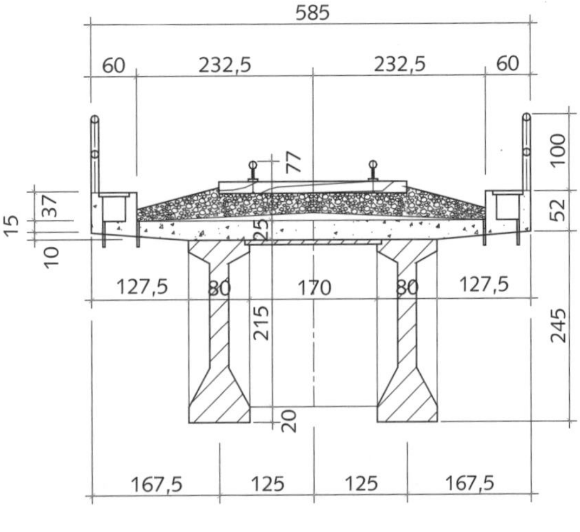

Fig. 4.20 Seção transversal em vigas múltiplas pré-moldadas protendidas

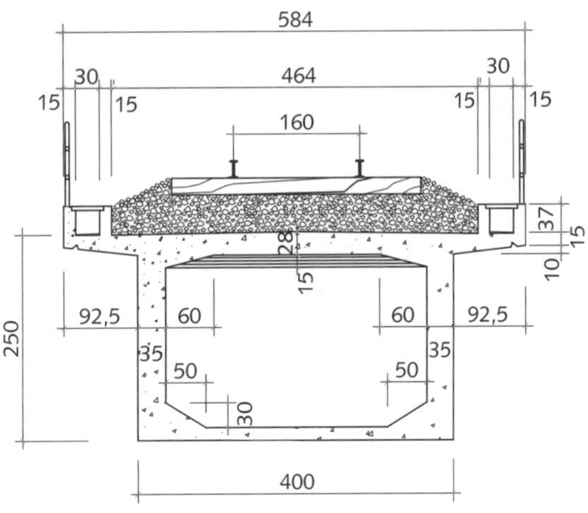

Fig. 4.21 Seção transversal em caixão protendido por balanços sucessivos

vigas pré-moldadas de concreto protendido lançadas (Fig. 4.20). Em pontes e viadutos ferroviários em via singela, essa seção com duas vigas principais vence vãos de até 31 m, por causa da restrição de peso da viga na operação da treliça de lançamento. Para vãos maiores, de até 40 m em geral, pode-se adotar a seção aberta com mais de duas vigas principais ou seções em caixão protendido moldadas no local.

As seções em caixão protendido são as mais adotadas quando se opta pela solução com estrutura em viga contínua moldada no local (Fig. 4.21). Atualmente, porém, estão mais associadas à opção para vencer vãos maiores em estrutura de pórtico, executados pelo processo construtivo por balanços sucessivos.

As seções de pontes e viadutos metroferroviários em vigas invertidas somente devem ser utilizadas quando existirem fortes limitações de altura de construção pela parte inferior, pois levam a consumo elevado dos materiais, situação que ocorre com frequência em viadutos metroviários em grandes centros urbanos (Figs. 4.22 e 4.23).

4.3.4 Tipo de fundação da OAE

A definição do tipo de fundação das OAEs tem como base a análise dos elementos topográficos e principalmente geotécnicos do local da obra. Dependendo do tipo de terreno, em geral as soluções adotadas para as fundações das pontes e viadutos metroferroviários são: sapata, tubulão e estaca.

A escolha de um desses tipos de solução baseia-se na análise das informações sobre o tipo do terreno, sua capacidade de suporte e as condições de execução, como nível d'água, necessidade de escoramentos, ensecadeiras ou qualquer outra condicionante de ordem técnica, construtiva e econômica.

Fundação em sapata

Deve ser do tipo sapata rígida (não se deve adotar sapata flexível em OAEs), com a área da base compatível com a taxa de suporte do terreno, tendo-se como prática limitar a utilização de fundação direta em terrenos com capacidade de suporte menor ou igual a 0,150 MPa (1,5 kgf/cm^2).

Fundação em tubulão

A execução da fundação em tubulão consiste da escavação manual ou mecânica de um poço até que se encontre um solo com a tensão admissível prevista em projeto e também da abertura de uma base alargada nesse terreno (etapa sempre

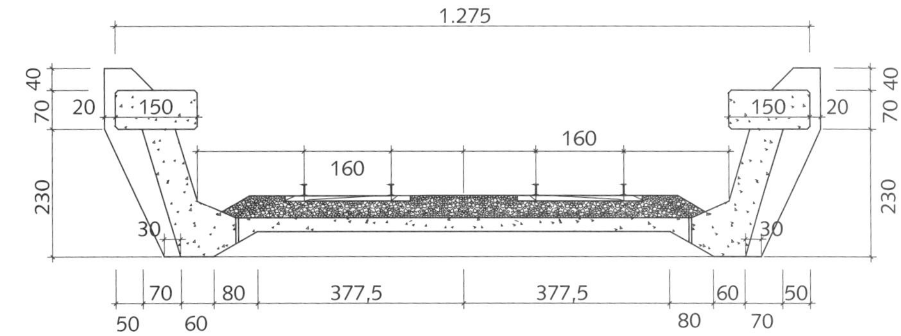

FIG. 4.22 Seção transversal em viga protendida invertida

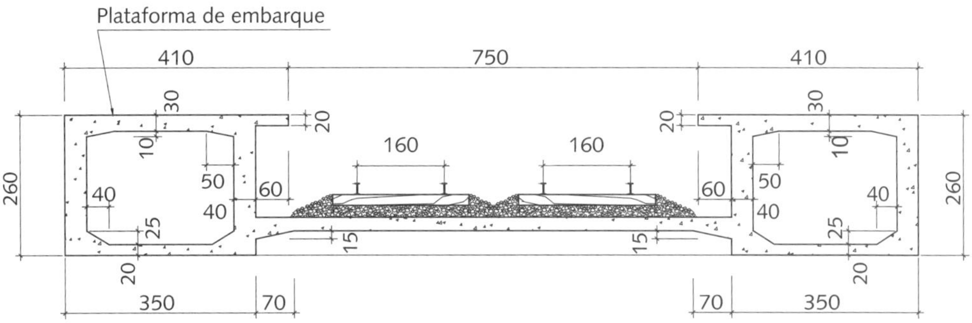

FIG. 4.23 Seção de viaduto em local usado também como estação de metrô, com plataformas acopladas

feita por um operário) a fim de transmitir a carga por pressão ao solo (Fig. 4.24). A solução de fundação em tubulões de concreto ainda é a mais utilizada no Brasil para pontes e viadutos ferroviários, por resultar em menor custo absoluto em comparação com as outras opções de fundações profundas. No entanto, por ter um processo de construção praticamente artesanal e envolver condições severas e de risco aos operários durante sua execução (em especial nos tubulões mais profundos, com trabalho sob ar comprimido), essa é uma solução com tendência a significativa redução de uso, ficando restrita às situações que levam a tubulões curtos e a céu aberto. De modo geral, nos países mais desenvolvidos, esse tipo de solução já foi abolido.

FIG. 4.24 Fundação em tubulão: (A) vista geral; (B) destaque

Fundação em estacas

Atualmente, as fundações profundas em estacas mais adotadas nas pontes e viadutos metroferroviários são as estacas do tipo raiz e as estacas escavadas de grande diâmetro (estacão), estas mais frequentes nas pontes ferroviárias, quando há apoios dentro da lâmina d'água do rio transposto. Há a opção ainda da utilização de estacas metálicas. A escolha deve decorrer da avaliação dos aspectos técnicos e econômicos da utilização de cada uma delas no local da obra.

Estaca raiz é uma estaca concretada *in loco*, injetada, considerada de pequeno diâmetro, mas com elevada capacidade de carga, essencialmente transmitida ao terreno por atrito lateral (Fig. 4.25). É indicada para uma grande variedade de situações, como locais de difícil acesso, perfuração de solos com matacões e rochas e reforço de fundações, sendo atualmente muito utilizada nas fundações de pontes e viadutos.

A estaca escavada de grande diâmetro (ou estacão) é um elemento de fundação profunda, de elevada capacidade de carga, transmitida ao terreno por atrito lateral e pela ponta (Fig. 4.26). De execução rápida, é escavada ou perfurada por rotação, com o emprego de lama estabilizante (para suporte da cava), tendo uso mais regular em solos e areias, mas podendo ser engastada em rocha e concretada *in loco*. De modo geral, o diâmetro das estacas escavadas varia de 0,7 m a 2,5 m e sua profundidade pode alcançar 40 m.

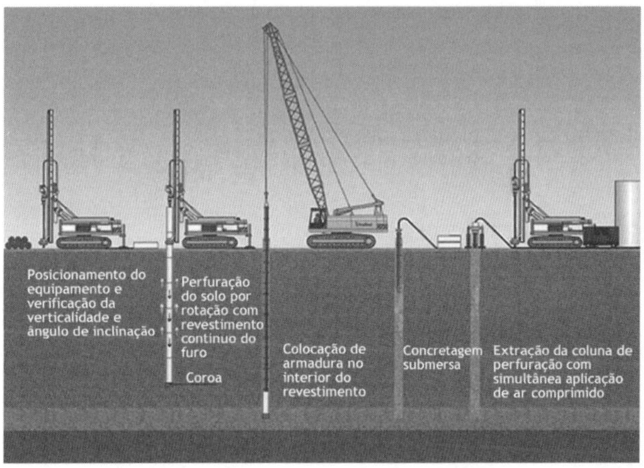

FIG. 4.25 Estaca raiz

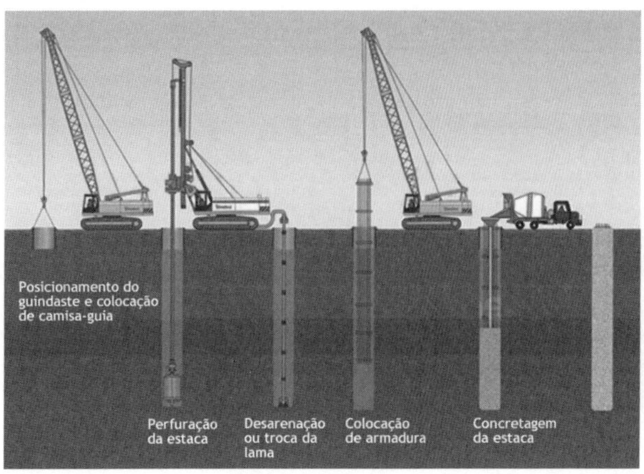

FIG. 4.26 Estacão

Esse tipo de estaca pode ainda ser executado na presença de lâmina d'água, tornando-se a solução preferencial para alturas de lâmina d'água de 4 m ou mais, o que é frequente na construção de pontes. Nesse caso, a escavação mecânica e a concretagem submersa são precedidas da cravação de uma camisa metálica. Quando necessário, como no meio dos cursos d'água, os equipamentos são montados numa plataforma flutuante (barcaças de convés chato) que serve de base para sua execução.

Como fechamento desta seção, que aborda a concepção da solução estrutural das pontes e viadutos e o posicionamento da OAE associado às peculiaridades locais da transposição que vai vencer, convém uma verificação final atentando para os seguintes detalhes:

- Evitar a utilização de apoios dentro dos rios. Se a largura da calha a transpor possibilitar, posicionar a ponte de modo que o rio fique bem no meio de um vão, com os apoios desse vão o mais afastado possível das bordas do rio. O mesmo cuidado deve ser tomado no caso dos viadutos, fazendo com que a região de maior profundidade do vale fique no meio de um vão. Quando, pela largura da calha a transpor, necessariamente houver apoios dentro do rio, posicionar a ponte buscando, em princípio, um número menor de apoios nessa situação. Tanto no caso de pontes que cruzam rios muito largos ou com elevada altura de lâmina d'água como no caso de viadutos que cruzam vales profundos é conveniente a busca de soluções estruturais que possibilitem vãos maiores.

- Ajustar o posicionamento da ponte ou do viaduto e a escolha do tipo de encontro a um melhor encaixe das extremidades da obra no terreno natural ou no aterro de acesso.
- Evitar a escolha da solução de fundação em sapata nos encontros quando estes estiverem sobre aterros de acesso, bem como evitar a solução de fundação nos apoios intermediários das pontes quando estes estiverem dentro de rios ou em locais onde não se possa fazer ensecadeiras que possibilitem a construção da sapata.
- Atentar para que a face inferior dos blocos de coroamento dos tubulões e estacas fique acima do nível d'água do local na época de sua construção.

4.4 Critérios de projeto em pontes e viadutos

Nesta seção, serão feitas algumas considerações que visam dar um mínimo desejável de padronização aos projetos, em geral lotes de projetos de OAEs de uma estrada. Também serão abordados aspectos que levem à minimização de retrabalhos na aprovação dos projetos junto aos órgãos contratantes, em geral governamentais.

A definição do comprimento das pontes e viadutos deve tomar como base os conceitos explicitados na seção 4.3.2. A dimensão desse comprimento deve ser mensurada entre as faces externas das cortinas de cada um dos encontros, não importando se são leves, aporticados ou pesados. Dessa maneira, o comprimento do encontro aporticado ou pesado será computado no comprimento de obra.

4.4.1 Superestrutura

A solução estrutural, na escolha inicial para as travessias comuns, deve optar por vencê-las numa sequência de vãos isostáticos de 20 m, 25 m, 30 m, 35 m ou até 40 m de extensão, como modulação básica dos vãos das vigas do tipo pré-moldadas para pontes e viadutos ferroviários. Em geral, essa solução estrutural está associada aos processos construtivos das vigas lançadas por treliças autopropelidas ou por guindastes ou das por vigas ripadas, em que a moldagem das vigas se dá no próprio vão, com a utilização de treliças metálicas apoiadas em consoles nos pilares para o escoramento (Figs. 4.27 e 4.28). A seção transversal do tipo aberta com duas ou mais vigas principais, na definição das dimensões do tabuleiro (que recebe a superestrutura ferroviária), deve obedecer ao padrão a ser fornecido pelo órgão contratante.

Para pontes e viadutos com pilares altos, poderá ser adotada a solução de viga contínua com esforços horizontais transmitidos no todo ou em parte aos encontros, geralmente com seção transversal em caixão, escorada e moldada no local (Fig. 4.29).

No caso de travessias cuja conformação natural impõe a existência de um vão de maior porte diante das características da interferência, pode-se empregar, com o

Fig. 4.27 Vigas pré-moldadas lançadas com guindaste

Fig. 4.28 Processo de construção com vigas ripadas

Fig. 4.29 Viaduto na Ferrovia do Aço em viga contínua, com seção em caixão, escorada e moldada no local

suporte de uma avaliação técnica e econômica, estruturas especiais em concreto em pórtico, com execução por balanços sucessivos, ou em arco, bem como estruturas mistas, vigas metálicas e laje em concreto ou treliça metálica com tabuleiro para apoio do lastro.

A declividade transversal do tabuleiro deve ser dada na estrutura e não por enchimento, para evitar que o lastro de brita danifique o enchimento e pontos de acúmulo de água sejam criados. O projeto das OAEs deve prever uma camada impermeabilizante de 3 cm de espessura nos tabuleiros, estendendo-se até a lateral dos guarda-lastros, e as juntas longitudinais da superestrutura devem ser vedadas por dispositivos de vedação (juntas elásticas) recobertos por chapa metálica, para conservação dos aparelhos de apoio.

Ao longo do tabuleiro, a superestrutura deve possuir guarda-corpo, modulado de concreto ou metálico, com dimensões e detalhes indicados no projeto, devendo-se estender até o final das alas de cada um dos encontros. Também se deve conter refúgios de 10 m em 10 m (ou outra distância especificada pelo órgão contratante), dispostos no comprimento entre as extremidades das alas de cada um dos encontros, não devendo ser posicionados sobre as juntas dos tabuleiros.

4.4.2 Mesoestrutura, aparelhos de apoio e encontros

Para obras com superestrutura isostática ou contínua, é preferível adotar, nos pilares baixos, uma seção transversal do pilar retangular maciça até a altura-limite de sua vantagem econômica e construtiva, e, nos pilares de porte médio, uma seção transversal retangular vazada constante. Nos pilares mais altos, quando necessário, pode-se adotar uma seção do pilar retangular vazada, com variação de seção ao longo da altura.

Para obras com ligação rígida entre a superestrutura e a mesoestrutura, os pilares deverão ser preferencialmente do tipo "par de facas", com dimensões compatíveis com os vãos e esforços decorrentes.

A Fig. 4.30A apresenta seções típicas adotadas nas pontes e viadutos isostáticos da Ferrovia Norte-Sul, enquanto a Fig. 4.30B mostra o detalhamento inadequado de um pilar de seção retangular vazada num pilar curto, em que se pode adotar um pilar menor de seção retangular maciça.

De modo geral, a opção inicial é pelos aparelhos de apoio de elastômero fretado com chapas de aço. Em apoios extremos ou de junta sobre pilar associada à solução

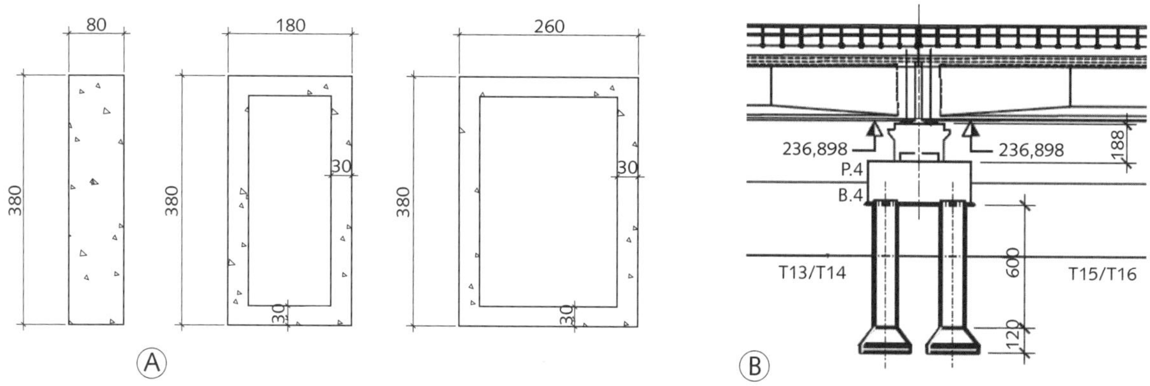

FIG. 4.30 (A) Seções típicas adotadas nas pontes e viadutos isostáticos da Ferrovia Norte-Sul e (B) detalhamento inadequado de um pilar de seção retangular vazada num pilar curto

estrutural adotada, pode-se utilizar aparelhos deslizantes. Detalhes para evitar a penetração de impurezas devem constar do projeto.

Em princípio, os aparelhos de elastômero fretado podem ter 3 mm de espessura mínima em cada chapa de aço e prever envolvimento de elastômero de 3 mm em todas as suas faces. O assentamento dos aparelhos acontece sobre uma camada de *grout* de 2 cm de altura, que tem como objetivo não somente nivelar a colocação do aparelho, mas também evitar possíveis acúmulos de água ou detritos. Aparelhos de apoio do tipo cernoflon ou metálicos podem ser adotados nos locais em que se justificarem como de melhor especificação técnica.

Deve ser previsto e explicitado nos desenhos pertinentes o local sobre os pilares e sob as transversinas para eventual macaqueamento da superestrutura e manutenção ou troca de aparelhos de apoio.

Preferencialmente, deve-se empregar encontros do tipo leve. Os encontros devem ter sempre laje de transição. De modo geral, eles são de concreto armado, com as dimensões do bloco, o que dá unidade ao conjunto da fundação, e são compatíveis com os esforços a que estarão submetidos, bem como adequados às características topográficas do terreno onde se encaixam. A dimensão transversal total da cortina e das alas deve ser igual à largura transversal da superestrutura, lembrando que o guarda-corpo tem continuidade sobre as alas.

No caso da opção estrutural de transmissão de esforços horizontais para os encontros, estes poderão ser preenchidos com brita ou outro material que compatibilize o peso do conjunto constituído por encontro mais enchimento (encontro pesado) com os esforços horizontais ou de levantamento. Os encontros fechados devem ter janelas para inspeção de seu interior.

Em encontros com o fundo do bloco sobre o aterro de acesso, a construção desse aterro na região do encontro deve ser dividida em etapas, com uma etapa de sua execução parando na cota do fundo do bloco do encontro. No preenchimento do prisma de aterro complementar, acima do talude do aterro de acesso ou do terreno natural, contido pela cortina e pelas alas do encontro, sob a laje de transição, é interessante prever a utilização de solo-cimento.

4.4.3 Infraestrutura

Dependendo do tipo e da capacidade de suporte do terreno e das condições do local de assentamento, pode-se adotar como solução para as fundações: sapata (rígida), tubulão ou estaca (do tipo raiz, escavada de grande diâmetro ou metálica). Na escolha da solução de fundações, além da análise prévia das possibilidades em razão do tipo e da capacidade de suporte do terreno e das condições construtivas no local, deve-se bem avaliar os aspectos econômicos, por serem, de modo geral, parte relevante do custo total da obra.

Fundação em sapata

Devem ser do tipo sapata rígida (não se deve adotar sapatas flexíveis em OAEs), tomando-se como base os conceitos explicitados na seção 4.3.4.

Fundação em tubulão

Os tubulões geralmente são executados em concreto armado. O espaçamento mínimo entre os tubulões de um mesmo apoio deve ser definido em função da folga entre as áreas de duas aberturas de base vizinhas, mantida a distância mínima entre eixos de 2,5 vezes o diâmetro do tubulão.

Os tubulões executados sob ar comprimido também devem ser dimensionados levando em conta essa informação. O detalhamento da armadura longitudinal deve prever tantas emendas quantas forem necessárias para que as barras tenham dimensões que possam entrar na campânula que fica sobre a camisa do fuste do tubulão.

Fundação em estacas

Como opções preferenciais, as estacas devem ser do tipo raiz, do tipo escavada de grande diâmetro (estacão) (quando os valores das cargas a serem transmitidas ao solo ou as condicionantes locais exigirem, como numa ponte sobre um rio com elevada lâmina d'água) ou metálicas. A escolha deve estar fundamentada nos aspectos técnicos e econômicos.

Sempre que possível, para determinado lote de obra, e obrigatoriamente dentro da mesma obra, deve-se utilizar o mesmo tipo de estaca. As estacas metálicas devem ser constituídas de perfis de linhas de fabricação nacional.

4.4.4 Características dos materiais

Considerando os valores de uso mais corrente, são listadas a seguir as características dos principais materiais componentes dos diversos elementos da estrutura e que podem ser adotados no projeto das pontes e viadutos metroferroviários.

Concreto

Na superestrutura, pode-se adotar fck = 30 MPa em tabuleiros com vigas protendidas (isostáticas ou contínuas) e fck = 35 MPa em tabuleiros de estrutura em pórtico para construção por balanços sucessivos. Em ambos, incluem-se as lajes e transversinas e excluem-se o guarda-lastro, a caixa de cabos, os refúgios e as lajotas pré-moldadas de passeio. Nesses complementos da superestrutura e em outros semelhantes, pode-se adotar fck = 20 MPa.

Em pilares, encontros e lajes de transição, pode-se adotar fck = 25 MPa.

Na infraestrutura de sapatas, tubulões (inclusive enchimento de núcleo e base alargada), blocos de coroamento de tubulões e estacas, e vigas de amarração de blocos, pode-se adotar fck = 25 MPa. Já nas estacas do tipo raiz ou escavada, pode-se adotar fck = 20 MPa. No concreto de regularização do terreno, pode-se adotar fck = 15 MPa.

Aço

De maneira geral, adota-se o aço CA-50, para concreto armado, e o aço CP-190 RB, para concreto protendido.

Nas fretagens ou armaduras que possam sofrer dobramentos após sua colocação, a utilização do aço CA-25 é a melhor opção.

4.4.5 Carregamentos e parâmetros de dimensionamento

Os elementos de carregamento de pontes e viadutos metroferroviários estão especificados na NBR 7189 (ABNT, 1985), que define os trens-tipo correspondentes às cargas móveis que devem ser aplicados às estruturas para seu dimensionamento.

Como as pontes e os viadutos se constituem num tipo particular de estrutura, as considerações das ações e da segurança devem ser feitas de acordo com a NBR 8681 (ABNT, 2003b), que classifica as ações da seguinte maneira:

- *Ações permanentes*:
  - diretas;
  - indiretas.
- *Ações variáveis*:
  - normais;
  - especiais.
- *Ações excepcionais*.

Segundo a norma NBR 7187 (ABNT, 2003a), as ações podem ser agrupadas do modo que segue:

- *Ações permanentes*:
  - cargas provenientes do peso próprio dos elementos estruturais;
  - cargas provenientes do peso da pavimentação, dos trilhos, dos dormentes, dos lastros, dos revestimentos, das defensas, dos guarda-rodas, dos guarda-corpos e de dispositivos de sinalização;
  - empuxos de terra e de líquidos;
  - forças de protensão;
  - deformações impostas, isto é, aquelas provocadas por fluência e retração do concreto, e por deslocamentos de apoios.
- *Ações variáveis*:
  - as cargas móveis (peso, força centrífuga, choque lateral, efeitos de frenagem e aceleração);
  - as cargas de construção;

- a ação do vento;
- o empuxo de terra provocado por cargas móveis;
- a pressão da água em movimento;
- o efeito dinâmico do movimento das águas;
- as variações de temperatura.
- *Ações excepcionais*:
    - choques de veículos;
    - outras ações excepcionais.

Trens-tipo ferroviários

Os trens-tipo ferroviários são definidos pela NBR 7189 (ABNT, 1985), que especifica quatro classes de vias (Fig. 4.31 e Tab. 4.1):

- *classe TB-360*: para ferrovias sujeitas a transporte de minério de ferro ou outros carregamentos equivalentes;
- *classe TB-270*: para ferrovias sujeitas a transporte de carga geral;
- *classe TB-240*: para ser adotada somente na verificação de estabilidade e projeto de reforço de obras existentes;
- *classe TB-170*: para vias sujeitas exclusivamente ao transporte de passageiros em regiões metropolitanas ou suburbanas.

Nesse ponto, cabe alertar para a evolução tecnológica que também vem acontecendo nas composições metroferroviárias, em especial no material rodante ferroviário, cada vez mais eficiente no volume de carga transportada, mas também, no que diz respeito ao assunto desta seção, cada vez mais pesado. Embora a formulação de trens-tipo envolva conceitos mais abrangentes que a simples comparação dos pesos das locomotivas (a do trem-tipo e a que vai trafegar na ferrovia), pode-se estar chegando a um momento em que a definição do trem-tipo a ser adotado no

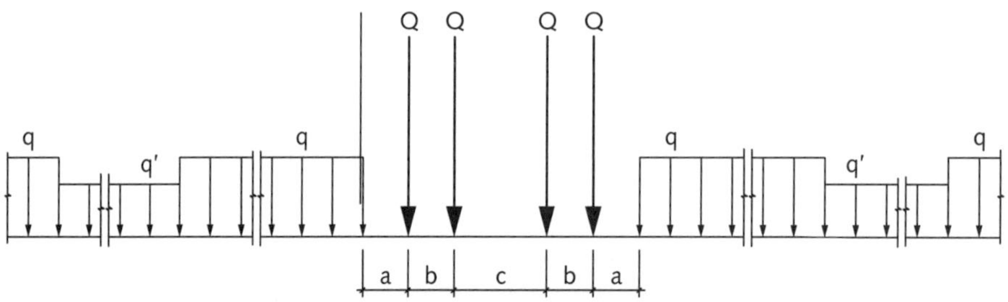

Fig. 4.31 Configuração dos trens-tipo ferroviários, com os valores das cargas especificados na Tab. 4.1

Tab. 4.1 Valores das cargas

TB	Q (kN)	q (kN /m)	q' (kN/m)	a (m)	b (m)	c (m)
	360 360	120	20	1,00	2,00	2,00
270	270	90	15	1,00	2,00	2,00
240	240	80	15	1,00	2,00	2,00
170	170	25	15	11,00	2,50	5,00

projeto das OAEs necessite de uma avaliação mais detalhada, entre o projetista e o órgão contratante, diante do material rodante previsto para trafegar na via e do que é atualmente disposto na NBR 7189 (ABNT, 1985).

Quanto aos coeficientes usualmente adotados, na elaboração dos cálculos da carga permanente, utilizam-se os seguintes pesos específicos:

- *concreto armado e protendido*: 25 kN/m^3 (2,5 tf/m^3);
- *camada impermeabilizante*: 24 kN/m^3 (2,40 tf/m^3)
- *lastro*: 18 kN/m^3 (1,80 tf/m^3);
- *dormentes, trilhos e fixações*: 8,0 kN/m para a via (0,80 tf/m).

Quanto aos coeficientes majoração, minoração e combinação das ações a serem considerados nas verificações dos estados-limite últimos e de serviço dos diversos elementos estruturais, eles devem seguir o preconizado para pontes ferroviárias especializadas pela NBR 8681 (ABNT, 2003b).

Os coeficientes de segurança dos materiais deverão seguir o preconizado pela NBR 6118 (ABNT, 2007).

4.5 Critérios de projeto em passagens ferroviárias

As passagens ferroviárias são estruturas destinadas a eliminar os cruzamentos em nível ou também, em casos específicos, possibilitar a travessia da fauna.

As passagens ferroviárias inferiores ou superiores são, em geral, construídas em concreto armado e posicionadas ou transversalmente à linha ferroviária sob a plataforma da estrada que cruza (a passagem inferior, PI) ou no próprio eixo da linha férrea, dando continuidade à plataforma ferroviária no cruzamento sobre outra via (a passagem superior, PS).

Em geral, são do tipo galeria com alas para contenção dos aterros da via superior. No projeto de uma ferrovia, esta sempre é tomada como referência. Assim, na passagem inferior, a ferrovia passa por baixo, no interior da galeria, e, na passagem superior, a estrutura de galeria suporta a ferrovia que passa por cima, transpondo outra via.

O uso de laje de acesso é indispensável na aproximação da via superior à galeria, seja na PI, seja na PS. A galeria deve ser apoiada sobre a própria laje inferior, que deve ser assentada sobre camada de lastro de brita de 20 cm, no mínimo, além do concreto simples de regularização.

Sempre que possível, nas travessias de vias em que o greide da ferrovia estiver numa cota abaixo do da via que ela cruza, deve-se avaliar inicialmente a proposição de uma PI (desse tipo de galeria com alas), exceto quando outros fatores, como grandes diferenças de greide entre as vias, façam com que a utilização da passagem seja mais onerosa em comparação com um viaduto.

Apenas como referência, a galeria das PIs projetadas na Ferrovia Norte-Sul (Fig. 4.32), em função do gabarito definido para a ferrovia, tem altura mínima de 8 m e largura normal ao eixo de 5,5 m.

A passagem de fauna sob o leito da ferrovia tem como objetivo permitir o fluxo de grupo de indivíduos, minimizando o efeito de barreira provocado pelo leito ferroviário e o eventual atropelamento de animais. Sua concepção estrutural pode ser a de uma passagem ferroviária superior ou de um bueiro. As passagens ferroviárias de fauna devem ser projetadas de modo a deixar um vão livre mínimo que permita a entrada de luz natural dentro delas, garantindo a iluminação interna durante o dia. Recomenda-se que tenham no mínimo 2 m de largura e forma retangular ou quadrada e que sejam complementadas com uma cerca direcional para conduzir os animais a elas. Na definição da forma, posicionamento e quantidade de passagens de fauna na estrada, cabe sempre uma consulta para que tudo esteja em conformidade com as especificações próprias do Ibama ou do órgão responsável pelo licenciamento ambiental estadual.

4.6 Apresentação do projeto de OAEs – pontes, viadutos e passagens

Cabe destacar que as proposições listadas nesta seção visam servir como base para haver um mínimo desejável de padronização na apresentação dos projetos de OAEs e, ainda, para minimizar retrabalhos na aprovação desses projetos junto aos órgãos contratantes, que, de modo geral, possuem especificações detalhando a forma de apresentação pertinente a seus projetos.

O projeto só pode ser considerado completo quando nele constarem todos os documentos necessários para a análise pelo órgão contratante e para a execução da obra, tais como: memorial justificativo e descritivo, memória de cálculo, quadro de quantidades e desenhos de situação, formas e armação. Toda essa documentação deve ser consolidada e apresentada em um relatório do projeto de obra de arte especial.

4.6.1 Relatório do projeto de obra de arte especial

Esse relatório pode ser constituído dos seguintes tópicos:

- *Capa*: de acordo com o padrão solicitado pelo contratante.
- *Índice*: sumário dos tópicos constantes do relatório.
- *Apresentação*: síntese com descrição da contratada, do contrato e seu objeto, da estrada ferroviária e do respectivo trecho onde a OAE está inserida e sua localização no contexto do Estado e do País.
- *Memorial justificativo e descritivo*. O texto deve apresentar:
  - Descrição da localização e características do traçado na região em que a OAE se situa, informando estaca/quilometragem inicial e final da obra, rampa e cotas inicial e final do greide, se em tangente ou curva (nesse caso, citando o raio), a esconsidade, no caso de cruzamento de vias etc.
  - As principais condicionantes que influeciam na definição da concepção e solução estrutural da OAE, entre elas o perfil do terreno na região e do leito do rio (ou da rodovia ou da ferrovia a ser transposta); as cargas atuantes; os gabaritos fluvial, rodoviário e ferroviário a serem preservados; os dados hidráulicos do canal transposto, no caso das pontes; a geologia e capacidade portante do terreno de fundação etc.
  - As soluções estruturais e construtivas tecnicamente mais apropriadas às condicionantes locais, para superestrutura, mesoestrutura e infraestrutura da OAE.
  - Uma avaliação técnica, econômica e ambiental de cada uma das alternativas de solução descritas.

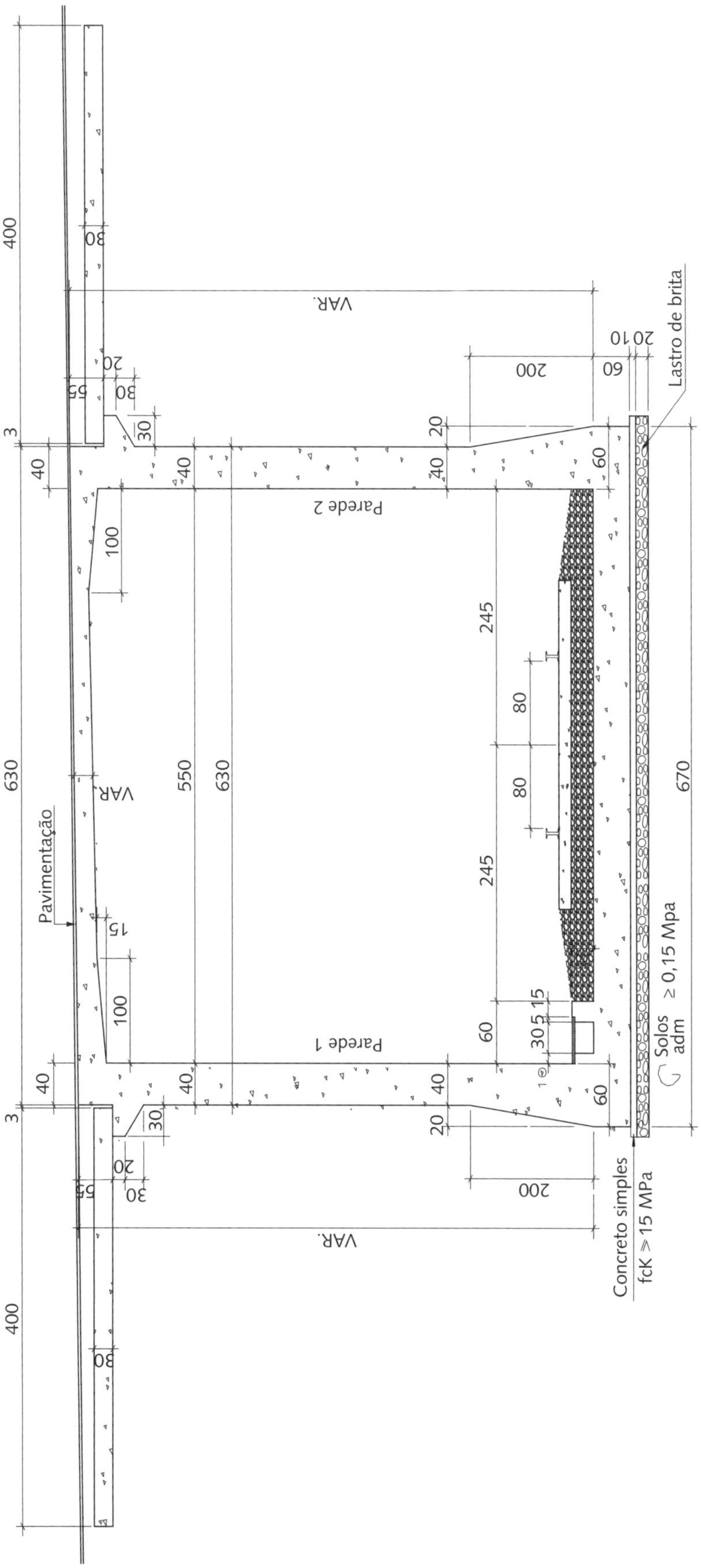

FIG. 4.32 Passagem ferroviária inferior na Ferrovia Norte-Sul

- Análise que consolide e justifique, de forma plena e consistente, a escolha de solução adotada para a OAE (extensão, modulação dos vãos, tipo estrutural e processo executivo, forma dos pilares, tipo de fundação etc.).
- Descrição completa das peças da solução eleita para a OAE (superestrutura, mesoestrutura e infraestrutura) e informações gerais sobre as condicionantes da interferência a ser vencida pela OAE, bem como demais peculiaridades do local de sua implantação.

■ *Critérios e parâmetros de projeto*
Listagem sucinta das normas de referência, carregamentos, coeficientes de segurança, características dos materiais e demais critérios e parâmetros a serem adotados no projeto da OAE.

■ *Memória de cálculo*
Em se tratando de um projeto básico, pode-se incluir o levantamento das cargas atuantes (permanentes e acidentais) e a verificação das seções críticas da superestrutura quanto aos principais esforços dimensionantes, de modo que se comprove a pertinência das dimensões adotadas para a superestrutura. Do mesmo modo, deve-se apresentar as verificações necessárias que comprovem a pertinência das dimensões adotadas para os pilares e da compatibilidade das cargas e tensões máximas e mínimas com os tipos de fundações adotadas.
Em um projeto executivo, deve-se incluir dimensionamento, verificação e cálculo estrutural de todas as peças da superestrutura, mesoestrutura e infraestrutura da obra, nas diversas seções necessárias, que fundamentem o detalhamento completo do projeto a ser encaminhado para a efetiva construção da obra.
A memória de cálculo, organizada e separada em capítulos distintos para superestrutura, mesoestrutura e infraestrutura, deve conter o roteiro de cálculo de todos os elementos estruturais, indicando as normas e bibliografia adotadas, a verificação dos estados-limite, as condições de apoio e as ações consideradas.
Quando utilizado processamento em computador, a origem e a explicação sobre os dados de entrada e saída devem ser informadas, além do modelo estrutural detalhado utilizado.
Quanto às unidades, serão empregadas, na apresentação dos resultados, as do Sistema Internacional de Unidades (SI), a saber:

- para as cargas e as forças concentradas ou distribuídas: kN/m, kN/m^2 ou kN;
- para as massas específicas: tf/m^3;
- para os pesos específicos: kN/m^3;
- para as tensões e as resistências: MPa ou kPa;
- para os momentos: kN·m;
- para os módulos de deformação: GPa, MPa ou kPa.

Admite-se, porém, a marcha de cálculo no sistema MKS, uma vez que grande parte dos programas no campo da Engenharia Estrutural não está transformada para o SI.
Tratando mais especificamente das passagens ferroviárias, na etapa de projeto básico, a memória de cálculo deve apresentar a verificação das principais

seções da galeria – nó do pórtico, paredes e lajes – de forma conveniente e para a totalidade dos carregamentos atuantes, para que se comprove a pertinência das dimensões adotadas. A memória de cálculo também deve apresentar o levantamento das cargas, o esquema de cada carregamento previsto individualmente, os diagramas de solicitações e as combinações utilizadas na verificação da galeria. Deve-se verificar ainda a compatibilidade da tensão máxima transmitida ao solo de base em face da capacidade estimada do terreno na cota de assentamento da base da galeria, por meio de sondagem na região da OAE. Na etapa do projeto executivo, além do já exposto, deve-se acrescer o cálculo das armaduras. Para as peças armadas segundo a esconsidade, os modelos matemáticos deverão estar compatíveis.

- *Estudos hidráulicos*
  No caso de pontes, deve-se apresentar a síntese do resultado dos estudos da bacia, com os dados hidráulicos da região da ponte, que indique o "estudo hidráulico da ponte", incluindo ao menos um quadro de determinação do Namp (nível d'água máximo de projeto) e a curva AR^2/3 por Y, que explicite a metodologia e o cálculo do Namp a ser adotado no projeto, para um tempo de recorrência Tr = 100 anos, geralmente adotado nos projetos de pontes. Deve-se ainda considerar a área ocupada pelos aterros de acesso na seção hidráulica, em um processo iterativo. Esse conjunto de informações dará suporte à proposição do comprimento mínimo da ponte sob a condicionante hidráulica. Mesmo nos projetos básicos, a seção hidráulica, leito do rio, e sua declividade utilizadas no cálculo do Namp não devem ser inferidas apenas pela restituição, mas por um levantamento de campo (mesmo que mais simples, no contexto de um projeto básico). Na etapa de projeto executivo, deve ser realizado um levantamento batimétrico da calha do rio no eixo da ferrovia.
- *Estudos geotécnicos e boletins de sondagens*
  Síntese dos estudos e resultados que caracterizaram o solo da região da OAE e sua capacidade de suporte, que fundamentam a proposição do tipo de fundação adotada.
  No projeto básico, deve-se fazer uma bateria de sondagens na região de toda a extensão prevista na OAE, em quantidade e tipos de sondagens que possibilitem caracterizar o tipo e a capacidade de suporte do terreno na região da OAE. Quando ocorrerem situações como variantes de traçado após o término dos estudos de campo, não havendo mais possibilidade de execução de nova bateria de sondagens para uma melhor caracterização do solo e definição das fundações na nova localização da OAE, a proposição das fundações deve tomar como base as sondagens mais próximas e o perfil geológico do trecho da via onde se situa a OAE. Esse fato deve ser explicitado no relatório, e os desenhos devem conter nota indicando que as fundações foram definidas sem a investigação necessária do solo no local da OAE.
  No projeto executivo, as sondagens realizadas no projeto básico devem ser complementadas com outras prospecções, incluindo a realização de sondagens mistas na posição de todos os apoios da OAE, de modo que o conjunto

das investigações possa bem caracterizar o perfil geológico e geotécnico na região da OAE e mais detalhadamente em cada apoio. Todos os boletins de sondagens devem apresentar a posição (estaca/quilômetro) e a cota do topo do furo, a cota do NA (nível d'água) encontrado e a estratificação do terreno, com a explicitação dos índices de resistência à penetração – número de golpes do SPT, no trecho da perfuração em solo, e percentuais de recuperação e de RQD, no trecho perfurado com rotativa em rocha, informações que devem ser sinteticamente representadas no desenho de perfil/elevação na posição exata do furo.

- *Especificação de serviços*
  Tópico necessário apenas quando houver a ocorrência de serviços específicos inerentes às condições singulares de execução de uma determinada obra.
- *Planilha de quantidades*
  Apresentação da planilha de quantidades, tomando como base a itemização e o modelo de planilha fornecido pelo contratante. Serviços especiais, não constantes da planilha informada, deverão ser objeto de consulta prévia para adoção, quando então se definirão os novos itens para tal quantificação.
- *Registros fotográficos*
  Apresentação de fotos legendadas que possibilite a visualização das características principais da região da OAE.
- *Desenhos*
  Os desenhos devem estar dentro de envelopes, inseridos no corpo do relatório, ao seu final, e não diretamente presos às garras que unem as páginas do relatório.
  No projeto básico, os desenhos devem caracterizar plenamente as formas da solução proposta, apresentando:
  - situação com o posicionamento da obra e da interferência que ela vence;
  - elevação geral, com perfil e corte longitudinal;
  - implantação e locação das fundações;
  - detalhes de formas em geral, com cortes longitudinais e transversais que delineiem as formas de toda a OAE, da superestrutura às fundações, incluindo também os detalhes de aparelhos de apoio e de aparelhos complementares, como refúgios, caixa de cabos etc.

No projeto executivo, além de todos os desenhos necessários para caracterizar plenamente as formas da solução proposta, deve-se acrescer os demais desenhos de detalhamento das armações de todas as peças da OAE, além de outros complementos acessórios, que escocem totalmente o projeto a ser efetivamente construído na obra.

O Relatório do Projeto de Obra de Arte Especial, mantidas as singularidades especificadas para o conteúdo de cada tópico a depender da etapa do projeto, deve ser apresentado, no caso dos projetos básicos, na integralidade da formatação proposta. Na fase dos projetos executivos, quando a OAE já tiver passado pela etapa de projeto básico, caso a localização e a concepção estrutural da obra proposta no projeto básico venha a ser mantida no executivo, a formatação do relatório pode ser restrita aos tópicos: capa, índice, apresentação, memória descritiva, memória de cálculo, boletins de sondagens, planilha de quantidades, e desenhos. Na contratação direta de projeto executivo, sem a etapa anterior de projeto básico, o relatório deve ser apresentado na integralidade de sua formatação.

4.6.2 Desenhos do projeto de obras de arte especiais

É corrente que os desenhos sejam elaborados nos padrões A1 + 1 módulo, nas escalas convenientes, compatíveis com o detalhamento de cada desenho, respeitando-se os critérios de unidade e notações definidos para o memorial de cálculo. As escalas devem ser indicadas em cada detalhe do desenho quando a escala variar, e não apenas no carimbo da prancha.

Cada obra deve ter seu próprio conjunto de pranchas, independentemente se determinada peça é utilizada em diferentes obras, seja na etapa do projeto básico, seja na etapa do projeto executivo. Como referência, a proposição é que constem do conjunto de pranchas do projeto, nos projetos de pontes e viadutos, os desenhos, observações e detalhes apresentados a seguir.

- *Desenho geral de situação (projetos básico e executivo)*
  Pranchas necessárias à apresentação da:
  - Planta de situação com o posicionamento da obra e da interferência que ela vence, indicando o posicionamento dos *off-sets* dos aterros de acesso nos encontros, os dispositivos de proteção dos aterros, se necessários, o corta-rio, a locação da interferência a ser vencida e as particularidades e principais condicionantes do local que influenciam a definição da concepção e da solução estrutural adotada.
  - Elevação geral, com perfil e corte longitudinal, contendo a modulação dos vãos; as cotas altimétricas em todos os apoios, da superestrutura às fundações; a síntese dos perfis de sondagens, com a inclusão de uma curva que represente o perfil geológico/geotécnico do terreno na região da OAE; os níveis d'água, tanto o verificado na época do estudo hidráulico como o máximo de projeto adotado; o gabarito considerado; a conformação dos aterros dos acessos etc.
  - Implantação e locação das fundações, contendo também as estacas de cada apoio, curvas de nível e caracterização do canal regular, no caso de pontes.
- *Desenhos de formas (projetos básico e executivo)*
  Pranchas necessárias para o detalhamento completo das formas da OAE, da superestrutura às fundações, com os cortes longitudinais e transversais necessários para a plena caracterização de todas as peças, incluindo os detalhes de aparelhos de apoio e peças complementares como refúgios, caixa de cabos, guarda-corpo etc. Nos desenhos de formas, devem também estar caracterizados:
  - indicação do trem-tipo de cálculo;
  - quilometragem de início e fim de obra, bem como do eixo das fundações;
  - quando se tratar de obra com greide de aclive ou declive, a indicação dos níveis deve ser no mínimo nas seções sobre os apoios, incluindo pontos notáveis como PTV, PIV e PCV;
  - cotas altimétricas no início e fim da obra, topo dos pilares, fundo dos blocos e nível de assentamento das fundações, assim como no eixo da interferência a ser vencida, no caso da transposição de vias;

- gabaritos a serem respeitados, devidamente cotados, inclusive em relação ao infradorso da superestrutura, no caso da transposição de vias;
- curvas de nível devidamente referenciadas, de modo que a topografia do terreno seja adequadamente caracterizada;
- taxas admissíveis consideradas para as fundações diretas ou em tubulões e indicação da carga máxima e mínima no estaqueamento quando dessa opção;
- resistência característica dos materiais, classe de agressividade ambiental, cobrimento das armações, fator água/cimento;
- níveis d'água levantados na época do estudo hidráulico e máximo de projeto adotado, no caso de pontes;
- indicação do tipo de proteção dos taludes com relação aos efeitos da correnteza e máxima cheia;
- locação dos furos de sondagem, em planta, e transcrição sucinta, no perfil, da estratificação do solo e do diagrama de penetrações do amostrador SPT, no trecho em solo, e dos percentuais de recuperação e RQD, no trecho em rocha;
- quando a fundação for projetada em estacas metálicas, o detalhe das emendas é obrigatório.

■ *Desenhos de armação (projeto executivo)*

Pranchas necessárias para o detalhamento completo das armações de todas as peças da OAE. Deve-se, com base na boa técnica de armar, reduzir possíveis dificuldades executivas na montagem da armadura e concretagem da peça, podendo-se ainda considerar as seguintes recomendações:

- bitolas expressas em milímetros e pesos unitários, de acordo com as prescrições normativas;
- cobrimento da armadura para os diversos elementos estruturais;
- raio de curvatura das barras e indicação do tipo de emenda, de acordo com as normas vigentes;
- no detalhamento das sapatas e dos blocos de coroamento, devem constar as barras correspondentes à "espera" da armadura longitudinal dos pilares, devendo estar convenientemente previstas as defasagens das emendas;
- a listagem das barras da armadura deve ficar situada no canto esquerdo do desenho, com as posições das barras numeradas das bitolas de maior diâmetro para as de menor diâmetro, devendo haver a previsão de três posições em aberto entre cada mudança de bitola, para eventuais inclusões, e ser apresentado um resumo do peso total de cada bitola, separado por cada peça estrutural (superestrutura, pilares, blocos, encontros, sapatas, tubulões, estacas etc.).

Os desenhos de forma e armação das lajotas pré-moldadas de passeio, do guarda-lastro e da caixa de cabos e os detalhes do guarda-corpo metálico geralmente são típicos e fornecidos pelo órgão contratante, devendo ser incluídos e citados como desenhos de referência quando necessário.

Nos projetos das passagens ferroviárias, como referência, a proposição é que constem do conjunto de pranchas do projeto da OAE, aqui exemplificado em uma passagem ferroviária inferior, os desenhos na escala de 1:100 a seguir, com suas indicações específicas.

- *Planta baixa e de situação (projetos básico e executivo)*
  - comprimento e outras dimensões da galeria e das alas, de acordo com a seção normal e também esconsa, quando for o caso;
  - esconsidade entre eixos;
  - estaca/quilômetro de início e final de cada ala em relação ao eixo ferroviário;
  - *off-sets* projetados na rodovia e na ferrovia;
  - dispositivos de drenagem necessários (bueiros, valetas, sarjetas etc.);
  - cota de greide de cada extremidade das alas e cota do greide da rodovia, no cruzamento dos eixos e de cada lado da galeria;
  - declividade das alas e da galeria;
  - defensas metálicas a serem instaladas na rodovia;
  - declividade transversal da pista da rodovia;
  - o sentido de destino para cada lado da ferrovia e da rodovia.
- *Formas – com perfil/corte longitudinal (na ferrovia) e perfil/corte transversal (na direção da rodovia) (projetos básico e executivo)*
  - comprimento e outras dimensões da galeria e das alas, de acordo com a seção normal e também esconsa, quando for o caso;
  - cota da base nas extremidades das alas;
  - no corte longitudinal, cotas na laje superior e de base da galeria, na entrada e saída da galeria, tomando como referência, na base da galeria, o greide da ferrovia;
  - no corte transversal, cotas na laje superior e de base da galeria, nas duas laterais da galeria, tomando como referência, na laje superior da galeria, o greide da rodovia;
  - posicionamento e detalhes da seção transversal ferroviária, como caixa de passagem de cabos etc.;
  - espessura da laje no eixo e bordo da rodovia e a barreira rígida de concreto.
- *Planta e perfil de alteração da rodovia – escala de 1:1000*

  Pode acontecer que nesses cruzamentos entre as vias ferroviária e rodoviária, em razão de as limitações de rampa e raios de curvas terem uma amplitude muito maior nas rodovias do que nas ferrovias, o projeto de uma PI implique também a alteração do greide ou do traçado da rodovia, de modo a se acomodar uma melhor geometria ao cruzamento das vias. Nesse caso, deve-se também incluir uma prancha indicando:
  - planta de situação do cruzamento alterado das vias;
  - perfil da rodovia com o greide alterado (pavimento acabado) e do terreno natural (quando se alterar o traçado) ou indicando também o greide anterior da rodovia.

No projeto executivo das passagens ferroviárias, além dos desenhos anteriormente citados, necessários para caracterizar plenamente as formas da solução proposta, deve-se acrescer os demais desenhos de detalhamento das armações de todas as peças da OAE, além de outros complementos acessórios, que detalhem totalmente o projeto a ser efetivamente construído na obra.

Como fechamento desta seção, que trata da apresentação dos projetos de OAEs, convém uma abordagem final atentando para detalhes como:

- A inclusão de um mapa da região da OAE capturado no Google Earth (Fig. 4.33), destacando, por exemplo, o posicionamento da OAE, somando-se às fotos apresentadas no registro fotográfico, agrega informações visuais interessantes para uma justificativa mais consistente das opções de solução adotadas para extensão, modulação dos vãos, tipo estrutural/processo executivo, tipo de fundação etc.
- Os viadutos e as pontes que se estendem muito além da interferência que transpõem chamam logo a atenção e, assim, na memória justificativa, quando se tratar da extensão adotada, deve-se destacar os fatores intervenientes que determinaram o comprimento adotado e os que também são por ele satisfeitos; abordando sobre as:
  - *considerações geométricas*: dados e informações decorrentes do projeto geométrico na região da OAE, avaliando a topografia da região e os gabaritos a serem preservados, que levam à solução adotada;
  - *considerações geotécnicas*: dados e informações decorrentes das sondagens no local da OAE, que levam à solução adotada;
  - *considerações hidráulicas*: dados e informações decorrentes dos estudos hidrológicos que estabelecem o Namp (TR = 100 anos) e o vão hidráulico necessário, que levam à solução adotada.

Na etapa de projeto básico, pode-se apresentar:

- Na superestrutura, a verificação das seguintes seções:
  - seção do meio do vão para vigas isostáticas e também dos apoios nas vigas contínuas – dimensionamento à flexão simples (vigas em concreto armado), verificação das tensões elásticas e verificação da ruptura (vigas em concreto protendido);
  - seção do apoio para vigas isostáticas – dimensionamento ao cisalhamento (vigas em concreto armado e protendido);
  - seção do meio do vão central para superestruturas em pórticos executada pelo método dos balanços sucessivos – verificação das tensões elásticas e verificação da ruptura;
  - seções dos apoios nos pilares para superestruturas em pórticos executada pelo método dos balanços sucessivos – verificação das tensões elásticas, verificação da ruptura e dimensionamento ao cisalhamento.
- Nos pilares e nas fundações dos pilares, podem ser consideradas as seguintes hipóteses de carregamento:
  - os dois vãos adjacentes carregados – superestrutura isostática;
  - um vão carregado e o adjacente descarregado – superestrutura isostática;
  - Nmáx, Nmín, MLmáx e MLmín nos pilares – superestrutura em pórticos.
- Nos encontros e em suas fundações, podem ser consideradas as seguintes hipóteses de carregamento: locomotiva sobre o encontro e o aterro de acesso e locomotiva sobre o vão extremo.
- Verificação da capacidade do terreno para absorver as cargas máximas obtidas nas estacas, nos comprimentos previstos, com base nos métodos mais adequados (Aoki-Velloso, Decourt-Quaresma, entre outros).

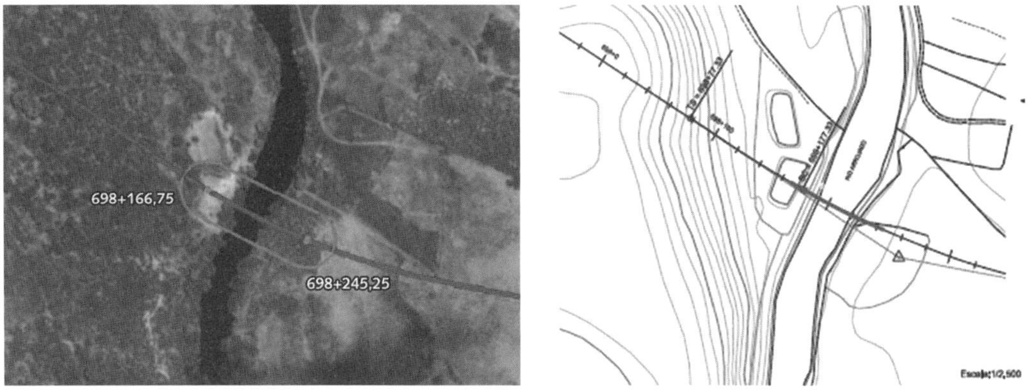

FIG. 4.33 Mapa da região da OAE capturado no Google Earth

Na etapa de projeto executivo, pode-se apresentar:

- Na superestrutura, a verificação das seguintes seções:
  - seções dos décimos de vão das vigas isostáticas e contínuas, verificação das tensões elásticas e dimensionamento ao cisalhamento (para vigas em concreto protendido), dimensionamento à flexão simples e dimensionamento ao cisalhamento (para vigas em concreto armado);
  - seções dos apoios (à esquerda e à direita, no caso de pilares), união de aduelas, meios dos fechamentos e meio dos vãos entre pilares-faca – verificação das tensões elásticas e dimensionamento ao cisalhamento, para os pórticos executados pelo método dos balanços sucessivos;
  - seções dos apoios nos pilares (à esquerda e à direita) e meio do vão central – verificação da ruptura, para os pórticos executados pelo método dos balanços sucessivos;
  - transversinas e lajes.
- Na mesoestrutura, a verificação das seguintes seções:
  - seção da base dos pilares isostáticos de superestruturas isostáticas – dimensionamento à flexocompressão oblíqua, para as hipóteses de dois vãos adjacentes carregados, um vão carregado e o adjacente descarregado;
  - seções da base e do topo de pilares de pórticos – dimensionamento à flexocompressão oblíqua, para as hipóteses de Nmáx, Nmín, MLmáx e MLmín nos pilares.
- Na infraestrutura, devem ser verificados:
  - dimensionamento dos blocos de coroamento das estacas e tubulões ou das sapatas pelas teorias mais adequadas a cada caso, para as mesmas hipóteses de carregamento citadas anteriormente para a mesoestrutura;
  - dimensionamento à flexocompressão dos tubulões e estacas, para as mesmas hipóteses de carregamento citadas anteriormente para a mesoestrutura;
  - verificação das tensões extremas no terreno sob as bases alargadas dos tubulões e a base das sapatas, considerando os momentos longitudinais e transversais para as mesmas hipóteses de carregamento citadas anteriormente para a mesoestrutura;

  - verificação da capacidade de o terreno absorver as cargas máximas obtidas nas estacas, nos comprimentos adotados, com base nos métodos mais adequados (Aoki-Velloso, Decourt-Quaresma, entre outros).
- Nos encontros, todas as suas diversas peças devem ser dimensionadas e calculadas, minimamente, para as hipóteses de: locomotiva sobre o encontro e aterro de acesso, e locomotiva sobre o vão extremo.
- Por fim, em um último tópico da memória de cálculo: complementos – é nessa parte que se especifica(m) o(s) aparelho(s) de apoio proposto(s), incluindo o cálculo de seu dimensionamento, o tipo de junta elástica a ser adotada e outros complementos previstos que necessitem de uma especificação técnica de projeto.

4.7 Critérios e apresentação de projeto de OAEs – túneis

A construção de túneis sempre esteve associada a obras custosas, de grande risco de execução e longo prazo para conclusão. O conceito de escoramento da escavação, que norteava os projetos de então, não considerava qualquer participação do maciço atravessado em sua autossustentação. Isso acarretava a necessidade de revestimentos em concreto armado muito pesados e a utilização de toras de madeira para o preenchimento dos espaços entre o maciço escavado e aqueles revestimentos.

A partir de 1950, foi introduzido um novo conceito de estabilização da escavação nos projetos de túneis. A nova técnica, denominada New Austrian Tunnelling Method (NATM), viabilizou a expansão da utilização de túneis em obras viárias em qualquer tipo de terreno, aumentando a segurança e a velocidade de execução dessas obras e reduzindo seus custos.

Posteriormente, foram desenvolvidas máquinas para escavação subterrânea mecanizada, denominadas *tunnel boring machines* (TBM) e popularmente conhecidas como "tatuzões", com o objetivo de aumentar a produtividade, a qualidade e a segurança dessas obras, o que possibilitou a expansão de metrôs pelo mundo.

As técnicas mecanizadas são basicamente aplicáveis a seções transversais geometricamente uniformes (circulares) e formações geológico-geotécnicas também uniformes, permitindo velocidades de avanço rápidas nessas condições. O NATM, por sua vez, pode ser aplicado a escavações em praticamente quaisquer condições geológico-geotécnicas, sendo a metodologia normalmente adotada para túneis ferroviários, razão pela qual este capítulo fixou-se nessa técnica de execução de escavações subterrâneas.

No Brasil, o NATM foi inicialmente utilizado em um túnel da Rodovia dos Imigrantes (SP), mas passou a ser amplamente aplicado após a experiência obtida na construção dos túneis da Ferrovia do Aço, que cruzaram maciços com várias litologias, nos mais diversos graus de alteração. No projeto original, entre Belo Horizonte (MG) e Saudade (RJ), estavam previstos 101 túneis, com extensão total de 72 km, destacando-se o denominado Tunelão, com 8.645 m de comprimento.

No que diz respeito à elaboração do projeto, a técnica corrente consiste em modelagens numéricas para simular as fases de escavação e revestimento e o comportamento não linear dos materiais (plastificação) e do maciço (grandes deslocamentos etc.).

Por se tratar de serviço muito particular, sempre se torna necessária a contratação de especialista, que definirá o plano e as especificações de sondagens, a geometria, a drenagem, o detalhamento do acabamento interno (em função da geologia local), os tipos de emboque, o plano de ataque e as precauções a serem tomadas durante a construção, entre outros.

No entanto, por melhor que seja a programação das sondagens necessárias ao estabelecimento do perfil geológico-geotécnico do maciço atravessado, o projeto sempre será alterado durante sua execução, tendo em vista as características de heterogeneidade e anisotropia do solo ou rocha. Assim, é imprescindível a presença, nas frentes de escavação, de profissional habilitado a identificar, a cada avanço, as variações nas características do maciço atravessado, para prescrever o método construtivo a ser seguido nos próximos metros.

Além disso, o NATM é um método observacional e, em consequência, os trabalhos de execução do túnel devem ser acompanhados de monitoração (medição *in situ*) da deformação no maciço e, eventualmente, das tensões no revestimento inicial (concreto projetado), atividade que é essencial para a verificação da adequação do suporte e da estabilidade do maciço.

Dadas as primeiras considerações, este capítulo tem por objetivo apresentar orientações para o desenvolvimento do projeto de túneis ferroviários, ressaltando aspectos específicos para esse tipo de obra e os cuidados a serem observados. Trata-se de uma adaptação da Instrução de Projeto IP-DE-C00/002, editada pelo DER/SP (2005), disponível para *download* gratuito na internet, com a inserção de aspectos específicos da construção de túneis ferroviários. A adaptação é também resultado da experiência adquirida na construção dos túneis da Ferrovia do Aço.

4.7.1 Nomenclatura

Neste capítulo, são adotadas as definições constantes do item 3.1 da instrução do DER/SP (2005), com as inclusões a seguir.

Revestimento de primeira fase

Estrutura formada por um conjunto de elementos, tais como cambotas, tirantes ou chumbadores e concreto projetado, aplicada imediatamente após a escavação de um avanço, com a finalidade de controlar e estabilizar as deformações do túnel.

Revestimento de segunda fase

Estrutura geralmente constituída por tela metálica e concreto projetado ou concreto moldado, armado ou não, instalada após a estabilização das deformações, com o objetivo de aumentar o fator de segurança da obra, atingindo a capacidade de resistência mínima de projeto.

4.7.2 Fases do projeto

A divisão nas fases de estudos preliminares, projeto básico e projeto executivo recomendada neste manual para as demais disciplinas e na instrução do DER/SP (2005) deve ser seguida.

Estudos preliminares (EVTEA)

Nesta fase, o objetivo é a determinação da viabilidade técnica, econômica e ambiental. O estudo de túneis se resume, portanto, à determinação do local e de sua extensão visando a estimativa de custo das várias alternativas, dentro das diretrizes ou alinhamentos tecnicamente viáveis.

Para isso, são necessárias algumas informações de caráter geológico e geotécnico, a par da definição de suas características geométricas, em particular de sua seção-tipo (gabarito).

A instrução do DER/SP (2005), em seu item 6, define as partes em que se divide um túnel, para fins de padronização de nomenclatura.

Traçado dos túneis

Para um túnel ferroviário, é necessário levar em conta aspectos de caráter operacional. Em particular, sendo a tração diesel ou diesel-elétrica, se há o risco de as locomotivas se desligarem em função da velocidade crítica (ver o Cap. 2).

Topografia e cadastro de interferências

Em relação à instrução do DER/SP (2005), recomenda-se apenas que o cadastro inclua qualquer interferência que possa influenciar a operação ferroviária ou ser por ela influenciada. Como exemplo, há a necessidade de proteção catódica em dutos no caso de ferrovias eletrificadas, como foi o caso de um duto metálico da Petrobras que cruza o Metrorec (de tração elétrica) no segmento entre TIP e Timbi, na Região Metropolitana do Recife (mais detalhes podem ser encontrados na instrução do DER/SP (2005), em "Fatores condicionantes").

Prospecção geológica e geotécnica

Por sua alta importância no desenvolvimento do projeto do túnel, deve ser realizado o reconhecimento do subsolo, pois ele influencia diretamente nas decisões, planejamento, projeto, construção, custo, prazos, tecnologia de execução e análise de risco.

As recomendações do DER/SP para a prospecção geológico-geotécnica do subsolo são adequadas também ao projeto de túneis ferroviários.

Estudos do túnel

Nesta fase, o objetivo é obter estimativas dos custos da obra com base na previsão das quantidades dos principais materiais e serviços previstos, obtidas pelo pré-dimensionamento simplificado ou com base em obras anteriores similares, conforme a instrução do DER/SP (2005).

A diferença para um túnel ferroviário fica por conta da superestrutura (o "pavimento" ferroviário). Porém, como esse custo é um valor constante por quilômetro, pois não depende de outros fatores, seu custo é apenas o produto do custo médio por quilômetro pela extensão prevista.

Projeto básico

Uma vez definida a viabilidade técnico-econômica da ferrovia, os estudos dessa fase devem ser iniciados na mesma etapa do projeto básico de traçado geométrico, e o projetista de túneis deve propor eventuais mudanças de traçado que tornem a execução do túnel mais favorável.

Geometria do túnel (traçado e greide)

Podem ser adotados os critérios de túneis rodoviários, com as considerações de rampa máxima, raio mínimo, curvas de transição e critérios de superelevação, específicos de ferrovias, definidos na seção 3.6 deste manual.

Uma recomendação de caráter prático indica que o greide deve permitir a drenagem natural, não se admitindo pontos de interseção vertical (PIVs) côncavos dentro do túnel (em rampas de sentido inverso) nem trechos longos em nível, já que a água pluvial que pode entrar em seus emboques ou a água resultante da percolação na rocha (ou nos solos) na parte superior do túnel tem que ser retirada rapidamente e preferencialmente de forma natural, evitando-se seu acúmulo em pontos baixos.

Como já citado, a simulação operacional deve indicar o risco de ocorrerem situações de desligamento de locomotivas, pois se a velocidade de entrada e saída e o tempo de permanência dentro do túnel forem compatíveis com os equipamentos utilizados, isso indica que o túnel pode ser construído, e a decisão de manter o traçado incluindo o túnel em vez de usar variantes e possíveis soluções alternativas em terraplenagem (traçado mais sinuoso, obras de contenção, aumento da extensão) poderá ser meramente financeira (implantação mais operação).

Isso é citado porque, se a extensão do túnel em rampa ascendente for grande, no caso de tração por motor de combustão interna ou diesel-elétrica, e a velocidade de entrada já for baixa, o aquecimento provocado pela passagem da locomotiva (uma ou mais) da frente e a redução de oxigênio (também consumido pela locomotiva dianteira) podem provocar o desligamento de alguma das máquinas traseiras que recebem o ar aquecido e com maior teor de dióxido de carbono produzido pelas locomotivas dianteiras. Nesse caso, o trem pode parar dentro do túnel e causar um enorme problema a todo o fluxo na linha, pois sua retirada do túnel, de ré e com as locomotivas desligadas, pode ser difícil. É bom recordar que o túnel pode se localizar em área remota ou de difícil acesso e que, além disso, os freios são a ar comprimido, portanto, com a locomotiva desligada, é difícil manter a pressão e as rodas podem ficar bloqueadas.

Alguns dispositivos para solucionar esse problema têm sido adotados com sucesso, tais como:

- ventilação forçada (mecânica);
- portas intermediárias, em madeira, controladas por sensores que abrem à proximidade da composição;
- chaminés de ventilação.

O uso das portas intermediárias permite a compressão do ar na frente do trem, o que melhora a composição e a temperatura do ar arrastado para as locomotivas posteriores e, portanto, facilita seu funcionamento. As portas devem ser providas de sensores que comandem sua abertura e ser construídas em madeira, pois, em caso de problemas com os sistemas de abertura, a locomotiva pode quebrá-las sem grandes danos, não paralisando a composição e sendo fácil e barata sua restauração.

É muito importante lembrar que isso não se aplica a trens de tração elétrica, caso contrário seria impossível a operação do túnel sob o canal da Mancha ou dos vários metrôs subterrâneos existentes em todo o mundo, mesmo com todos os sistemas de ventilação existentes.

O projeto básico do túnel deve ser inteiramente compatibilizado com o projeto básico geométrico.

Topografia e cadastro de interferências

Pode ser seguida a orientação do DER/SP (2005).

Estudos geológicos e geotécnicos

Pode ser seguida a orientação do DER/SP (2005) para a Geologia, a Geotecnia e a Hidrogeologia. Em caso de necessidade, pode ser recomendado o televisamento 360° dos furos para melhor conhecimento da orientação dos estratos dos vários horizontes atravessados (Baillot, 2012).

Projeto da praça do emboque, dos emboques e do trecho dos túneis

Pode ser seguida a orientação do DER/SP (2005).

- *seção transversal*: com base na definição de todos os elementos que ocuparão o interior do túnel, nessa fase a seção transversal do túnel deve ser perfeitamente caracterizada, como mostrado no item 7.7.1 da instrução do DER/SP (2005). O projeto de túneis ferroviários deve obedecer aos gabaritos adequados ao material rodante e aos demais parâmetros de geometria da ferrovia em termos de raios de curvatura horizontais, rampas compensadas e suas concordâncias. Por isso, esse item de gabaritos deve ser discutido com o cliente e com os fabricantes do material rodante adotado, que influi diretamente na seção-tipo (muito em particular nas curvas). Deve-se verificar a necessidade de serem incluídos os sistemas de telecomunicações e de sinalização adequados à ferrovia;
- *método construtivo*: pode ser seguida a orientação do DER/SP (2005);
- *suporte, tratamento e serviços técnicos auxiliares*: pode ser seguida a orientação do DER/SP (2005);
- *revestimento*: pode ser seguida a orientação do DER/SP (2005);
- *instrumentação*: pode ser seguida a orientação do DER/SP (2005).

Projeto executivo

No início da execução do projeto executivo, deve-se reavaliar novas tecnologias que possam ser aplicadas para reduzir os custos do empreendimento, elevar a segurança ou proporcionar a redução do prazo de execução.

Pode ser seguida a orientação do DER/SP (2005), com as complementações e esclarecimentos prestados anteriormente, ressalvando-se que a necessidade de acomodação visual do motorista (no caso, do maquinista) não é indispensável no caso de ferrovias.

Projetos complementares

Pode ser seguida a instrução do DER/SP (2005), e não são necessários alargamentos para estacionamentos de emergência e não existe a necessidade de projetar uma superestrutura diferenciada.

Forma de apresentação

Os estudos e projetos de túneis devem ser apresentados atendendo-se aos requisitos e padrões mínimos especificados pelo cliente.

Como orientação geral, caso o cliente não possua sua própria especificação, pode ser adotado o padrão recomendado na instrução do DER/SP (2005).

O fluxograma da Fig. 4.34 mostra simplificadamente a sequência de um projeto de túnel.

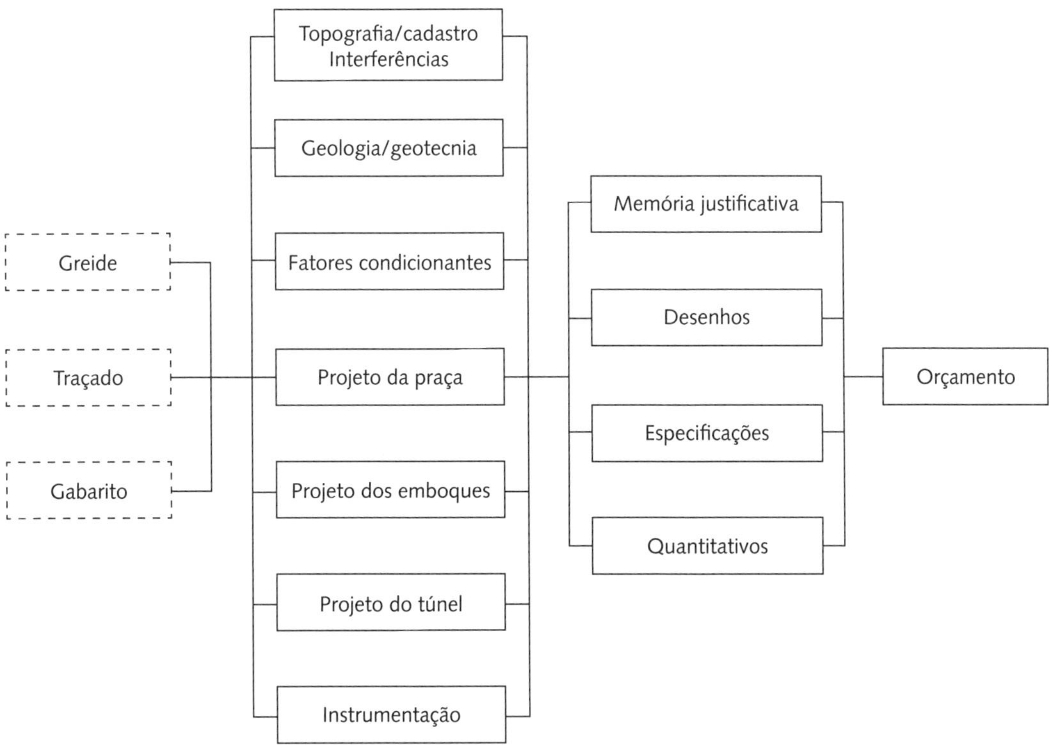

Fig. 4.34 Projeto de túnel

capítulo 5

PROJETO DE SUPERESTRUTURA DA VIA PERMANENTE

Hélio Suêvo Rodrigues

5.1 Elementos componentes da superestrutura da via permanente

5.1.1 Sublastro

A camada superior da infraestrutura, chamada de sublastro, tem características especiais levadas em conta na construção da superstrutura, e deve, por isso, ser considerada como integrante desta. O sublastro tem as seguintes funções:

- aumentar a capacidade de suporte da plataforma, permitindo elevar a taxa de trabalho no terreno ao serem transmitidas as cargas através do lastro, reduzindo, dessa forma, sua superfície de apoio e sua altura, com consequente economia de material;
- evitar a penetração do lastro na plataforma;
- aumentar a resistência do leito à erosão e à penetração da água, concorrendo, pois, para uma melhor drenagem da via;
- permitir relativa elasticidade ao apoio do lastro para que a via permanente não seja excessivamente rígida.

O lastro é um material nobre, de grande consumo, caro e, às vezes, de difícil obtenção, o que justifica a racionalização de seu uso.

Por sua vez, a construção do sublastro com material mais barato e encontrável nas proximidades do local em que será empregado traz grande economia à superestrutura ferroviária, além de melhorar consideravelmente o padrão técnico da via permanente e diminuir seu custo de manutenção.

O material a ser selecionado para o sublastro deve obedecer às seguintes especificações:

- índice de grupo (IG) igual a 0;
- limite de liquidez (LL) máximo de 35;
- índice de plasticidade (IP) máximo de 36;
- classificação pela tabela da Highway Research Board (HRB), grupo A;
- expansão máxima de 1%;
- índice de suporte Califórnia (CBR) mínimo de 30.

O sublastro deve ser compactado de modo a obter-se um peso específico aparente correspondente a 100% do ensaio de Proctor Normal.

Se o material que satisfaça às especificações listadas não for encontrado nas proximidades da ferrovia, pode-se adotar a solução de misturar, em usina de solos, dois solos naturais ou um solo argiloso com areia ou agregado miúdo, desde que o procedimento não aumente demasiadamente o custo do sublastro. Outra alternativa é adotar um solo melhorado com cimento, seguindo as especificações pertinentes do DNIT.

A espessura do sublastro deve ser tal que a distribuição de pressões através dele acarrete, em sua base, uma taxa de trabalho compatível com sua capacidade de suporte.

Geralmente, um sublastro com 20 cm de espessura é suficiente para atender às exigências citadas.

A declividade da camada de sublastro recomendada pela Arema é de 2,5% a 5% (na média, 3%).

5.1.2 Lastro

O lastro é um elemento da superestrutura situado entre os dormentes e o sublastro e tem, como funções especiais:

- distribuir convenientemente sobre a plataforma (sublastro) os esforços resultantes das cargas dos veículos, produzindo uma taxa de trabalho compatível com sua capacidade de carga;
- formar um suporte até certo ponto elástico, atenuando as trepidações resultantes da passagem dos veículos;
- sobrepondo-se à plataforma, suprimir suas irregularidades, formando uma superfície contínua e uniforme para os dormentes e os trilhos;
- impedir os deslocamentos dos dormentes quer no sentido longitudinal, quer no sentido transversal;
- facilitar a drenagem da superestrutura.

Para que o lastro desempenhe bem suas funções, seu material deve ter as seguintes características:

- suficiente resistência aos esforços transmitidos;
- elasticidade limitada para abrandar os choques;
- dimensões que permitam sua interposição entre os dormentes e o sublastro;
- resistência aos agentes atmosféricos;
- ser de material não absorvente, não poroso e de grãos impermeáveis;
- não deve produzir pó.

A pedra é o melhor tipo de lastro, pois é resistente, inalterável pelos agentes atmosféricos e químicos, elástica, permeável e permite a socaria do lastro.

As rochas mais apropriadas para serem utilizadas em lastro ferroviário são granito, gnaisse, quartzito, micaxisto, deorito e diabásio. Outras rochas, como arenito, calcário, mármore e dolomita, devem ser devidamente analisadas, pois nem sempre atendem às especificações técnicas necessárias.

Ao ser definida a utilização de pedra britada como lastro, deve-se optar pelas rochas de alta resistência (duras).

Outros materiais também podem ser utilizados, como terra, areia, cascalho e escória, desde que analisados e estudados detalhadamente.

No Brasil, as especificações adotadas pela ABNT atendem basicamente às especificações da Arema:

- *peso específico mínimo*: 2,7 tf/m^3 (26,5 kN/m^3);

- *resistência à ruptura*: 700 kgf/cm² (6,87 kN/cm² ou 70 MPa);
- *subutilidade*: insolúvel (ensaio: 7,0 dm³ de material devem ser triturados e lavados. Em um vaso, a amostra é agitada durante 5 minutos a cada 12 horas, por 48 horas. Se houver descoloração, o material é considerado solúvel e, portanto, impróprio);
- *absorção*: aumento de peso < 8 gf/dm³ (ensaio: uma amostra de 230 gf deve ser mergulhada em água durante 48 horas);
- *substâncias nocivas*: < 1% em peso de substâncias nocivas e torrões de argila (ensaio: MB 8/NBR 7218 (ABNT, 2010b));
- *granulometria*: pedra britada com granulometria entre 2 1/2" (63,50 mm) e 1/2" (12,70 mm). A pedra do lastro não deve ter grande dimensão para não trabalhar como cunha, diminuindo a durabilidade do nivelamento, nem ter pequenas dimensões, facilitando a "colmatação" do lastro, que perde sua função drenante.

No ensaio de peneiramento, que deve ser feito conforme a NBR NM 26 (ABNT, 2009c), deve-se chegar aos resultados apresentados na Tab. 5.1.

Tab. 5.1 Resultados do ensaio de peneiramento

Abertura # (pol.)	Abertura # (mm)	% passando
2 1/2	63,5	100
2	50,8	80-100
1 1/2	39,1	40-70
1	25,4	10-30
3/4	19,1	0-10
1/2	12,7	0-5

Os resultados dos ensaios de peneiramento feitos em amostras obtidas segundo as prescrições da ABNT são lançados na chamada *curva granulométrica*, devendo ficar contidos inteiramente na faixa especificada.

É também fundamental a realização de um ensaio mecânico denominado *resistência à abrasão Los Angeles*, efetuado para verificar se a brita é suficientemente resistente a esse tipo de esforço mecânico. Para sua realização, coloca-se uma amostra representativa (obtida com o repartidor de amostras de solo ou conforme as prescrições da NBR NM 26 (ABNT, 2009c)) com 5 kg, limpa e seca, em um tambor, juntamente com doze bolas de aço, cada uma pesando de 395 gf a 445 gf. São dadas 500 rotações, e a velocidade do tambor deve ser de 30 rpm a 35 rpm.

Passa-se então a amostra em uma peneira n° 12 (1,68 mm) e se pesa a quantidade retida. A porcentagem de desgaste em relação ao peso inicial da amostra, ou coeficiente de abrasão Los Angeles, é dada por:

$$CLA = \frac{P - P_R}{P} \cdot 100 \qquad (5.1)$$

Em que:

P = peso da amostra;

P_R = peso do material retido na peneira n° 12.

Para a pedra de lastro, esse coeficiente deve ser no máximo de 35%.

5.1.3 Dormentes

O dormente é um elemento da superestrutura ferroviária cuja função é receber e transmitir ao lastro os esforços produzidos pelas cargas dos veículos, servindo de suporte dos trilhos, permitindo sua fixação e mantendo invariável a distância entre eles (bitola). Para que o dormente cumpra sua finalidade, será necessário que:

- suas dimensões, no comprimento e na largura, forneçam superfície de apoio suficiente para que a taxa de trabalho no lastro não ultrapasse os limites relativos a esse material;
- sua espessura lhe dê a rigidez necessária, permitindo, entretanto, alguma elasticidade;
- tenha suficiente resistência aos esforços solicitantes;
- tenha durabilidade;
- permita, com relativa facilidade, o nivelamento do lastro (socaria) em sua base;
- oponha-se de modo eficaz aos deslocamentos longitudinais e transversais da via;
- permita boa fixação do trilho, isto é, uma fixação firme, sem ser excessivamente rígida.

Os dormentes empregados atualmente são feitos de madeira, aço e concreto, entre outros materiais.

Dormentes de madeira

A madeira reúne quase todas as qualidades exigidas para um bom dormente e continua a ser, até hoje, o principal material utilizado em sua fabricação.

Atualmente, entretanto, devido à escassez de florestas naturais e de reflorestamentos direcionados para essa finalidade, as madeiras de boa qualidade têm sido utilizadas para finalidades mais nobres, alcançando altos preços no mercado, o que inviabiliza economicamente sua aplicação ferroviária.

Assim, madeiras menos nobres e que podem ser obtidas a preços menores têm sido empregadas na fabricação de dormentes, exigindo tratamento com produtos químicos conservantes e procedimentos de manutenção onerosos.

Tendo isso em vista, pesquisas vêm sendo feitas para que outros materiais (aço e concreto, por exemplo), mais economicamente viáveis, substituam esse tradicional tipo de dormente.

As empresas ferroviárias estabelecem normas e especificações a serem observadas nos procedimentos para a aquisição de dormentes, fixando detalhadamente as qualidades, dimensões e tolerâncias, entre outros aspectos. No Brasil, as principais normas referentes ao emprego de dormentes de madeira são:

- TB 138/NBR 6966 – Dormente (ABNT, 1994b);
- IVR 11 – Nomenclatura da via permanente (RFFSA, 1978);
- IVR 12 – Emprego de dormentes roliços (RFFSA, 1978);
- EVR 8 – Substituição de dormentes (RFFSA, 1978);
- NV3 250 – Especificações técnicas para fornecimento de dormente de madeira (RFFSA, 1978);
- NB 11/NBR 7190 – Projeto de estruturas de madeira (ABNT, 1997).

Quanto às dimensões, as normas brasileiras estabelecem, para comprimento, largura e altura, respectivamente:

- *bitola de 1,60 m*: 2,80 × 0,24 × 0,17 (m);
- *bitola de 1,00 m*: 2,00 × 0,22 × 0,16 (m).

São permitidas as seguintes tolerâncias no recebimento:

- *comprimento*: ± 5,0 cm;
- *largura*: + 2 cm/– 1 cm;
- *altura (espessura)*: + 1,0 cm.

Podem ser especificados dormentes com dimensões especiais para o emprego em pontes e em aparelhos de mudança de via (AMVs).

Em relação à espécie de madeira (essência), os dormentes ainda são classificados em classes:

- *primeira classe*: aroeira, sucupira, jacarandá, amoreira, angico, ipê, pereira, bálsamo etc.;
- *segunda classe*: angelim, araribá, amarelinho, braúna, carvalho-do-brasil, canela-preta, guarabu, jatobá, massaranduba, peroba, pau-brasil, baru, eucalipto (citriodora, paniculata, rostrata etc.);
- *terceira e quarta classes*: madeiras identificadas como de primeira ou segunda classe, mas com defeitos toleráveis.

Além dessas categorias, são também especificadas as madeiras para dormentes a serem previamente tratadas com conservantes químicos.

A melhor essência de madeira para fabricação de dormente no Brasil é a sucupira, que dá ótima fixação ao trilho, possui dureza e peso específico elevados e grande resistência ao apodrecimento, podendo durar mais de trinta anos na linha.

Outros fatores, além da qualidade da madeira, têm influência na durabilidade dos dormentes, entre os quais podem ser citadas:

- clima;
- drenagem da via;
- peso e velocidade dos trens;
- época do ano em que a madeira foi cortada;
- grau de secagem;
- tipo de fixação do trilho;
- tipo de lastro;
- tipo de placa de apoio do trilho no dormente.

Dois fatores devem ser considerados em relação à durabilidade do dormente:

- resistência ao apodrecimento;
- resistência ao desgaste mecânico.

Desse modo, a vida útil do dormente é igual ao apodrecimento da madeira mais seu desgaste mecânico.

Com relação a esses dois fatores, o ponto mais vulnerável do dormente é o local da fixação do trilho. Nesse ponto, devido à penetração da umidade e aos esforços mecânicos, ocorre a deterioração mais perniciosa ao dormente.

Assim, apesar de a pregação poder ser substituída fazendo-se outro furo ao lado do anterior, é comum o dormente não resistir à nova pregação e ser considerado inutilizado, sendo a madeira substituída apesar de quase sempre, em seu conjunto, ainda estar em estado regular.

Em vista disso, a escolha do dormente de madeira fica, de modo geral, condicionada aos seguintes fatores:

- resistência mecânica à destruição causada pelos esforços decorrentes da passagem dos trens, isto é, dureza e coesão da madeira;
- resistência ao apodrecimento (ação dos fungos);
- facilidade de obtenção (abundância, disponibilidade);
- viabilidade econômico-financeira.

Para conhecer a resistência mecânica de determinada madeira a ser utilizada na fabricação de dormentes, deve-se submetê-la aos ensaios padronizados pela ABNT. Esses ensaios prestam-se à determinação das características físicas (umidade, retratibilidade e peso específico) e mecânicas (compressão perpendicular e paralela às fibras, flexão, tração, fendilhamento, dureza e cisalhamento) da madeira.

A variação da resistência da madeira está relacionada à sua microestrutura. Os diferentes tipos de célula existentes na madeira influenciam diretamente as propriedades mecânicas do material, entretanto a densidade é determinante para sua resistência mecânica.

Geralmente, essa densidade refere-se à madeira seca "ao ar". A madeira normalmente exposta ao meio ambiente contém cerca de 10% a 15% de umidade, a qual é conhecida como *umidade de equilíbrio*. Quando se fala em "madeira verde", geralmente seu teor de umidade está acima de 35% ou 40%.

Desse modo, a resistência da madeira é condicionada pela substância lenhosa que a compõe e aumenta quase sempre exponencialmente com sua densidade, variando inversamente com seu teor de umidade.

No caso da utilização da madeira para a fabricação de dormentes, têm fundamental importância suas propriedades de compressão paralela e perpendicular às fibras e de dureza de topo.

Em termos de densidade, entre as madeiras nacionais pode-se citar a paineira como uma das mais leves, com 0,26 kgf/dm^3, e a aroeira como uma das mais pesadas, com 1,21 kgf/dm^3.

Como a resistência mecânica depende da densidade da madeira, no Brasil, onde ainda existe madeira de boa qualidade disponível para a fabricação de dormentes, adota-se 0,70 kgf/dm^3 como a densidade mínima de aceitação. Entretanto, em países em que a madeira é mais escassa, são utilizadas madeiras de densidades muito inferiores a essa.

Observando-se a seção transversal do tronco de uma árvore, nota-se uma parte central mais escura, chamada de cerne, e uma parte de coloração mais clara envolvendo o cerne, que se denomina *alburno*.

O cerne é mais escuro devido a resinas, tanino e outros materiais de tecido lenhoso. Nessa região, a célula não tem função vegetativa, mas apenas mecânica. Em geral, o cerne é pouco permeável aos agentes preservativos químicos, mas tem durabilidade maior que o alburno que o envolve, pois as resinas e o tanino repelem os fungos.

O alburno possui células cuja função é conduzir a seiva e armazenar as reservas nutritivas da planta, sendo, portanto, propenso ao ataque de fungos e insetos.

Geralmente, denominam-se *madeiras brancas* aquelas em que predomina o alburno e que apresentam lenho variável na cor, na estrutura e nas propriedades físicas e mecânicas e baixa resistência à deterioração quando expostas ao tempo. Mesmo algumas *madeiras de lei* incluem-se nessa categoria. Assim, sua denominação deve-se mais à sua pouca resistência ao apodrecimento do que à sua cor.

Outro fator que se deve levar em conta é o apodrecimento da madeira causado por agentes biológicos, como fungos e insetos, que se alimentam de tecido vegetal morto ou vivo.

Para evitar a proliferação desses agentes e aumentar a resistência dos dormentes de alburno ou mistos (cerne + alburno) à ação deles, a madeira é submetida a um tratamento com substâncias preservativas, que podem ser oleosas, como creosoto e pentaclorofenol, ou hidrossolúveis, como Boliden K-33 e sais Boliden.

Esses tratamentos são executados em usinas especializadas e podem levar até dez meses para serem realizados, em razão da necessidade de se proceder à redução do teor de umidade presente no dormente.

Dormentes de aço

A utilização de dormentes de aço em ferrovias brasileiras data de longo tempo, muitos deles diferindo por simples detalhes ou pela fixação dos trilhos, e sua utilização está diretamente relacionada a parâmetros econômicos e/ou ambientais.

De modo geral, esses dormentes consistem de uma chapa de aço laminado em forma de "U" invertido e que é curvada em suas extremidades a fim de formar garras, que se introduzem no lastro e se opõem ao deslocamento transversal da via (Fig. 5.1). São relativamente leves, com 70 kgf, e de fácil manuseio e assentamento. Essa leveza, entretanto, é indesejável para linhas de tráfego pesado.

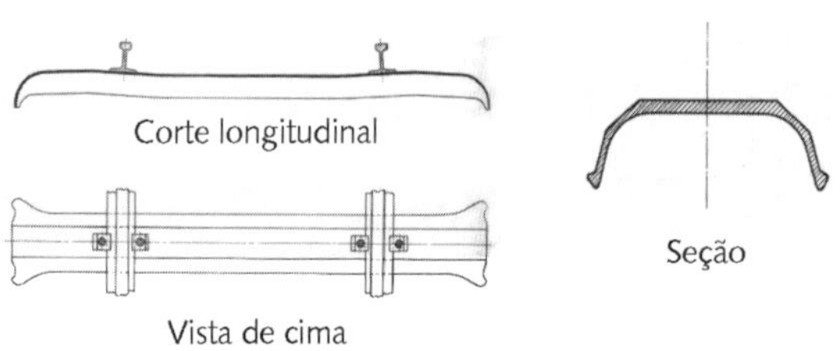

Fig. 5.1 Dormente de aço
Fonte: catálogo técnico da MIMF - Indústria de Materiais Ferroviários.

O aço é grande propagador de ruídos, em razão das vibrações do tráfego, e, sendo bom condutor de eletricidade, dificulta o isolamento entre as duas filas de trilhos necessário para os circuitos de sinalização da linha.

Esse dormente apresenta maior rigidez e fixação do trilho mais difícil, a qual geralmente é feita por meio de parafusos e castanhas e tende ao afrouxamento, necessitando de constante manutenção. Além disso, esses furos, feitos para a passagem dos parafusos, tendem a enfraquecer o dormente, originando fissuras que inutilizam a peça ao se estenderem. Esse inconveniente pode ser contornado adotando-se um tipo de dormente com a chapa de nervuras soldadas na posição de apoio do patim do trilho e com fixação do tipo GEO. Trata-se de um dormente mais caro e que apresenta o inconveniente de ser específico para um determinado perfil de trilho, não podendo ser aproveitado no caso de substituição por outro perfil.

Além disso, a socaria do lastro também é mais complicada, em razão de sua forma.

No Brasil, até pouco tempo atrás, o dormente de aço possuía preço proibitivo em relação aos demais tipos, de madeira e concreto. Após a privatização das siderúrgicas e devido ao alto preço da madeira e do concreto atualmente, a situação já não é a mesma, e seu custo é competitivo para grandes quantidades.

Dormentes de concreto

Há mais de 150 anos, desde sua implementação, a via permanente ferroviária tem sido construída com a utilização de dormentes. Ao longo desse tempo, sua construção vem sendo continuamente melhorada e adaptada ao aumento das ações dos eixos e da velocidade dos veículos. Nesse período, os dormentes de madeira e concreto dispostos na via permanente de modo transversal, longitudinal ou em blocos prevaleceram.

Desde o princípio, as ferrovias vêm adaptando a madeira como o elemento destinado a suportar os trilhos e a manter a bitola da via. Os dormentes de madeira apresentam como qualidade uma grande flexibilidade, o que resulta numa grande capacidade de suportar as vibrações oriundas das ações dinâmicas atuantes na via permanente.

Com o desenvolvimento e a consequente concorrência de outros meios de transporte, a escassez e o preço elevado das madeiras nobres, a menor durabilidade e a maior necessidade de manutenção e, principalmente, com o surgimento do concreto protendido, a partir da Segunda Guerra Mundial, os países da Europa, com destaque para Inglaterra, França e Alemanha, começaram a substituir os dormentes de madeira pelos dormentes de concreto (biblocos e monoblocos).

Do primeiro dormente de concreto até os modernos e atuais, numerosos foram os tipos e modelos experimentados. O fracasso de alguns modelos propiciou um melhor conhecimento do comportamento do dormente e a importância das solicitações a considerar no projeto. Os modelos atuais dos dormentes de concreto, que são seguros, resistentes e econômicos, decorrem dos inúmeros melhoramentos feitos nos primeiros modelos, por meio de longas experimentações e investigações realizadas em diversas ferrovias do mundo.

O primeiro projeto de dormente de concreto data de 1884 e pertence ao francês Mounier, sendo a Áustria e a Itália os primeiros países a produzir dormentes desse material. As ferrovias federais suíça e a sueca experimentaram a aplicação de concreto armado nos dormentes em 1904 e 1910, respectivamente. A ferrovia estatal francesa iniciou seus experimentos e testes de dormentes monoblocos e biblocos de concreto armado em 1913, e as ferrovias nacionais alemãs, em 1922. De modo geral, os testes realizados com dormentes de concreto armado conduziram a resultados insatisfatórios, com exceção do dormente monobloco projetado pela Eternit, na Itália, que utilizava cimento com fibras de asbesto (fibrocimento).

O desenvolvimento histórico do dormente de concreto pode ser dividido em duas etapas: a primeira vai até 1940, enquanto a segunda vai de 1940 até os dias de hoje. Na primeira etapa, os três tipos de dormente (monobloco, bibloco e articulado) eram confeccionados com concreto armado comum e, de modo geral, não obtiveram êxito. Na segunda etapa, com o advento do concreto protendido e o surgimento das fixações elásticas, os dormentes monoblocos pré e pós-tensionados obtiveram grande sucesso e desenvolvimento. Não obstante, o período de 1920 a 1940 foi muito importante, pois alguns modelos de dormente foram produzidos em escala industrial, além do que surgiram, nessa fase, os dois tipos principais, o monobloco e o bibloco.

Dormente de concreto bibloco

Também denominado *dormente misto*, é constituído de dois blocos de concreto ligados por uma barra de aço. Foi criado na França, sendo o dormente Vagneux o protótipo do dormente misto moderno, o chamado dormente RS, projetado por Roger Soneville, da SNCF (Fig. 5.2).

O dormente RS é constituído de dois blocos de concreto armado ligados por uma viga metálica, que desempenha papel preponderante, pois tem comprimento quase igual ao do dormente e constitui a robusta armadura principal dos blocos de concreto.

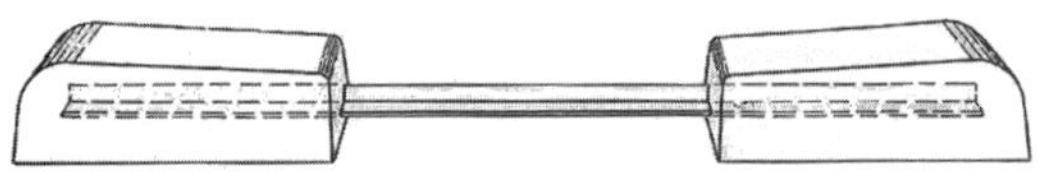

Fig. 5.2 Dormente RS
Fonte: Brina (1979).

Esse dormente pesa aproximadamente 180 kgf, tendo suas armaduras a função de ligar rigidamente os blocos com a viga metálica e "cintar" o concreto em torno dela. Ele contém cerca de 7 kgf de aço além da própria viga, e, graças à elasticidade dessa viga, o dormente de concreto não absorve esforços do lastro no meio do vão e os dois blocos de concreto, muito robustos, resistem à maioria dos esforços de flexão estática e flexão alternada (Fig. 5.3).

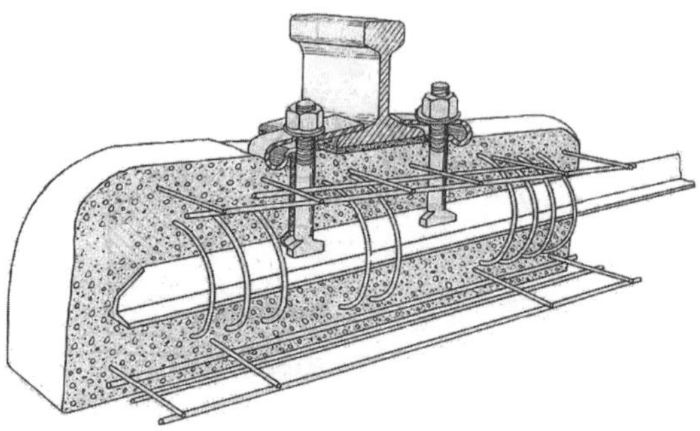

Fig. 5.3 Seção longitudinal do bloco
Fonte: Brina (1979).

A viga metálica de interligação é normalmente fabricada com perfil com cantoneira laminar ou em chapa dobrada e galvanizada a quente, a fim de compatibilizar sua vida útil com a do dormente. O aço empregado em sua fabricação é o especificado na ASTM A36 (ASTM, 1997) ou na NBR 7007, classe MR-250 (ABNT, 2011).

A resistência transversal da via com a utilização do dormente de concreto bibloco é 40% superior à da linha clássica com dormente de madeira.

Com esse tipo de dormente, a linha passa a apresentar duas qualidades primordiais, aparentemente contraditórias: resistência e elasticidade.

A fixação do trilho é feita por um parafuso ancorado diretamente na viga metálica, introduzido por furos deixados no bloco de concreto, e por um grampo de aço doce que aperta o patim do trilho. Esse grampo torna a fixação "elástica", e, além disso, coloca-se, entre o patim e o bloco, uma "almofada" de borracha de neoprene, ranhurada, que aumenta ainda mais a elasticidade da linha. Esse tipo de fixação, patenteada pela SNCF, é chamada de *fixação duplamente elástica* RN (Fig. 5.4).

Outros tipos de fixação foram desenvolvidos, como a S-75 e a CIL (utilizada nas linhas do metrô do Rio de Janeiro).

Dormente de concreto monobloco

Nos primeiros dormentes de concreto monoblocos projetados e fabricados em concreto armado não protendido, observam-se indícios de fissuras estruturais na parte média (seção central) causadas pelo esforço de tração nessa região, como indica a Fig. 5.5.

Fig. 5.4 Detalhe do dormente RS: fixação duplamente elástica RN
Fonte: Brina (1979).

Com o desenvolvimento da tecnologia de concreto protendido e com o aperfeiçoamento de seu desenho, quando então a face inferior central ficou mais alta e com protensão mais reforçada, foram obtidos dormentes de alta qualidade e que têm se portado satisfatoriamente sob condições severas de serviço.

Os dormentes de concreto protendido monoblocos normalmente são projetados e fabricados em duas situações: "pós-tensionados", sem aderência das barras (armadura de proteção) com o concreto, e "pré-tensionados", com aderência das barras (armadura de proteção) com o concreto.

Na pós-tração, a força de protensão é transferida ao elemento estrutural ancorando-se os cabos de protensão pré-alongados contra as extremidades do próprio elemento estrutural, podendo-se ou não promover a aderência posterior e definitiva desses cabos ao concreto por meio da injeção das bainhas.

Na pré-tração, o processo de protensão em que o pré-alongamento da armadura ativa é realizado antes do lançamento do concreto, dispositivos externos independentes do elemento estrutural são utilizados como apoios para os cabos de protensão.

Ainda na pré-tração, os cabos de protensão pré-alongados são liberados de seus apoios externos após o endurecimento do concreto, fazendo com que a força de protensão seja transferida ao elemento estrutural por meio da simples aderência dos cabos ao concreto.

A Fig. 5.6 ilustra um dormente monobloco típico, de base variável.

Como no dormente de concreto bibloco, para o dimensionamento do dormente de concreto monobloco deve ser utilizada a NBR 11709 (ABNT, 2010c).

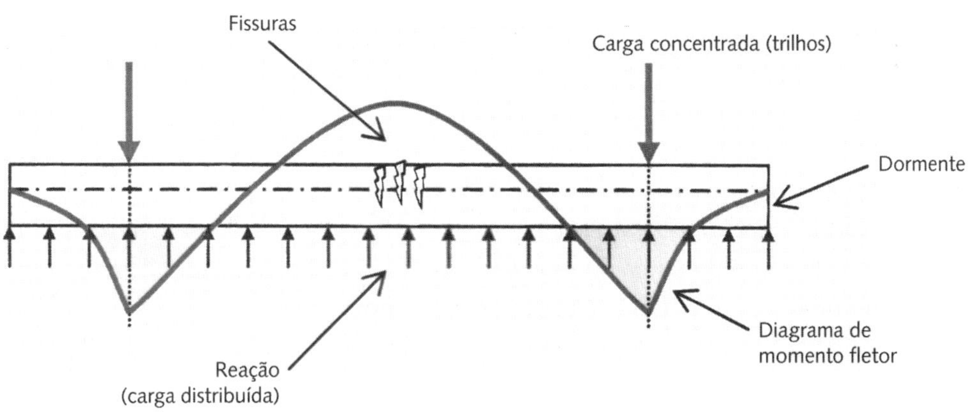

Fig. 5.5 Indícios de fissuras estruturais na parte média dos dormentes de concreto monoblocos
Fonte: Stopatto (1987).

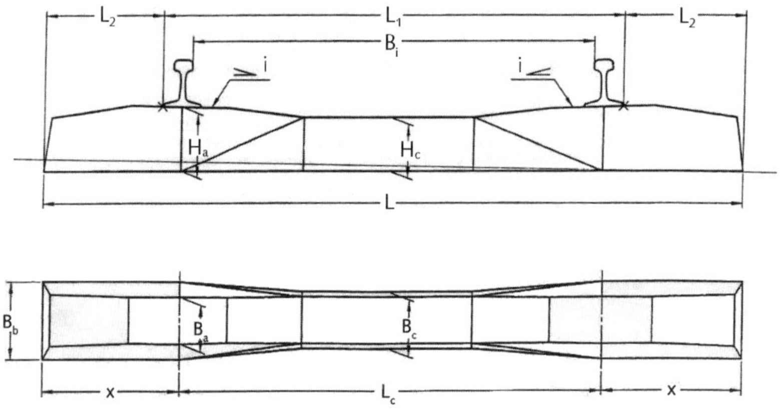

Fig. 5.6 Dormente monobloco típico, de base variável. H_a: altura da seção transversal que passa pelo centro da mesa de apoio do trilho; H_c: altura da seção transversal central do dormente; B_a: largura da mesa de apoio dos trilhos; B_b: largura da base nas regiões sob os trilhos; B_c: largura da base na região central do dormente; B_i: bitola da via; i: inclinação das mesas de apoio dos trilhos; L: comprimento total do dormente; L_1: distância entre as aparas externas dos fragmentos; L_2: posição das aparas externas das fixações com relação às respectivas bordas das cabeceiras do dormente; L_c: distância entre os centros das mesas de apoio dos trilhos; x: comprimento da cabeceira do dormente
Fonte: ABNT (2010c).

Considerações finais sobre o dormente de concreto

Em muitos países, há um crescente interesse na utilização de dormentes de concreto. A experiência tem indicado que a aplicação de dormentes de concreto resulta em vias de qualidade estrutural superior, de melhor estabilidade e desempenho e reduzida manutenção.

Atualmente, nos países de primeiro mundo os dormentes monoblocos de concreto protendido e os dormentes biblocos de concreto armado e barra de aço estão plenamente desenvolvidos e em utilização nas ferrovias. O número total de dormentes no mundo é de 3 bilhões, dos quais mais de 400 milhões são dormentes de concreto. A cada ano, 2% a 5% desse total (60 a 150 milhões) têm de ser renovado. Por fim, é estimado em cerca de 20 milhões o número total de dormentes de concreto fabricados a cada ano em todo mundo.

Outros tipos de dormente

Outros tipos de dormente vêm sendo desenvolvidos e testados em algumas ferrovias no Brasil, principalmente os dormentes de náilon e plástico. O dormente de plástico (reciclado) possui algumas vantagens que devem ser analisadas, e são relacionadas a seguir:

- resistência mecânica comparável ao de madeira;
- resistência inerente ao apodrecimento, à umidade e à ação de insetos e fungos, sem necessidade de adição de agentes tóxicos para tratamento prévio;
- grande previsão de vida útil (entre 40 e 50 anos);
- é totalmente reciclável. Se não passar no controle de qualidade ou se for avariado por acidente, deve voltar à fábrica como matéria-prima para um novo DPR;
- é aderente aos padrões ambientais, pois, além de reduzir a quantidade dos poluentes resistentes (sacolas, embalagens plásticas, garrafas PET), possui

a menor taxa de emissão de gases de efeito estufa e de CO_2 entre todos os dormentes (madeira, aço e concreto) durante todo seu ciclo de vida;

- superior manutenção de torque dos tirefões, acima do limite exigido para o dormente de madeira, que é de 25 kgf/m;
- além das vantagens relacionadas, os dormentes de plástico devem cumprir as exigências técnicas estabelecidas pela ABNT e em anexos no que se refere à resistência à flexão com seu módulo de elasticidade > 1.170 MPa e sua resistência ao abraçamento das fixações ≥ 1,9 tf.

5.1.4 Trilhos

Conceito

Trilho é o elemento componente da superestrutura da via permanente que constitui a superfície de rolamento para as rodas dos veículos ferroviários, servindo-lhes, ao mesmo tempo, de apoio e guia. Funciona como viga contínua e transfere as solicitações das rodas para os dormentes.

Perfis

Os trilhos sofreram grande evolução ao longo da história do transporte ferroviário, tendo em vista o desenvolvimento da tecnologia do aço. A forma e o comprimento das peças evoluíram gradativamente até alcançarem as modernas seções e pesos por metro, suportando as grandes cargas por eixo dos trens modernos.

Por ser mais econômica e eficiente estruturalmente, a seção em duplo "T" foi adotada desde o início do desenvolvimento do transporte ferroviário. Devido ao grande desgaste a que está sujeito pelo atrito com as rodas, o perfil do trilho evoluiu para uma seção em que a mesa superior possui espessura consideravelmente maior que a da alma, para permitir seu uso continuado mesmo após longo tempo de serviço. Foi essa constatação que levou George Stephenson a desenvolver o chamado *trilho de duas cabeças*.

As dificuldades encontradas para a fixação desse perfil fizeram com que ele fosse abandonado em favor do perfil idealizado anteriormente pelo engenheiro inglês Vignole, em 1836, que era composto basicamente de três partes: boleto, alma e patim (Fig. 5.7).

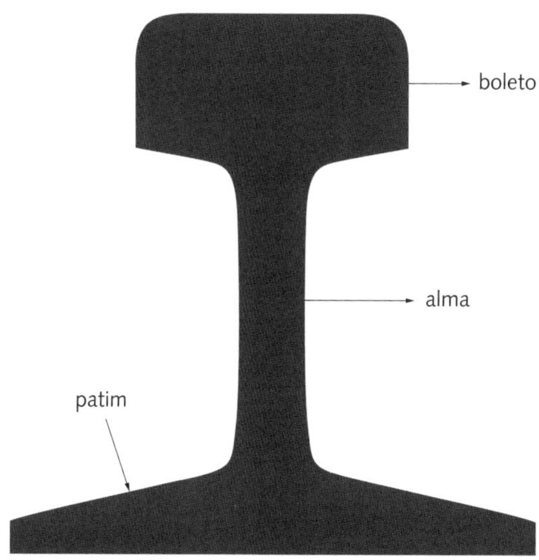

Fig. 5.7 Perfil Vignole, composto de boleto, alma e patim
Fonte: Brina (1979).

A geometria do perfil Vignole favorece a resistência à flexão. Um maior momento de inércia indica que a geometria da seção concentra a maior parte da massa do trilho nos pontos em que as tensões normais são maiores, otimizando o uso do material.

Os requisitos do perfil Vignole são os seguintes:

- *Boleto*
  - o boleto deve ser "massudo", para que o desgaste não afete o momento de inércia da seção.

- *Alma*
  - deve possuir altura suficiente para resistir à flexão. Quanto maior a alma, maior a distância do boleto e do patim com relação à linha neutra da seção, e, consequentemente, maior o momento de inércia;
  - quanto mais a massa do trilho estiver concentrada no boleto e no patim, mais resistente esse trilho será à flexão. Entretanto, deve-se conservar uma espessura mínima na alma capaz de garantir adequada resistência e rigidez transversal. Tal espessura ainda leva em conta o desgaste provocado pela corrosão atmosférica.
- *Patim*
  - não deve ser muito fino, garantindo, dessa forma, que a alma continue perpendicular ao dormente (ou placa de apoio) durante solicitações transversais (em curvas, por exemplo). Se não possuir espessura adequada ao nível de solicitação transversal, pode acumular deformações permanentes ao longo da vida útil e provocar acidentes;
  - a espessura deve ser suficiente ainda para reduzir o nível de tensões residuais decorrentes do resfriamento diferenciado (durante a produção) entre o boleto e o patim;
  - assim como na alma, a diminuição da espessura de fábrica do patim deve ser prevista, por conta da ação da corrosão ao longo do tempo;
  - a espessura nas extremidades é função do gabarito da fixação elástica (vista com mais detalhe adiante);
  - o patim é a parte do trilho que fica em contato com o dormente (ou com a placa de apoio, dependendo da via), transferindo-lhe as tensões. Dessa forma, sua largura define o nível com o qual o dormente (ou a placa) será solicitado(a).
- *Outros condicionantes*
  - estável ao tombamento (espessura de alma e de patim compatíveis com a solicitação);
  - resistência lateral (patim e boleto largos, a fim de garantir resistência à flexão em razão da força transversal, atuante principalmente em curvas);
  - arestas arredondadas, diminuindo a ação de tensões residuais;
  - limite de utilização, em razão do desgaste vertical concomitante ao devido desgaste lateral.

Fig. 5.8 Trilho bilabiado
Fonte: Brina (1979).

No transporte urbano (bonde ou VLT), pode ser utilizado o trilho bilabiado, também denominado garganta ou fenda, fabricado por um perfil cujo boleto dispõe de uma aba lateral que configura uma "calha" para a livre passagem do friso da roda (Fig. 5.8). Essa característica é bastante importante no que concerne aos trechos em curva, tendo em vista que a aba lateral ajuda no guiamento da roda.

Composição do aço para os trilhos

O aço é o material utilizado nos trilhos por diversas razões, relacionadas à sua resistência e qualidade:

- bases características de dureza, tenacidade, elasticidade e resistência à flexão;
- composição química uniforme;
- elevada tensão de escoamento e ruptura;
- isenção (garantida pelo processo de fabricação) de inclusões não metálicas, vazios e trincas térmicas.

Os principais componentes do aço e as influências em suas principais características são:

- *ferro*: constitui 98% da composição do trilho. É o elemento básico do aço e determina suas principais qualidades, como dureza, ductilidade, maleabilidade, tenacidade e resistência à flexão;
- *carbono*: proporciona dureza ao aço. Em grandes porcentagens, torna-o quebradiço, principalmente na presença de altos teores de fósforo;
- *manganês*: proporciona maior dureza ao aço, mas elevados teores de manganês tornam o aço de difícil trabalhabilidade e também frágil na presença de altos teores de carbono. Encarece o custo do trilho. É empregado em trilhos de aço-liga, peças especiais e aparelhos de mudança de via (AMVs);
- *silício*: era considerado inerte no aço, mas hoje se sabe que aumenta sua resistência à ruptura sem afetar sua ductilidade e tenacidade;
- *fósforo*: é um elemento indesejável, pois torna o aço quebradiço. Essa ação diminui à medida que o teor de carbono reduz;
- *enxofre*: é um elemento indesejável, pois, ao combinar-se com o ferro, retira dele suas principais qualidades, formando aquilo que é chamado de segregação.

O aço comum possui como impurezas o manganês (Mn) ou o silício (Si). Quando combinado com o fósforo (P), fica quebradiço.

A maior parte dos trilhos fabricados é de aço-carbono. Em vários países, são também fabricados trilhos de aço especial, que são trilhos de alta qualidade (com mais resistência e dureza) produzidos com ligas que combinam geralmente ferro com vanádio (V), cromo (Cr), molibdênio (Mo), titânio (Ti) e nióbio (Nb), entre outros.

Para um aumento da dureza superficial, os trilhos podem ainda ser tratados termicamente. Esse processo consiste de um resfriamento rápido do trilho, que é reaquecido pelo calor interno e esfria lentamente depois.

Existem processos que tratam totalmente o trilho, enquanto outros tratam apenas o boleto.

O aço para a fabricação de trilhos deve ter composição química e propriedades mecânicas em conformidade com as normas da ABNT, Arema e UIC, dependendo das características técnicas de cada ferrovia, que deverão estar em consonância com os catálogos técnicos dos fabricantes.

Fabricação dos trilhos

O produto da fundição nos altos fornos siderúrgicos é uma liga de ferro com alto teor de carbono, duro, frágil e não maleável. Sua transformação em aço se dá ao mesmo tempo que se diminui o teor de carbono e se eliminam as impurezas existentes, como fósforo e enxofre. Da concha de fundição, o aço é vertido em moldes frontopiramidais de fundo móvel, chamados de lingoteiras. Sua seção média é de aproximadamente 50 cm × 50 cm e contém cerca de 5 t de aço. Os trilhos são laminados a quente, a partir de segmentos dos lingotes chamados de blocos. A seção do trilho é obtida pela passagem sucessiva do bloco ainda aquecido a altas temperaturas através de uma série de cilindros de laminação que, em uma sequência de nove passos, dão-lhe a forma característica.

As operações são projetadas de modo que a seção trapezoidal do bloco seja gradativamente transformada na seção do perfil de trilho tipo Vignole, requerendo precisão no desenho dos contornos dos cilindros de laminação e estreita supervisão em todas as fases do processo, até a obtenção da seção desejada.

Deverão ser observadas, nas fases de fabricação dos trilhos, suas características físicas e geométricas, composição química, propriedades mecânicas, classificação, registros e estampas, acabamento, corte, exames, inspeção, embarque, transporte e garantia, bem como as normas ferroviárias vigentes.

Os trilhos normalmente são confeccionados com 12 m, 18 m ou 24 m de comprimento, quando medidos à temperatura normal de 20 °C.

A Tab. 5.2 apresenta as características das seções dos trilhos, os quais são ilustrados nas Figs. 5.9 a 5.11.

Tab. 5.2 Características das seções dos trilhos

Características geométricas	Tipos de trilho					
Perfil ABNT	TR-37	TR-45	TR-50	TR-57	TR-68	TR-70
Perfil Arema (correspondência)	ASCE75	90ARA-A	100RE	115RE	136RE	141RE
Peso teórico (kg/m)	37,20	44,65	50,35	56,90	67,41	69,79
Seção total (cm^2)	47,39	56,90	64,19	72,56	86,52	88,38
Momento de inércia (cm^2)	981,40	1.680,81	2.039,53	2.730,48	3.920,90	9.181,00
Momento de resistência do boleto (cm^3)	149,10	205,82	247,45	297,00	388,37	414,00
Módulo de resistência do perfil (cm^3)	-	249,58	291,69	360,52	462,12	-

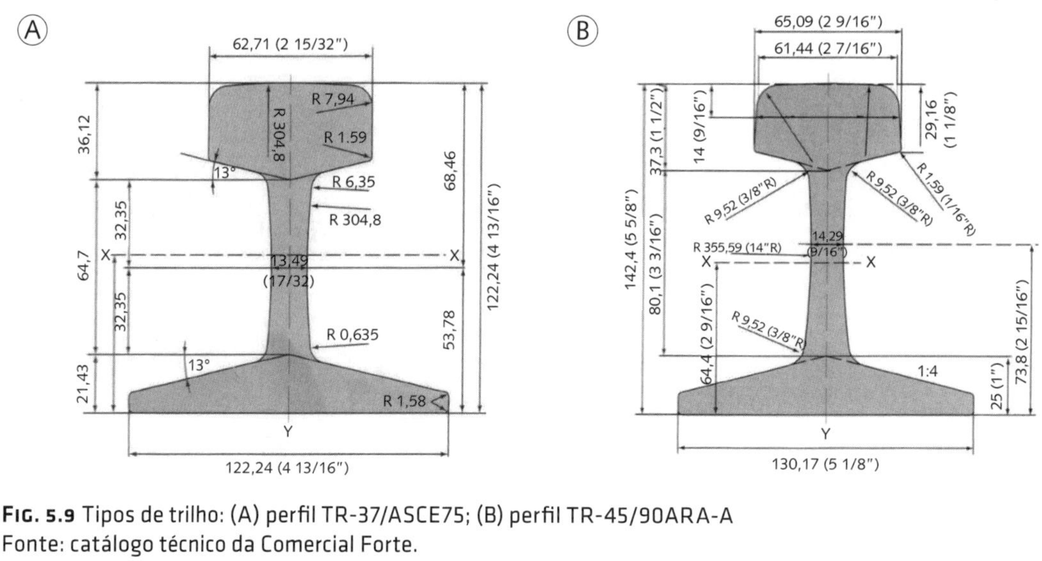

Fig. 5.9 Tipos de trilho: (A) perfil TR-37/ASCE75; (B) perfil TR-45/90ARA-A
Fonte: catálogo técnico da Comercial Forte.

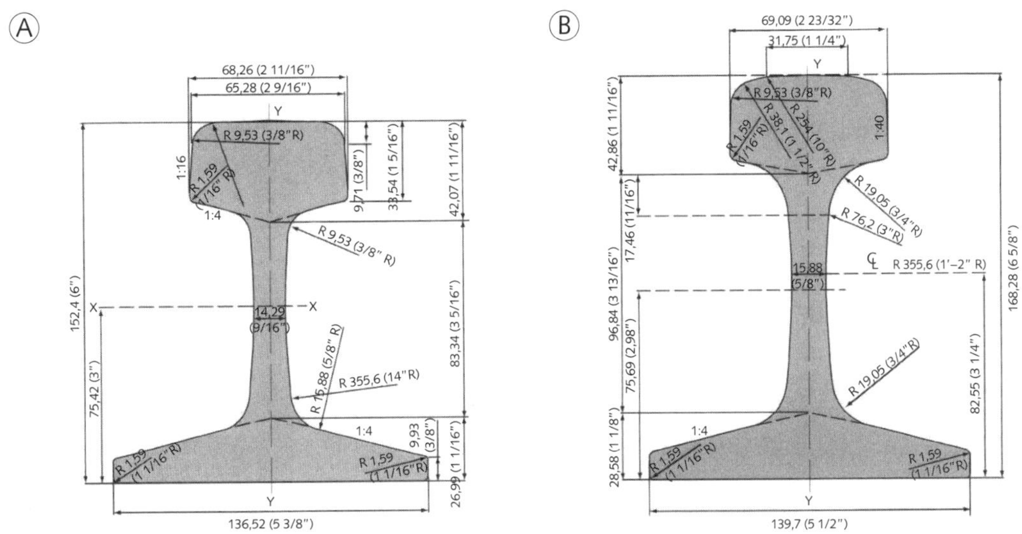

FIG. 5.10 Tipos de trilho: (A) perfil TR-50/100RE; (B) perfil TR-57/115RE
Fonte: catálogo técnico da Comercial Forte.

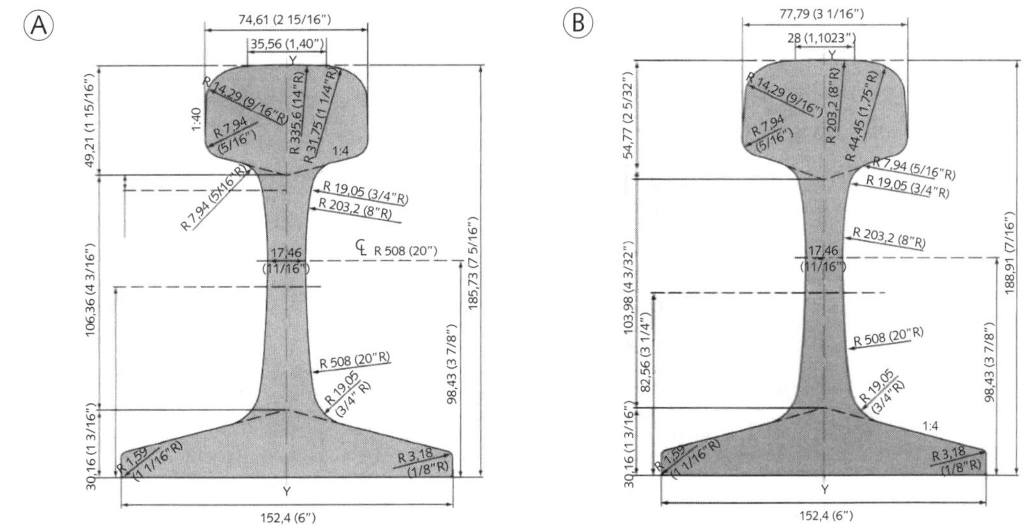

FIG. 5.11 Tipos de trilho: (A) perfil TR-68/136RE; (B) perfil TR-70/141RE
Fonte: catálogo técnico da Comercial Forte.

A Tab. 5.3 apresenta as dimensões das furações-padrão, enquanto a Fig. 5.12 identifica a localização das medidas realizadas.

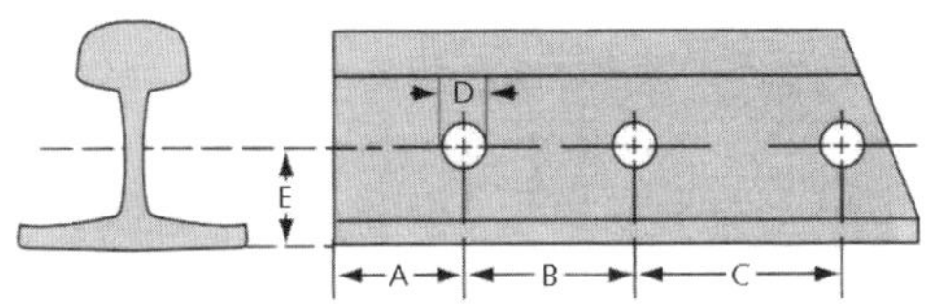

FIG. 5.12 Furação
Fonte: catálogo técnico da Comercial Forte.

Recebimento dos trilhos

Para verificar a qualidade do lote de trilhos recebidos, existem diversos controles destrutivos e não destrutivos, entre os quais podem ser citados:

- *teste de tração*: treliça e resistência, extensibilidade e ductilidade;
- *impacto*: verifica a fabricação e formação de trincas;
- *dureza*: Brinell;
- *entalhe e fratura*: trincas, esfoliações, cavidade, matéria estranha, estrutura brilhante e granulação muito fixa.

Tab. 5.3 Dimensões das furações-padrão

Perfil	Espaçamento (mm)			Diâmetro de furo (mm)	Elevação (mm)
	A	B	C	D	E
141RE (TR-70)	3 1/2" (88,9)	6" (152,4)	6" (152,4)	1 1/4" (31,8)	3 3/32" (78,6)
136RE (TR-68)	3 1/2" (88,9)	6" (152,4)	6" (152,4)	1 1/4" (31,8)	3 3/32" (78,6)
115RE (TR-57)	3 1/2" (88,9)	6" (152,4)	6" (152,4)	1 1/8" (28,6)	2 7/8" (73,0)
100RE (TR-50)	2 11/16" (68,3)	5 1/2" (139,7)	-	1 1/8" (28,6)	2 45/64" (68,7)
90ARA-A (TR-45)	2 11/16" (68,3)	5 1/2" (139,7)	-	1 1/8" (28,6)	2 37/64" (65,5)
ASCE75 (TR-37)	2 5/8" (68,3)	5 1/2" (139,7)	-	1" (25,4)	2 15/128" (53,8)

Defeitos de fabricação

- vazios;
- segregação;
- inclusões;
- fissuras provocadas por tensões interiores de tração no resfriamento;
- defeitos de laminação.

Avarias em serviço

- deformação das pontas;
- autotêmpera superficial;
- escoamento do metal na superfície do boleto;
- ataques da alma e do patim por corrosão atmosférica.

As passagens intermitentes do trem ao longo dos AMVs constituem um carregamento cíclico que pode levar o trilho à ruptura.

Trilhos curtos

Nesse tipo de montagem, os trilhos possuem livre dilatação quando da variação de temperatura, e, portanto, o comprimento máximo do trilho ($l_{máx}$) é função da folga na junta, obedecendo à seguinte fórmula:

$$Folga_{máx} = l_{máx} \cdot \alpha \cdot \Delta T \qquad (5.2)$$

Em que:

α = coeficiente de dilatação do aço ($11{,}5 \times 10^{-6}$ °C);

ΔT = diferença entre a temperatura ambiente atual e aquela no contato da instalação do trilho.

A folga máxima permitida entre trilhos é da ordem de 1,5 cm, o que resulta em $l_{máx}$ = 40 m. Para tanto, soldam-se três trilhos de 12 m ou dois trilhos de 18 m.

Trilhos longos soldados (TLSs)

Quando a temperatura varia na via, os trilhos tendem a sofrer alteração no comprimento. Essa dilatação ou contração é permitida na tecnologia de implantação de trilhos curtos, sendo absorvida nas juntas. Entretanto, essas descontinuidades provocam impactos das rodas nos trilhos, que resultam em dispendiosa manutenção e considerável desconforto ao passageiro. Os trilhos longos soldados impedem que o trilho se movimente nas variações de temperatura, tornando as folgas desnecessárias.

Nos critérios de cálculos detalhados em livros consagrados sobre via permanente ferroviária, a temperatura de instalação é definida em função da máxima e da mínima temperatura que pode ocorrer na via. A temperatura de instalação do TLS é dada pela temperatura média, com uma folga definida de ±5 °C, em média.

Os métodos de soldagem serão detalhados no Cap. 9.

5.1.5 Acessórios de fixação

Talas de junção

Conforme já mencionado, os trilhos são fabricados geralmente nas dimensões de 12 m, 18 m ou 24 m. Os de maior comprimento trariam dificuldades não só na laminação como nos transportes dentro das usinas e destas aos pontos de embarque.

Para estabelecer a continuidade dos trilhos, são colocados em suas pontas duas peças de aço, chamadas de talas de junção, posicionadas de um lado e de outro do trilho e apertadas pelos parafusos contra a parte inferior do boleto e a parte superior do patim. Seu objetivo é oferecer maior inércia, fazendo com que os trilhos se deformem com mais dificuldade.

Os tipos principais de talas de junção são apresentados nas Figs. 5.13 e 5.14, e suas medidas são listadas na Tab. 5.4.

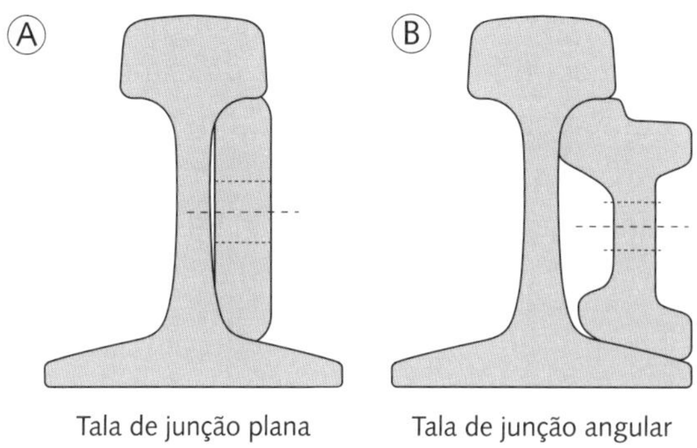

Fig. 5.13 (A) Tala de junção plana e (B) tala de junção angular
Fonte: catálogo técnico da Comercial Forte.

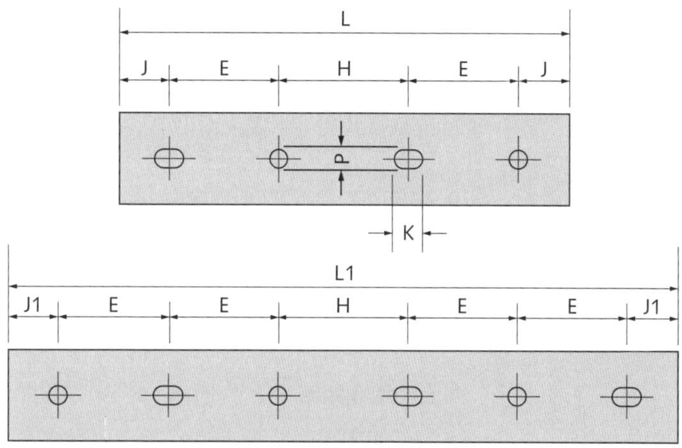

Fig. 5.14 Vista frontal da tala de junção
Fonte: MINF - Indústria de Materiais Ferroviários Ltda.

Tab. 5.4 Medidas da tala de junção

TJ	Peso (kg)		Medidas							
	A	B	E	H	J	L	JT	LT	P	K
37	9,4	14,0	139,7	139,5	95,2	609,5	108	914,5	25,4	31,7
45	14,0	21,1	139,7	139,7	95,2	609,5	108	914,5	27,0	35,7
50	15,2	22,8	139,7	139,7	95,2	609,5	108	914,5	27,0	35,7
57	16,5	25,0	152,4	181,0	61,9	609,5	61,9	914,5	27,0	35,7
58	17,1	25,6	152,4	181,0	61,9	609,5	61,9	914,5	27,0	35,7

Existem talas com quatro furos e talas com seis furos. Estas dão uma junta mais firme e adaptam-se melhor à curvatura nas curvas.

Tal como se dá com os trilhos, a forma e as dimensões das talas podem variar dentro de certos limites e geralmente são padronizadas pelas associações técnicas ou mesmo pelas estradas de ferro, de acordo com os tipos de trilho.

No Brasil, as talas de junção fabricadas obedecem às especificações americanas da ASCE e da Arema, sendo designadas comercialmente como, por exemplo, TJ-57, com o número indicando o tipo de trilho.

São fabricadas por laminação a quente de tarugos de forma retangular, numa série de cilindros, até atingir a forma de seção projetada. Como no caso dos trilhos, fixam-se as porcentagens de carbono e outros componentes de aço.

Corpos de prova são retirados da barra laminada para os ensaios de tração e dobramento, que devem ser feitos para cada corrida. No ensaio de dobramento, o corpo de prova deve resistir a um dobramento a frio sem apresentar trincas na parte externa da porção dobrada.

Parafuso, porca e arruela

O dispositivo que aperta a tala de junção contra a ponta do trilho é o parafuso com porca, que tem próximo à cabeça uma "gola" oval que se encaixa na tala e cujo objetivo é evitar que o parafuso gire ao ser apertado pela porca sem ser necessário segurá-lo.

A porca é apertada por uma chave de comprimento suficiente para que o operário possa trabalhar de pé. Esse comprimento, entretanto, é limitado, para que o "torque" não "espane" a rosca do parafuso.

A Tab. 5.5 apresenta as dimensões do parafuso, enquanto a Fig. 5.15 identifica as suas medidas. Por sua vez, a Fig. 5.16 ilustra uma porca quadrada.

Para impedir que o parafuso afrouxe com a trepidação na passagem dos trens, deve-se colocar, entre a tala e a porca do parafuso, uma arruela, que dá maior pressão à porca, absorve vibrações e, mesmo quando ocorre um ligeiro afrouxamento da porca, mantém o aperto desejado.

A Tab. 5.6 apresenta o dimensionamento da arruela, enquanto a Fig. 5.17 identifica a localização das medidas realizadas.

Placa de apoio

Para aumentar a área de apoio do trilho no dormente, introduz-se, entre este e aquele, uma chapa de aço com os furos necessários para a passagem dos elementos de fixação do trilho ao dormente (Figs. 5.18 e 5.19).

Essa *placa de apoio* prolonga a vida do dormente, pois, além de proporcionar melhor distribuição de carga sobre ele, evita a tendência do patim do trilho de cortar o dormente nas arestas externas do patim.

Além disso, a placa tem nervuras onde o patim se encosta, de modo que o esforço transversal à via é transmitido a toda a pregação pela placa de apoio. No caso da ausência da placa, só a pregação externa suportaria o esforço transversal.

A placa de apoio tem geralmente inclinação de 1:40 de dentro dos trilhos. Essa inclinação faz-se necessária para que o trilho fique inclinado do mesmo modo que o

Tab. 5.5 Dimensões do parafuso

Tala de junção	Dimensionamento do parafuso													
	A	B	Cø	D	Eø	F	Gø	Hø	I	J	K	L	M	Peso (kg)
37	114,3	101,60	22,22	50,79	37,70	22,22	30,95	30,16	13,59	12,70	35,52	13,09	11,11	0,410
45	145,05	131,77	25,40	57,14	38,90	25,40	34,92	34,13	15,67	14,25	41,27	15,08	12,70	0,710
50	139,70	125,41	25,40	57,14	42,85	25,40	34,92	34,13	15,87	14,28	41,27	15,08	12,70	0,710
57	152,40	138,12	25,40	57,14	42,85	25,40	34,92	34,13	15,87	14,28	41,27	15,08	12,70	0,710
58	152,40	138,12	25,40	57,14	42,85	25,40	34,92	34,13	15,87	14,28	41,27	15,08	12,70	0,710

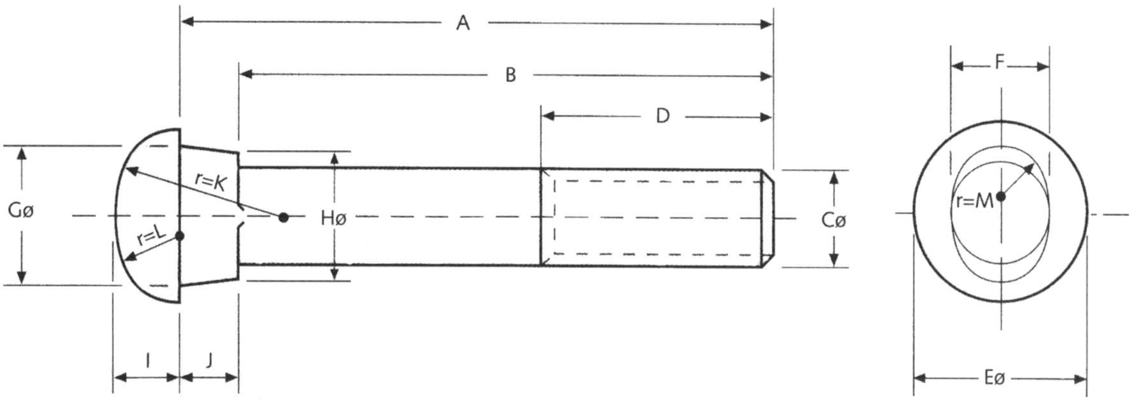

Fig. 5.15 Parafuso
Fonte: especificação de materiais da Valec.

Tab. 5.6 Dimensionamento da arruela

Tala de junção	Diâmetro do parafuso	A		B	C	D
		Máx.	Mín.	Máx.		
TJ-37	7/8"	15/16"	29/32"	1 13/16"	7/16"	13/32"
	22,23 mm	23,81 mm	23,02 mm	46,04 mm	11,11 mm	10,32 mm
TJ-45 ou TJ-57	1"	1" 1/16"	1" 1/32"	2" 1/16"	1/2"	7/16"
	25,40 mm	26,99 mm	26,19 mm	52,39 mm	12,70 mm	11,11 mm

aro das rodas, que tem conicidade de 1:40. Além disso, ela é designada conforme o tipo de trilho correspondente, por exemplo, PA-57.

Suas dimensões variam com a largura do patim do trilho e com o peso do material rodante, e são fabricadas com aço obtido por um ou mais dos seguintes processos: Siemens-Martin, forno elétrico e oxigênio básico. O aço utilizado em sua fabricação deve ter composição (carbono, fósforo e cobre) dentro da normatização pertinente.

Para sua fabricação, análise química, testes mecânicos, tolerâncias dimensionais, acabamento, marcas, inspeção e rejeição, deverão ser observadas as normas da Arema e da ABNT.

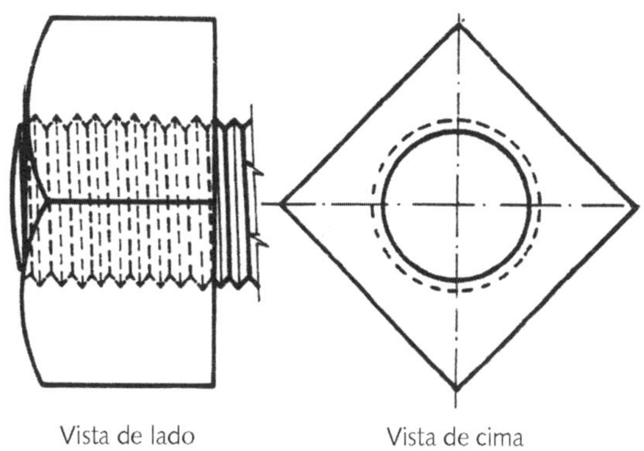

Fig. 5.16 Porca quadrada
Fonte: especificação de materiais da Valec.

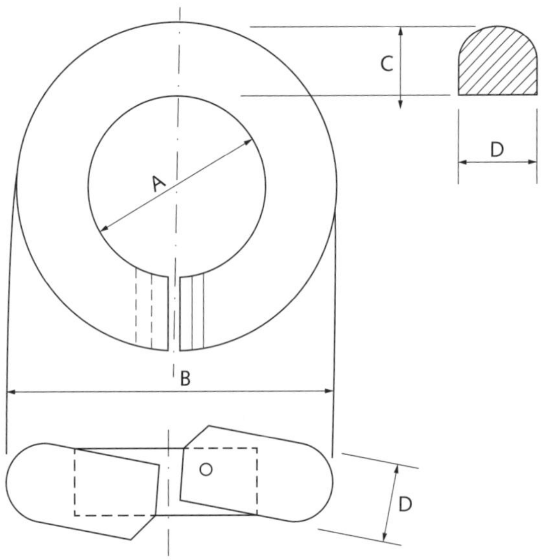

Fig. 5.17 Arruela simples de pressão
Fonte: especificação de materiais da Valec.

Fixação

É o elemento que tem como função manter o trilho ao dormente na posição correta e garantir a bitola da via, oferecendo resistência aos deslocamentos longitudinais e horizontais do trilho.

Fixação rígida

Como exemplos de fixação rígida, têm-se o prego de linha e o tirefão. O *prego de linha* constitui o tipo mais comum de fixação do trilho. É geralmente de seção retangular, terminado em cunha e cravado a golpes de marreta em furo previamente preparado, cujo diâmetro deve ser ligeiramente menor que o diâmetro do circuito circunscrito à seção do prego, a fim de dar a necessária pressão no dormente. A cabeça do prego de linha apresenta uma saliência que se apoia no patim

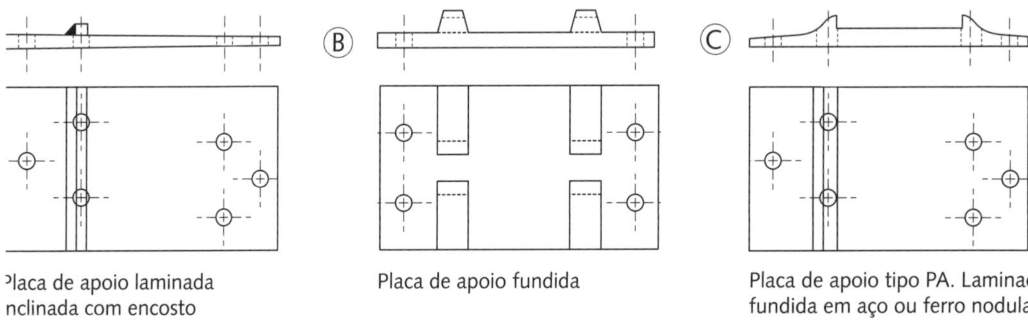

Fig. 5.18 (A) Placa de apoio laminada inclinada com encosto; (B) placa de apoio fundida; (C) placa de apoio tipo PA, laminada, fundida em aço ou ferro nodular
Fonte: catálogo técnico da MIMF - Indústria de Materiais Ferroviários.

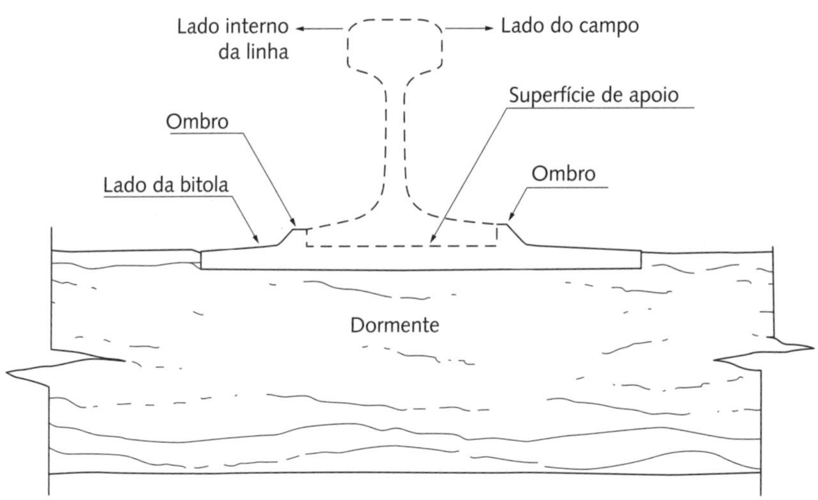

Fig. 5.19 Configuração da seção transversal da placa de apoio inserida no conjunto dormente × trilho
Fonte: Brina (1979).

do trilho e tem, na parte inferior, a mesma inclinação do patim. No sentido perpendicular à saliência mencionada, o prego dispõe de duas "orelhas" para permitir seu arrancamento por meio de alavanca do tipo pé de cabra.

O prego é o menos eficiente dos tipos de fixação, pois, funcionando como "cunha" na madeira, cria a tendência de rachar o dormente. Além disso, oferece pouca resistência ao arrancamento (aproximadamente 2.200 kg) e, em determinadas madeiras com fibras lisas, costuma subir, deixando uma folga entre ele e o patim do trilho.

A Fig. 5.20 ilustra os pregos de linha do tipo asa de barata e cabeça de cachorro.

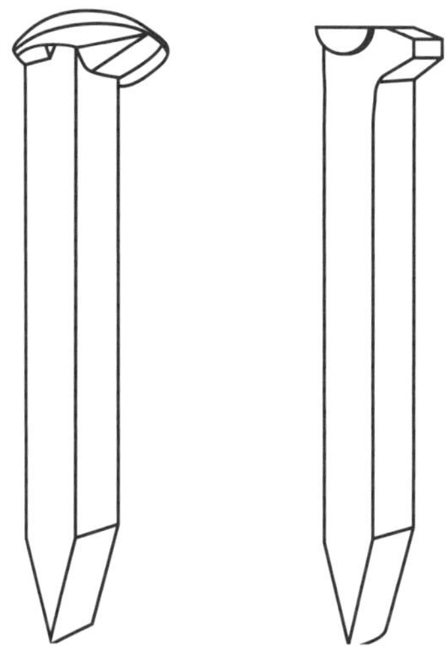

FIG. 5.20 Pregos de linha do tipo asa de barata e cabeça de cachorro
Fonte: Brina (1979).

O tirefão é uma espécie de parafuso de rosca soberba em cuja cabeça se pode adaptar uma chave especial ou o cabeçote da máquina tirefonadeira, por meio da qual se aparafusa o *tirefond* na madeira, no furo previamente preparado (Fig. 5.21).

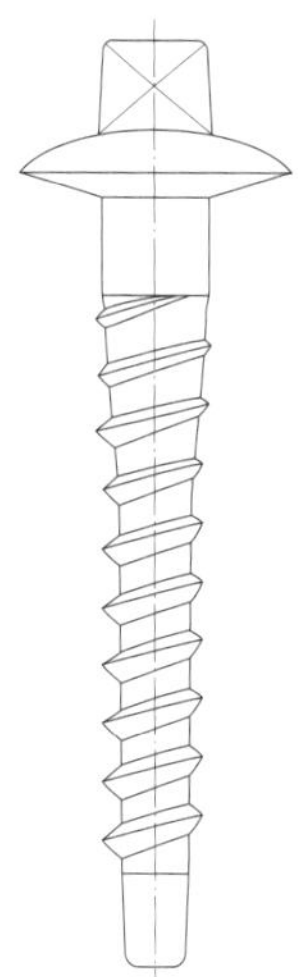

FIG. 5.21 Tirefão
Fonte: catálogo técnico da BR Railparts.

A cabeça do tirefão tem uma base alargada em forma de aba de chapéu que, na face inferior, tem a mesma inclinação do patim do trilho, de modo a adaptar-se a ele. O tirefão é um tipo de fixação superior ao prego, pois, sendo aparafusado, fica mais solidário ao dormente e oferece resistência ao arrancamento bem superior (aproximadamente 7.000 kg). O furo do dormente fica hermeticamente fechado pelo tirefão, impedindo a entrada de água, o que nem sempre acontece com o prego.

Para melhor aproveitamento do dormente, é usual fazer-se a *pregação cruzada*, que consiste em colocar os pregos ou tirefões deslocados no centro do dormente, em posições desencontradas (interna e externamente no mesmo trilho), a fim de permitir nova pregação em posição simétrica quando a primeira se afrouxar (Fig. 5.22).

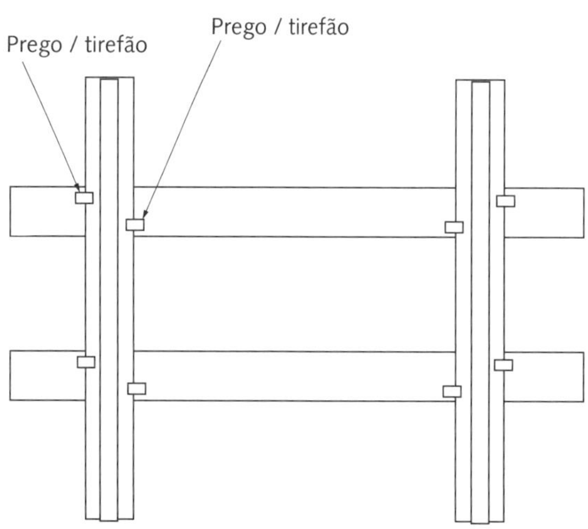

FIG. 5.22 Pregação cruzada
Fonte: Brina (1979).

Essas fixações rígidas são geralmente utilizadas nos dormentes de madeira e, com a passagem do material rodante (vibração), perdem, com o tempo, a capacidade de resistir aos esforços longitudinais.

Fixação elástica

A evolução do transporte ferroviário de carga e metroferroviário exigiu grande evolução das vias.

O aumento da velocidade e da carga por eixo, somado à necessidade de agilizar a manutenção e a montagem, fez com que os sistemas tradicionais ficassem ultrapassados. No caso do transporte urbano, foi necessário buscar soluções que atenuassem os ruídos, choques e vibrações. Daí surgiram fixações tecnicamente mais eficazes, sendo possível citar, além dos grampos elásticos simples e duplo, os grampos Pandrol (projetado na Inglaterra e o mais utilizado), Deenik e Fast-Clip (Fig. 6.23), que consistem basicamente em grampos de aço de mola especiais. Eles possuem composição química de carbono, silício, manganês e fósforo, com percentuais compatíveis, submetidos a processos de endurecimento estabelecidos em normas, e apresentam também propriedades físicas, como resistência a tração, limite de escoamento, alongamento, módulo de elasticidade, densidade e dureza Brinell e Vickers, dentro das normas.

Os grampos se encaixam nos furos da placa de apoio especial, no caso do dormente de madeira, e no chumbador, no caso do dormente de concreto monobloco.

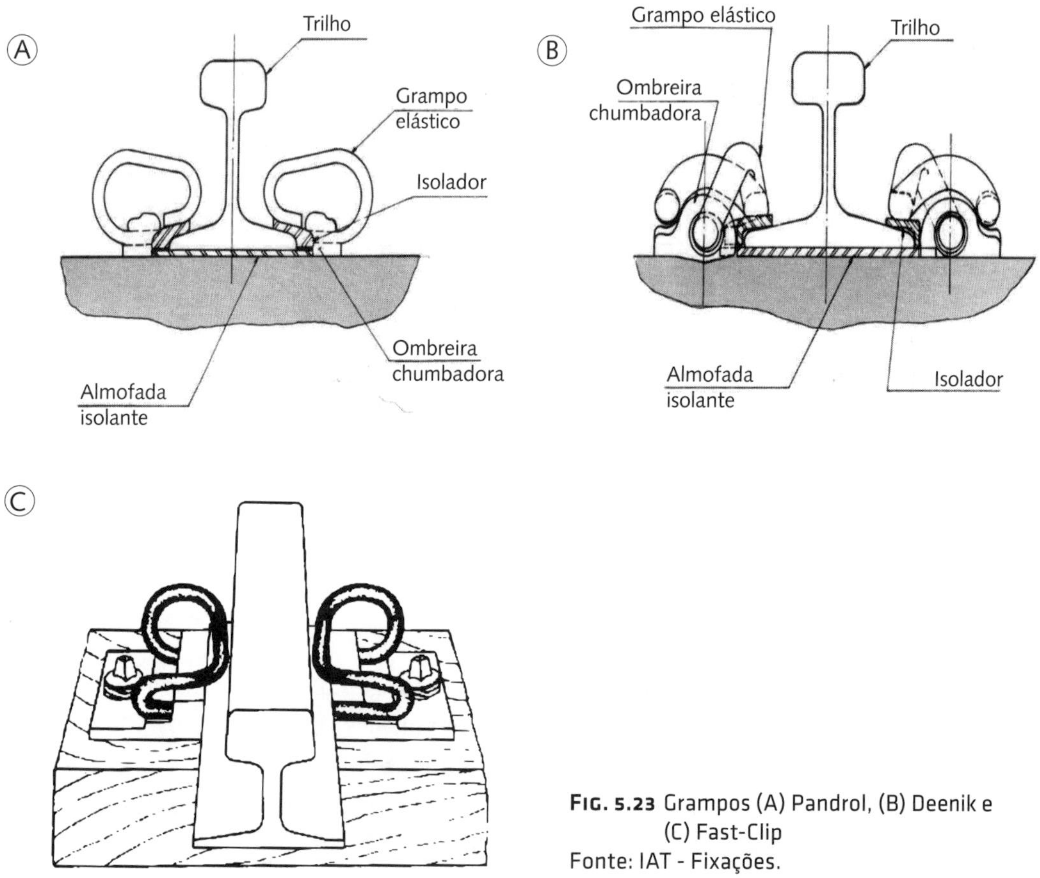

Fig. 5.23 Grampos (A) Pandrol, (B) Deenik e (C) Fast-Clip
Fonte: IAT - Fixações.

Retensor

Para impedir o deslocamento dos trilhos no sentido longitudinal, utiliza-se um acessório denominado retensor, cuja finalidade é transferir aos dormentes o esforço longitudinal que tende a deslocar o trilho. Para tanto, o retensor, preso ao patim do trilho por pressão, fica encostado à face vertical do dormente, transmitindo-lhe os esforços longitudinais. Se o dormente estiver engastado no lastro, sua movimentação fica impedida.

O tipo de retensor mais eficiente é o Fair, colocado sob pressão no patim do trilho. Ele se apresenta em duas formas semelhantes, o Fair T e o Fair V, que diferem apenas na forma da peça.

O tipo Fair V é de seção quadrada, e a parte que fica abaixo do patim do trilho se assemelha a um V (Fig. 5.24).

O retensor do tipo Fair T tem a parte que fica abaixo do patim e adjacente a ele reta, mas a seção transversal da peça forma um T (Fig. 5.25).

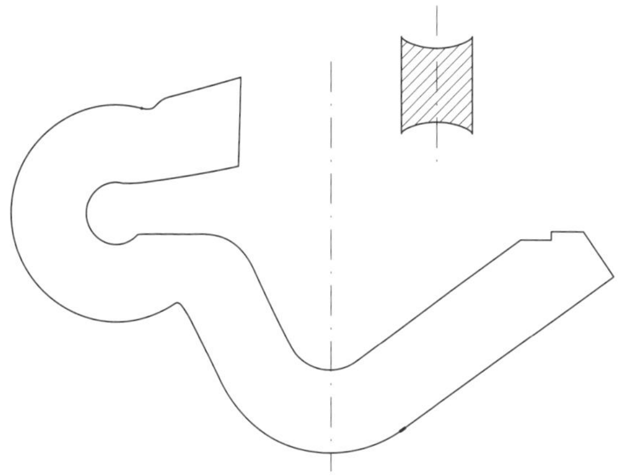

FIG. 5.24 Retensor do tipo Fair V
Fonte: Brina (1979).

De modo geral, pode-se afirmar que as fixações elásticas impedem o deslocamento longitudinal dos trilhos na passagem dos trens, e, nesse caso, o retensor apenas complementa o retensionamento da pregação. Nas fixações rígidas, entretanto, é indispensável contar com a ação dos retensores.

Um bom retensor deve satisfazer aos seguintes requisitos:

- ter poder de retensão superior à resistência ao deslocamento do dormente no lastro;
- ter eficiência em aplicações sucessivas, isto é, permitir várias reaplicações sem perder o poder de retensão;
- ser constituído de uma única peça;
- ser de fácil aplicação.

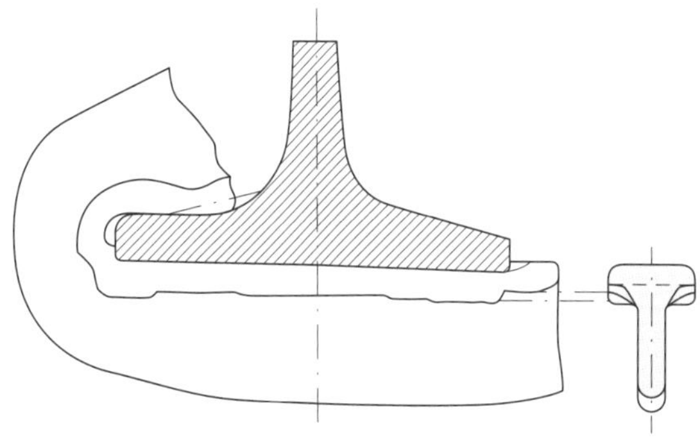

FIG. 5.25 Retensor do tipo T
Fonte: Brina (1979).

Existem especificações a serem obedecidas no recebimento desse acessório, fazendo-se testes mecânicos de laboratório para comprovar sua qualidade quanto ao material (aço) e ao poder de retensão em aplicações sucessivas.

5.1.6 Aparelhos especiais de via

Em uma ferrovia, os trilhos têm a função de receber e distribuir entre os dormentes o peso dos veículos ferroviários e guiá-los por meio do contato do friso da roda com a superfície lateral interna do boleto dos trilhos.

Assim, a superfície de rolamento formada pelos trilhos deve ser a mais contínua possível, visto que qualquer descontinuidade provoca sobrecargas dinâmicas durante a passagem das rodas.

As descontinuidades mais comuns da superfície de rolamento formada pelos trilhos são aquelas provocadas pelas juntas mecânicas com talas aparafusadas. Esse problema decorre do fato de os trilhos serem fornecidos em barras curtas.

As descontinuidades provocadas pela necessidade de juntas podem ser convenientemente eliminadas pela soldagem dos trilhos, prática de aplicação comum hoje em dia, principalmente nas linhas de maior importância.

Existem, no entanto, descontinuidades e interrupções da superfície de rolamento formada pelos trilhos que não podem ser eliminadas, as quais ocorrem por condições de segurança e principalmente quando há a necessidade de um veículo ferroviário ser desviado para outra linha ou transpor outra via férrea.

Nesses casos, são utilizados aparelhos especiais de via, que são dispositivos que, além de suportar e distribuir sobre os dormentes as cargas transmitidas pela composição ferroviária, têm a particularidade de permitir a livre passagem dos frisos das rodas na mudança ou transposição dos trilhos, guiando-os na direção desejada.

Classificação dos aparelhos especiais de via

O primeiro grupo abrange os seguintes dispositivos:

- aparelhos de mudança de via (AMVs);
- aparelho de transposição de via (ATVs);
- aparelhos de conexão de via (ACVs);
- aparelhos de translação do eixo da via (ATEVs).

Por sua vez, o segundo grupo abrange os aparelhos de desvios do material rodante em oficinas e depósitos, bem como os dispositivos de proteção e segurança, tais como:

- giradores;
- carretões;
- juntas de dilatação;
- descarrilhadeiras;
- para-choques;
- contratrilhos internos protetores;
- triângulo de reversão.

As Figs. 5.26 a 5.28 apresentam alguns tipos de AMV, enquanto as Figs. 5.29 a 5.31 ilustram alguns tipos de ATV. Por sua vez, a Fig. 5.32 mostra um ACV.

Girador

Esse dispositivo permite não somente mudar o sentido da marcha das locomotivas como também os veículos de linha, principalmente em áreas restritas, como

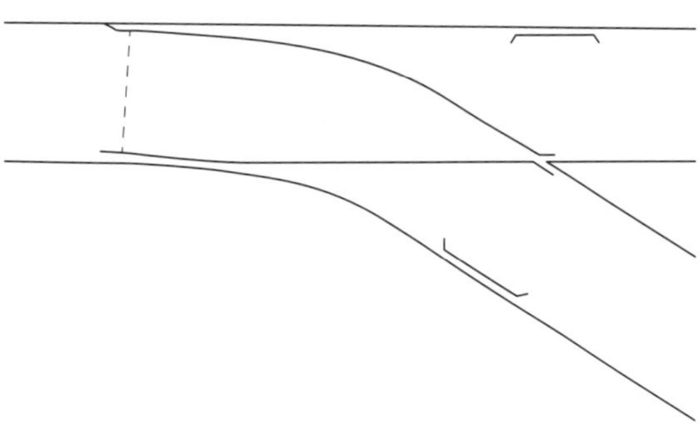

Fig. 5.26 AMV lateral à direita
Fonte: RFFSA (1978).

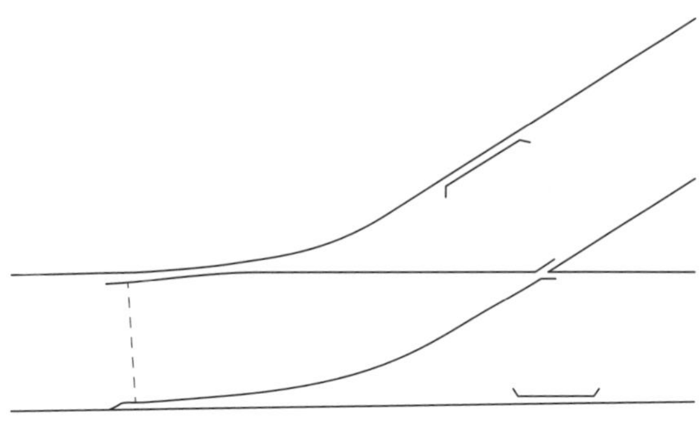

Fig. 5.27 AMV lateral à esquerda
Fonte: RFFSA (1978).

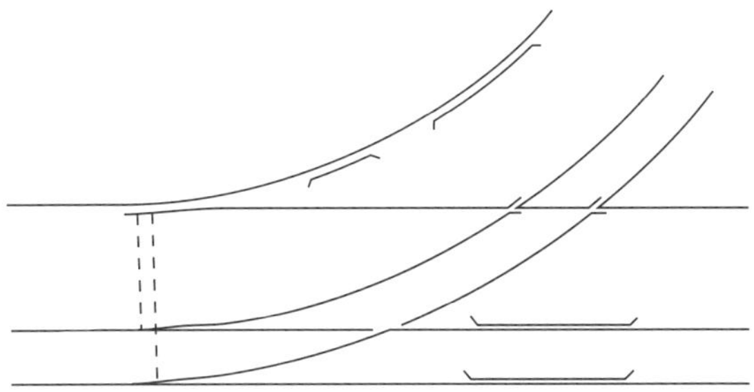

FIG. 5.28 AMV em bitola mista com bitola estreita à esquerda, desvio em bitola mista à esquerda e bitola mista na linha direita
Fonte: RFFSA (1978).

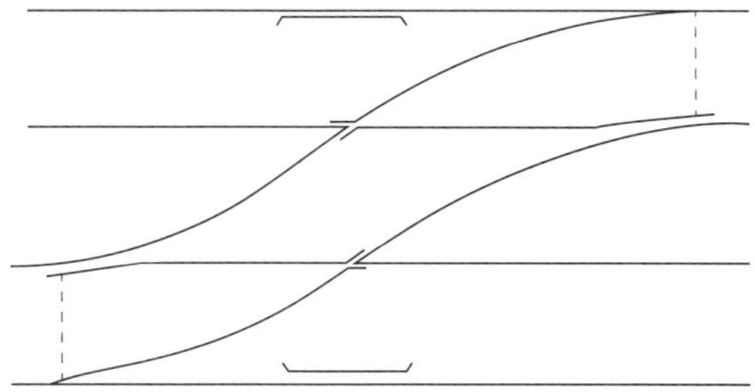

FIG. 5.29 ATV de uma via para outra com uma só direção, comumente chamado de travessão simples e composto de dois AMVs laterais
Fonte: RFFSA (1978).

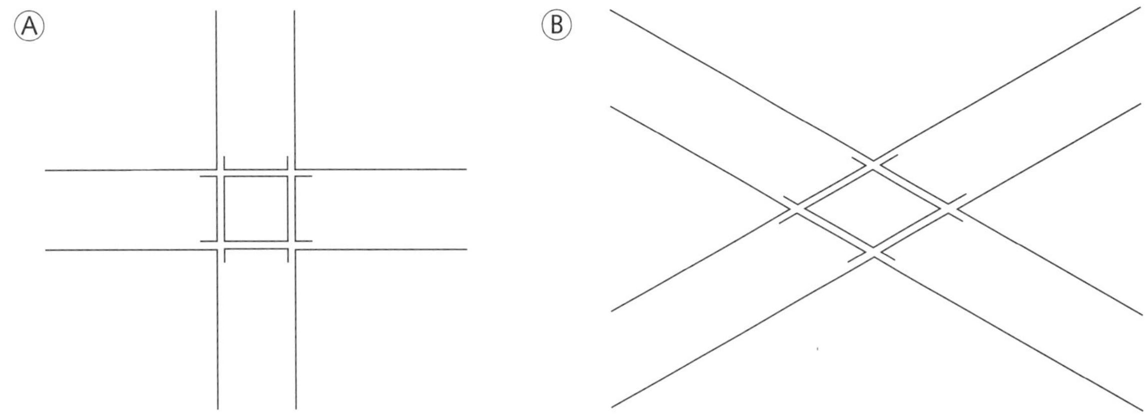

FIG. 5.30 ATV denominado cruzamento ou "X". Pode ser (A) reto, quando forma um ângulo de 90°, e (B) oblíquo, quando forma um ângulo diferente
Fonte: RFFSA (1978).

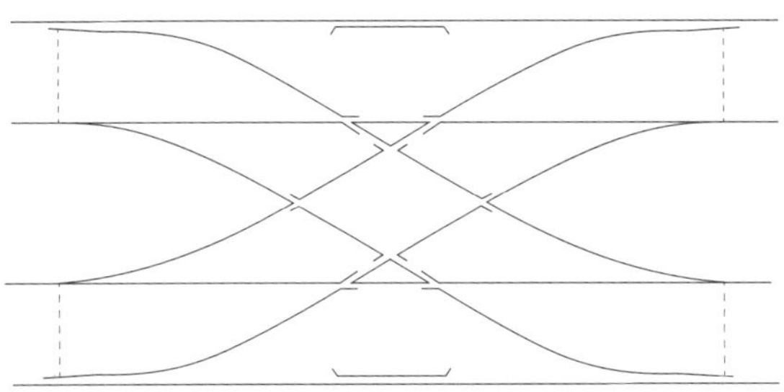

FIG. 5.31 ATV de uma via para outra com duas direções, comumente chamado de travessão duplo e composto de quatro AMVs laterais e um ATV
Fonte: RFFSA (1978).

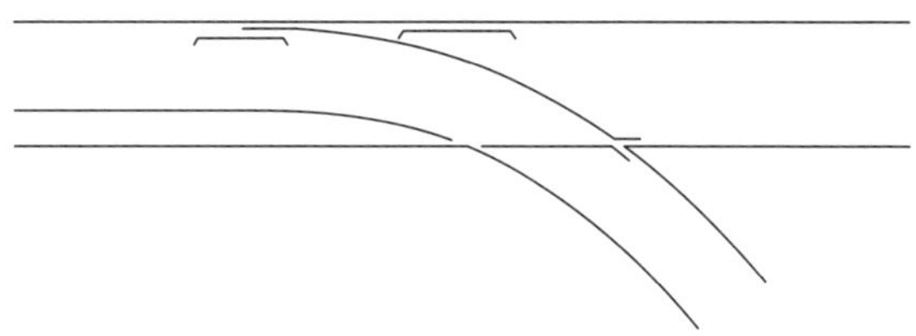

FIG. 5.32 ACV, comumente chamado de pombinho
Fonte: RFFSA (1978).

oficinas, postos de revisão e pátios. Consiste de um poço dentro do qual é instalada uma estrutura semelhante a uma ponte em treliça, apoiada em um *pivot* central, que permite sua rotação manual ou mecânica com o veículo sobre ela e que pode tomar a direção que desejar (Figs. 5.33 e 5.34). Desse modo, é possível colocar o veículo na direção de cada uma das diversas linhas que convergem para o girador ou mudar o sentido da marcha da locomotiva.

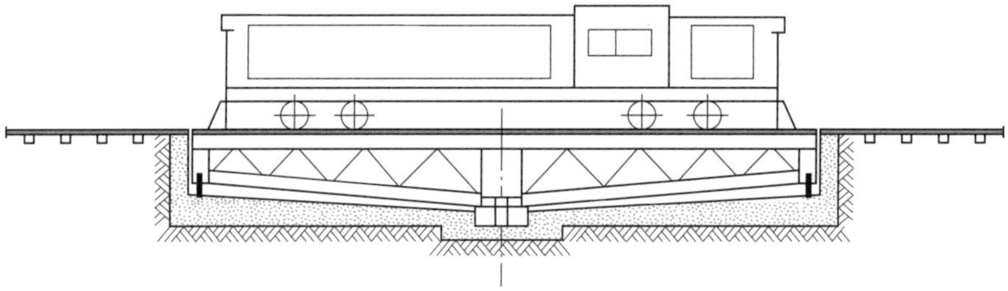

Fig. 5.33 Girador
Fonte: RFFSA (1978).

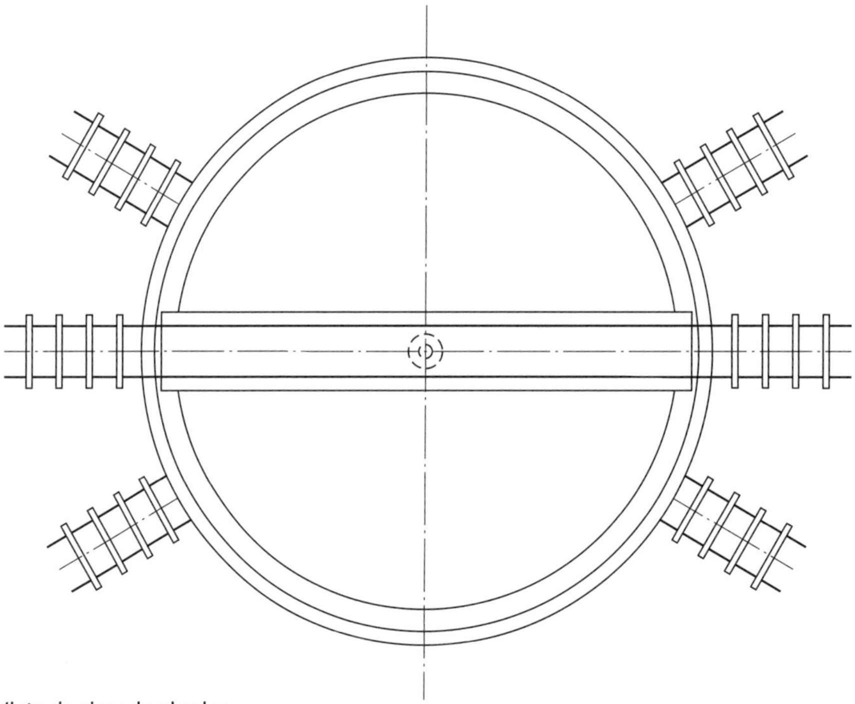

Fig. 5.34 Vista de cima do girador
Fonte: RFFSA (1978).

Carretão

Permite que o veículo ferroviário passe de uma linha para a outra dentro das oficinas de reparação. Nesse caso, as linhas são dispostas paralelamente, de um lado e de outro do carretão, que nada mais é que uma prancha de grandes dimensões dotada de rodas e que corre sobre trilhos dispostos longitudinalmente em relação às diversas linhas em que os veículos estão (Fig. 5.35). Para passar um veículo de uma linha para a outra a fim de submetê-lo a reparação, deve-se empurrá-lo para cima do carretão, que é então movimentado até ficar em frente à linha desejada.

Junta de dilatação para TLS

Empregada como dispositivo de proteção e segurança em pontes de grande extensão, em trechos com trilhos longos soldados. Também pode ser utilizada à entrada de um AMV, dependendo das condições locais e operacionais.

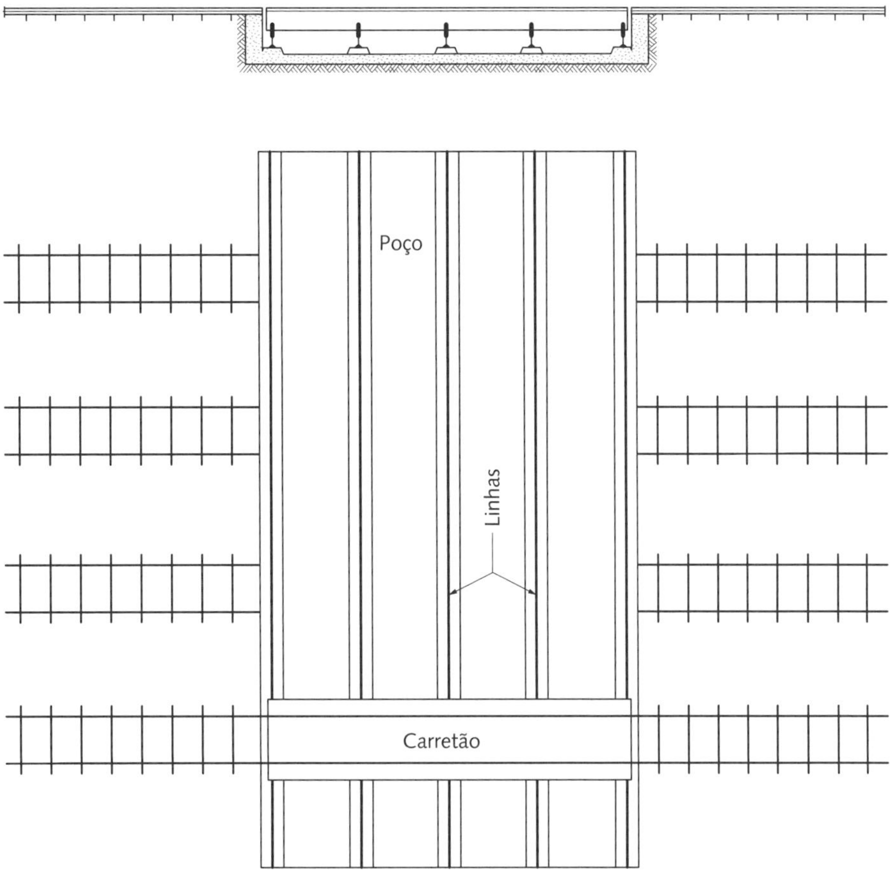

FIG. 5.35 Carretão
Fonte: RFFSA (1978).

Descarrilhadeira

Empregada como dispositivo de segurança nos casos de possibilidade de corrida de um veículo ferroviário estacionado.

Para-choques de via

São peças feitas de trilhos curvados, ligados por uma peça de madeira aparafusada a eles, no centro da qual se adapta uma mola (Fig. 5.36). São colocadas nas extremidades dos desvios mortos (desvios que só dão saída para um lado), evitando o descarrilamento dos veículos na ponta do desvio. Existem também peças de ferro fundido com a forma da circunferência da roda que são aparafusadas nos trilhos.

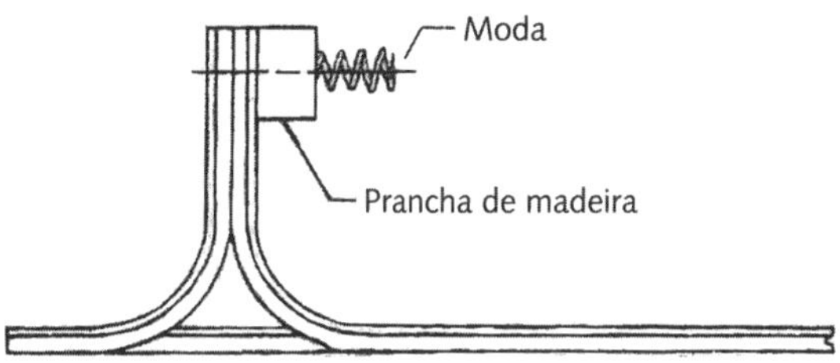

FIG. 5.36 Para-choques de via
Fonte: RFFSA (1978).

Contratrilhos internos protetores

Geralmente, são empregados para a proteção de obras de arte ferroviárias, como pontilhões, pontes e viadutos (Fig. 5.37).

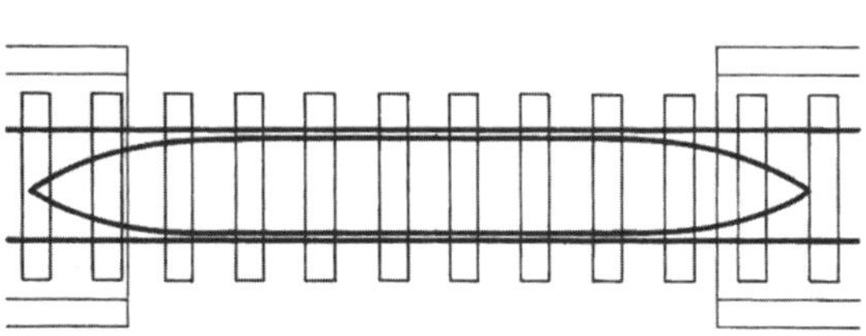

FIG. 5.37 Contratrilhos internos protetores
Fonte: RFFSA (1978).

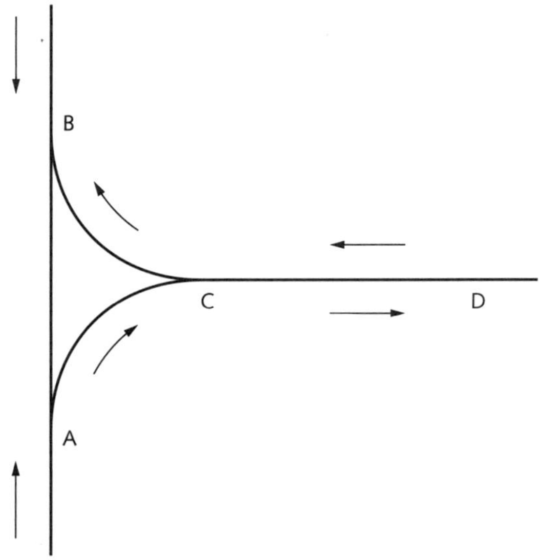

Fig. 5.38 Movimentação do veículo no triângulo de reversão
Fonte: RFFSA (1978).

Triângulo de reversão

Como visto, é possível, por meio de giradores, mudar o sentido de marcha dos veículos. Essa operação também pode ser feita pela utilização de triângulos de reversão, que substituem a onerosa estrutura necessária para os giradores.

O triângulo de reversão consta de três desvios interligados em forma de triângulo, com um prolongamento em um dos vértices chamado de chicote do triângulo.

Na Fig. 5.38, observa-se que o veículo, ao entrar pelo vértice A do triângulo, ir até o chicote CD e voltar de ré, fica em posição de marcha invertida ao atingir o ponto B.

Trata-se de um sistema simples, que requer três AMVs em A, B e C e uma área de terreno que permita a colocação das três linhas. Ademais, os desvios CB e CA são simétricos.

Composição básica de um AMV

Todo AMV é composto de três grandes partes: chave (comumente dividida em meia-chave direita e meia-chave esquerda), parte intermediária ou parte de ligação e cruzamento. Cada uma dessas partes comporta várias ferragens e acessórios, como apresenta o Quadro 5.1.

Em relação à tecnologia, os AMVs são divididos em:

- aparelhos de mudança de via de origem tecnológica Arema (AMVA);
- aparelhos de mudança de via de origem tecnológica europeia ou UIC (AMVU);
- aparelhos de mudança de via desenvolvidos pelos metrôs usando a geometria básica dos AMVU (AMVM);
- outros aparelhos de mudança de via de origem tecnológica de outras entidades.

Comentários sobre os principais elementos de um AMV

Chave

Também chamada de grade de agulhas ou agulhagem, é constituída de agulhas, trilhos de encosto e acessórios, montados adequadamente de modo a permitir o encaminhamento dos veículos ferroviários de uma linha para outra ou para a mesma via.

- *Agulhas*

  São peças geralmente constituídas de trilhos convenientemente trabalhados, destinadas a guiar as rodas dos veículos ferroviários ao transporem a chave.

  A extremidade inicial da agulha chama-se *ponta material da agulha*. Sua parte inicial, afilada, que se ajusta ao trilho de encosto, é denominada *ponta da agulha*. Já a extremidade oposta à ponta material, onde a agulha se articula com o trilho de ligação, é o *coice da agulha*, ao passo que a parte intermediária entre a ponta da agulha e o coice é o corpo da *agulha*.

QUADRO 5.1 Ferragens e acessórios das partes do AMV

Parte	Ferragens	Acessórios
Chave	▪ Meia-chave completa ▪ Agulha ou lança ▪ Encosto da agulha, trilho de encosto, contra-agulha, contra-lança ou paralelo	▪ Barras de reforço ▪ Placas bitoladoras ou chapas de soleira ▪ Placas de deslizamento ▪ Escoras laterais rígidas e ajustáveis ▪ Barras de conjugação ▪ Punhos de articulação ▪ Calços de encosto ou batentes ▪ Blocos ou calços do coice ▪ Talas de junção especial para o coice ▪ Parafuso especial para o coice ▪ Tirante ou barra de manobra ▪ Aparelho de manobra, que pode ser substituído pela chave-motor ▪ Parafusos, porcas e arruelas
Parte intermediária ou de ligação	▪ Trilhos intermediários externos e internos	▪ Talas de junção ▪ Placas de apoio ▪ Placas gêmeas ▪ Parafusos, porcas e arruelas
Cruzamento	▪ Jacaré ▪ Contratrilhos ▪ Trilhos dos contratrilhos	▪ Placas de apoio especiais para os contratrilhos ▪ Placas gêmeas ▪ Blocos ou calços de separação e união ▪ Parafusos, porcas e arruelas

Por fim, o ponto determinado pela interseção das linhas de bitola da agulha e de seu trilho de encosto é chamado de *ponto teórico da agulha*, enquanto o ângulo agudo formado pelas linhas de bitola da agulha e de seu trilho de encosto denomina-se ângulo da agulha.

A Fig. 5.39 ilustra algumas partes da agulha.

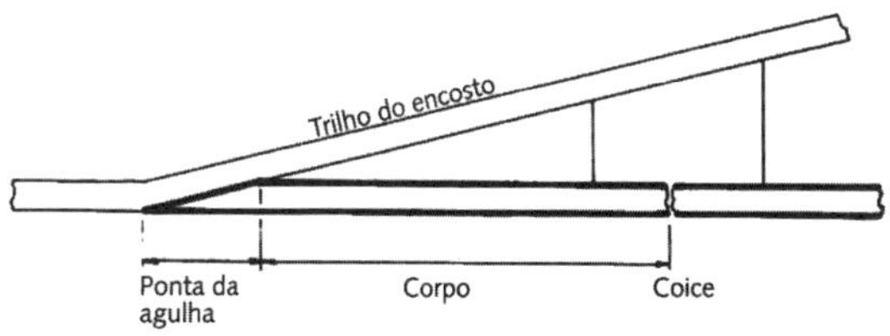

FIG. 5.39 Algumas partes da agulha
Fonte: RFFSA (1978).

- *Encosto das agulhas*

Encosto da agulha, trilho de encosto ou paralelo é o trilho em que a agulha se apoia. Cada agulha possui um encosto.

A forma do trilho de encosto depende do tipo de componente do AMV, da linha em que ele está instalado (direta ou desviada) e do detalhe da ponta que serve de encosto.

Na agulha que obriga o veículo ferroviário a mudar de direção, as principais operadoras ferroviárias utilizam o detalhe de ponta 5100 por questão de segurança, visto que, para esse detalhe, o trilho de encosto protege a ponta da agulha do ataque do friso da roda. Esse detalhe é denominado *corte Sanson*, cuja extensão é tal que seu início se dá a 4 1/2" antes da ponta da agulha e seu término se verifica 12" após o ponto de separação dos boletos, para agulhas normalizadas pela Arema (Fig. 5.40).

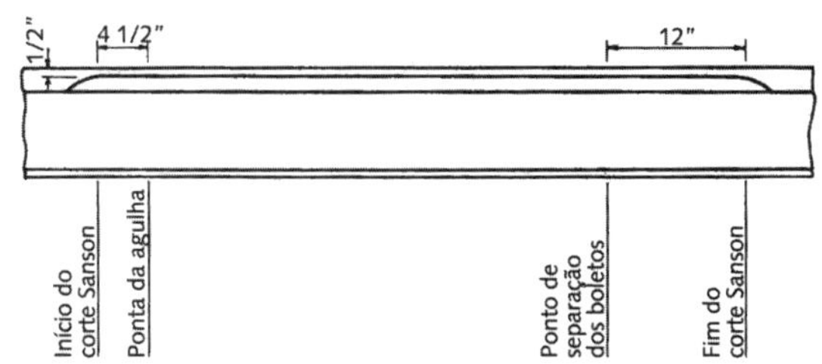

FIG. 5.40 Corte Sanson
Fonte: RFFSA (1978).

Em um AMV lateral de agulhas retas, o trilho de encosto da agulha da linha desviada é reto e o trilho de encosto da agulha da linha direta é dobrado no vértice. Chama-se *vértice* o ponto determinado pela interseção da linha de bitola da agulha com a linha de bitola de seu respectivo encosto, quando esse encosto estiver assentado em linha desviada.

Assim, o vértice coincide com a ponta teórica da agulha. Observe-se, no entanto, que o termo vértice é aplicado apenas nos casos em que o trilho de encosto está assentado em linha desviada, já que está relacionado com a deflexão da linha de bitola causada pela dobra do trilho (Fig. 5.41).

A distância do vértice à ponta da agulha, medida na direção de sua linha de bitola, chama-se *distância do vértice*. Em agulhas de ponta zero, essa distância é igual a zero e a dobra coincide com a ponta da agulha.

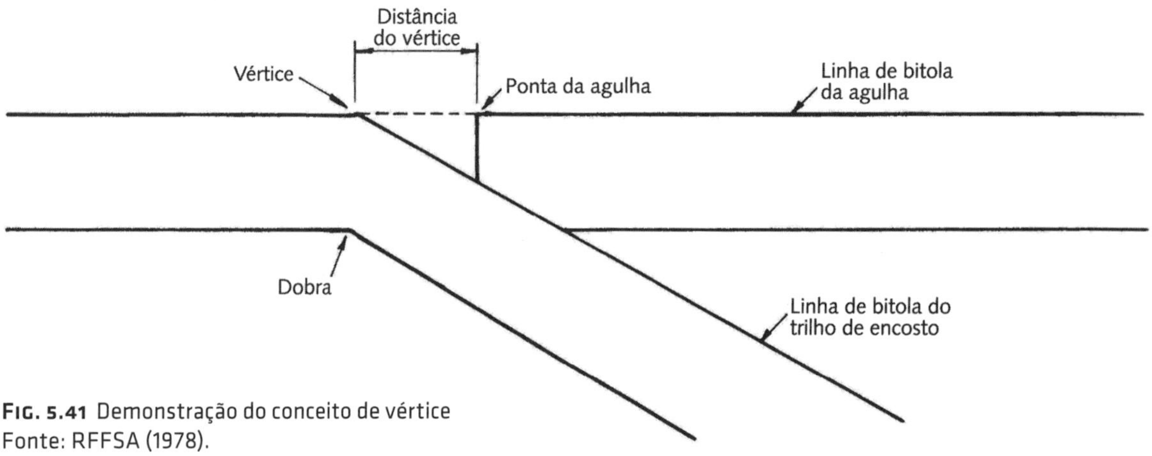

Fig. 5.41 Demonstração do conceito de vértice
Fonte: RFFSA (1978).

- *Coice*

  É o conjunto que faz a articulação da agulha com o trilho de ligação, e está localizado na parte extrema da agulha oposta à ponta. Nos AMVs, constitui-se dos seguintes elementos:
  - calço do coice;
  - talas de junção especiais;
  - parafusos especiais do estojo;
  - porcas, parafusos e arruelas.

  A distância entre as linhas de bitola da agulha e do trilho de encosto, medida na altura da junta do coice, chama-se *abertura do coice*. Essa distância deve ser tal que permita a livre passagem dos frisos das rodas. Nos AMVs, a abertura do coice, medida na perpendicular à linha de bitola do trilho de encosto, é de 158,75 mm (6 1/4") para qualquer tipo de agulha Arema.

Parte de ligação

A parte de ligação ou intermediária é o conjunto formado pelos trilhos intermediários e seus respectivos acessórios (talas de junção, placas gêmeas, placas de apoio comum, parafusos, porcas e arruelas). Sua função é fazer a ligação entre a chave e o cruzamento (Fig. 5.42).

Cruzamento

É constituído de jacaré, contratrilhos e trilhos do contra e seus respectivos acessórios. Sua função é guiar convenientemente os veículos ferroviários, possibilitando a passagem das rodas numa e noutra direção.

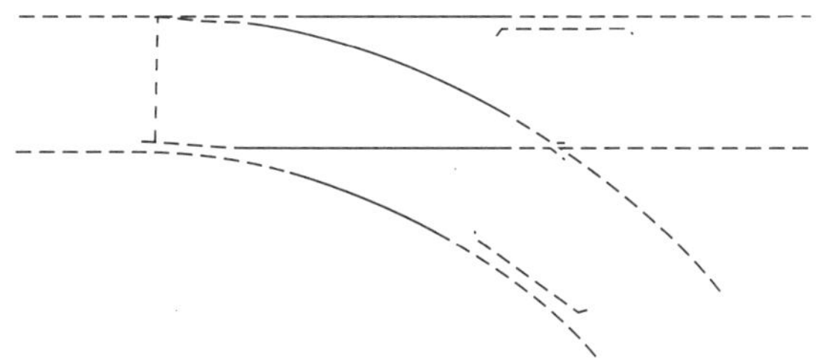

FIG. 5.42 Parte de ligação
Fonte: RFFSA (1978).

- *Jacaré*

  É o dispositivo que permite a passagem dos frisos das rodas numa ou noutra linha de bitola. Alguns dos principais elementos do jacaré reto do tipo Arema encontram-se esquematizados na Fig. 5.43.

  O ângulo formado pelas linhas de bitola é denominado ângulo do jacaré (β). Por sua vez, o triângulo ABC é a *ponta do jacaré*, na qual se têm:

  - *ponta teórica*: ponto determinado pela interseção das linhas de bitola (ponto A);
  - *ponta de 1/2"*: localizada na seção perpendicular à bissetriz do ângulo do jacaré, em que a espessura da ponta é de 12,7 mm (1/2").

  A espessura da ponta do jacaré é medida na altura da linha de bitola perpendicularmente à bissetriz do ângulo do jacaré. Além disso, as medidas longitudinais do jacaré normalmente têm como referência a ponta de 1/2".

  A ponta material do jacaré, também chamada de *ponta real*, *ponta de coração* ou *ponta de diamante*, está localizada na seção perpendicular à bissetriz do ângulo do jacaré quando a medida entre as linhas de bitola atinge o valor normalizado para o tipo de jacaré de que faz parte.

  Comumente, um jacaré é definido por seu número, que é também o número do AMV. Esse número define sua abertura, ou seja, é a relação existente entre a distância da ponta teórica a uma determinada seção, normal à bissetriz do ângulo do jacaré, e a distância entre as linhas de bitola medida nessa seção. Se um jacaré é de número n, sua abertura possui 1/n.

  Na prática, para determinar o número do jacaré, esticam-se duas linhas ao longo de suas linhas de bitola, em cuja interseção está a ponta teórica. Perpendicularmente à bissetriz do ângulo do jacaré, marca-se a distância de 10 cm entre as linhas de bitola, medindo-se, em seguida, a distância η, que deve então ser convertida para decímetros (Fig. 5.44).

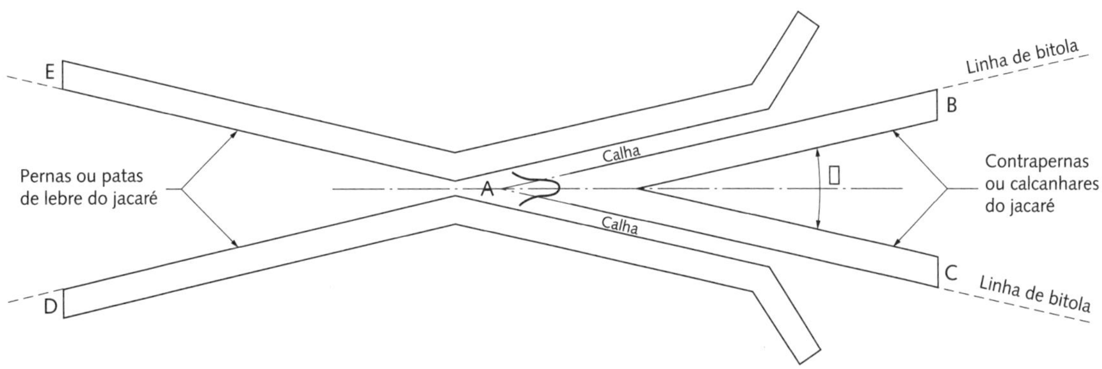

FIG. 5.43 Elementos do jacaré reto do tipo Arema
Fonte: RFFSA (1978).

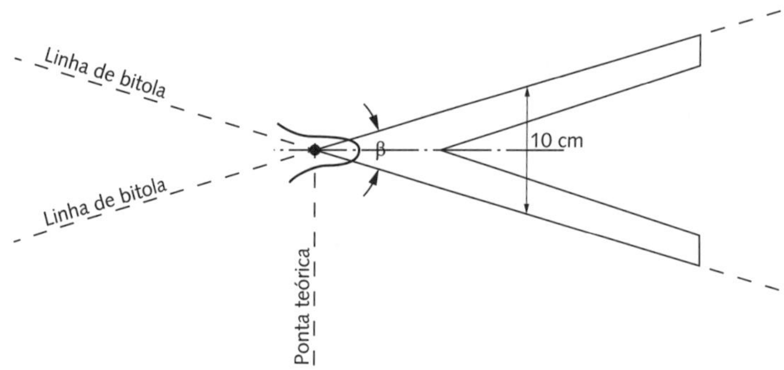

Fig. 5.44 Determinação do número do jacaré
Fonte: RFFSA (1978).

- *Contratrilhos*
  São peças de trilhos ou de perfis metálicos especiais convenientemente trabalhadas e assentadas no cruzamento dos AMVs para guiar os rodeiros dos veículos ferroviários na direção desejada, protegendo a ponta do jacaré e evitando que o rodeiro eventualmente siga a outra direção do AMV (Fig. 5.45).
  Quando o rodeiro de um veículo ferroviário circula sobre o cruzamento de um AMV, uma das rodas passa sobre o jacaré e a outra apoia-se no trilho do contra externo, se o veículo estiver circulando pela linha direta, ou no trilho do contra interno, se o veículo estiver circulando pela linha desviada.
  O contratrilho, preso a seu respectivo trilho do contra por parafusos e blocos ou por calços metálicos separadores, atua na parte interna do friso da roda que se apoia no trilho do contra, puxando o rodeiro de modo a afastar a outra roda da ponta do jacaré.

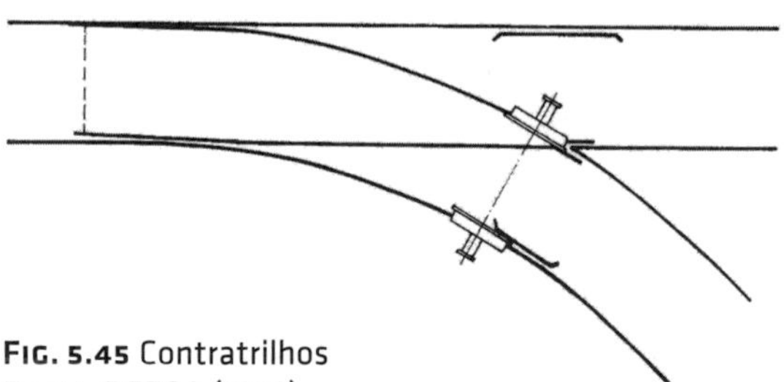

Fig. 5.45 Contratrilhos
Fonte: RFFSA (1978).

- *Trilhos do contra*
  São trilhos comuns que recebem furações especiais para serem unidos aos respectivos contratrilhos.

Circulação dos veículos ferroviários sobre um AMV

Velocidade de circulação

Dentro de certos limites, quando se definem as características de um AMV para instalação num determinado trecho, este deve ser tal que não imponha restrições de velocidade na linha direta.

Velocidade de circulação na linha desviada

A velocidade de circulação de um veículo ferroviário pela linha desviada de um AMV pode sofrer restrições em função do tipo de AMV:

- em AMV de agulhas curvas, a velocidade é restringida em função do raio de curvatura do AMV ou do raio de curvatura da parte de ligação, o que for menor;
- em AMV de agulhas retas, a velocidade é restringida em função do ângulo e do comprimento da agulha ou do raio de curvatura da parte de ligação. Nesse caso, faz-se necessário o conceito de raio equivalente, que será visto mais adiante.

A velocidade máxima de circulação de um veículo ferroviário pela linha desviada de um AMV é calculada levando-se em conta a aceleração centrífuga descompensada permitida em AMV.

A Arema recomenda o máximo de 0,497 m/s^2 para qualquer tipo de veículo ferroviário carregado ou vazio. Essa aceleração corresponde a uma insuficiência de superelevação de aproximadamente 8 cm, na bitola de 1,60 m, e de 5 cm, na bitola de 1,00 m. Isso quer dizer que, calculada a superelevação necessária para um trem transpor uma curva com velocidade tal que as rodas descarreguem igualmente nos dois trilhos, pode-se, nessa curva, subtrair da superelevação calculada 8 cm, na bitola de 1,60 m, e 5 cm, na bitola de 1,00 m, desde que a velocidade de equilíbrio seja a velocidade máxima permitida nessa curva.

Por sua vez, a UIC recomenda o máximo de 0,65 m/s^2 para qualquer tipo de veículo carregado ou vazio. Ambas as entidades admitem acelerações descompensadas maiores para veículos de passageiros com sistema de suspensão especial.

Otimização dos AMVs

A agulha da linha desviada de um AMVA pode ser reta ou de curva socante. Assim, a velocidade máxima de circulação pela linha desviada pode ser limitada pela agulha ou pelo raio de curvatura do trilho de ligação. Como um AMV deve permitir a mesma velocidade em toda a sua extensão, surge a necessidade de otimização dos AMVA, que nada mais é do que estabelecer combinações jacaré-agulha de tal modo que as velocidades máximas de circulação pela linha desviada permitidas pela agulha e pela parte de ligação do AMV sejam iguais ou as mais próximas possíveis.

Velocidade máxima de circulação na linha desviada de AMVA lateral de agulhas retas

A velocidade máxima de circulação pela linha desviada na parte de ligação de um AMV é calculada em função de seu raio de curvatura. Por sua vez, a velocidade máxima de circulação pela linha desviada na chave de AMVA de agulhas retas é calculada em função do raio equivalente da agulha.

Raio equivalente de uma agulha reta é o raio definidor de uma curva circular cujo ângulo central é o ângulo da agulha e que subentende uma corda cujo comprimento é igual ao da agulha (manual da Arema) (Fig. 5.46):

$$Req = \frac{A}{2\,sen\,\alpha/2} = \frac{a+v}{2\,sen\,\alpha/2} = \frac{a+v}{sen\,\alpha} \tag{5.3}$$

Em que:

Req = raio equivalente;

A = comprimento da agulha desde sua ponta teórica;

a = comprimento real da agulha;

v = distância da ponta real da agulha à sua ponta teórica;

α = ângulo da agulha.

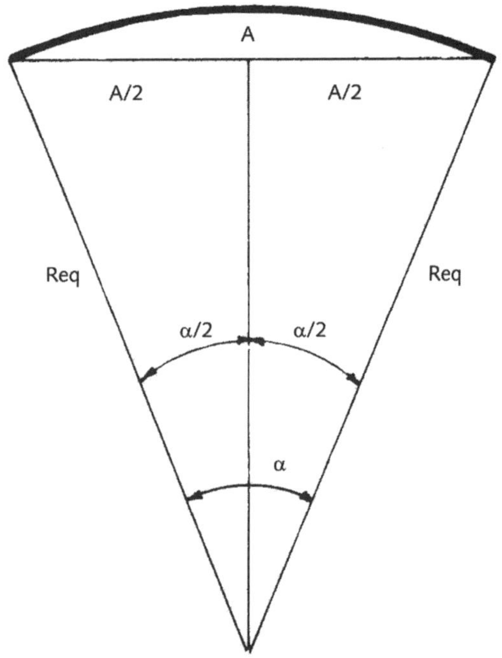

Fig. 5.46 Raio equivalente
Fonte: RFFSA (1978).

Considerando o conceito de raio equivalente da Arema, as combinações jacaré-agulha são mostradas nas Tabs. 5.7 e 5.8, nas quais foram acrescentadas as velocidades máximas de circulação pela linha desviada para um aceleração descompensada de 0,497 m/s^2.

É fundamental que se preserve a segurança na circulação dos rodeiros do material rodante pelo AMV. Certas cotas mínimas, ou seja, o afastamento crítico entre as peças, precisam ser observadas. Dá-se a elas o nome de cotas de salvaguarda, e devem ser calculadas para a realidade específica de cada ferrovia, levando-se em consideração as cotas de construção e manutenção dos produtos do MR em circulação. Tal verificação facilita a manutenção dos componentes do AMV e, principalmente, preserva a circulação contra descarrilamentos.

5.2 Cálculo estrutural

Existem algumas metodologias para a determinação das tensões e deformações na via férrea que buscam sempre parâmetros de resistência, de formação de materiais e de esforços dinâmicos e compatíveis. Os modelos mais aplicados no cálculo estrutural ferroviário são: viga sobre apoio elástico; malha de elementos finitos; e associação de molas.

Nesta seção, serão apresentadas somente as fórmulas para o dimensionamento da via. Caso o leitor necessite da demonstração das fórmulas, deverá consultar os livros técnicos consagrados sobre via permanente.

5.2.1 Esforços que atuam na via

A estrutura completa da via permanente é composta basicamente de uma grade formada pelos trilhos (componentes longitudinais), que são fixados aos dormentes (componentes transversais) pelos conjuntos de fixação dos trilhos, e que é apoiada sobre um meio elástico representado por lastro, sublastro e plataforma da via ou

Tab. 5.7 Combinações jacaré-agulha em bitola de 1,60 m

AMV n°	Comprimentos (m)		Raio equivalente (m)	Raio do trilho curvo externo da ligação (m)	Velocidade máxima (km/h)
	Agulha	Jacaré			
8	5,029	3,362	159,146	172,340	32,00
10	6,706	5,0292	284,153	273,696	42,00
14	9,144	7,188	528,555	527,500	58,30

Tab. 5.8 Combinações jacaré-agulha em bitola de 1,00 m

AMV n°	Comprimentos (m)		Raio equivalente (m)	Raio do trilho curvo externo da ligação (m)	Velocidade máxima (km/h)
	Agulha	Jacaré			
8	3,353	3,362	70,888	93,098	21,40
10	5,029	5,029	159,146	146,444	30,70
14	6,706	7,188	284,153	277,500	42,30

sobre outro meio elástico alternativo, e pode ser considerada uma viga contínua sobre o apoio elástico. Ao exercer a função de suportar e guiar os veículos ferroviários, essa estrutura completa da via permanente fica submetida a esforços dinâmicos verticais, laterais e longitudinais. Como elemento dessa estrutura completa da via permanente, cada dormente recebe as cargas dos trilhos ou das fixações e, em troca, transmitem-nas ao lastro, ao sublastro e à plataforma ferroviária.

De maneira geral, a via fica submetida a carregamentos dinâmicos ou repetidos, que, em geral, atuam simultaneamente em três direções diferentes (Quadro 5.2).

Quadro 5.2 Direções de atuação dos carregamentos dinâmicos ou repetidos

Carga		
Vertical	**Transversal**	**Longitudinal**
▪ Carga elástica ▪ Força centrífuga vertical ▪ Repartição desigual do peso do material rodante nas curvas ▪ Irregularidades na via (trepidação/balanço/galope) ▪ Irregularidades do material rodante (choques na via/calos nas rodas)	▪ Força centrífuga (não compensada pela superelevação do trilho externo) ▪ Movimento de *layout* (choque das rodas transversal ao trilho no centro de alargamento da bitola) ▪ Vento (cria esforço dos freios das rodas no sentido transversal à via)	▪ Aceleração ▪ Frenagem ▪ Atrito dos frisos da roda no trilho ▪ Dilatação (tensões de tração e compressão nos TCSs)

Sob todas as condições de carregamento, a via deve ser capaz de manter sua geometria, incluindo a bitola, o nivelamento e o alinhamento.

A carga estática de roda equivale à metade da carga estática por eixo e deve ser utilizada como referência inicial para o cálculo da carga de projeto e da carga não fatorada no apoio do trilho.

Com base no conceito de estrutura da via permanente, o fator de distribuição de carga é aplicado para considerar o fato de que qualquer carga aplicada à via pelo material rodante é distribuída, por meio dos trilhos, sobre vários dormentes consecutivos. Essa distribuição de carga de roda depende fundamentalmente do espaçamento dos dormentes e eixos do material rodante, da reação do lastro e sublastro e da rigidez do trilho.

O fator de distribuição de carga deve ser avaliado para cada caso de acordo com o método de Zimmermann ou outro método apropriado que leve em conta a rigidez do trilho, o espaçamento dos dormentes e as características elásticas da estrutura completa da via. Um valor aproximado do fator de distribuição de carga pode ser calculado analiticamente em função unicamente do espaçamento longitudinal dos dormentes.

5.2.2 Coeficiente dinâmico

Tendo em vista os diversos esforços resultantes do movimento dos veículos, para o cálculo dos momentos fletores nos trilhos devem ser consideradas as cargas dinâmicas e não estáticas. Daí a necessidade de multiplicar a carga estática por um coeficiente que será chamado de *coeficiente dinâmico* ou *coeficiente de impacto*.

Alguns resultados encontrados por diversos pesquisadores que estudaram a questão são (Brina, 1979):

- Barlow: 40% a mais na velocidade de 30 km/h;
- Henry: 50% a mais que a carga estática (não indica a velocidade);

- Wöhler: esforços laterais iguais a 35% da carga vertical;
- Loewe: o dobro da carga em repouso;
- Kleming: 20% a 70% a mais, com a verificação de que o efeito das cargas móveis depende da locomotiva;
- Guide: 1,85 da carga estática.

Por sua vez, Dudley, depois de demoradas pesquisas, chegou às seguintes conclusões (Brina, 1979):

- de 1 km/h a 14 km/h, as cargas dinâmicas variam de 1 a 1,153 da carga estática;
- a 64 km/h, a carga dinâmica atinge o dobro da estática;
- a 100 km/h, a carga dinâmica atinge o triplo da estática.

O professor Carlos Stevenson, tomando os resultados de Dudley, chegou à equação (Brina, 1979):

$$Cd = 1 + \frac{V}{100} + \left(\frac{V}{100}\right)^2 \tag{5.4}$$

Como se vê, há grande disparidade e incerteza quanto ao valor a adotar para o coeficiente dinâmico, devido principalmente às condições de material rodante e via permanente em que foram feitas as experiências.

Existem fórmulas mais modernas, entre as quais a utilizada pela Arema (Brina, 1979):

$$Cd = 1 + \frac{V^2}{30.000} \tag{5.5}$$

sendo V em km/h.

Schramm indica a seguinte expressão:

$$Cd = 1 + \frac{4,5\,V^2}{100.000} - \frac{1,5\,V^2}{10.000.000} \tag{5.6}$$

Essa expressão foi obtida por experiências efetuadas na Alemanha. Se forem comparadas as citações mais antigas com essas duas expressões mais modernas, constata-se que estas dão valores bem mais baixos que as primeiras. Naturalmente, o coeficiente de impacto tem que levar em conta o padrão da via, e esses valores mais baixos foram obtidos em linhas de alto padrão técnico, com fixações elásticas, lastro de boa qualidade e boa plataforma.

Para as vias de classe inferior, sugere-se o coeficiente de impacto de 1,35.

5.2.3 Momentos fletores

Método dos apoios fixos ou de Wöhler

Assimilando o trilho a uma viga contínua sobre número infinito de vãos e aplicando a equação dos três momentos sucessivamente a uma série de grupos de três apoios a partir da extremidade, chega-se ao valor do momento máximo no centro do vão:

$$M_{máx} = 0,1875\ P \cdot Cd \cdot a \tag{5.7}$$

Em que:
P = carga estática por roda;
Cd = coeficiente dinâmico;
a = distância de eixo a eixo dos dormentes (vão da viga contínua).

Método de Zimmermann

É o que mais se aproxima da realidade, pois considera os dormentes como apoios elásticos, entrando, pois, com a elasticidade da via.

Na primeira hipótese, considerando-se a flexibilidade da via, pode-se admitir que a influência de uma carga desapareça em poucos vãos (distância entre os dormentes) além de seu ponto de aplicação. Nesse caso, têm-se:

$$M_{máx} = \frac{7+8\gamma}{8(5+2\gamma)} \cdot P \cdot Cd \cdot a \tag{5.8}$$

Em que:
$\gamma = \frac{6\,EJ}{D\,a^3}$ (coeficiente de superestrutura), em que $D = 0{,}9 \cdot Cd \cdot b \cdot c$;
E = módulo de elasticidade do trilho;
J = momento de inércia do trilho;
D = coeficiente de dormente;
a = distância de eixo a eixo dos dormentes (vão da vida contínua);
Cd = coeficiente dinâmico;
b = largura do dormente;
c = distância de apoio no sentido do comprimento do dormente;
P = carga estática por roda.

5.2.4 Módulo de elasticidade da via ou módulo U

Alguns pesquisadores preferem utilizar o conceito do módulo de elasticidade da via em vez do conceito de coeficiente de lastro, indicando valores para aquela grandeza em função do tipo de via permanente.

Chama-se *módulo de elasticidade da via* o parâmetro que representa a capacidade de suporte do conjunto constituído por dormente, lastro e plataforma. Ele está relacionado com o tipo de dormente, seu espaçamento, a profundidade do lastro, a solidez do terraplano e o tipo e a espécie de socaria que é mantida na via:

$$U = \frac{Cd \cdot b \cdot c}{a} \tag{5.9}$$

5.2.5 Dimensionamento estrutural

Trilho

Tensões de contato com a roda

No caso do tráfego de trens pesados, além da verificação da resistência do trilho à flexão, será necessário verificar se a tensão de contato roda-trilho não ultrapassa um limite tolerável. A ação de uma força P de uma roda sobre a superfície de rolamento de um trilho produz, entre a roda e o trilho, uma superfície de contato com forma apropriadamente elíptica.

As dimensões dessa superfície dependem do raio R da roda, do raio de arredondamento do boleto do trilho e do coeficiente de elasticidade do aço do trilho e da roda. A pressão de contato exercida pela roda na zona de rolamento do boleto do trilho é responsável pela alteração da estrutura matalográfica do aço por meio do efeito de martelamento. Esse endurecimento ocasiona microfissuração, escamação e aparecimento de corrugações e até mesmo de fraturas tangenciais.

Para o cálculo dessa tensão, é usado o procedimento de Thomaz e Hocrsch adaptado pela Arema (Stopatto, 1987):

$$\sigma = \frac{11.750 \ P_1^{0,333}}{R_1^{0,271} \cdot R_o^{0,396}} \tag{5.10}$$

Em que:
σ = tensão (psi);
P_1 = carga dinâmica (lb);
R_o = raio normal da roda (polegada);
$R_1 = \frac{Rr - Rh}{Rh - Rr}$, sendo Rr = raio de curvatura do boleto do trilho e Rh = raio de roda na concavidade do friso (polegada).

Segundo recomendações da Arema, deve-se ter (Stopatto, 1987):

- $\sigma \leq$ 50.000 psi (3.515 km/cm^2) para roda nova;
- $\sigma \leq$ 67.500 psi (4.745 kg/cm^2) para roda usada.

Determinação do perfil

Dimensionar o trilho a ser empregado na superestrutura de uma via férrea significa selecionar um tipo de trilho entre os vários especificados em norma.

Adotou-se a fórmula de Shajunianz por melhor refletir a realidade, já que considera os principais fatores de solicitação, como a carga anual, e valoriza a carga por eixo. Considera-se, como já se disse, que é uma fórmula empírica e, portanto, os resultados obtidos serão próximos da realidade.

$$Q = a\left(1 + \sqrt[4]{T}\right) \cdot \left(1 + 0,012\right)^{2/3} \cdot P \tag{5.11}$$

Em que:
Q = peso do trilho (kgf/m);
a = coeficiente (normalmente, 1,2 para vagões e 1,13 para locomotivas);
T = tráfego anual (milhões de toneladas brutas);
P = carga por eixo (t).

Uma vez definido o tipo de trilho, será verificada sua capacidade de suportar as cargas induzidas pelo tráfego do material rodante compreendido.

Dimensionamento a flexão

Determinado o momento máximo, o tipo de trilho é escolhido entre os padrões fabricados, de modo que:

$$\sigma = \frac{M}{W} < \Upsilon adm \quad (5.12)$$

Em que:
σ = tensão à flexão;
M = máximo momento fletor;
W = módulo resistente do trilho (cm²);
γadm = tensão admissível de escoamento do aço.

$$M = \frac{P \cdot Cd \cdot I}{4} \begin{cases} I = 3{,}79\sqrt[4]{J \cdot a}\ \{J = momento\ de\ inércia\ do\ trilho\ (cm^4) \\ Cd = coeficiente\ dinâmico\ (fixado\ por\ cada\ ferrovia) \\ P = peso\ da\ roda\ (kgf) \end{cases} \quad (5.13)$$

O valor de γ_{adm} (tensão admissível) deve ser fixado entre 1.500 kg/cm² e 1.750 kg/cm² (Arema) (Stopatto, 1987), de modo a levar em conta a imprecisão do cálculo dos momentos e as sobrecargas a que pode estar sujeito o trilho, além dos desgastes que diminuem seu momento de inércia.

Dormente

A norma ferroviária (RFFSA, 1978) considera que a socaria deve ser feita entre os trilhos a partir de no máximo 30 cm a 40 cm antes da vertical de cada trilho, mantendo uma faixa central, não atingida pela soca, com espessura mínima de 40 cm, no caso da bitola larga.

A equação que traduz o cálculo da área de socaria no concreto é (Schramm, 1974):

$$Ab = (L - S) \cdot b \quad (5.14)$$

Em que:
L = comprimento do dormente;
S = distância eixo a eixo entre trilhos (bitola + largura do boleto);
b = largura do dormente (base média).

A equação que traduz o espaçamento do dormente é:

$$C = \frac{X_1 \cdot Po_{adm} \cdot Ab}{3{,}91 \cdot Pd \cdot Cd} \quad (5.15)$$

Em que:
C = espaçamento do dormente;
$X_1 = 82 \cdot \sqrt[4]{\frac{J}{V}}$, sendo X_1 o valor da distância ao longo do trilho, do ponto de carregamento ao ponto em que o momento fletor se anula;

Po_{adm} = pressão admissível sobre o lastro;
Ab = área de socaria;
Pd = carga dinâmica da roda;
Cd = coeficiente de impacto.

Normalmente, o espaçamento dos dormentes das ferrovias brasileiras situa-se da maneira indicada na Tab. 5.9, independentemente da circulação de trens de carga e de passageiros.

Na realidade, apesar da definição quase uniforme do espaçamento de dormentes, torna-se necessária uma verificação em nível estrutural de espaçamento para adequar os dormentes às características técnicas e operacionais de cada ferrovia.

Tab. 5.9 Espaçamento dos dormentes das ferrovias brasileiras

Tipo de dormente	Bitola (m)	Espaçamento (m)[1]
Madeira	1,60-1,00	0,54
Concreto bibloco	1,60-1,00	0,60
Concreto monobloco	1,60-1,00	0,60 a 0,70
Aço[2]	1,60-1,00	0,54
Material reciclável (plástico)[3]	1,60-1,00	-

Notas:
[1] Considerado de eixo a eixo.
[2] Já homologado na Vale.
[3] Em testes na Vale e na MRS Logística.

5.2.6 Lastro

O cálculo da altura do lastro sob os dormentes requer a aplicação de dois conceitos fundamentais:

- como se distribuem, no lastro, as pressões transmitidas pelos dormentes;
- qual a pressão admissível ou taxa de trabalho do solo (sublastro).

Quanto à distribuição de pressões no lastro, vários estudos já foram feitos no sentido de aplicar a teoria da elasticidade referente à distribuição de pressões (Boussinesq, Newmark etc.) ou ainda empregar a expressão simplificada de Arthur N. Talbot, que tem grande aplicação no cálculo de altura de lastro, para fins práticos.

A Fig. 5.47 mostra o diagrama de distribuição das pressões no lastro ou "bulbo" de distribuição de pressões segundo os estudos de Talbot.

As percentagens se referem à pressão média na face inferior do dormente em contato com o lastro.

Verifica-se que as pressões não se distribuem uniformemente, pois as pressões no centro do dormente são superiores às pressões nas extremidades.

Segundo os trabalhos de Talbot divulgados pela Arema, a curva da variação das pressões máximas no lastro (abaixo do centro dos dormentes), em função da altura do lastro, é dada por:

$$Ph = \frac{85,87}{h^{1,25}} \cdot Pm \qquad (5.16)$$

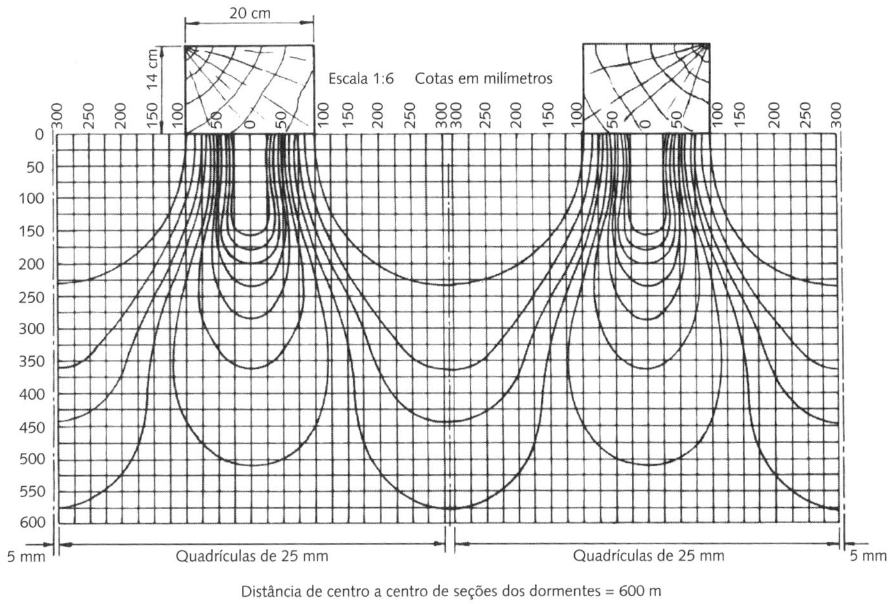

FIG. 5.47 Diagrama de distribuição das pressões no lastro ou "bulbo" de distribuição de pressões segundo os estudos de Talbot
Fonte: Brina (1979).

Em que:
Ph = pressão à profundidade h (kg/cm^2);
Pm = pressão à superfície do lastro (kg/cm^2);
h = altura de lastro (abaixo da face inferior do dormente até o sublastro).

Nessa expressão, h é obtido em cm, colocando-se Pm e Ph em kg/cm^2. Por sua vez, Pm tem o seguinte valor:

$$Pm = \frac{P}{b \cdot c} \tag{5.17}$$

Em que:
P = carga a ser considerada sobre o dormente;
b = largura do dormente;
c = distância de apoio no sentido longitudinal do dormente.

A dimensão c poderia ser considerada igual à metade do dormente, entretanto, como a socaria (entende-se por socaria a vibração energética do lastro sob o dormente) é feita com mais intensidade sob cada trilho, numa faixa de aproximadamente 80 cm a 90 cm, para a bitola de 1,60 m, e 70 cm a 80 cm, para a bitola de 1,00 m, adota-se para c os valores mencionados anteriormente (Fig. 5.48).

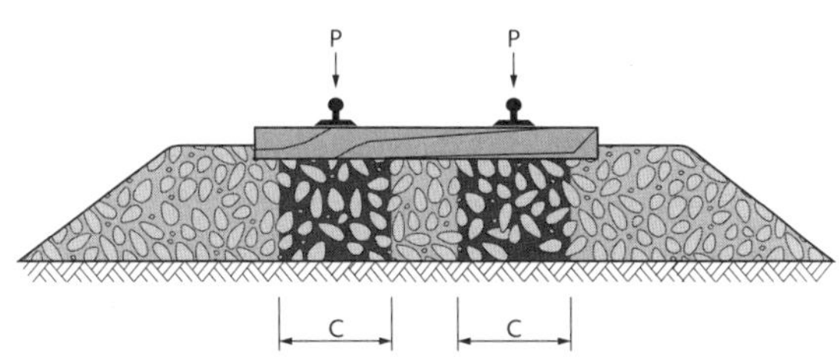

FIG. 5.48 P é a carga a ser considerada sobre o dormente, enquanto c é a distância de apoio no sentido longitudinal do dormente
Fonte: Stopatto (1987).

Em relação às diretrizes que estabelecem um parâmetro ou definição do ombro de lastro, adotam-se os critérios estabelecidos pela Arema e pela ARTC:

- Arema: a largura do ombro não deve ultrapassar 12", ou seja, 30,48 cm;
- ARTC: quando o dormente (especificamente o de concreto) estiver com 25 cm de sua espessura enterrada no lastro, é recomendada uma largura de ombro igual a 30 cm. A ARTC recomenda também que, se a espessura do dormente for inferior à soleira, deve ser adotada uma largura do ombro de lastro de 30 cm.

5.2.7 Raio mínimo de curva nos trilhos longos soldados (TLSs)

Para eliminar a possibilidade de flambagem da via com a utilização de trilhos longos soldados, deve-se calcular o raio mínimo a ser adotado nas curvas por meio de:

$$Rmín = \frac{100}{\frac{1.012 \cdot W}{F \cdot \Delta t} - \frac{F \cdot \Delta t}{13,92 \cdot J}} \quad (5.18)$$

Em que:
W = resistência lateral da via;
F = área da seção transversal do trilho;
Δt = variação da temperatura em relação à temperatura neutra;
F = defeito permissível de alinhamento;
J = momento de inércia do trilho.

Para o caso de dormentes de concreto, Schramm sugere que a resistência lateral da via tenha um valor igual a 0,104 kN/cm.

Quanto à variação diária da temperatura, estima-se que esteja situada próximo de Δt = 25°C.

Admite-se uma variação máxima permissível no alinhamento de 2,5 cm em 6,00 m.

O raio mínimo para o TLS padronizado pela norma brasileira é de 340,00 m, para o caso da dormentação de concreto monobloco.

5.2.8 Coeficiente de estabilidade da via

A situação da flambagem da via é de difícil ocorrência, entretanto deve ser verificada. O coeficiente de estabilidade da via é dado por:

$$\gamma_e = \frac{\left(2P + \frac{T}{a}\right)}{1,96P} \quad (5.19)$$

Em que:
P = peso do trilho;
T = peso dos dormentes e acessórios (por metro de linha);
a = espaçamento entre dormentes.

5.3 Gabaritos e plataformas

5.3.1 Gabarito da via férrea

É um modelo geométrico que fixa as dimensões máximas com que o veículo ferroviário pode ser construído e as dimensões máximas da carga e que fornece, em função das bitolas adotadas, a mínima área necessária da seção transversal para a livre circulação na via.

O gabarito da via é padronizado pelos órgãos reguladores de cada país. No Brasil, as Normas Técnicas para Estradas de Ferro, que fazem parte do Plano Nacional de Viação, fixam as dimensões mínimas da seção transversal da via.

Os gabaritos para as diversas classificações de linha singela e dupla, de bitolas de 1,60 m e 1,00 m, entre outras, constam dos desenhos anexos às Normas Técnicas das Estradas de Ferro Brasileiras. O gabarito para instalações fixas, OAEs e túneis em tangente com linha singela e bitola de 1,00 m é apresentado na Fig. 5.49.

Os gabaritos são acrescidos em altura e largura, em função das respectivas curvas, para a livre circulação dos carros nas bitolas das dimensões indicadas nos desenhos dessa norma, nos casos mais desfavoráveis. Eles também são acrescidos das dimensões necessárias à instalação da superelevação máxima e da altura dos trilhos, que, para esse objetivo, será considerada como de 160 mm para todas as bitolas.

São previstos também gabaritos para túneis e obstáculos adjacentes, como coberturas e plataformas.

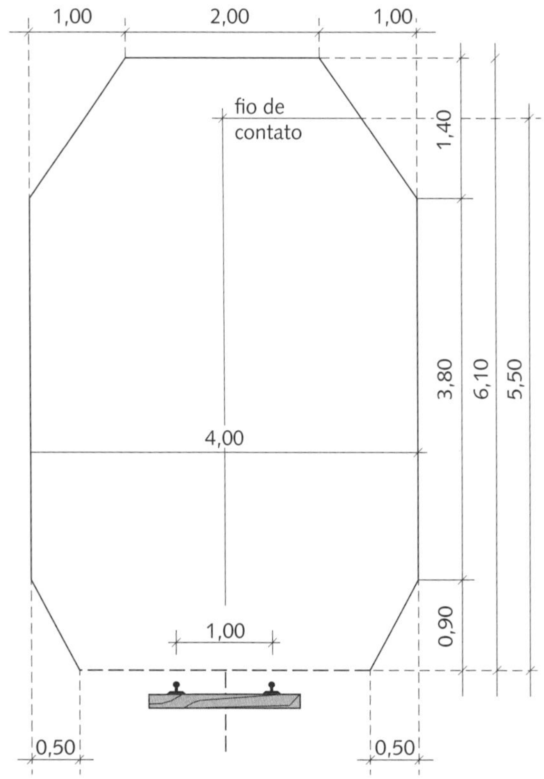

Fig. 5.49 Gabarito para instalações fixas, OAEs e túneis em tangente com linha singela e bitola de 1,00 m
Fonte: RFFSA (1978).

5.3.2 Características da plataforma

As características geométricas da plataforma ferroviária dependem basicamente dos seguintes fatores, que influem na determinação de sua largura:

- bitola;
- gabarito;
- número de linhas;
- altura do lastro;
- tipo de dormente.

Outras características, como inclinação de taludes laterais (corte ou aterro) e inclinação da superfície superior, também precisam ser levadas em conta, mas dependem mais dos materiais empregados e do tipo de drenagem adotada.

Para linha singela, a plataforma, quando em tangente, teoricamente tem o aspecto mostrado na Fig. 5.50.

Em relação aos custos de construção, o ideal é especificar o menor W (comprimento da banqueta) possível, mas vale lembrar sua grande utilidade para a movimentação de pessoal e equipamentos durante as operações de manutenção de via.

As obras de terraplenagem necessárias para a construção da via também devem ser levadas em conta na determinação da largura da plataforma.

Em relação à largura destinada aos corredores para os serviços de lançamento e manutenção da superestrutura da via (W), a camada de sublastro deve estender-se para cada lado das extremidades do talude do lastro.

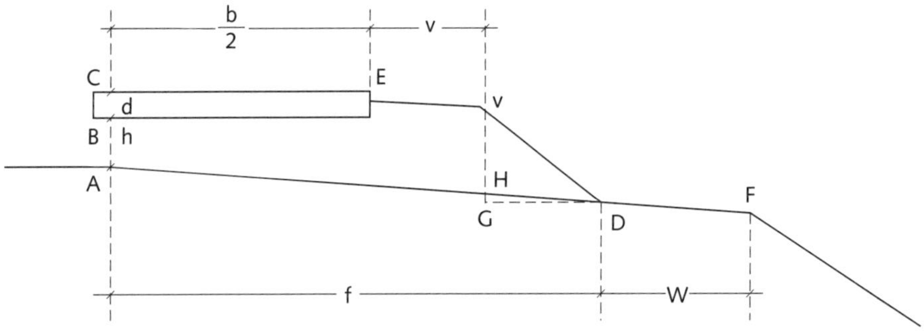

Fig. 5.50 Plataforma em tangente para linha singela. $n = 33{,}3$ (3% de inclinação da superfície da plataforma); $m = 1{,}5$; b = comprimento do dormente; d = altura do dormente; h = espessura mínima de lastro; W = comprimento da banqueta; $f = \dfrac{m(h+d)+0{,}5b+v}{1-\dfrac{m}{n}}$

Fonte: Stopatto (1987).

A recomendação do antigo DNEF para ambas as bitolas era que fossem previstos dois corredores paralelos ao eixo da via com 55 cm de largura. A Arema estipula um comprimento mínimo de 46 cm, no entanto, como as atividades de superestrutura da via (construção e manutenção) passaram a ser muito mecanizadas, com a utilização de pesados equipamentos, a SNCF recomenda que a largura de tais corredores seja de 70 cm.

5.4 Geometria da via

5.4.1 Conceituação

O desempenho de uma ferrovia depende fundamentalmente da adequação existente entre sua geometria e as características de seu tráfego.

Definida a bitola na geometria da via, estuda-se a configuração do eixo da via em seus aspectos planimétricos e altimétricos. Os aspectos planimétricos são analisados em planta, e estuda-se o alinhamento da via, enquanto os aspectos altimétricos são analisados em perfil, e estuda-se o greide da via.

Entende-se por eixo da via o lugar geométrico dos centros da via, sendo centro da via o ponto da normal à direção do traçado, situado no interior da via e equidistante das linhas de bitola (é contido no plano das linhas de bitola).

A configuração mais adequada do eixo da via de um trecho ferroviário só pode ser definida mediante um criterioso estudo técnico-econômico, no qual se deve levar em conta principalmente os seguintes fatores:

- o tipo de transporte e suas condições operacionais mais adequadas;
- a topografia da região a ser atravessada e os meios disponíveis para a construção.

Em relação à influência do transporte, pode-se distinguir três tipos:

- o transporte de mercadorias em geral, caracterizado por moderadas cargas por eixo e baixas velocidades (como exemplo típico no Brasil, tem-se o transporte de granéis sólidos oriundos das safras agrícolas);
- o transporte caracterizado por altas cargas por eixo e baixa velocidade (como exemplo típico, tem-se o transporte de minério);
- o transporte de passageiros, caracterizado por baixas cargas por eixo e altas

velocidades (como exemplos típicos, têm-se as linhas de transporte suburbano e metropolitano e de longas distâncias).

Atualmente, a maioria das ferrovias se presta ao transporte de passageiros e de cargas. Assim, a compatibilização da geometria da via com o tráfego ferroviário é feita considerando o fluxo predominante de transporte. Tecnicamente, o fluxo predominante de transporte de um trecho ferroviário é o tipo de transporte de maior significado econômico na exploração comercial desse trecho, isto é:

- quando for de carga, procura-se utilizar ao máximo as capacidades de tração das locomotivas, o que corresponde à formação de trens longos, pesados e lentos, que acarretam limitações de velocidade na circulação dos trens de passageiros;
- quando for de passageiros, procura-se obter o máximo de velocidade possível, estabelecendo-se as devidas restrições para a circulação dos trens de carga.

Do ponto de vista técnico e operacional, há muito tempo se sabe que a melhor alternativa seria a construção de ferrovias exclusivas para o transporte de passageiros e de cargas. Essa constatação técnica vem sendo seguida por vários países do mundo.

Em relação à influência da topografia da região e dos meios disponíveis para a construção, examinando a evolução das ferrovias no Brasil, após a Segunda Guerra Mundial sua construção foi caracterizada pelo uso generalizado de máquinas de terraplenagem nos movimentos de terra e pela introdução da mecânica dos solos e dos levantamentos aerofotogramétricos, o que possibilitou a construção de ferrovias adequadas às suas finalidades em termos de geometria e capacidade de suporte da plataforma, com a melhor opção de traçado e custos otimizados.

O resumo histórico da evolução das construções ferroviárias no Brasil (sua origem remonta a 1854) explica em parte as inadequações de traçados existentes na maioria das ferrovias brasileiras e exemplifica as influências topográficas e dos meios disponíveis para a construção na definição das características geométricas de uma via férrea.

5.4.2 Superelevação

Quando um veículo ferroviário percorre uma curva, fica sujeito à ação da força centrífuga. Por ação dessa força, os frisos das rodas são forçados de encontro ao trilho externo da curva, acelerando o desgaste do friso da roda e da superfície lateral interna do boleto do trilho, o que pode, em casos extremos, provocar o descarrilamento ou tombamento do veículo.

Para evitar esses efeitos indesejáveis, inclina-se a via nas curvas. Com esse procedimento, o trilho externo fica elevado em relação ao trilho interno, e o veículo transpõe a curva de maneira inclinada, provocando, pela ação de seu peso, o aparecimento de uma componente dirigida para a parte interna da curva, que contrabalança os efeitos da força centrífuga.

Essa diferença de altura entre os trilhos externo e interno é chamada de superelevação, que a ABNT define como a "inclinação transversal dada à via para contrabalançar os efeitos da força centrífuga"(RFFSA, 1978).

Superelevação teórica

Quando a inclinação da via em uma curva de raio R é aquela necessária para anular completamente a força centrífuga que atua sobre o veículo ferroviário que passa nessa curva a uma velocidade V, a superelevação decorrente dessa inclinação é chamada de *superelevação teórica*.

É fácil constatar que, nessas condições, a resultante da soma vetorial da força centrífuga com o peso do veículo tem direção normal ao plano que tangencia as superfícies superiores de rolamento dos trilhos. Na prática, o cálculo da superelevação teórica é feito como indicado na Fig. 5.51 e nas equações que se seguem.

Projetando P e Fc sobre xx para que a força centrífuga seja anulada, tem-se:

$$P \, sen \, \alpha = Fc \cos \alpha \tag{5.20}$$

Na prática, pode-se fazer cos α = 1, o que resulta em:

$$P \, sen \, \alpha = Fc \tag{5.21}$$

Mas:

$$sen \, \alpha = \frac{St}{B} \tag{5.22}$$

Logo:

$$\frac{Fst}{B} = Fc \tag{5.23}$$

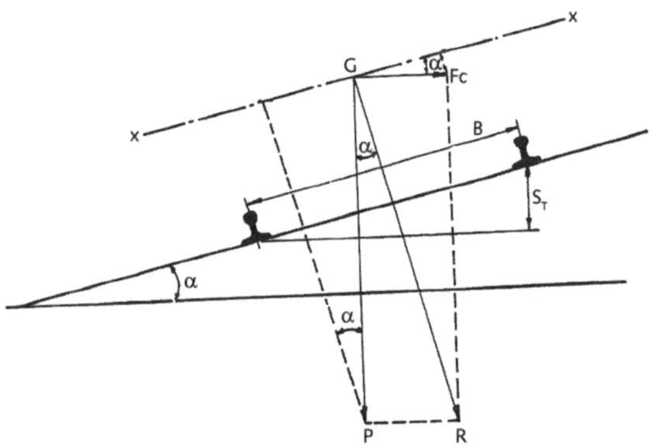

Fig. 5.51 Superelevação teórica. G = centro de gravidade do veículo; m = massa do veículo; g = aceleração da gravidade; p = peso do veículo = mg; V = velocidade do veículo; R = raio da curva; Fc = força centrífuga = mV^2/R; B = bitola de centro e centro do trilho, ou seja, bitola da via acrescida da largura de um boleto; α = ângulo de inclinação da via; St = superelevação teórica; R = resultante de P + Fc; xx = reta paralela ao plano que tangencia as superfícies superiores de rolamento dos trilhos e que passa por G e está contida em uma seção transversal normal ao eixo da via
Fonte: RFFSA (1978).

Donde:

$$St \, \frac{FcB}{P} = \frac{mV^2}{Rmg} B = \frac{BV^2}{gR} \tag{5.24}$$

Para bitola de 1,60 m:

$$B = \frac{BV^2}{gR} = 13{,}1 \, \frac{V^2}{R} \tag{5.25}$$

Para bitola de 1,00 m:

$$St = 8{,}34 \, \frac{V^2}{R} \tag{5.26}$$

Em que:

St = superelevação teórica (mm);
R = raio da curva (m);
V = velocidade (km/h).

Nessas fórmulas, foi adotado B = 1,67 m para a bitola de 1,60 m e B = 1,06 m para a bitola de 1,00 m.

Superelevação prática

Em trechos com diferentes tipos de transporte, a velocidade dos diversos trens geralmente é diferente. Desse modo, em uma curva dotada de superelevação teórica calculada para uma velocidade *v*, essas variações de velocidade provocam sobrecargas laterais sobre o trilho externo ou sobre o trilho interno quando a velocidade do trem for maior ou menor que *v*, respectivamente.

Na maioria dos casos, desde seus primórdios as ferrovias atendem tanto ao transporte de passageiros quanto ao transporte de cargas, com cada tipo de trem desempenhando uma velocidade diferente. Assim, o não contrabalanceamento total da força centrífuga em curvas é fato corrente e aceito no âmbito da tecnologia ferroviária. O problema é mantê-lo dentro de limites compatíveis com o conforto dos passageiros e a segurança do tráfego.

Se em uma curva for admitido o não contrabalanceamento de uma parcela de força centrífuga para uma mesma superelevação, um trem pode circular por ela a uma velocidade maior do que aquela admitida dentro do conceito de equilíbrio da superelevação teórica. Esse fato pode traduzir-se em redução de custos pelo acréscimo de velocidade, pela diminuição da superelevação ou pela redução do raio da curva.

Por esses motivos, as ferrovias adotam a *superelevação prática*, que é sempre menor que a superelevação teórica, o que ocasiona uma insuficiência de superelevação que dá origem à chamada *aceleração centrífuga descompensada* ou simplesmente *aceleração descompensada*.

Cada ferrovia, com base nas recomendações das entidades normalizadoras, define os valores das acelerações descompensadas para seus diversos tipos de transporte.

As principais fórmulas para o cálculo da superelevação prática são relacionadas a seguir.

Para trens de passageiros:

- *bitola larga* ($\gamma = 0{,}65\ m/s^2$) $= Sp = 13{,}1\dfrac{V^2}{R} - 110$;
- *bitola estreita* ($\gamma = 0{,}55\ m/s^2$) $= Sp = 8{,}34\dfrac{V^2}{R} - 59$.

Para trens de cargas ($\gamma = 0\ m/s^2$):

- *bitola larga* $= Sp = St = 13{,}1\dfrac{V^2}{R}$;
- *bitola estreita* $= Sp = St = 8{,}34\dfrac{V^2}{R}$;

Em que:

γ = aceleração centrífuga descompensada;

V = velocidade (km/h);

R = raio da curva (m);

Sp = superelevação prática (mm).

Na prática, cada ferrovia define sua superelevação máxima com base em critérios próprios ou seguindo recomendações das entidades normalizadoras.

Segundo Schramm, na Europa, onde a bitola é de 1,435 m, a superelevação máxima é de 150 mm.

De acordo com Brina, a norma brasileira diz que a superelevação em milímetros pode abranger excepcionalmente até 125 vezes a bitola da via expressa em metros, o que daria um máximo de 125 mm, para a bitola de 1,00 m, e de 200 mm, para a bitola de 1,65 m. Na RFFSA, a superelevação máxima era de 1/10 da bitola da via.

Assim, chamando de $S_{máx}$ a superelevação máxima, têm-se que, para a bitola larga, $S_{máx} = 160$ mm, ao passo que, para a bitola estreita, $S_{máx} = 100$ mm.

Velocidade-limite

Velocidade-limite é a velocidade máxima com que um veículo ferroviário pode trafegar numa curva, estando ele sujeito à aceleração descompensada máxima.

No caso da RFFSA, as velocidades-limite eram calculadas pelas seguintes fórmulas:

Para trens de passageiros:

- *bitola larga* ($\gamma = 0{,}65$ m/s^2 e $S_{máx} = 160$ mm): $V_{lim} = 4{,}54 \sqrt{R}$;
- *bitola métrica* ($\gamma = 0{,}55$ m/s^2 e $S_{máx} = 100$ mm): $V_{lim} = 4{,}37 \sqrt{R}$.

Para trens de cargas vazios:

- *bitola larga* ($\gamma = 0{,}497$ m/s^2 e $S_{máx} = 160$ mm): $V_{lim} = 4{,}32 \sqrt{R}$;
- *bitola métrica* ($\gamma = 0{,}492$ m/s^2 e $S_{máx} = 100$ mm): $V_{lim} = 4{,}18 \sqrt{R}$.

Para trens de cargas carregados:

- *bitola larga* ($\gamma = 0$ m/s^2 e $S_{máx} = 160$ mm): $V_{lim} = 3{,}49 \sqrt{R}$;
- *bitola métrica* ($\gamma = 0$ m/s^2 e $S_{máx} = 100$ mm): $V_{lim} = 3{,}46 \sqrt{R}$.

Sendo V dado em km/h, e R, em m.

5.5 Construção da via permanente

Os processos construtivos da superestrutura da via permanente seguem basicamente à esta sequência:

- montagem da grade (trilhos, dormentes e fixações);
- lastramento;
- socaria/nivelamento e alinhamento no eixo definido pelo projeto;
- acabamento e serviços complementares.

Para melhor atendimento das operações de lançamento da superestrutura, com manuseio de materiais para montagem da grade e lastramento e geometria da linha, tornam-se necessários:

- estudo detalhado de todas as interferências possíveis de ocorrer ao longo da faixa de construção;
- cronograma de avanço coerente com a necessidade de produção, porém adequado aos recursos de mão de obra, equipamento, condições de transporte, fornecimento dos materiais e regime pluviométrico da região;
- uso de procedimentos capazes de proporcionar alto índice de qualidade ao produto final;

- adequação das etapas construtivas ao longo do tempo da obra, visando evitar picos de demanda de materiais, mão de obra e equipamento.

As fases de construção da superestrutura são apresentadas nas seções a seguir.

5.5.1 Locação do eixo

Para a materialização do eixo da via para o lançamento da grade e também para definir suas cotas de nivelamento, deve ser lançado um eixo paralelo com piquetes a cada 20,00 m na tangente e 10,00 m nas curvas.

O eixo paralelo deve ser lançado a 5,50 m de distância do eixo principal e os piquetes devem ser cravados com seu topo 2,0 m abaixo da superfície da plataforma ferroviária, para evitar que sejam danificados pelo tráfego.

5.5.2 Transporte dos materiais

Trilhos

Os trilhos (curtos ou longos soldados, TLSs) são transportados até as frentes de montagem adaptados sob roletes diretamente na plataforma ferroviária e tracionados por máquina de terraplenagem de pneu até a posição de sua utilização, devendo ser depositados aos pares nas laterais da plataforma, no caso de TLS.

Dormentes

São transportados até os locais de aplicação por meio de caminhões-guincho ou em via auxiliar e depositados em pilha longitudinalmente, na mesma lateral da plataforma em que estiveram os TLSs e em taxa de dormentação que permita cumprir o espaçamento de projeto. Os dormentes são posicionados na via da lateral da plataforma para o eixo da via.

Lastro

É transportado por caminhões basculantes da pedreira até os locais de estoque (pulmões) e posteriormente para o trecho, onde será descarregado obedecendo ao critério da grade, já montada ou não.

5.5.3 Montagem da grade ferroviária

A construção da grade reúne um conjunto de operações que visa montar os trilhos sobre os dormentes no espaçamento correto mediante sua união por fixação. Resume-se às diversas operações de descarga e distribuição dos materiais ferroviários e à montagem de seus componentes.

Com a primeira camada do lastro regularizada e compactada, são iniciados os serviços de distribuição e posicionamento dos demais materiais componentes da superestrutura.

Após os dormentes serem distribuídos no espaçamento de projeto e os TLSs serem posicionados na lateral da plataforma, o serviço de posicionar os TLSs sobre os dormentes é feito por meio de pórtico móvel ou outro dispositivo. Em seguida, é feita a fixação dos trilhos aos dormentes.

5.5.4 Montagem de aparelho de mudança de via

Ao mesmo tempo que se faz a montagem da grade, são implantados os AMVs. Deve-se observar o perfeito alinhamento e nivelamento entre as juntas ao final dos trilhos longos com os trilhos de encosto das agulhas.

Os últimos três dormentes dos trilhos longos devem ser de madeira, para possibilitar seu entalhamento e fazer com que tenham a mesma inclinação do dormente de aço, mantendo a linha de bitola dentro das tolerâncias admissíveis.

O assentamento dos AMVs no trecho acompanha o avanço da montagem da grade e obedece aos seguintes procedimentos:

- locação topográfica;
- os dormentes especiais são distribuídos em sua sequência, obedecendo ao plano de assentamento de acordo com o projeto do AMV;
- procede-se à fixação dos trilhos e dos componentes dos AMVs, como grade de chave, grade do jacaré e ferragens especiais;
- é feito um alinhamento completo do AMV;
- os tirantes de ligação das agulhas são instalados e as agulhas, por sua vez, são instaladas nos trilhos de encosto;
- após a socaria, o alinhamento e o nivelamento do AMV serem executados, o aparelho de manobra é assentado e regulado.

O AMV é montado à margem da linha, paralelamente à posição em que será assentado, e posteriormente transladado até sua posição final com a utilização do pórtico ou de macacos de linha sobre trilhos que seguem de guias.

5.5.5 Socaria, nivelamento e alinhamento da via

Na sequência, é executada a socaria, o nivelamento e o alinhamento (normalmente, com máquina especial), sendo realizadas até quatro passadas para atingir a cota final de projeto. Estando a linha em seu topo e eixo previsto, serão executados os serviços de acabamento final da seção do lastro conforme o projeto definido.

5.5.6 Alívio de tensões térmicas (ATT)

Para o perfeito funcionamento da superestrutura, o processo de montagem da linha deve dar atenção especial ao alívio de tensões térmicas dos trilhos, tendo em vista a utilização das juntas somente nas entradas e saídas dos AMVs.

Em construção de vias ferroviárias, é normal o aparecimento de tensões nos trilhos, introduzidas no processo construtivo quer pela dilatação resultante da variação da temperatura, quer pela redução de seu comprimento real no processo de nivelamento e alinhamento.

O alívio dessas tensões é importante para que o trilho seja fixado ao dormente com o comprimento que teria na faixa de temperatura neutra e sem tensões de tração ou compressão. Ou seja, deve-se garantir que todos os trilhos que compõem a via sejam fixados aos dormentes a uma temperatura máxima dos trilhos na região.

Desse modo, o trilho teoricamente estará isento de tensões quando sua temperatura coincidir com a temperatura neutra, e as tensões de tração ou compressão provenientes das variações de temperatura serão uniformes ao longo do trilho.

É preferível que o trilho alcance maiores tensões de tração do que de compressão, uma vez que a resistência à flambagem da linha é menor que a resistência à compressão dos trilhos.

Se a barra de trilho estiver em condições ideais de "dilatação livre", a uma dada temperatura sofrerá alongamentos ou encurtamentos (ΔL) proporcionais a seu comprimento (L) medido a essa temperatura, ao coeficiente de dilatação térmica do trilho (α) e à variação da temperatura em relação ao seu valor inicial (ΔT), de acordo com a lei da dilatação linear:

$$\Delta L = L \cdot \alpha \cdot \Delta T \quad (5.27)$$

A determinação da força normal aos trilhos devido à variação térmica é calculada por:

$$N_{máx} = E \cdot S \cdot \alpha \cdot \Delta T \quad (5.28)$$

Em que:

E = módulo de elasticidade do aço = $2{,}15 \times 10^6$ kg/cm²;

$N_{máx}$ = força máxima normal aos trilhos;

S = área da seção transversal do trilho (cm²);

α = coeficiente de dilatação térmica do aço = $11{,}5 \times 10^{-6}$;

ΔT = variação de temperatura (°C);

$N_{máx} = 24{,}7\ S \bullet \Delta T$.

Os valores para o cálculo da variação térmica ΔT são em função da temperatura neutra dos trilhos, que é considerada igual à temperatura média (+) 5°C. O intervalo para a regularização das barras é definido por TN (±) 5°C. O alívio de tensões dos trilhos deve ser programado para um horário em que a temperatura do trilho seja favorável, próximo à temperatura neutra.

Os dois pontos em que o somatório das resistências externas iguala o esforço interno delimitam a zona central das barras, em que o sistema de forças está equilibrado e os movimentos estão impedidos. Essa zona é também chamada de zona neutra, e sua extensão pode ser, em teoria e em condições normais de funcionamento, infinita. Nela, as tensões internas atingem seu valor máximo.

As duas zonas extremas, em que os movimentos longitudinais dos trilhos são parcialmente contrariados, são designadas zonas de respiração, e sua extensão depende da seção do trilho, da eficácia do conjunto lastro-dormente e da variação de temperatura. Nas extremidades das barras, verificam-se movimentos longitudinais que normalmente não ultrapassam 200 mm e que são absorvidos por dispositivos concebidos para isso (os aparelhos de dilatação), sem que os rodeiros dos veículos sofram impactos.

No entanto, para que se mantenha o comportamento estável da barra longa soldada do trilho, é necessário garantir o correto funcionamento de todos os componentes da via. Por exemplo, se por uma situação anômala houver diminuição da força estabilizadora N devido a fixações desapertadas ou frouxas ou lastro insuficiente, a tensão interna sofrerá uma concentração nesse ponto e poderá surgir uma deformação transversal da via (flambagem), vulgarmente designada como ensarilhamento, muitas vezes incompatível com a circulação dos trens.

A sequência de operações para a execução do ATT é apresentada a seguir:

- retirada das talas de junção;
- soltura da fixação;
- colocação de roletes a cada dez dormentes, entre o patim do trilho e o dormente;
- bateção no trilho ao longo das barras com um martelo de bronze;
- verificação da temperatura do trilho mediante a média da leitura de dois termômetros de contato;
- ajuste das folgas das juntas;
- remoção dos roletes;
- colocação das talas de junção;
- fixação dos trilhos aos dormentes.

À medida que o alívio de tensões é executado, é necessário o corte de um pedaço de trilho e a redistribuição da folga nas barras seguintes. Normalmente, é cortado um pedaço de trilho correspondente a um furo e executado novo furo.

O trabalho para a execução do corte do trilho é feito por uma equipe composta de um operador de equipamentos leves ferroviários e ajudantes com experiência suficiente.

O trabalho para a execução do corte de trilho pode ser executado pela mesma equipe de corte de trilhos quando a situação permitir, com a utilização de uma máquina de furar trilhos.

Após a execução do alívio de tensão dos trilhos, é feita a soldagem aluminotérmica dos trilhos, com a formação de barras contínuas (TCSs).

5.5.7 Soldagem das barras de trilhos

Os trilhos podem ser soldados obedecendo a duas configurações: trilhos curtos ou trilhos longos soldados (TLSs). Em ambos os casos, aparece a necessidade da solda, pois os trilhos são laminados em perfis com comprimento de 12 m, 18 m ou 24 m. Para tanto, as técnicas utilizadas são as seguintes:

Solda elétrica

A solda elétrica por caldeamento é um processo de soldagem feita por uma máquina de solda em estaleiro. Constitui-se na fusão, a 1.100°C, dos topos dos trilhos a serem soldados com o auxílio de uma prensa hidráulica de 700 kg/cm^2. Esse processo produz a melhor solda, com quase as mesmas condições de resistência do material laminado. Entretanto, os comprimentos das barras podem ser limitadas por deficiência de transporte de barras muito longas.

Solda aluminotérmica

É um processo em que uma mistura adequadamente preparada de alumínio e um óxido metálico, após ignição inicial, reage exotermicamente. Devido a essa liberação de calor, a reação propaga-se por si e em curto espaço de tempo, tomando conta de toda a mistura. Como resultado dessa transformação, obtém-se um metal limpo e liquefeito e escória rica em Al_2O_3.

Esse processo parte do princípio da grande afinidade do alumínio pelo oxigênio para reduzir óxidos metálicos, especialmente o óxido de ferro. A equação que descreve essa reação é:

$$Fe_2O_3 + 2\ Al \rightarrow 2Fe + Al_2O_3 + 849\ kJ\ (\text{temperatura: } \sim 2.450°C)$$

Três são os métodos mais usados para a soldagem por aluminotermia: SKV, SMF e SOWOS. Eles são diferenciados pelo tempo de preaquecimento e pela forma de vazamento. No preaquecimento curto (SKV), cuja duração é de aproximadamente 1 min, alcança-se uma temperatura de 600°C. A quantidade de mistura nesse processo é aproximadamente 50% maior que nos outros processos, a fim de compensar o preaquecimento menor. Já nos dois outros processos (SMF e SOWOS), o preaquecimento é de 4 min a 8 min, dependendo do tipo de perfil de trilho a ser soldado, e alcança-se uma temperatura de 1.000°C. A dureza do metal de adição alcançada por meio desses processos varia de 450 HV a 550 HV. Esses valores altos são justificados pela falta de pós-aquecimento após o processo de soldagem, o que, além de diminuir o valor da dureza, alivia as tensões residuais provenientes da soldagem. O valor de dureza no metal de adição não deve exceder 20 HV do valor de dureza do metal base.

A sequência para a execução da solda aluminotérmica no campo é a seguinte:

- *preparo das pontas do trilho*: as duas extremidades dos trilhos devem estar limpas, alinhadas e com uma folga de 20 mm;
- *nivelamento*: as pontas dos trilhos devem ficar soldadas na fixação pelo menos nos três primeiros dormentes e calçadas de modo a ficarem ligeiramente levantadas, com diferença de 1 mm a 2 mm, na extremidade de uma régua de 1 m de comprimento;
- *colocação da forma*: uma forma pré-fabricada é colocada na junta, envolvendo as duas pontas dos trilhos;
- *colocação do "cadinho"*: sobre um tripé próprio, deve ser assentado o cadinho, com forro de material refratário, com um pino de vedação em sua parte inferior, que será "batido" para o interior no momento da "corrida". Dentro se coloca a "porção de solda";
- *preaquecimento*: utiliza-se, para essa operação, um maçarico que queima gás propano-butano no oxigênio. O preaquecimento termina quando os topos dos trilhos alcançarem aproximadamente 950°C e atingirem coloração avermelhada;
- *reação e sangramento*: terminado o preaquecimento, inflama-se a mistura colocada no cadinho por meio de fósforo próprio e, uma vez completada a reação, faz-se o sangramento, batendo para dentro do cadinho o pino vedador, o que acarreta a corrida do *termith* para dentro da forma. A reação dura de 15 s a 20 s;
- *desforma*: decorridos 5 min após a corrida, retiram-se as formas e inicia-se o acabamento da solda a quente. As rebarbas de aço são retiradas com uma ferramenta chamada corta-quente, batida com marreta de 4 kg ou com rebarbador hidráulico;

- *esmerilhamento*: o acabamento final da solda consiste do esmerilhamento, que deve ser feito com esmerilhadeira própria e com a solda já fria.

5.5.8 Nota de Serviço de Implantação Altimétrica da Via (NSIAV)

A NSIAV tem a finalidade de dar suporte à implantação da superestrutura como um todo, mais especificamente no que diz respeito aos trilhos ferroviários, levando em conta as premissas fixadas no projeto geométrico e tendo como produto final a cota dos trilhos a serem implantados (nomenclatura de 10 m em 10 m).

Para chegar aos valores das cotas dos trilhos, parte-se da cota dos eixos do projeto geométrico, que consiste da cota superior do sublastro. A partir daí, baixam-se as espessuras/alturas do lastro, do dormente e do trilho.

Obtém-se, então, a cota de superfície do boleto do trilho, faltando ainda serem distribuídos os valores da superelevação. Para tanto, considerou-se o trilho externo da curva para garantir que a espessura mínima de lastro fosse respeitada, uma vez que o ajuste da superelevação dá-se nessa camada.

Para a perfeita locação dos trilhos, devem ser seguidas as recomendações apresentadas a seguir:

- todos os pontos notáveis que caracterizam o eixo projetado devem ser contados geometricamente com base na rede de referência de nível implantada;
- o erro de fechamento não pode ser superior a 15 mm/km;
- o sistema de identificação das estacas-testemunhas dos piquetes é o quilométrico, relacionando a estaca inicial do trecho;
- em estacas de 100 m em 100 m, deve constar a fração centesimal, por exemplo: +100, +200 etc.;
- nas estacas intermediárias, para a identificação dos pontos notáveis é suficiente a numeração da estaca fracionária, ou seja, devem ser obedecidas as igualdades previstas no projeto geométrico;
- os marcos de referência em serviços de apoio à via permanente são implantados de acordo com o Quadro 5.3;

Quadro 5.3 Marcos de referência em serviços de apoio à via permanente

Marcos RPA (referências planialtimétricas)		Marcos RA (referências altimétricas)	
Localização			
Em curvas horizontais	Em tangente	Em curvas verticais	Em rampas
Nos pontos notáveis TS, SC, CS, ST, PC e PT	A cada 500 m	Nos pontos notáveis PCV, PIV e PTV	-

Nomenclatura:
TS: ponto de concordância horizontal entre tangente e espiral;
SC: ponto de concordância horizontal entre espiral e curva circular;
CS: ponto de concordância horizontal entre curva circular e espiral;
ST: ponto de concordância horizontal entre espiral e tangente;
PC: ponto de concordância horizontal entre tangente e curva circular;
PT: ponto de concordância horizontal entre curva circular e tangente;
PCV: ponto de concordância vertical entre rampa e curva parabólica;
PIV: ponto de interseção vertical entre os prolongamentos das rampas;
PTV: ponto de concordância vertical entre curva parabólica e rampa.

- a implantação desses marcos é feita na banqueta da faixa a uma distância, quando possível, de 3 m em relação ao eixo do projeto, sempre do lado esquerdo, no sentido crescente do estaqueamento, no caso dos trechos em tangente, e no lado interno, no caso das curvas;
- no caso da implantação altimétrica, a referência se faz a partir de rede de RRNN previamente calculada e implantada.

Deve-se observar que, durante a implantação da superestrutura, a NSIAV deve ser avaliada tendo em vista três dados fundamentais:

- a real cota de acabamento do sublastro;
- a efetiva espessura do dormente que foi assentado;
- a posição do estaqueamento da construção com relação ao estaqueamento da referência para o projeto.

Durante a execução, antes do lançamento da superestrutura, a cota de acabamento do sublastro deve ser aferida com a cota de projeto, visando evitar que, ao considerar as cotas da NSIAV, a espessura do lastro fique inferior à definida no projeto.

Por fim, deve-se observar que a superelevação informada na NSIAV tem que ser reavaliada para as condições efetivas de implantação altimétrica da via diante de qualquer alteração, durante a execução, na geometria projetada.

Para os trechos em tangente, as cotas de ambos os trilhos (esquerdo e direito) são as mesmas e devem ser calculadas levando-se em conta a declividade transversal da plataforma (normalmente, 3%), a cota do sublastro sob a vertical que passa no eixo do trilho, a altura do lastro sob o dormente na direção vertical do trilho, a altura do dormente sobre o trilho e a altura do trilho (somada à espessura da palmilha amortecedora, no caso do dormente de concreto, e à placa de apoio, no caso do dormente de madeira). Então:

$$\text{cota do trilho} = \text{cota do projeto} + H \tag{5.29}$$

Em que:
H = em m.

Para os trechos em curva, deve ser levada em conta a rampa de superelevação nos trechos de transição (TS/SC e CS/ST), cuja variação linear não deve ser superior a 2 mm/m, sendo igual a 0 no TS e no ST.

É necessário observar que a elevação do trilho ocorre no trilho externo, devendo ser apresentadas três situações:

$$\text{cota do trilho interno} = \text{cota de projeto} + H \tag{5.30}$$

$$\text{cota do trilho externo} = \text{cota do projeto} + H + S \tag{5.31}$$

Em que:
S = valor da superelevação na estaca (m).

$$\text{cota do trilho externo nos pontos SC e CS} = \text{cota do projeto} + H + S1 \quad (5.32)$$

Em que:
S1 = superelevação calculada (m).

5.5.9 Recebimento da via construída

Geometria da via

Deve-se estabelecer, para cada ferrovia, os critérios dentro das normas técnicas vigentes de medição e tolerância de construção dos defeitos da geometria da via permanente (bitola, alinhamento, nivelamento transversal e nivelamento longitudinal), em função principalmente do material rodante para a ferrovia em questão.

Defeitos nos trilhos

É comum que sejam encontrados defeitos em trilhos ferroviários nas linhas construídas por análise através de ultrassom. Faz-se necessário um procedimento detalhado para detecção, classificação, análise e correção adequada dos defeitos, uma vez que podem causar acidentes em virtude de fraturas existentes nos trilhos. Deve-se elaborar uma normalização com base na classificação de defeitos de trilhos, uma padronização de métodos de correção e uma regulamentação para evitar possíveis ocorrências no futuro. Para o estabelecimento da velocidade, devem ser considerados parâmetros geométricos, como rampas, raios de curva, nivelamento transversal, nivelamento longitudinal e alinhamento.

5.5.10 Metodologia para a construção de via permanente para metrôs e VLTs

Sistema de superestrutura com lajes pré-moldadas

Nesse tipo de sistema, a via é implantada por meio de módulos constituídos de lajes pré-moldadas (*radier*), se possível já contendo os trilhos. O envolvimento de trilhos pré-moldados, o isolamento térmico e a soldagem para extremidades dos trilhos entre as lajes devem ser realizados dentro das especificações técnicas pertinentes.

Sistema de superestrutura com a concretagem da via *in situ*

No caso dos metrôs, têm-se vias assentadas sobre lajes (*radier*), em que são montados dormentes de concreto e LVT envolvidos em envelopes de borracha denominados sapatas elásticas ou galochas; vias montadas sobre vigas contínuas, com placas de apoio e fixações elásticas especiais; e vias utilizando a tecnologia de massa-mola.

É necessário observar a perfeita fixação entre o trilho e o concreto da via; a estabilidade da via; a execução da laje dos sistemas, compreendendo a preparação do leito da via; o assentamento das barras de trilho; o posicionamento dos trilhos na cota de projeto; a instalação das ferragens; os dutos para drenagem; os sistemas elétricos e as soldas; a concretagem da laje até o nível do revestimento; e a execução do revestimento final da via.

A instalação de equipamento de sustentação, o nivelamento da via, o alinhamento, posicionamento e inclinação dos trilhos e o ajuste de bitola são realizados por meio de dispositivos especialmente desenvolvidos para o suporte dos trilhos, os denominados *pórticos*.

Após o posicionamento, nivelamento e alinhamento dos trilhos, normalmente a concretagem da laje, cuja espessura é definida no projeto estrutural, é executada em duas fases, deixando-se a fase final com uma pequena espessura em função do tipo de revestimento e acabamento definidos no projeto (concreto bloquete, gramas etc.). O concreto não deve ultrapassar a altura do topo do boleto, obedecendo a uma largura mínima para garantir a estabilidade estrutural do trilho.

Nos segmentos projetados em que os níveis de vibração decorrentes da passagem de material rodante na futura via ocasionem valores de nível de vibração e ruído secundários nas edificações lindeiras, são implantados sistemas com massa-mola com eficiência antivibratória a ser definida em projetos específicos, em função de medições que determinem os coeficientes de transmissibilidade das vibrações na região e definam a frequência natural do sistema.

5.6 Considerações sobre os projetos básico e executivo

- Projeto básico
  Na apresentação do projeto básico de superestrutura da via devem constar, no mínimo, os seguintes itens:
  - parâmetros condicionantes do projeto;
  - características da via principal (incluindo desvios de cruzamento);
  - características da via secundária (pátios/terminais);
  - superelevação;
  - seções transversais;
  - considerações/comentários preliminares sobre os materiais a serem utilizados e metodologia construtiva.
- Projeto executivo
  Na apresentação do projeto executivo de superestrutura da via devem constar, no mínimo, os seguintes itens:
  - *Características técnicas da via permanente:*
    - parâmetros condicionantes do projeto;
    - características da via principal (incluindo desvios de cruzamento);
    - características da via secundária (pátios/terminais).
  - *Dimensionamento da superestrutura da via:*
    - *Trilhos:*
      - verificação do perfil;
      - verificação da tensão à flexão e deflexão máxima.
    - *Dormente:*
      - verificação do espaçamento.
    - *Pavimento ferroviário:*
      - verificação da altura do lastro;
      - verificação da largura do ombro do lastro;
      - verificação das pressões admissíveis (lastro, sublastro e plataforma).
    - *Superelevação:*
      - critério de cálculo e tabelas.
    - *Dados complementares:*

- consideração sobre raio mínimo em TLS;
- flambagem da via;
- coeficiente de estabilidade;
- seções transversais.

- *Especificações técnicas, normas e desenhos pertinentes*
- *Descrição dos componentes da grade de superestrutura*
- *Materiais e serviços: memória de cálculos e cálculos de quantidades*
- *Metodologia construtiva*
- *Nota de Serviço de Implantação Altimétrica da Via*

capítulo 6

Projetos complementares e orçamento

Hélio Suêvo Rodrigues (6.1) e *Rui José da Silva Nabais* (6.2 a 6.6)

6.1 Projeto de sistemas

O projeto de sistemas possui três grandes grupos de especialização: eletrificação, sinalização e telecomunicação, cada um com seus assuntos específicos, assim classificados e definidos:

- *eletrificação*: abrange os assuntos referentes à produção, transformação e distribuição de energia elétrica, tração elétrica, instalações de suprimento de energia elétrica e de iluminação de pátios, prédios e oficinas;
- *sinalização*: abrange os assuntos referentes a todas as instalações de sinalização ferroviária, compreendendo suprimento em baixa tensão, aparelhos de bastão piloto (*staff*), sinalização de pátios, bloqueio automático entre estações, sinal de cabine de maquinista, controle de velocidade de trens, controle centralizado de tráfego, proteção de passagens em nível e sinalização auxiliar (placas de via);
- *telecomunicação*: abrange os assuntos referentes a todas as instalações destinadas a telecomunicações a curta e longa distância, inclusive equipamentos, sistemas irradiantes e linhas físicas para transmissão telefônica, telegráfica e de dados, com exceção dos equipamentos e linhas próprios e exclusivos dos serviços de sinalização.

6.1.1 Eletrificação

Histórico

Em 1835, Thomas Davenport, nos Estados Unidos, ensaiou o emprego de baterias na movimentação de veículos. Davidson, em 1842, também por meio de baterias elétricas, tentou fabricar uma locomotiva para a Ferrovia Edinburg-Glasgow.

No entanto, só em 1879 a Siemens & Halke, na feira de Berlim, demonstrou de modo prático a maneira de coletar corrente a 160 V, num tubo de cobre, para alimentar motores de tração. Seu criador foi o engenheiro alemão Werner von Siemens. Nesse período, a eletricidade já era utilizada na iluminação e nas indústrias e empregada nas estradas de ferro. A França foi o primeiro país europeu a utilizar a nova força motriz, e a Suíça, o segundo, eletrificando 40 km de linhas em 1898. Seguiram-se várias aplicações na Itália, Inglaterra, Estados Unidos e Canadá, de modo que, ao se encerrar o século, alguns trechos ferroviários e linhas de carris urbanos já funcionavam com a tração elétrica prestando serviços comerciais.

A tração elétrica não demorou muito a ser introduzida no Brasil, pois, em setembro de 1898, foi inaugurada a eletrificação na Estrada de Ferro da Tijuca, uma linha de bonde entre a Usina e o Alto da Boa Vista, no Rio de Janeiro. A seguir, vieram a E. F. Corcovado, em 1910, a E. F. Morro Velho, em Belo Horizonte, em 1914, o ramal Férreo Campineiro, em 1920, a Companhia Paulista de Estradas de Ferro, a primeira de grande expressão comercial, em 1922, a E. F. Campos do Jordão, em 1924, a E. F.

Votorantim, em 1928, a Rede Mineira de Viação, em 1929, e a E. F. Central do Brasil, em 1937, totalizando na época cerca de 6.000 km de linhas eletrificadas. O sistema escolhido foi o de 3 kV (3.000 V) em corrente contínua, o que acabou sendo adotado como padrão brasileiro.

A implantação da tração elétrica no serviço de transporte de subúrbios originou-se da necessidade de atendimento à crescente demanda da população periférica. Além disso, a ferrovia encontrava dificuldades no abastecimento de suas locomotivas a vapor, uma vez que o carvão era importado da Inglaterra e dos Estados Unidos.

A partir da década de 1960, ocorreu um sucateamento do sistema elétrico, pois a falta de interesse de algumas companhias ferroviárias, a queda de demanda pelo transporte ferroviário e as vantagens incomparáveis das locomotivas diesel-elétricas fizeram com que a eletrificação fosse quase totalmente desmantelada nas ferrovias brasileiras.

Hoje, no Brasil, existem sistemas de tração elétrica somente nas ferrovias que atendem os subúrbios do Rio de Janeiro e São Paulo e nos sistemas metroviários. Todos adotaram o sistema de catenária com tensão de 3 kVcc, com exceção das linhas 1, 3 e 5 do metrô de São Paulo e do metrô do Rio de Janeiro.

Principais materiais utilizados

Os principais materiais utilizados na montagem desses sistemas de tração são:

- isoladores de piso;
- ferragens de subestação (túneis, mastros, postes, cruzetas, braçadeiras e conexões com terra);
- catenária: na ferrovia, é um sistema de distribuição e alimentação elétrica aérea. Difere das distribuições de alta/média/baixa tensão para permitir captação direta de energia do cabo por meio de um pantógrafo. Os cabos são colocados a cada número determinado de postes e fixos por tensão, com um peso superior ao de 1/2 cabo em cada extremidade, que o estica até assentar por baixo dos fixadores. Esse meio de fixação permite que haja uma superfície lisa de contato em todo o cabo. Esse sistema é utilizado por trólebus (*trolleybus*), bondes (elétricos), metrôs (metropolitanos) de superfície, locomotivas e automotoras ferroviárias.

Projeto de eletrificação ferroviária

Os projetos de eletrificação ferroviária devem seguir a NBR 12789 (ABNT, 1993) e constar das seguintes etapas básicas:

- fornecimento de um sistema de abastecimento de energia completo, constituído de subestação retificadora e normalmente construído com grupos retificadores de 3 MW com saídas de 3 kVcc e 13,8 kVca e cabines de seccionamento e paralelismo com saídas de 3 kVcc;
- levantamento de dados do projeto de engenharia detalhado, padronizado de soluções do sistema, projetos de obras civis, projetos de peças, materiais, equipamentos, montagens típicas, projetos de interligação das redes aéreas de tração e dos serviços auxiliares ao longo da via, assim como de todas as especificações técnicas e procedimentos de testes e comissionamento;

- implantação da rede aérea de tração em via, incluindo pátios e travessões;
- lançamento de circuito aéreo trifásico em 13,8 kV, do sistema auxiliar de energia, instalado em cruzetas na posteação da rede aérea de tração, englobando sua interligação, em cabo isolado, até as chaves seccionadoras das respectivas subestações secundárias (13,8 kV/380-220 V);
- instalação e ligação de chaves seccionadoras, sensores de tensão e dispositivos limitadores de tensão nos suportes de rede aérea de tração;
- execução do aterramento e bondeamento ao longo da via, incluindo a ligação entre o cabo aéreo e ferragens da rede aérea e as conexões com os bondes de impedância e as conexões com os trilhos.

6.1.2 Sinalização

Importância do licenciamento de trens

A sinalização, do ponto de vista da exploração industrial do transporte, contribui com dois fatores extremamente importantes: segurança e economia.

Por sinalização ferroviária se entende um conjunto de métodos e meios pelos quais se promove a movimentação dos trens. Em sua composição, a sinalização abrange os processos e os equipamentos que promovem e realizam a circulação dos trens. Em concepção restrita, significa apenas o sistema. Diz-se: sinalização pelo bloqueio automático, sinalização pelo controle de tráfego centralizado etc.

Assim como os equipamentos de uma passagem em nível se destinam a evitar que os veículos rodoviários colidam com os trens, a função primeira da sinalização é evitar as colisões entre os trens.

A via permanente, o material rodante, o material de tração, o pessoal da equipagem e do trem e o pessoal das estações, entre outros, são mobilizados para que o trem possa circular entre os diversos pontos, vendendo o produto industrial da estrada: o transporte. A sinalização completa o quadro, provendo meios para que a circulação do trem ocorra, e deve permitir a utilização da via permanente pelo maior número de trens possível.

As características da sinalização podem ser justificadas pelos aspectos de rapidez, regularidade, segurança e economia.

Quanto à circulação dos trens, ela pode ser concebida pelos aspectos de circulação entre pátios, circulação dentro do pátio e circulação para composição de trens.

Evolução histórica

Os métodos e processos de sinalização ferroviária adotados desde os primórdios das estradas de ferro até hoje têm assumido diferentes formas e caracterizam bem várias fases do progresso ferroviário nesse setor. Entretanto, cabe salientar que nem sempre a sinalização ferroviária, durante essas décadas, foi encarada sob o mesmo prisma.

As deficiências observadas em um dado processo de licenciamento e mesmo os acidentes ocorridos como decorrência dos pontos vulneráveis do sistema levaram as estradas a procurar outros métodos. O desenvolvimento tecnológico contribuiu e possibilitou a materialização de novas ideias, conceitos e métodos de circulação ferroviária.

A solicitação crescente do transporte ferroviário e o consequente aumento do número de trens em circulação exigiram maior capacidade de tráfego das linhas existentes. Antigamente, a solução era a ampliação das linhas férreas. Modernamente, porém, os sistemas de sinalização propiciam soluções que, aumentando a capacidade de tráfego das linhas existentes, evitam as elevadas despesas decorrentes da ampliação da via permanente.

Atualmente, quando se afirma que uma dada estrada de ferro possui um moderno sistema de sinalização, depreende-se que essa ferrovia possui um plano de linhas e um sistema de sinalização ajustável e combinado para atender à operação requerida. Em outras palavras, a sinalização não está superimposta à via permanente existente pura e simplesmente, mas forma um conjunto harmônico com uma via permanente cujo plano foi revisto de modo que a operação pudesse ser realizada com eficiência.

Quanto à evolução dos métodos e processos de sinalização, inicialmente a estrada de ferro dispunha de um único trem, que circulava entre os pontos extremos uma vez por dia. Não havia problema de licenciamento, mas o de "limpeza" da ferrovia para o trem passar. Um homem a cavalo, agitando uma bandeira, realizava o papel de anunciador da aproximação do trem.

A circulação de mais de um trem obrigou a construção de desvios ativos em que os cruzamentos e passagens se podiam processar. Não havendo meios de comunicação, na metade do caminho entre os pátios eram colocados postes de referência destinados a definir a prioridade sobre o trecho de linha singela. Assim, se dois trens circulavam em sentidos opostos sobre o mesmo trecho, o primeiro a alcançar o poste de referência tinha direito a prosseguir e o outro era obrigado a recuar até o pátio de origem para que o cruzamento se efetuasse.

Em sequência, houve o licenciamento por tabela e horário, utilização dos serviços de *ball signal*, introdução de telégrafo nos sistemas de licenciamento, sistema de bloqueio manual simples, sistema de bloqueio manual complexo (*staff* elétrico), circuito de via, sistema de bloqueio automático, sinalização dos pátios (*cab-signal* de operação), controle centralizado de tráfego e controle auxiliar dos pátios.

Entre as tecnologias mais modernas, são citados a seguir alguns sistemas de sinalização implantados nas ferrovias brasileiras:

- Automatic Train Control (ATC);
- Automatic Train Operation (ATO);
- Automatic Train Protection (ATP);
- Communications-Based Train Control (CBTC).

Além desses, está sendo muito utilizado o sistema de transmissão por satélite, que fornece os meios de transmissão de dados entre os sistemas de controle centralizado no CCO e os computadores de bordo dos trens, de modo a proporcionar o licenciamento dos trens por meio de telegramas codificados e também permitir a troca de mensagens livres entre despachador e maquinista.

Esses sistemas, de maneira geral, possibilitam o controle da circulação de trens de modo seguro em conjunto com os demais sistemas operacionais, sendo possível controlar e supervisionar todo o processo de licenciamento de trens, otimizar o tráfego em tempo real e gerar automaticamente registros, gráficos e relatórios sobre o desempenho de trens e de apoio à gestão de manutenção da via e do material rodante.

A finalidade desse resumo histórico é destacar a importância que a sinalização vem assumindo ao longo dos anos. Inicialmente, a preocupação dominante concentrava-se na segurança em face das deficiências de comunicação, de recursos técnicos etc. À medida que a segurança ganhava consistência, o aspecto econômico começou a ser encarado seriamente. Finalmente, a segurança assumiu o caráter de uma constante dos sistemas de sinalização e a economia passou a ser a meta constante, por sua própria natureza sempre suscetível de ser melhorada.

Passagem em nível

Na linguagem ferroviária, o cruzamento em nível rodoferroviário recebe a designação genérica de *passagem de nível*. Nesse tipo de cruzamento, é indispensável a implantação de um dispositivo de advertência e proteção por meio do qual se possa interromper o tráfego rodoviário quando um trem se aproxima da passagem de nível.

O problema do cruzamento rodoferroviário não pode ser assimilado ao cruzamento puramente rodoviário, uma vez que o tráfego ferroviário, por possuir características especiais de horário, velocidade e distância de frenagem, entre outros, deve ter prioridade sobre o tráfego rodoviário nas passagens de nível.

A melhor solução para o problema das passagens é a eliminação da passagem em nível, construindo-se uma passagem superior ou inferior. No entanto, essa solução, que é a ideal, constitui sério encargo financeiro, e, de modo geral, pode-se instalar um sistema de proteção automático com uma despesa que equivale a aproximadamente 5% do orçamento referente à solução envolvendo a eliminação do cruzamento.

Posta de lado a solução integral, o equacionamento do problema deve considerar dois aspectos fundamentais:

- os trens devem circular sobre a passagem de nível sem redução da velocidade autorizada no trecho;
- o intervalo de tempo de interrupção do tráfego rodoviário deve ser o necessário e suficiente para permitir a passagem do trem com segurança.

Atualmente, têm-se dado preferência, por razões econômicas, aos métodos de operação automática dos equipamentos de proteção. Entretanto, a complexidade dos sistemas aumenta cada vez mais, em função direta do aumento dos requisitos a serem satisfeitos em cada passagem.

Os circuitos dos sistemas de proteção das passagens de nível, na conceituação da moderna sinalização, exigem o mesmo padrão de projeto requerido pelos circuitos vitais do Centralized Traffic Control (CTC). Entretanto, no passado, o problema não era encarado com essa seriedade.

A NBR 15680 (ABNT, 2009b) regulamenta a adoção de passagens em nível para as ferrovias brasileiras.

A Fig. 6.1 ilustra uma passagem em nível com sinalização automática vertical (*automatic level crossing*).

Fig. 6.1 Passagem em nível com sinalização automática vertical (*automatic level crossing*). Fonte: Normas/RFFSA (NEA-702).

Projeto de sinalização ferroviária

As estradas de ferro geralmente se desenvolvem de modo a acompanhar as solicitações da região servida. A instalação de novas indústrias provoca a inclusão de novos desvios e a ampliação de pátios, entre outros. Essas solicitações são atendidas dentro da operação existente na estrada.

No processo de operação de um pátio ferroviário, verifica-se a necessidade da implantação do controle de tráfego centralizado em um trecho, de uma cabine de manobras ou de itinerário em um pátio etc., ou seja, de um novo sistema de sinalização. Conhecendo-se a operação a ser realizada, pode-se projetar um plano de linhas e uma sinalização convenientes com segurança e economia à circulação dos trens. Geralmente, o plano de linhas existente é simplificado com reais vantagens econômicas e sem nenhum prejuízo operacional.

O conceito antigo da operação ferroviária desenvolvia-se em torno das linhas e do material rodante e de tração, entre outros, e finalmente na maneira de processar o licenciamento dos trens. Modernamente, não houve uma inversão de valores, mas uma simultaneidade na consideração do plano de linhas e da sinalização com vistas à operação desejada.

Outrossim, a sinalização pode ser implantada por etapas, evoluindo de um sistema simplificado para um mais complexo acompanhando as necessidades da operação e dentro de um planejamento.

Essa argumentação pretende conduzir à conclusão de que a implantação de um sistema de sinalização requer um estudo minucioso a fim de que o investimento possa se justificar economicamente, independentemente das demais vantagens intrínsecas, que não são computáveis financeiramente. Todas as informações, particularidades e operações específicas são de utilidade na elaboração de um projeto. A seguir, são relacionados os elementos mais importantes para um trecho a ser sinalizado.

Plano de linhas em planta e perfil

O plano de linha pode ser simplificado para a operação que se deseja. Igualmente, modificações podem ser incluídas para tirar proveito da sinalização a ser implantada. Um exemplo clássico é o aumento do comprimento útil dos pátios quando se projeta um CTC, a fim de permitir os cruzamentos em movimento.

O greide e as curvas influem na velocidade dos trens e na distância de frenagem. Por sua vez, a velocidade e a distância de frenagem afetam o tempo de ocupação do trecho de linha entre estações e, por consequência, influenciam o comprimento das seções de bloqueio. Desse modo, as curvas devem ser consideradas na localização dos sinais, do ponto de vista de visibilidade, e o greide, para evitar sinais em rampas.

Curvas características dos trens

Essas curvas são obtidas dos fabricantes, constando de curvas características de frenagem, curvas de resistências dos trens e características dos motores, entre outros, dependendo do material de tração empregado.

As curvas de frenagem são função do equipamento de freio, da velocidade do trem, do perfil e da linha. A resistência do trem depende de vários fatores, como a forma e as dimensões dos carros e o peso do trem. As características dos motores são usadas na determinação da relação entre a intensidade de corrente e a velocidade.

Com os elementos listados, pode-se confeccionar uma tabela de aceleração para os vários greides.

Número de trens por dia ou por hora

Esse dado define o que se denomina *headway*, isto é, o tempo decorrido entre a passagem de um trem por um dado ponto e a cauda do trem seguinte pelo mesmo ponto, e assume maior importância em trecho suburbano.

A localização e o espaçamento de sinais dependem preliminarmente do *headway* desejado.

Comprimento dos trens

Em se tratando do CTC, esse dado influi na consideração dos pátios de cruzamento. Em trecho suburbano, esse elemento é de excepcional importância.

O projeto de um eficiente sistema de sinalização torna-se mais complexo quanto menor o intervalo entre os trens, maior o comprimento do trem e mais variáveis os limites de velocidade.

Gráficos de movimento dos trens

Os gráficos de movimento dos trens de vários dias consecutivos considerados representativos permitem definir a operação existente. O conhecimento dessa operação constitui a base para o projeto da operação desejada e a ser satisfeita pela sinalização projetada.

Características da via permanente

O perfil do trilho permite o desenvolvimento do projeto dos tirantes e acessórios dos AMVs, como máquina de chaves elétricas, travadores elétricos, chaves manuais e controladores de circuitos, bem como a confecção das juntas isolantes.

A abertura dos cruzamentos rígidos (jacaré) possibilita selecionar os aspectos dos sinais e as respectivas velocidades de circulação sobre as chaves e travessões para as rotas divergentes.

O lastro e o tipo de dormente têm influência no sistema dos circuitos de via.

Disponibilidade de energia elétrica

As características da energia e os locais de sua disponibilidade permitem a previsão e a modalidade de alimentação do sistema.

Faixa de domínio da estrada

A faixa de domínio é um elemento para o estudo de uma posteação, especialmente para atender os problemas das linhas de controle e código da sinalização.

Circuito de via

O circuito de via depende de o trecho estar ou não eletrificado, além de outras razões.

Na tração elétrica em corrente contínua, os trilhos de cada fila são cuidadosamente conectados entre si por cabos flexíveis (*rail-bonds*) nas juntas dos trilhos, para assegurar o retorno de corrente.

Mas, no sistema de sinalização automática, é preciso que as juntas sejam isoladas nas extremidades de cada seção de bloqueio, o que constitui um obstáculo à passagem da corrente de retorno da tração elétrica. É então necessário, por um lado, recorrer à corrente alternada para a alimentação dos circuitos de via, porque o funcionamento desses circuitos em corrente contínua seria influenciado pelas correntes da tração, e, por outro lado, assegurar a passagem de corrente de retorno de uma seção de bloqueio a outra, o que é conseguido por meio da bobina de impedância, que, em essência, é constituída de um núcleo de ferro folheado sobre o qual são enroladas algumas espirais de cobre de grande seção.

Particularidade de manobras

Os locais e as razões das manobras orientam o plano de sinalização a ser adotado.

Elementos vários

Outros elementos são requeridos dependendo do trecho a ser sinalizado. Em caso de trecho suburbano, é necessário considerar as estações de parada e o tempo de parada em cada estação, entre outros. Todas as informações disponíveis podem ser de real valor.

6.1.3 Telecomunicações

A primeira questão a ser considerada é a aproximação entre "história da comunicação" e "história dos transportes". Na perspectiva da comunicação, ao observar a implantação dos sistemas de transporte e o papel que exerceram nas sociedades durante os últimos séculos, fica claro que tão importante quanto a elaboração da informação e sua circulação é sua distribuição: a capacidade de transportar a mensagem, possibilitando que ela chegue eficientemente ao destinatário. Até o início do século XX, transporte e comunicação, por meio de vias marítimas e terrestres, formavam um mesmo sistema e um não existia sem o outro.

O processo de interação entre ferrovia e comunicação que ocorreu na Europa e nos Estados Unidos deu-se de maneira semelhante no Brasil. No decorrer do século XIX, o café teve papel decisivo na economia do País e exigiu a instalação de ferrovias.

Na virada do século XIX para o século XX, as empresas ferroviárias e o governo se programavam para implantar novas vias em áreas do território que começavam a ser ocupadas e onde se iniciavam formações urbanas ainda incipientes. No decorrer das décadas, a instalação dos trilhos rumou para o interior, atingindo lugares desabitados, fazendas e cidades, estabelecendo conexão rápida com as metrópoles mais desenvolvidas e aproximando-as daqueles então longínquos lugares. Os moradores dessas áreas passavam a ter mais facilidade de transporte e comunicação.

As ferrovias possuem uma quantidade enorme de formas de comunicação, que são utilizadas para operação ou manutenção das redes ferroviárias; desde a implantação do primeiro trilho e do circular da primeira locomotiva, a conjunção ferrovia/comunicação alavancou o crescimento socioeconômico, promovendo os meios ao desenvolvimento.

As comunicações têm acompanhado a ferrovia desde seu nascimento. Sem comunicações eficientes, uma ferrovia torna-se impossível de ser operada.

Além dos sinais utilizados nas estradas de ferro que disciplinavam a circulação dos trens, o controle da circulação dos trens sempre foi o objetivo da operação ferroviária. No início, simples ordens verbais, que mais tarde passaram a ser escritas, eram os meios que definiam as prioridades de circulação em um trecho de linha entre duas estações. A segurança sempre dependia da obediência ao cumprimento da ordem expedida.

Até o início do século XX, conduzir um trem era uma tarefa complicada: sem sinalização e com o aumento da frequência, do peso e da velocidade dos trens, o número de acidentes cresceu. Inicialmente, para tentar garantir a segurança na circulação dos trens, um homem fazia comunicação visual com o maquinista, sinalizando com uma bandeira cuja cor podia ser vermelha, verde ou amarela, a fim de indicar as condições à frente. Nos pátios das estações, o manobrador mantinha contato com os comboios que iam e vinham e usava, como meio de comunicação visual, bandeiras e lanternas.

A tabela de tempos foi a primeira regra básica adotada para o controle do tráfego ferroviário, sendo o intervalo de tempo entre os trens geralmente de dez minutos. Em meados do século XIX, o telégrafo elétrico foi apresentado aos brasileiros como uma tecnologia engenhosa capaz de transportar, por meio da eletricidade, o pensamento humano através do ar. Levadas por fios metálicos e condutores, as ideias podiam circular rapidamente pelos lugares mais distantes impulsionadas pelo "fluido elétrico".

Hoje em dia, apesar de os princípios fundamentais da sinalização serem os mesmos, utilizam-se sistemas computadorizados mais modernos, que garantem maior segurança e controle do tráfego ferroviário.

Os sistemas desenvolvidos ao longo da história da ferrovia sempre buscaram o aumento da segurança e da capacidade, sendo a sinalização efetiva desempenhada pela comunicação visual, por meio de bandeiras, ou pela comunicação por telégrafo. Em 1870, por meio do Decreto n° 4.653, as companhias de estradas de ferro passaram a ser obrigadas a ter um fio telegráfico de uso exclusivo do governo.

Em 1871, começaram a ser utilizados os aparelhos Morse, e rapidamente as linhas telegráficas se estenderam por todas as estações ferroviárias.

Do final do século XIX até a virada do século XX, os correios, as agências de notícias, a imprensa e os transportes, por meio das estradas de ferro, contribuíram para difundir e incrementar os meios de telecomunicações pela telegrafia.

No Brasil Imperial, D. Pedro II ordenou, em 1877, a instalação de linhas telefônicas interligando o Palácio da Quinta da Boa Vista às residências de seus ministros, por meio dos serviços de montagem da Western and Brazilian Telegraph, o que inaugurava efetivamente a telefonia no Brasil.

Em agosto de 1877, foi realizada a primeira ligação telefônica interurbana entre a Estação da Estrada de Ferro Paulista, em Campinas, e a Estação da Luz, em São Paulo. Na Estrada de Ferro Dom Pedro II, no dia 23 de fevereiro de 1884, foi inaugurado o serviço telefônico que estabelecia comunicação com as oficinas e escritórios, ficando o aparelho central em ligação direta com a companhia telefônica. Em 1990, todas as estações suburbanas já dispunham de aparelhos telefônicos.

A telefonia iniciou com a interligação direta dos assinantes que desejavam conversar entre si. Posteriormente, foi inventada a central manual telefônica, que evoluiu para a central telefônica automática, em que o assinante não dependia mais da telefonista. Depois, foi criada a central telefônica automática de comutador *crossbar*, ao que se seguiu o desenvolvimento da central telefônica automática controlada por programa armazenado (central CPA). Nessa fase, a eletrônica ajudava a reduzir o tamanho da central e a diminuir o consumo de energia e aumentava o poder de processamento e o número de assinantes atendidos.

Com a digitalização das telecomunicações (sistemas PCM e TDM), surgiram as centrais telefônicas automáticas digitais, com inúmeros avanços na interligação entre centrais, facilidades oferecidas aos usuários, compactação e aumento de poder de comutação e administração dessas centrais.

Uma nova fase da telefonia foi inaugurada com o surgimento da internet comercial, tendo aparecido os novos protocolos para controle da transmissão da voz e os protocolos de transmissão de *stream* de áudio e controle dessa transmissão. Todos esses protocolos se baseiam no modelo de referência de protocolos, padrão atual nas redes de computadores.

Com a evolução do telégrafo e da telefonia, em que as redes eram físicas, uma vez que eram eminentemente dependentes de linhas de interligação, são apresentadas a telefonia sem fio e a transmissão via rádio, em que o meio transmissor é o ar.

Em 1906, aconteceu a primeira demonstração de emissão radiofônica, com a transmissão não só de uma voz como também do som de um violino. No Brasil, a primeira transmissão foi realizada no centenário da Independência do Brasil, em 7 de setembro de 1922, com o discurso do presidente Epitácio Pessoa ao abrir a Exposição do Centenário no Rio de Janeiro.

O rádio, com sua evolução, começou a ser usado em escala maior, passando a figurar em sistema, principalmente na ferrovia, de licenciamento e segurança na operacionalidade dos comboios da estrada de ferro.

Após a invenção do telefone, do *telex* e do telegrama, esses equipamentos também passaram a ser utilizados na circulação ferroviária, mas foi com a utilização do *staff* que se deixou de utilizar a ordem verbal.

O *staff* consistia em um conjunto de dois equipamentos que continham diversos bastões metálicos. Cada um desses equipamentos se localizava em uma das estações adjacentes, sendo interligados eletricamente. Para obter a autorização, as estações se comunicavam eletricamente e um bastão, liberado e entregue ao maquinista na estação A, deveria ser entregue na estação B. Enquanto o bastão não fosse colocado no equipamento da estação B, nenhum outro bastão era liberado para qualquer direção, e, assim, nenhum outro trem poderia circular entre as estações A e B, pois a linha já estava licenciada para o primeiro trem. Esse método foi utilizado por muitos anos e ainda continua sendo empregado em linhas com pequeno tráfego.

A "telecomunicação ferroviária" é o conjunto de subsistemas de comunicação que permite a perfeita interação das áreas administrativa e operacional e que é necessário para o perfeito funcionamento da ferrovia. Ela permite que, a partir do CCO, sejam tomadas e transmitidas decisões operacionais em tempo real, o que deve ocorrer para um melhor desempenho do transporte ferroviário.

É possível dividir os subsistemas mais modernos em *transmissão de dados*, *radiocomunicação*, *circuito fechado de TV* (CFTV) e *sonorização*.

O sistema de transmissão de dados é o meio por meio do qual é feita a troca de informações de dados entre a interface CCO e as unidades de campo (remotas) de comunicação de dados. Os sistemas de comunicação empregam cabos de fibra óptica e cabos coaxiais, telefônicos e metálicos, além do sistema de posicionamento via satélite (GPS). Ademais, utilizam equipamentos com tecnologia digital, por meio das estações ópticas instaladas em salas técnicas dispostas ao longo da ferrovia, destinadas a receber e a transmitir as comunicações que circulam pelo sistema de transmissão de dados (STD). Esse sistema é constituído de equipamentos multiplexados responsáveis pela geração, distribuição e transmissão de sinais digitais e proporciona maior rapidez e confiabilidade ao sistema de telecomunicação ferroviária.

Além do controle dos trens na via férrea, o uso do sistema de telecomunicação proporciona maior eficiência da velocidade dos trens em função do perfil da linha, da carga transportada e da distância entre os trens.

O sistema de radiocomunicação por radiofrequência (RF) contínua e bidirecional, com *links* em UHF e VHF utilizando arquitetura de antenas entre as instalações fixas e as locomotivas que permitem a transferência de códigos de velocidade com o sistema embarcado (bordo), serve também, em caso de falha, como equipamento auxiliar de sinalização.

Esses equipamentos também são utilizados para controle de frota e do posicionamento da composição na via férrea, identificação de vagão, segurança da via férrea, comunicação de rastreio rápido da carga, informando onde ela se encontra e quando irá chegar ao destino, bem como verificação da disponibilidade de transporte para novas cargas.

Os sistemas de radiocomunicação, com as estações rádio base ao longo das linhas, podem trocar informações com o trem tanto para comunicação com o maquinista como para coletar informações do próprio trem. Com os dados fornecidos, as oficinas podem prever as peças necessárias para eventuais reparos, aumentando a disponibilidade da frota, com maior aproveitamento, economia e segurança do tráfego ferroviário.

O sistema de circuito fechado de TV (CFTV) tem como finalidade atender as necessidades de segurança e supervisão remota das áreas operacionais. É constituído por câmeras de vídeo instaladas em locais estratégicos, cujos sinais são processados em um microcomputador que desempenha as funções de digitalização dos sinais, compactação, gravação, multiplexação e transmissão ao CCO.

Já o sistema de sonorização é composto por equipamento de amplificação e distribuição sonora através da rede de sonofletores e permite que o operador, utilizando o microfone do console, emita avisos a cada área da estação, monitorando os programas emitidos pelo CCO por meio do sonofletor monitor.

A seguir é apresentado um exemplo de serviço de infraestrutura e operação que a ferrovia poderá dispor com um sistema de comunicação ligado à rede de fibra óptica:

- comunicação rápida e confiável entre trem, estações e CCO. As estações poderão dispor de redes de computadores que farão parte de uma grande rede abrangendo toda a ferrovia, como escritórios, oficinas, outras estações e até mesmo os trens;
- controle da frota, posicionamento da composição na via, identificação do vagão e, consequentemente, de sua carga;
- segurança da via, com a utilização de câmeras de vigilância em diversos pontos da ferrovia, pátios, estações e oficinas;
- rastreio rápido da carga, onde se encontra e quando irá chegar ao destino;
- verificação da disponibilidade de transporte para novas cargas.

Se a ferrovia for de transporte de passageiros:

- telefonia celular ao longo de toda a via (inclusive em túneis);
- acesso à internet de dentro do trem;
- acesso às informações da ferrovia (verificação de horários, informações do tráfego, condições meteorológicas no destino etc.);
- comunicação telefônica utilizando a estrutura da ferrovia (fonte de receita para a ferrovia e menor custo de comunicação para o usuário, pois as ligações são realizadas por meio de telefonia IP);
- acesso a informações gerais (filmes, propagandas, apresentações institucionais etc.).

6.2 Projeto de obras complementares

6.2.1 Especificações

As principais obras complementares de uma ferrovia são muros de fechamento de faixa, cercas, porteiras, mata-burros, obras de contenção de encostas, obras de proteção contra erosão e passagem de gado. Em resumo, são os serviços necessários à completa implantação da obra e que não se enquadrem nos demais itens do projeto.

Seu projeto deve ser, preferencialmente, padronizado, evitando-se o ônus decorrente da particularização de soluções.

Assim, no que for possível, deve ser seguida a Especificação de Projeto nº 80-EG-000A-23-0000 da Valec. Salienta-se que existem outras especificações de serviço e desenhos-tipo para esses dispositivos, como apresenta o Quadro 6.1.

A DIF do DNIT tem especificações para vedação de faixa (ISF-228) e para proteção vegetal (ISF-229), porém não possui uma para obras complementares. Entretanto, existem outras especificações rodoviárias do DNIT aplicáveis, dada a similaridade entre rodovia e ferrovia nesse item.

Também existe na Valec um conjunto de normas ambientais (as Navas, que estão relacionadas no Cap. 3), entre as quais se encontra uma referente à passagem de

QUADRO 6.1 Especificações e desenhos-tipo de obras complementares

Item	Especificação		Desenho-tipo
	Valec	DIF	Valec
Cerca e muro de fechamento	80-ES-028A-23-8002	228	80-DES-000A-23-8000
Mata-burro	80-ES-028A-23-8005		80-DES-000A-23-8005
Porteira	80-ES-028A-23-8010		80-DES-000A-23-8006
Revestimento de taludes arenosos	80-ES-028A-23-8017		
Revestimento vegetal	80-ES-028A-14-8005	229	
Passagem de gado e de pequenos veículos*	80-ES-028A-23-8007		80-DES-000A-8003/4
Enrocamento	80-ES-028A-23-8004		
Hidrossemeadura com tela vegetal	80-ES-028A-23-8014		
Obra em gabião	80-ES-028A-23-8006		
Lastramento para fundação de muro de arrimo	80-ES-028A-23-8015		

* A expressão "pequenos veículos" se refere a automóveis, vans e pequenos tratores agrícolas, já que seu gabarito não atende a restrições legais para ser considerado como passagem de dois níveis, em que é possível caminhões e ônibus transitarem ou ainda dois veículos cruzarem em sentidos opostos.

fauna, que pode, eventualmente, ser considerada como obra complementar, apesar de sua definição (localização e tipo) ser feita pelo estudo ambiental.

As passagens em nível são tratadas na seção 6.1.2, ao passo que o uso de geossintéticos é abordado no Cap. 3.

6.2.2 Cercas e muros de fechamento de faixa

Para delimitar a faixa de domínio da ferrovia, é conveniente a construção de obstáculos físicos, como cercas, em regiões rurais, ou muros de fechamento de faixa, geralmente aplicados em regiões mais urbanizadas ou em suas proximidades.

As cercas podem ser constituídas de moirões de concreto ou madeira (muito raramente, até de sobras de trilhos velhos ou dormentes de aço), podendo ser utilizados quatro ou cinco fios de arame liso ou farpado.

Dada a enorme quantidade de moirões utilizados (um a cada 3 m ou 4 m, de ambos os lados), o concreto é hoje o material mais utilizado, pois a madeira não resiste ao fogo (que é muito frequente em regiões rurais), sua padronização é mais difícil, tem menor vida útil e, mesmo com proteção contra fungos, sempre causa algum problema ambiental.

Os muros de fechamento de faixa podem ser de alvenaria ou de concreto pré-moldado ou moldado *in loco*, e sua altura é definida em função do local onde são implantados.

Tanto as cercas como os muros de fechamento visam proteger a população e a fauna vizinha de atropelamentos (por isso a distância entre os arames deve respeitar as características locais), facilitar a conservação da faixa de domínio e dar acesso aos serviços de conservação rotineiros e emergenciais da linha. Em trechos urbanos de passageiros, também servem para diminuir a evasão de renda.

6.2.3 Porteiras e mata-burros

Esses dispositivos são utilizados nos acessos a propriedades rurais com ou sem criação de gado e devem ser empregados de forma independente (ou a porteira, ou o mata-burro), nunca simultaneamente, sendo sua definição feita por meio de negociação com o proprietário do terreno. Normalmente, esse dispositivo se encontra próximo de uma PN tipo II (apenas uma por PN), no limite da faixa de domínio.

O padrão é idêntico ao de qualquer obra rodoviária e a Valec também possui sua especificação, conforme apresentado no Quadro 6.1.

6.2.4 Passagem de gado e pequenos veículos

Quando uma propriedade é atravessada pela ferrovia e a área remanescente não é desapropriada ou quando o acesso de gado à água é cortado pela ferrovia, é necessário criar um acesso em dois níveis para solucionar o problema criado pela implantação da obra. Para isso, a Valec dispõe de dois projetos-tipo, ambos do tipo bueiro celular de concreto (2,50 m × 2,50 m e 3,0 m × 3,0 m), selecionados em função do porte e da quantidade de gado e do gabarito disponível no local. A definição de sua localização é feita em comum acordo com o proprietário.

A expressão "pequenos veículos" é usada porque essas passagens não possuem gabarito legal para serem consideradas passagens em dois níveis.

6.2.5 Revestimento de taludes arenosos, revestimento vegetal, hidrossemeadura com tela vegetal

Taludes de corte e de aterro devem ser protegidos contra a erosão, principalmente se forem constituídos de solos de baixa coesão, predominantemente arenosos. A forma mais simples de executar essa proteção é com vegetação, principalmente gramínea, que deve ser compatível com o clima e a vegetação local para melhor rendimento. Caso contrário, corre-se o risco de a vegetação desaparecer na primeira estação seca. Sua seleção, modo de plantio e rega devem seguir recomendações de um especialista. Outra alternativa é utilizar espécies locais.

Em certos casos, é necessária a colocação de uma camada de solo argiloso sobre o talude para facilitar a manutenção da umidade e melhorar a coesão, reduzindo a erosão. Também se pode empregar a hidrossemeadura com tela vegetal, que pode ser fixada ao solo com grampos metálicos, se necessário.

6.2.6 Enrocamento

Nas proximidades de áreas alagáveis, lagos e travessia de rios, os taludes dos aterros devem ser protegidos do efeito da água até cerca de 0,5 m acima do nível d'água máximo, podendo ser utilizado enrocamento com blocos de rocha. Em caso de lagos cuja largura seja apreciável, como em regiões de barragem, é conveniente o cálculo de ondas, para que essa proteção seja eficiente em relação a elas.

Em seu projeto, é recomendável a verificação da velocidade da água em suas proximidades, pois a massa e a velocidade da água exigem mais preocupação nas cabeceiras de uma ponte sobre um rio caudaloso do que nas margens de uma lagoa em que a água está praticamente parada e se deve cuidar apenas do efeito do movimento das ondas e das consequências de sua infiltração no corpo do aterro.

6.2.7 Obras de contenção

Devem ser utilizadas obras de contenção em locais que a geotecnia recomende ou se o espaço físico indicar a necessidade de taludes com inclinação mais suave, ou, ainda, se for necessária a proteção de taludes de aterro contra enchentes. As obras de contenção podem ser de qualquer um dos modelos convencionais, como cortinas atirantadas, muros em gabião, muros de peso, solo grampeado, terra armada e solo envelopado. Seus projetos devem ser desenvolvidos de acordo com a situação e após os estudos adequados.

6.2.8 Lastramento para fundação de muro de arrimo

Em locais com solos de baixa capacidade de suporte em que seja necessária a implantação de muros de arrimo, é adequada a solução de substituir os solos de baixa capacidade por rocha sã. Esse procedimento melhora o suporte do terreno e a capacidade de drenagem de água no tardoz do muro.

6.2.9 Rodovias de manutenção

Não é muito usual se desenvolverem projetos de rodovias paralelas à ferrovia com o objetivo de permitir a manutenção da via permanente. Elas são necessárias, e em geral as vias de serviço abertas pelas construtoras para permitir a implantação da ferrovia são posteriormente melhoradas ou mantidas com essa finalidade, não se exigindo a construção de mais rodovias.

Em casos particulares, devem ser projetadas, como em ramais para a entrada e a saída de locomotivas de auxílio de tração em regiões montanhosas, uma vez que as locomotivas necessitam de abastecimento e local para a troca de tripulação. Essa obra deve ser detalhada para que funcione inclusive em período chuvoso e mesmo que possua apenas revestimento primário, porém com sistema de drenagem adequado. Sua largura deve permitir o tráfego de caminhão-tanque de combustível.

As principais especificações e números de desenhos-tipo para o projeto de obras complementares estão detalhados no Quadro 6.1. Entretanto, outros padrões podem ser adotados em função das especificações e usos do cliente do projeto.

6.2.10 Apresentação do projeto

O projeto de obras complementares deve conter relatório descritivo, especificações, desenhos e quantitativos para efeito de estimativa de custo.

6.3 Projeto de remanejamento de interferências

6.3.1 Especificações

O item de remanejamento de interferências é de grande importância para os projetos ferroviários e abrange uma vasta gama de problemas, tais como:

- sistemas viários;
- redes elétricas, aéreas ou enterradas, de alta, média ou baixa tensão;
- redes de telefonia e cabos de fibra óptica;
- redes de abastecimento de água e de gás e/ou esgoto;
- tubulações de gás e outros combustíveis.

A Especificação de Projeto nº 80-EG-000A-22-0000 da Valec trata do desenvolvimento desse projeto, porém praticamente aborda apenas sua forma de apresentação. A DIF do DNIT também trata desse assunto na ISF-220.

6.3.2 Recomendações gerais

Para conseguir soluções satisfatórias, deve ser realizado contato com os responsáveis ou proprietários das interferências identificadas, como concessionárias de serviços públicos ou órgãos federais, estaduais ou municipais.

Caso não haja identificação visual das interferências (no caso de dutos e redes enterrados, por exemplo), muitas vezes é necessário entrar em contato prévio com as concessionárias de serviços públicos, que usualmente mantêm cadastro georreferenciado de suas redes, para ser possível identificar essas interferências, uma vez que, por causa das intempéries ou do vandalismo, nem sempre suas marcações externas permanecem visíveis. Outra alternativa são as informações verbais de habitantes antigos da região, que, apesar de serem muito úteis, são bem precárias.

Ressalte-se que, em muitos casos, é possível apenas identificar as interferências no projeto, sem detalhar sua solução, em razão de sua especificidade, sendo a concessionária a única capaz de definir uma solução, estimar seu custo e efetuar o remanejamento, seja de forma direta, seja por empreiteiro credenciado. Isso se deve a detalhes técnicos específicos ou à responsabilidade técnica na execução do remanejamento.

Como exemplo, tem-se o remanejamento de redes de alta tensão, cujas torres são projetos específicos. Nesse caso, o remanejamento geralmente é feito com a linha viva e sem interromper o abastecimento.

Ainda no que diz respeito a redes aéreas de alta tensão, é necessário verificar o gabarito vertical da catenária ao trilho para conferir se é possível manter a posição da rede ou se alguma providência adicional deve ser realizada.

No caso de dutos, seu remanejamento é frequentemente inviável, e sua proteção deve ser estudada caso a caso, em conjunto com os técnicos responsáveis por eles, podendo incluir, eventualmente, proteção catódica se a ferrovia for eletrificada. Em alguns casos, o envelopamento do duto ou a simples construção de uma estrutura celular ou tubular que proteja a tubulação e facilite o acesso para manutenção (ou que deixe espaço lateral para sua substituição) resolve o problema de forma econômica e eficaz, podendo a concessionária exigir apenas uma determinada altura de recobrimento. Esse é um exemplo de especificidade de solução que envolve, forçosamente, a consulta ao proprietário ou à concessionária para adequar e otimizar a solução.

Em muitos casos, quando a ferrovia passa perto ou sobre estruturas, particularmente torres de alta tensão ou de barragem, é recomendável verificar se as vibrações produzidas em sua operação ou durante sua construção (por compactadores vibratórios ou resultantes de detonações ou bate-estacas) podem causar danos. Nesses casos, o controle das estruturas por meio de sismógrafos pode ser necessário, devendo-se incluir esse item na planilha de quantitativos.

Deve-se, portanto:

- identificar cada uma das interferências;
- manter contato com as concessionárias, proprietários e/ou autoridades responsáveis por elas;
- fazer a descrição detalhada de cada interferência e a proposta para sua solução;
- elaborar desenhos das soluções viáveis em escalas adequadas;

- especificar e quantificar os serviços necessários para efeito de custos;
- verificar seu impacto no caminho crítico da implantação da obra.

6.3.3 Interferências de rodovias

As interferências mais frequentes são com os demais sistemas viários, tanto em ruas de aglomerados urbanos quanto em rodovias rurais, sendo fácil, nesses casos, detalhar a solução e estimar seu custo, podendo a construtora da infraestrutura ferroviária executar o remanejamento sem problemas.

No caso de cruzamento com rodovias rurais, é necessário verificar:

- a possibilidade de criar variante ao sistema viário, de modo a eliminar o cruzamento com a via férrea mantendo a acessibilidade aos usuários;
- a hierarquização da via cruzada (se é uma rodovia vicinal ou mais importante), a identificação do órgão responsável (DNIT, DER, prefeitura ou ainda propriedades privadas, fábricas, usinas, clubes etc.), a verificação de seu volume de tráfego e o cadastro dos tipos de pavimentação, de drenagem, da sinalização horizontal e vertical e de vedação da faixa. Isso permite definir se a passagem pode ou não ser em nível, bem como o melhor detalhamento da solução;
- se definida a necessidade de cruzamento em dois níveis, é necessário verificar a melhor solução tanto no aspecto técnico quanto no aspecto econômico: a rodovia ou a ferrovia deve passar por baixo? Nesse item, são levadas em conta questões econômicas e geométricas, e, como a rodovia pode vencer maiores rampas e o gabarito ferroviário é menor, é frequente a passagem ferroviária inferior ser a mais econômica, porém o estudo deve ser realizado para cada caso;
- no caso de passagem superior ferroviária (quando a ferrovia passa sobre a rodovia), deve-se verificar junto ao órgão responsável pela rodovia os gabaritos horizontal e vertical admissíveis;
- quando for necessário alterar a geometria da rodovia, deve-se providenciar junto aos responsáveis por ela a aprovação da solução proposta e o planejamento de sua execução;
- ainda no caso de passagens inferiores ferroviárias, apesar de no Brasil não ser muito usual, a solução de estrutura metálica corrugada é adotada em muitos países, com sucesso;
- uma questão muito sensível no aspecto de cruzamentos com rodovias é sua utilização por linhas regulares de transporte coletivo e/ou escolar, pois o risco de um acidente com esses tipos de transporte é alto, devendo ser estudada a possibilidade de cruzamento em dois níveis;
- por questões operacionais, cruzamentos em nível (PN) devem ser minimizados, evitando-se distâncias inferiores a 2 km entre duas PNs consecutivas, pois, além da questão de segurança, há redução de velocidade da operação ferroviária na aproximação da PN;
- quando o sistema viário for complexo, deve-se criar uma via paralela ao eixo ferroviário, juntando várias rodovias num cruzamento único, tomando-se o cuidado de verificar sua capacidade em face do volume de tráfego acumulado, atendendo ao espaçamento referido anteriormente;

- deve ser verificado, junto aos órgãos rodoviários, a previsão de duplicação de rodovias em pista simples ou sua ampliação (por exemplo, a implantação de terceira faixa), pois a solução durante a implantação da ferrovia é sempre muito mais fácil e econômica que a alteração com a ferrovia em operação.

No caso de cruzamento em nível, alguns cuidados adicionais devem ser adotados, tais como:

- visibilidades horizontal e vertical: o local da travessia deve apresentar boa visibilidade para os motoristas dos veículos:
  - para o caso vertical dessa verificação, pode ser adotado o critério do DNIT (1999a): os olhos do motorista e o obstáculo do outro lado da via férrea devem estar a 1,20 m do solo;
  - para a visibilidade horizontal, usualmente se pode considerar a altura de uma locomotiva e os olhos do motorista a 1,20 m do solo;
- caso necessário, para melhorar a visibilidade, pode ser projetada uma banqueta nos cortes (tanto rodoviários quanto ferroviários) em uma altura adequada aos fins em vista;
- a travessia deve ser preferencialmente ortogonal ou com a mínima esconsidade possível;
- evitar rampas fortes de ambos os lados para, além de melhorar a visibilidade, facilitar a travessia, mesmo em dias de chuva ou no caso de os veículos pesados estarem carregados;
- a cerca delimitadora da faixa deve ser interrompida, fazendo um ângulo de 45° com o eixo da rodovia;
- devem ser mantidas tanto a cerca separando a ferrovia da rodovia quanto a cerca separando a rodovia das propriedades lindeiras, podendo estas adotar o padrão da região;
- existem projetos-padrão da Valec para as passagens de nível do tipo I, para rodovias de ligação com duas faixas de rolamento, e do tipo II, para acessos secundários a propriedades privadas, com uma única faixa. Esses projetos, de n° 80-DES-000A-23-8001 e n° 80-DES-000A-23-8002, detalham também as lajes de concreto para o encaixe dos trilhos e a sinalização rodoviária a ser adotada. Para bitola mista, mais detalhes são apresentados no projeto n° 80-DES-000A-23-8007;
- eventualmente, para a redução de custos de implantação (nos casos de topografia muito movimentada e presença de cortes em rocha) e de desapropriação, pode ser utilizada uma parte da faixa de domínio da ferrovia para a implantação das vias remanejadas, desde que se tome o cuidado de selecionar o ponto de travessia em local de visibilidade adequada, que permita a implantação de rampas e raios de curvatura da rodovia compatíveis com os veículos que trafegam por ela;
- cruzamentos em nível em trechos urbanos devem ser sempre evitados. Caso seja impossível essa solução, os locais terão que dispor de cancelas e sinalização sonora.

6.3.4 Quantitativos

No que diz respeito à quantificação dos serviços referentes a remanejamento de interferência (particularmente na rede viária), é importante prestar atenção para o fato de que existe uma série de serviços suplementares, como a criação de um desvio rodoviário temporário e sua erradicação posterior. Esse desvio temporário exige praticamente todos os serviços de uma construção usual, como desmatamento, terraplenagem, pavimentação, drenagem, sinalizações horizontal e vertical e cercas (temporárias ou remanejadas, se em bom estado), mas também serviços adicionais, como demolição de pavimento (da pista existente e, posteriormente, do desvio, ou pelo menos de parte dele), de elementos de drenagem superficial ou de bocas de bueiros para sua ampliação. Isso é relevante, pois, apesar de se tratar de valores relativamente baixos em relação ao total das obras contratadas, podem ser elementos de difícil solução administrativa (vulgo termos aditivos) e acarretar negociação de preços novos de serviços fora do contrato, o que não é desejável.

6.4 Projeto de desapropriação

6.4.1 Especificações

Para o desenvolvimento do projeto de desapropriação, podem ser utilizadas a norma n° 80-EG-000F-91-7001 da Valec e a IS-219 da IPR 726 (DNIT, 2006c).

De forma resumida, o projeto de desapropriação é desenvolvido nas duas últimas fases do projeto (projetos básico e executivo) e visa não apenas estimar o custo, mas principalmente fornecer os elementos necessários à negociação com os proprietários para a legalização da transferência dos bens, de modo a permitir a liberação das frentes de serviço de maneira contínua e oportuna, minimizando impactos na execução da obra.

6.4.2 Recomendações gerais

Por sua importância, é transcrito da IS-219 da IPR 726 (DNIT, 2006c) um item relevante para o entendimento desse capítulo do projeto:

> É importante frisar que os custos estimados nos projetos de desapropriação não representam os custos reais da propriedade a ser desapropriada. Possibilitam apenas ao DNIT uma avaliação, em caráter confidencial, das propriedades afetadas pela rodovia, a fim de que o setor responsável pela execução das desapropriações, por intermédio de seus técnicos ou delegação a terceiros, possam, juntamente com outros elementos cadastrados, iniciar o processo administrativo.

Essa afirmação sempre deve ser lembrada antes do encerramento da negociação (substituindo "DNIT" pelo nome do responsável pela desapropriação).

Destaca-se que a Valec recomenda enfaticamente que, para evitar problemas, o direito de acessar as propriedades para qualquer providência, mesmo que uma simples medição ou execução de uma sondagem, seja obtido por escrito e assinado por um responsável (o proprietário ou seu preposto).

Outra providência a ser tomada é a presença de assistente social nas equipes, para amenizar o impacto das ações de desapropriação em famílias, frequentemente instaladas em um local há muito tempo, com raízes emocionais, círculo de amizades consolidado, entre outros.

Nos procedimentos usuais da Valec, o projeto de desapropriação é elaborado separadamente do restante do projeto, por firma ou profissionais especializados, mas os dois (principalmente o traçado e a geometria com a desapropriação) têm que estar intimamente ligados, desde a fase do estudo das diretrizes possíveis até a concretização do processo de desapropriação, quando é emitida a posse e demais documentações legais exigidas, permitindo a execução física das obras de implantação.

Isso se justifica porque o traçado define a faixa a ser declarada como de utilidade pública (emissão do Decreto de Utilidade Pública, DUP) e a ser desapropriada e o projeto geométrico determina a largura necessária.

Assim, logo que o traçado é definido, é criada uma faixa em torno do eixo, com largura compatível com a fase do estudo, e preparado o DUP pela autoridade responsável, permitindo que o órgão encarregado pela implantação do projeto negocie legalmente com o proprietário não apenas a passagem de equipes de campo do projeto, em particular de topografia e geotecnia, mas principalmente a aquisição do terreno e benfeitorias, para que a execução completa da obra ocorra sem descontinuidades ou com razoável sequência construtiva.

Para cada imóvel é feito um laudo, acompanhado de fotos ilustrativas, descrevendo com exatidão dimensões, tipos de benfeitoria, tipo de uso e ocupação do solo, tipos e quantidade de plantação e demais informações, tais como área remanescente, se há necessidade de criar acesso a rodovias próximas, fontes de abastecimento de água e de energia elétrica, passagens de gado, reconstrução de porteiras e/ou mata-burros etc. Por isso, mesmo que não seja possível avaliar com exatidão cada um desses dispositivos nas fases de projeto básico ou de projeto executivo, é importante fazer uma estimativa de um quantitativo de cada um deles (porteiras, passagens de gado, mata-burros etc.), minimizando surpresas quanto a custos e facilitando o planejamento da construtora.

O proprietário do imóvel deve ser informado que deve apenas fazer a manutenção corrente do imóvel, pois futuras benfeitorias poderão não ser consideradas na indenização.

Todos esses procedimentos estão descritos com maior detalhe nas instruções da Valec e do DNIT mencionadas anteriormente, inclusive com exemplos das planilhas que devem ser utilizadas.

No que diz respeito às avaliações, o DNIT aceita estimativas com base em pesquisa em cartório sobre preços de negociações efetuadas na época e com base em preços de mercado. A Valec prefere estabelecer, por meio de seu conselho de administração, tabelas de preços regionais com valores a serem atribuídos em função das características das propriedades e suas benfeitorias.

Um problema que tem que ser resolvido frequentemente é a documentação, pois, principalmente em áreas remotas, muitos imóveis a serem desapropriados não possuem nenhuma documentação e/ou têm impostos atrasados. O projeto de desapropriação, apesar de os laudos indicarem todos os dados do proprietário e da propriedade, inclusive o número e o cartório de registro dessa última, não deve abordar esses problemas, devendo sua solução ser delegada ao negociador, juntamente com os desapropriados e a parte jurídica do cliente e seu assistente social. As soluções devem dadas caso a caso, pois não há uma solução geral para o problema.

6.5 Projeto de instalações auxiliares

Além das estações ferroviárias, no caso de transporte de passageiros, e dos terminais de carga e descarga, no caso de transporte de carga, são diversas as instalações auxiliares de ferrovias (várias indicadas nos estudos operacionais e no projeto de sistemas), podendo-se destacar:

- centro de controle operacional;
- oficinas de material rodante;
- postos de abastecimento de combustíveis e lubrificantes;
- armazéns para carga e descarga;
- caixas de areia;
- instalações para troca e alojamento de tripulações;
- postos alfandegados;
- estacionamentos de veículos de funcionários, fornecedores e clientes;
- edifícios administrativos.

6.5.1 Recomendações gerais

Cada projeto tem suas particularidades, portanto é necessário verificar junto à entidade responsável pelo projeto quais são suas necessidades específicas para ser possível dar as soluções adequadas.

Por exemplo, no caso de transporte de carga:

- Quem será o operador?
- Que tipo de sinalização será adotado?
- A manutenção da frota será própria ou terceirizada?
- Pelo tempo de percurso obtido na simulação, quantas instalações para troca de tripulação são necessárias e onde elas devem estar localizadas?
- Quais os recursos necessários nessas instalações? Lavanderia, banheiros, refeitório, dormitórios, área de lazer, sistema de telecomunicações, abastecimento e tratamento de água, fornecimento de energia elétrica, coleta e tratamento de lixo e/ou de esgoto?
- Qual o número de locomotivas e vagões e qual a frequência da manutenção preventiva?
- Qual a frequência dos trens (*headway*)?
- Existe necessidade de prever locomotiva auxiliar nas rampas fortes?
- A ferrovia cruza mais de um país? Se cruza alguma fronteira, são necessárias instalações aduaneiras, de controle de passaportes e/ou para autoridades sanitárias?
- Qual a previsão de tráfego rodoviário, para estimar os tamanhos dos estacionamentos para automóveis e caminhões?

- Existem, nos locais, corpo de bombeiros e instalações de prevenção e combate a incêndio adequadas?
- Quanto ao treinamento do pessoal de operação, dispõe-se de instalações e professores de qualidade e em local acessível?

Para o caso das estações ferroviárias de passageiros, o questionamento envolve também:

- a demanda diária e de pico;
- se a estação serve à demanda doméstica ou internacional (nesse caso, seria necessário alfândega, controle de passaportes etc.);
- se existe legislação específica quanto ao acesso de portadores de deficiência física;
- se é estação (ou não) de integração unimodal ou multimodal;
- quais serviços serão oferecidos aos passageiros nas estações (o que influencia diretamente as receitas extraoperacionais);
- qual o padrão de comunicação visual e sonora;
- se existe serviço noturno;
- entorno da estação e acessos (urbanização, paisagismo, segurança e facilidade de acesso, entre outros).

A título de exemplo, se os terminais (de carga ou descarga) se localizarem em área remota (por exemplo, em uma mina ou em um porto em local desabitado), sem estrutura, pode haver a necessidade até de prever desde um sistema rodoviário de acesso (ou um local de pouso para helicópteros ou aviões de pequeno porte) até o abastecimento de água (e seu tratamento), energia elétrica, tratamento de esgoto, antenas para telecomunicações e postos de primeiros socorros, entre outros.

O mesmo deve ser feito para cada instalação de troca de tripulação se os locais previstos para ela não possuírem infraestrutura: o que é necessário providenciar em termos de alojamento e refeições, conforto, lazer, alimentação, lavanderia e primeiros socorros, entre outros.

Já no que diz respeito a estações de passageiros, sua arquitetura deve ser adequada tanto à região quanto ao público-alvo, e as condições de iluminação e segurança dos acessos, o paisagismo do entorno, a facilidade de acessos viários e de pedestres e a sinalização informativa, entre outros, são fatores que devem ser levados em conta, fazendo grande diferença no projeto e podendo influenciar muito o sucesso do empreendimento. Por exemplo, no subúrbio do Rio de Janeiro, algumas estações possuem bicicletários, providência tomada com base na constatação de que o uso de bicicletas pela população local era generalizado.

Identicamente, se a estação envolver viagens internacionais, é necessário tomar providências para a instalação de alfândegas e controle de passaportes, bem como outras instalações adequadas à legislação local, como um juizado de menores, por exemplo.

Constata-se que, em muitos países do mundo, os terminais e as estações ferroviárias, com sua infraestrutura inicial associada à sua facilidade logística de acesso aos centros consumidores, e agindo também como polos geradores de emprego, atraíram populações que deram início a povoados que, com o tempo, viraram grandes cidades. Isso justifica o grande cuidado que deve ser tomado em seu projeto.

6.6 Orçamento

O orçamento de um projeto ferroviário visa a objetivos diferentes nas diversas fases do projeto de uma obra de engenharia, sendo composto das seguintes parcelas:

- custo da implantação da via permanente (infraestrutura e superestrutura);
- custo de aquisição e instalação dos sistemas fixos;
- custo de aquisição do material rodante;
- custo das instalações auxiliares;
- custo de operação;
- custo de conservação e implantação de melhorias.

No âmbito do projeto da via permanente, só será abordada a primeira parcela das mencionadas, o custo da implantação da via permanente (infraestrutura e superestrutura).

Inicialmente, na primeira fase ou no estudo de viabilidade, o objetivo do orçamento de um projeto ferroviário é tão somente estimar seu custo total (uma ordem de grandeza, macro de todas as parcelas mencionadas e inclusive o custo de oportunidade de capital) visando compará-lo com os benefícios gerados. Busca-se, portanto, determinar a viabilidade técnica, econômica e ambiental do empreendimento, ou seja, obter uma relação custo-benefício > 1 e taxa interna de retorno (TIR) compatível com a expectativa do investidor.

Determinada a viabilidade técnico-econômica do empreendimento, passa-se às fases posteriores, de projeto básico e de projeto executivo, nas quais se pretende uma maior precisão da parcela de custo de implantação, visando à obtenção de recursos financeiros não só para sua implantação efetiva, mas também para seu adequado planejamento e o estabelecimento de um cronograma físico e financeiro realista e que torne possível sua operação na data prevista.

É relevante relembrar que só deve ser implantada uma ferrovia para viabilizar um transporte específico: passageiros entre dois destinos, minério destinados à exportação, ligação estratégica entre indústria e centros produtores de matéria-prima ou mercado consumidor. Assim, sua data de operação está estreitamente ligada a outros eventos (como a implantação de uma mina, indústria, porto ou terminal), e sua entrega aos interessados deve ser rigorosamente planejada.

6.6.1 Fase preliminar

Na fase de Estudo de Viabilidade Técnica, Econômica e Ambiental, o orçamento da via permanente (infraestrutura e superestrutura) e dos sistemas fixos (sinalização e eletrificação) pode ser feito mediante a aplicação de custos médios por quilômetro, estimados por pesquisa histórica à extensão planejada para o projeto. Na falta de dados nacionais, podem ser adotados valores internacionais.

Em relação às instalações auxiliares, como postos de abastecimento, oficinas, CCO e estações, também devem ser utilizados valores médios de mercado para essa estimativa inicial, aplicados às suas áreas estimadas.

Assim, determinada a extensão do segmento ferroviário a ser implantado, o tipo de tração e os demais parâmetros iniciais, obtém-se uma estimativa global do custo da ferrovia, que deve ser cotejada com os benefícios gerados por sua implantação. Desse modo, é possível avaliar a relação custo-benefício e outros parâmetros econômico-financeiros que possibilitem o prosseguimento, adiamento ou encerramento do projeto.

6.6.2 Projeto básico

Nas fases seguintes, seja de projeto básico (ou anteprojeto), seja de projeto executivo (ou de engenharia), serão abordados apenas os custos de implantação da via permanente.

Nessas fases, já existe a necessidade de utilizar os preços unitários dos principais serviços compostos para esse projeto específico, com suas particularidades, como localização regional, fontes de materiais e suas distâncias, quantitativos, especificidades logísticas (acessos, facilidade de mão de obra e equipamentos, proximidade de povoados com serviços públicos, hospitais, áreas de lazer, leis trabalhistas locais e de higiene e segurança de trabalho, entre outros), prazos estimados e outras dificuldades de modo geral (regime pluviométrico, topografia, tipos de solo, cuidados ambientais etc.), para que seja possível aplicá-los aos quantitativos de cada item do projeto e, assim, obter um nível de precisão compatível com a contratação e o acompanhamento da implantação.

Entretanto, para efeito de orçamento da fase de anteprojeto, ainda se pode admitir que itens de menor significado em termos de valores, como obras complementares, pequenas pontes e viadutos e drenagem, tenham sua estimativa em termos de custos médios de mercado multiplicados pela extensão do projeto. Isso não é válido se o cliente resolver construir ou licitar a obra em cima do projeto básico. Nesse caso, salvo a acurácia dos quantitativos, aplica-se a metodologia descrita para o projeto executivo.

6.6.3 Projeto executivo

Com a publicação do *Manual de custos de infraestrutura de transportes* e de seu volume cinco, *Custos de referência para obras ferroviárias* (DNIT, 2008), a sistemática de obtenção de custos e orçamentação ficou padronizada e muito simplificada, podendo essas obras ser tomadas como padrão, o que é aceito inclusive por órgãos de controle do governo.

De forma geral, o orçamento de uma obra consiste em determinar os custos unitários de cada serviço e aplicá-los aos quantitativos correspondentes.

Determinação de custos unitários

A determinação dos custos unitários, como pode ser visto na Fig. 6.2, inicia-se com a pesquisa de mercado de materiais, mão de obra (inclusive encargos sociais e equipamentos de proteção individual, EPI) e equipamentos, obtendo-se os preços unitários de mercado dos insumos necessários à execução das obras.

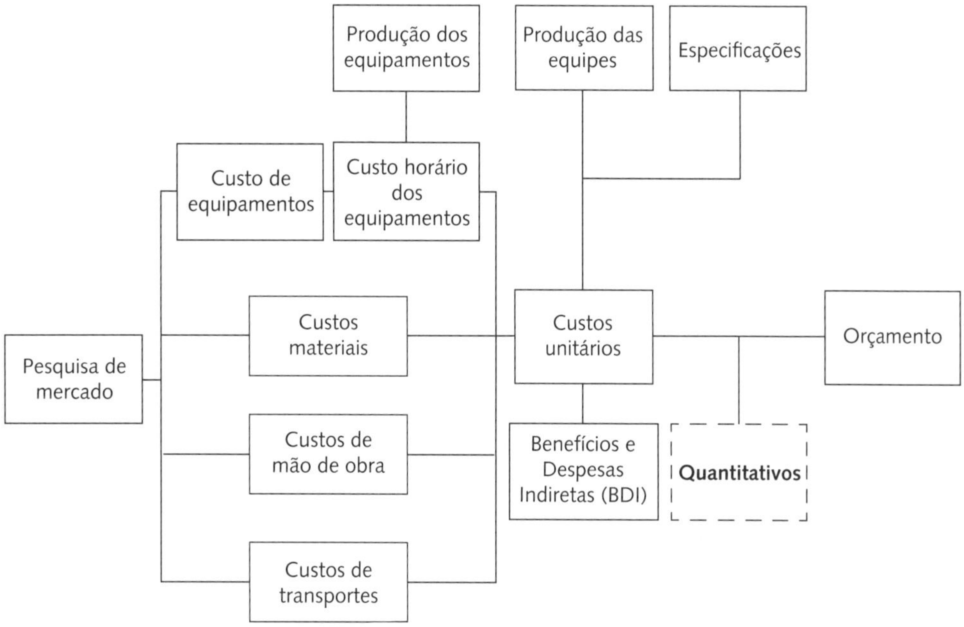

Fig. 6.2 Fluxograma do orçamento (projeto)

Em seguida, dispondo dos valores da produção horária dos equipamentos e de sua vida útil, obtidos nos manuais dos fabricantes para as condições específicas da obra (normais, suaves ou severas), associados aos juros de mercado e custos de energia (combustíveis fósseis ou energia elétrica), calculam-se os custos horários produtivos e improdutivos dos equipamentos.

São montadas então as produções das equipes mecânicas, idealizando as diversas formas de execução de cada serviço e variando os equipamentos de acordo com as várias possibilidades de sua execução (por exemplo, na terraplenagem, comparando o uso de caminhão basculante e pá carregadeira com motoescavotransportador ou variando o número de caminhões ou motoescavotransportadores para cada distância de transporte; em cortes em rocha, comparando a utilização de perfuratriz manual *versus crawler drill* etc.), para que seja obtida a frota ideal em termos de custo unitário para o projeto. O empreiteiro, para sua execução, obviamente adéqua a composição à sua frota disponível e à sua experiência, mesmo que isso resulte em ônus para ele, sendo remunerado pelo preço contratado.

O transporte se divide em local, quando é efetuado por caminhão dentro do local da obra, e comercial, quando ocorre de um fornecedor até o canteiro. São exemplos de transportes comerciais aqueles entre a fábrica (ou fornecedor) de cimento ou de trilhos e o canteiro. Já o transporte de uma manilha de concreto entre a usina (fábrica de tubos) da obra e o local de implantação do bueiro ou o de um moirão do estoque para o local de implantação da cerca são exemplos de transporte local. Entretanto, se as manilhas ou os moirões de concreto não forem fabricados no canteiro, sendo obtidos de um fornecedor externo, seu transporte é comercial.

Assim, o mesmo material pode ter dois transportes, com seus respectivos custos (podendo esse transporte ocorrer, eventualmente, até mesmo em caminhões diferentes): um, comercial, do fornecedor até o canteiro, e outro, local, do canteiro ao ponto de aplicação. Se for efetuada alguma composição de preço unitário, o projetista deve estar atento para detalhes como esse, bem como para a forma como a especificação manda pagar o serviço: contendo ou não o transporte.

O preço do transporte comercial pode ser calculado para cada tipo de distância e de pavimento da rodovia, os quais influem na velocidade, mas pode também ser obtido de pesquisa de mercado ou do Sicro (DNIT). O custo do transporte local pode ser determinado por meio de uma sistemática similar à dos demais custos unitários: para cada tipo de rodovia, pavimento e distância, calcula-se a produção horária do caminhão, e, dividindo seu custo horário por essa produção, obtém-se seu custo unitário (em t/km ou m^3/km, dependendo do material e da especificação adotada).

É necessário destacar que existe uma séria discussão em relação ao transporte de solos, pois, adotando-se o critério de m^3/km, surge sempre a dúvida de sua densidade ser solta (critério utilizado para a construtora dimensionar a frota), *in situ* ou compactada (ver o caso da pedra britada para lastro, na seção a seguir), razão pela qual é conveniente preestabelecer o critério a ser adotado (fazendo uma especificação clara e objetiva) ou, de preferência, adotar t/km como unidade de medida, pois a massa transportada é sempre a mesma.

Benefícios e despesas indiretas

Segue-se o item mais delicado da estimativa orçamentária, o cálculo dos benefícios e despesas indiretas (BDI). Sua importância é tal que o DNIT faz sua regulamentação por portaria (atualmente, encontra-se fixado em 26,7%, conforme a Portaria nº 545, de 11 de junho de 2012) e constituiu uma comissão para seu estudo incluindo representantes da Aneor, de 17 DERs e de alguns sindicatos da construção.

Esse fator, que se multiplica a cada um dos custos unitários, inclui, de acordo com a portaria do DNIT:

- encargos fiscais;
- administração direta (local) e indireta (central);
- custos financeiros;
- riscos;
- seguros e garantias contratuais;
- lucro operacional.

Desse modo, custos como controle tecnológico e de qualidade, que não são remunerados diretamente, tais como topografia, sondagens adicionais em pedreiras ou OAEs, tapumes ou cercas temporários, programas de treinamento, obtenção de licenças ambientais, *royalties* para a exploração de jazidas ou pedreiras e instalações de lazer, são computados no BDI, na parcela referente à administração direta ou à administração indireta.

Dependendo do cliente, são incluídas nesse item até mesmo as despesas de mobilização e desmobilização, bem como a construção e a manutenção de instalações para a fiscalização. Esse procedimento não parece o mais adequado, pois envolve risco tanto para o cliente quanto para o fornecedor, pois, ao variar quantitativos

TAB. 6.1 Portaria n° 545, de 11 de junho de 2012

Itens relativos à administração da obra		**% sobre PV**	**% sobre CD**
A - Administração central	2,97% do PV	2,97	3,76
B - Administração local	2,83% do PV	2,83	3,59
C - Custos financeiros	1,38% sobre (PV - Lucro operacional)	1,28	1,62
D - Riscos	0,5% sobre CD	0,39	0,50
E - Seguros e garantias contratuais	(2,5% a.a. sobre 5% do PV)	0,25	0,32
	Subtotal 1	**7,72**	**9,79**
Lucro			
F - Lucro operacional	7,2% do PV	7,20	9,12
	Subtotal 2	**7,20**	**9,12**
Tributos			
G - PIS	0,65% do PV	0,65	0,82
H - COFINS	3,00% do PV	3,00	3,80
I - ISSQN	2,50% do PV	2,50	3,17
	Subtotal 3	**6,15**	**7,79**
BDI com tributos (%)	**Total**	**21,07**	**26,70**

PV = preço de venda
CD = custo direto
SELIC (Dez/2011) = 11,0% a.a.
Taxa média anual de inflação = 6,18% (últimos 12 meses)
$CF = ((1 + SELIC)^{1/12} \times (1 + INFL)^{1/12} - 1)$ 1,38%
Seguros e garantias = 2,5% a.a. sobre 5% do PV – Prazo médio = 2 anos
OBS.: o percentual de ISSQN aqui utilizado consiste apenas em um referencial médio. O valor real do ISSQN a ser adotado nos orçamentos dos projetos aprovados pelo DNIT deve ser aquele proveniente das alíquotas dos municípios situados na área de influência das obras.

Fonte: DOU (2012).

entre o valor contratado e aquele realizado, varia-se o pagamento de custos (indiretos) que nada têm a ver com essa variação física.

É discutível se algumas parcelas, tais como o risco ou a administração local, podem ser consideradas como uma constante para todas as obras, pois serviços perto de centros urbanos podem ter custos de administração bem menores em relação àqueles realizados em áreas mais remotas. Identicamente, atividades como produção de dormentes de concreto ou de aduelas para bueiros pré-moldados não sofrem influência de chuvas, ao contrário de serviços de terraplenagem. Outro exemplo referente ao fator "risco" é a influência das chuvas nos serviços de terraplenagem em regiões de baixa ou alta precipitação pluviométrica (interior do Nordeste e Amazônia, respectivamente), podendo os dias trabalháveis por ano cair até mais de 50% de uma região para a outra.

A comissão criada pelo DNIT sugeriu, acertadamente, a retirada da administração local do cálculo do BDI, bem como de sua remuneração específica, mas essa proposição ainda não foi acatada, como se pode ver no cálculo do BDI na Portaria n° 545 (Tab. 6.1).

Esse cálculo é muito delicado, pois cada empresa tem suas particularidades, o que justifica a existência de fortes variações de preço entre as várias concorrentes de um serviço.

Como exemplos dessas particularidades, algumas empresas têm programas de capacitação tecnológica para os profissionais de seu quadro permanente, enquanto outras possuem sistemáticas de benefícios sociais particulares e de distribuição de lucros para cada obra, em particular aquelas localizadas em áreas remotas e de difícil acesso. Programas relacionados com segurança e ambiente também impactam de forma diferenciada nos custos de cada empresa.

O valor do BDI, por sua influência no custo total, pode e deve ser muito bem especificado, evitando-se remunerar no lucro de cada serviço itens que possam ter seu custo bem determinado, como as instalações da fiscalização e os custos de controle de qualidade.

Com a produção das equipes e os preços obtidos da maneira mencionada, são calculados os custos unitários por meio da aplicação, em cada serviço, dos custos horários dos equipamentos e da mão de obra das equipes, sendo esse valor dividido por sua produção horária e a ele somados os custos dos materiais e dos transportes.

Critérios de medição e especificações

Para compor adequadamente um custo unitário de serviço, é necessário também especificar claramente o que está ou não incluído e suas unidades de medida.

Por exemplo, no caso de brita para lastro, é usual, no Brasil, criar "pulmões" (locais onde se estoca brita para lastro) em locais próximos ao eixo, devendo a distância média de transporte ser calculada da pedreira até esses locais. Também nesse caso, é necessário verificar se o transporte é feito por caminhão ou por trem, pois o equipamento de montagem da grade pode ser utilizado também para esse transporte, ou, pelo menos, para boa parte dele, com preços unitários significativamente inferiores aos rodoviários, o que representa uma boa economia.

Ainda sobre o lastro, a Especificação n° 80-EM-033A-58-8006 da Valec estabelece que o critério de medição seja o volume medido em m^3 na pedreira, atestado na respectiva nota de carregamento do vagão ou caminhão, portanto, solto. Caso a especificação de serviço a ser adotada mantenha esse critério, esse fator deve ser levado em conta no volume a ser fornecido e transportado (em que sempre existe alguma perda), diferentemente do geométrico após socaria, na linha.

Também é importante notar que, no que diz respeito à execução do sublastro, a Especificação n° 80-ES-028A-20-8010 da Valec estabelece, em seu item 9.2, que o preço já inclui o transporte pelos primeiros 3 km. Caso essa especificação seja adotada, isso deve ser levado em conta tanto na composição do custo quanto na determinação do quantitativo de momento de transporte, pois é um critério diferente do usual nos demais itens de serviços e dos padrões rodoviários.

Com esses exemplos, procurou-se ilustrar a importância de uma boa especificação e os cuidados que se devem ter quer na composição dos custos unitários, quer na estimativa de quantitativos de cada serviço: volumes transportados (soltos, *in situ* ou compactados), qual o transporte que já está incluído, se existe transporte comercial e local, onde estão remunerados os custos indiretos de topografia, administração, controle tecnológico etc.

Considerações finais

Finalmente, aplicam-se os custos assim determinados aos quantitativos de cada item de serviço de cada projeto, obtendo-se o orçamento.

Nas publicações do DNIT mencionadas anteriormente, são apresentados modelos de planilhas que podem ser utilizadas nas diversas fases do orçamento, desde as pesquisas de mercado até o resumo do orçamento.

Para a elaboração do orçamento em suas diversas fases, pode ser usada, naquilo que for aplicável, a IS-220 da IPR 726 (DNIT, 2006c). A Valec não possui instrução de serviço ou especificação sobre essa matéria.

Sugere-se, antes de finalizar, para facilitar uma análise de sensibilidade, que, após a elaboração do orçamento, seja preparada uma curva ABC com uma classificação por ordem decrescente de custo por item de serviço. Tenta-se, assim, identificar distorções de quantitativos e/ou de preços unitários, pois são frequentes os erros de digitação e, ao ordenar os custos, grande parte deles fica evidenciada, possibilitando sua correção.

É muito útil também a elaboração de uma memória de cálculo de cada quantitativo de serviço, pois, além de permitir sua conferência, é um grande auxílio para os responsáveis pelas medições durante sua tarefa.

Constata-se, portanto, que não existe diferença entre a metodologia aplicável a orçamentos rodoviários e ferroviários no que se refere ao item de construção de via permanente, ficando as diferenças por conta das particularidades das especificações adotadas e naqueles serviços tipicamente ferroviários.

capítulo 7

Material rodante

João Bosco Setti

7.1 Origem e princípio básico da relação de contato roda-trilho

A utilização de guias para as rodas dos carros vem do tempo dos romanos, tendo sido encontrados vestígios de sulcos em rocha em antigas estradas abertas no início da era cristã. Em algumas minas de carvão da Europa, já havia, no século XVI, pequenos carros ou vagonetes com rodas com flanges de madeira deslizando sobre trilhos também de madeira, movimentados por animais.

Por volta de 1630, foram aperfeiçoados os vagonetes nas minas inglesas de New Castle, e no início do século XVIII começaram a ser utilizadas chapas de ferro para o revestimento dos trilhos de madeira. Em 1766, foram fabricados os primeiros trilhos de ferro fundido para as linhas nas minas de carvão, sendo assentados sobre peças de madeira dispostas longitudinalmente. Somente em 1820 foi inventado o trilho de duplo boleto, de ferro, e posteriormente o trilho Vignole, que leva o nome de seu inventor, sendo composto de boleto (cabeça), alma (nervura central) e patim (base plana).

Os trilhos, o item mais importante da via, constituem a superfície de rolamento e guiam as rodas dos trens, recebendo os maiores esforços e desgastes (Fig. 7.1).

Diferentemente dos outros meios de transporte, o sistema ferroviário se caracteriza pelo trajeto do veículo ser fixado por trilhos, possuindo, assim, mobilidade exclusivamente linear. Essa falta de liberdade de direção constitui, ao final, um dos pontos mais importantes de segurança e eficiência da ferrovia, porém exige alto grau de normalização para que sejam garantidos o funcionamento e a intercambiabilidade entre os diversos elementos do sistema.

As rodas são solidárias ao eixo, não permitindo movimento relativo e gerando, em contrapartida, escorregamento entre elas e os trilhos quando o trem descreve uma trajetória curvilínea. Por sua vez, o friso das rodas mantém o trem sobre os trilhos, evitando um deslocamento lateral que provoque descarrilamento.

Além disso, as rodas possuem superfície de rolamento com configuração cônica, em conjunto com os trilhos, que, por sua vez, são assentados com inclinação para o centro da via, tendo duas principais funções:

- centralizar o veículo sobre a via toda vez que seu centro de gravidade se deslocar para o lado, poupando o desgaste lateral dos trilhos e dos frisos das rodas;
- atenuar o efeito de escorregamento das rodas nas curvas, pois a circunferência de contato da roda externa torna-se ligeiramente maior que a da roda interna em função do deslocamento provocado pela força centrífuga e da folga de bitola na via.

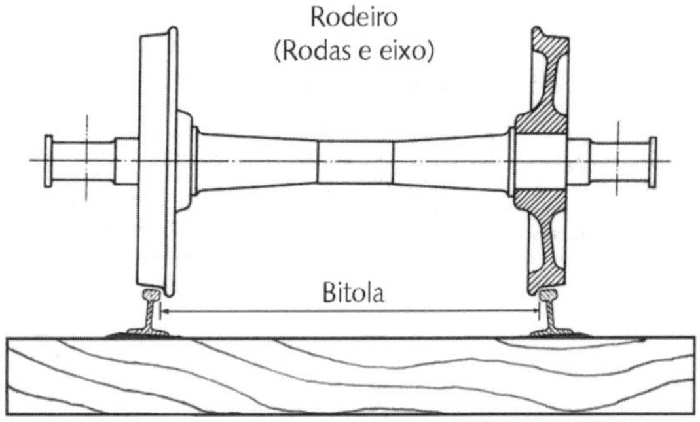

Fig. 7.1 Rodas de aço sobre trilhos: princípio básico do transporte ferroviário

Salvo raras exceções adotadas em sistemas especiais, a tração ferroviária ocorre pela aderência no contato roda-trilho, utilizando-se exclusivamente o efeito do atrito entre superfícies lisas.

7.2 Breve histórico da evolução tecnológica do material rodante

Criada na Inglaterra no início do século XIX, a ferrovia logo se difundiu pela Europa continental e chegou aos Estados Unidos.

A partir daí, as diferenças geográficas, econômicas e culturais levaram-na progressivamente a seguir padrões diferentes entre europeus e americanos, especialmente com relação aos truques e estruturas dos veículos e à utilização dos engates. Dessa forma, a evolução tecnológica e a normalização dividiram-se em duas grandes correntes tecnológicas bem evidentes nos dias atuais.

No caso brasileiro, todo o material das primeiras ferrovias era de fabricação inglesa, inclusive o da Estrada de Ferro Mauá, e os primeiros carros de passageiros e vagões de carga, também de origem inglesa, eram curtos e possuíam dois eixos.

A E. F. Dom Pedro II, embora tenha iniciado sua operação em 1858 com locomotivas inglesas, recebeu, em 1862, três locomotivas fabricadas pela Baldwin, dos Estados Unidos, tornando-se a primeira ferrovia brasileira a adquirir locomotivas americanas.

Essas locomotivas eram então mais adequadas às linhas de menor padrão geométrico, por isso rapidamente se tornaram predominantes no País, levando à modificação das características das locomotivas inglesas daí em diante.

Os carros de passageiros do tipo americano, equipados com truques de dois eixos, começaram a chegar ao Brasil em 1867 e logo se popularizaram pela melhor circulação nas linhas ruins, o mesmo ocorrendo a seguir com os vagões de carga.

Seguindo também o exemplo americano, várias ferrovias adotaram, para seu material rodante, no início do século XX, o engate central automático, de operação muito mais segura. No entanto, outras estradas continuaram com os engates manuais de pino e manilha ou de gancho e para-choques europeus, como a E. F. Santos a Jundiaí e a Companhia Paulista, que somente adotaram o engate automático de padrão americano na década de 1950.

Os freios a ar comprimido Westinghouse começaram a ser usados na E. F. Dom Pedro II em 1880, sendo gradativamente adotados pelas demais ferrovias durante o século XX, em substituição ao freio a vácuo.

A tração elétrica foi empregada pela primeira vez no Brasil pela Companhia Ferro-Carril do Jardim Botânico, em 1892, e pela E. F. do Corcovado, em 1910, ambas no Rio de Janeiro. Em 1922, iniciou-se a eletrificação da Companhia Paulista de Estradas de Ferro e, em 1937, da E. F. Central do Brasil, nas linhas de subúrbios no Rio de Janeiro.

Embora estendida a várias ferrovias brasileiras, a tração elétrica foi aos poucos sendo desativada, estando restrita atualmente aos sistemas de transporte metropolitano nas principais capitais. A única linha de carga atualmente em operação é a cremalheira da MRS entre Piaçaguera e Paranapiacaba, na Serra do Mar, em São Paulo (Fig. 7.2).

No Brasil, a primeira ferrovia a ter locomotivas diesel-elétricas foi a Viação Férrea Federal Leste Brasileiro, na Bahia, que recebeu três locomotivas fabricadas pela

English Electric em 1938, e a primeira ferrovia a implantar um programa efetivo de dieselização foi a E. F. Central do Brasil, a partir de 1943. Desde então, todas as demais ferrovias brasileiras seguiram esse mesmo processo.

O processo de evolução tecnológica das ferrovias foi sempre contínuo, não apenas na área de material rodante, mas em todos os setores, levando também ao desenvolvimento da indústria ferroviária nacional.

Fig. 7.2 Locomotivas elétricas de cremalheira da MRS no pátio de Paranapiacaba, em Santo André (SP)

No que se refere ao material rodante, duas importantes instituições se destacaram no esforço de sua normalização, a Association of American Railroads (AAR), na América do Norte, e a Union Internationale des Chemins de fer (UIC), na Europa.

No restante do mundo, as ferrovias tendem a seguir uma ou outra corrente tecnológica, independentemente da bitola adotada. No caso brasileiro, a tendência à corrente tecnológica americana foi se tornando gradualmente visível ao longo do século XX, sendo absoluta atualmente, apesar da adoção da bitola larga em métrica em vez da bitola normal de 1.435 mm.

7.3 Principais diferenças entre as correntes tecnológicas atuais

As ferrovias europeias sempre tiveram como principal função o transporte de passageiros, com trens mais leves e rápidos sobre linhas de melhores condições geométricas e de conservação. Dessa forma, adotaram por muitas décadas carros de passageiros e vagões de carga mais leves equipados com apenas dois eixos ou rodeiros (Fig. 7.3).

Os carros de passageiros, em sua maioria, a partir do século XX passaram a ser equipados com truques de dois ou três eixos, mas a frota de vagões de carga teve uma evolução bem mais lenta, e somente nas últimas décadas foram adotados os truques em praticamente todos os novos veículos fabricados, mas, mesmo assim, mantendo-se a carga por eixo máxima na faixa de 20 t.

Até hoje, na Europa, utiliza-se o sistema de engate manual de gancho e para-choques, exceto em sistemas restritos de trens urbanos ou de grande velocidade, ou ainda em curtas ferrovias de transporte cativo de carga pesada.

Fig. 7.3 Antigo vagão da E. F. Santos a Jundiaí, de estilo europeu, com dois eixos, utilizado em São Paulo até a década de 1960
Foto: Carlheinz Hahmann.

O sistema de engate manual de gancho e para-choques adotado na Europa e em vários países, em que o gancho recebe o esforço de tração, e os para-choques laterais, o esforço de compressão, definiu a estrutura básica do material rodante de estilo europeu, segundo as normas da UIC, com uma viga central e duas vigas auxiliares laterais, interligadas por transversinas rigidamente fixadas.

No caso americano, em que, desde o início, as ferrovias avançaram em direção ao Oeste, com a construção de vias precárias que exigiam maior desenvolvimento dos sistemas de truques e de suspensão dos veículos e a adoção do engate automático no final do século XIX, capaz de absorver os esforços tanto de tração quanto de compressão, adotou-se a estrutura de material rodante formada por uma viga central apoiada sobre os truques e com várias transversinas, formando uma típica espinha de peixe.

Com relação aos carros de passageiros, as normas americanas são extremamente rígidas, favorecendo a segurança dos indivíduos em caso de acidentes, mas, em contrapartida, aumentando muito o custo dos carros, o que contribui para inviabilizar o transporte em nível privado.

Tanto é assim que a National Railroad Passenger Corporation (Amtrak), empresa estatal americana que opera os trens de longo percurso, e vários outros defensores do transporte de passageiros vêm insistindo há anos junto à Federal Railroad Administration (FRA) que se faça a revisão das normas de segurança para facilitar a introdução do padrão leve de trens de alta velocidade, até mesmo para baratear a substituição da frota de trens em final de vida útil no país.

Os padrões de resistência ao choque nos Estados Unidos fazem com que os carros de passageiros sejam consideravelmente mais pesadas do que seus congêneres europeu e asiáticos, o que significa que projetos de trens-padrão do exterior não podem ser usados e também que o consumo de energia aumenta.

A FRA e alguns especialistas americanos em segurança têm dado mais ênfase à sobrevivência dos passageiros em acidentes do que à prevenção das colisões entre trens, em parte porque muitos serviços da Amtrak usam linhas de carga em longos trechos de suas viagens.

Atualmente, a FRA coordena o desenvolvimento de padrões de segurança para os trens projetados para velocidades superiores a 240 km/h, em consulta à Amtrak e inúmeras outras entidades, incluindo a American Public Transportation Association (APTA).

No caso brasileiro, para fins de material rodante de forma geral, são adotadas as normas e especificações definidas pela AAR, exceto no que se refere à bitola e a detalhes já normatizados pela ABNT e outras instituições específicas.

A Fig. 7.4 apresenta um antigo vagão de transporte de madeira com a longarina central apoiada sobre os truques de dois eixos, numa configuração típica americana, enquanto a Fig. 7.5 mostra um típico vagão de carga moderno em operação nas ferrovias brasileiras, com truques de dois eixos, engates automáticos e freio a ar comprimido.

Fig. 7.4 Antigo vagão de transporte de madeira com a longarina central apoiada sobre os truques de dois eixos, numa configuração típica americana
Fonte: RFFSA

Fig. 7.5 Típico vagão de carga moderno em operação nas ferrovias brasileiras, com truques de dois eixos, engates automáticos e freio a ar comprimido

7.3.1 Association of American Railroads (AAR)

A Association of American Railroads (AAR, Associação de Ferrovias Americanas) é uma instituição privada que representa as principais ferrovias da América do Norte (Estados Unidos, Canadá e México), tendo também como membros a Amtrak e várias estradas de ferro regionais.

A AAR foi criada em 12 de outubro de 1934 pela fusão de cinco outras entidades relacionadas à indústria ferroviária e está sediada em Washington, DC, possuindo uma importante subsidiária de tecnologia da informação, a Railinc, sediada em Cary, Carolina do Norte, que trata dos serviços de interligação de informações entre as ferrovias americanas, inclusive no que se refere ao tráfego mútuo e ao intercâmbio de material rodante, transmitindo mais de nove milhões de mensagens por dia ao longo de sua rede EDI (Electronic Data Interchange).

Com relação à tecnologia, a AAR tem como outra subsidiária o Transportation Technology Center, Inc. (TTCI), que opera e mantém o Centro de Tecnologia de Transportes, com área de 52 km^2, nas proximidades de Pueblo, no Colorado, de propriedade do United States Department of Transportation. A instalação permite testes de carga e de passageiros do material rodante, de via permanente e de dispositivos de segurança.

Outra importante função da AAR é controlar o sistema de codificação de todo o material rodante em tráfego na América do Norte, atribuindo códigos de letras que identificam o proprietário de qualquer veículo ou equipamento de transporte intermodal que possa ser transportado por ferrovia (reboques, semirreboques e contêineres, entre outros).

7.3.2 Union Internationale des Chemins de fer (UIC)

A Union Internationale des Chemins de fer (UIC, União Internacional das Estradas de Ferro) é uma instituição internacional privada da indústria de transporte ferroviário.

Com todas as mudanças de fronteira após a Primeira Guerra Mundial, as ferrovias europeias se uniram para criar a UIC em 20 de outubro de 1922, com o objetivo de padronizar as práticas da indústria. Sua atual missão é "promover o transporte ferroviário em nível mundial e enfrentar os desafios da mobilidade e do desenvolvimento sustentável" (UIC, 2013). Os principais objetivos da UIC são: facilitar o compartilhamento de melhores práticas entre os associados; apoiar o desenvolvimento de novos negócios e novas áreas de atuação; propor novas formas de melhorar o desempenho técnico e ambiental; promover a interoperabilidade; criar padrões mundiais para novas ferrovias, incluindo normas comuns com outros modos de transporte; e desenvolver centros de competência (alta velocidade, segurança, *e-business*).

Quando foi fundada, a UIC tinha 51 membros de 29 países, incluindo Japão e China, e atualmente conta com 199 associados nos cinco continentes.

Em 1995, a UIC estabeleceu um padrão internacional de terminologia ferroviária, com um dicionário trilíngue de termos (em inglês, francês e alemão), como resultado da cooperação com a Conferência Europeia dos Ministros dos Transportes (CEMT).

No âmbito europeu, a UIC estabeleceu um sistema internacional de classificação de locomotivas, carros e vagões de carga.

7.3.3 Associação Brasileira de Normas Técnicas (ABNT)

Fundada em 1940, a Associação Brasileira de Normas Técnicas (ABNT) é o órgão responsável pela normalização técnica no País, fornecendo a base necessária ao desenvolvimento tecnológico brasileiro.

É uma entidade privada, sem fins lucrativos, reconhecida como único Foro Nacional de Normalização pela Resolução n° 7 do Conmetro (1992), sendo membro fundador da International Organization for Standardization (ISO), da Comissão Panamericana de Normas Técnicas (Copant) e da Associação Mercosul de Normalização (AMN).

Além disso, é a representante oficial no Brasil das entidades internacionais International Organization for Standardization (ISO) e International Eletrotechnical Comission (IEC) e das entidades de normalização regional Comissão Panamericana de Normas Técnicas (Copant) e Associação Mercosul de Normalização (AMN).

A ABNT está sediada no Rio de Janeiro (RJ), mas sua atuação na área ferroviária situa-se em São Paulo, na sede do Sindicato Interestadual da Indústria de Materiais e Equipamentos Ferroviários e Rodoviários (Simefre), por meio do Comitê Brasileiro Metroferroviário (CB-06).

O CB-06 tem como objetivo desenvolver a normalização no campo metroferroviário no que se refere à via permanente, material rodante, carro metropolitano, segurança e bilhetagem, em termos de terminologia, requisitos, métodos de ensaio e generalidades, funcionando com vários subcomitês e comissões de estudos.

O Subcomitê de Via Permanente (SCB-06:100) conta com as seguintes comissões de estudo (Simefre, s.d.):

- *Comissão de Estudo de Dormentes e Lastros* (CE-06:100.01): tem como escopo a normalização no campo de dormentes de concreto, de aço, madeira e lastro ferroviário no que concerne a terminologia, classificação, requisitos e métodos de ensaio.
- *Trilhos e Fixações* (CE-06:100.02): tem como escopo a normalização no campo de placas de apoio, trilhos, tirefões e talas de junção no que concerne a classificação, requisitos e métodos de ensaio.
- *AMV e Cruzamentos* (CE-06:100.03): tem como escopo a normalização no campo do aparelho de mudança de via (AMV) e dos cruzamentos utilizados nos metrôs e ferrovias no que concerne a terminologia, classificação, requisitos e métodos de ensaio.
- *Traçado e Infraestrutura* (CE-06:100.04): tem como escopo a normalização no campo de travessias, passagem de nível, cruzamentos sobre e sob ferrovia, gabaritos, equipamentos, projetos e interferências no que concerne a terminologia, classificação, requisitos e métodos de ensaio.

O Subcomitê de Freios (SCB-06:200) conta com as seguintes comissões de estudo (Simefre, s.d.):

- *Sapatas e Sapatilhas* (CE-06:200.01) (atualmente em recesso).
- *Equipamentos de Freios* (CE-06:200.02) (atualmente em recesso).
- *Frenagem* (CE-06:200.03) (atualmente em recesso).

O Subcomitê de Material Rodante (SCB-06:300) conta com as seguintes comissões de estudo (Simefre, s.d.):

- *Vagões, Truques, Engates e Acessórios* (CE-06:300.01): tem como escopo a normalização no campo de vagões, suas estruturas e componentes, truques, engates e acessórios ligados diretamente à operação de transporte de carga por via ferroviária, compreendendo terminologia, requisitos, métodos de ensaio e generalidades.
- *Locomotivas, Truques, Engates e Acessórios* (CE-06:300.02): tem como escopo a normalização no campo de locomotivas, suas estruturas e componentes, truques, engates e acessórios ligados à operação de transporte de carga e de passageiros por via ferroviária, compreendendo terminologia, requisitos, métodos de ensaio e generalidades.
- *Carros de Passageiros, Truques, Engates e Acessórios* (CE-06:300.03) (atualmente em recesso).
- *Rodas, Eixos, Rolamentos e Rodeiros* (CE-06:300.04): tem como escopo a normalização no campo de rodas, eixos, rolamentos e montagem de rodeiro para vagões de carga, carros de passageiros e locomotivas no que concerne a terminologia, requisitos, métodos de ensaio e generalidades.

O Subcomitê de Sinalização Geral (SCB:06.400) conta com a seguinte comissão de estudo (Simefre, s.d.):

- *Sinalização* (CE-06:400.01): tem como escopo a normalização no campo da sinalização quanto aos sistemas elétricos, eletrônicos, embarcados e telecomunicação no que concerne a terminologia, classificação, requisitos, métodos de ensaio e generalidades.

O Subcomitê de Estudos Gerais (SCB-06:500) conta com as seguintes comissões de estudo (Simefre, s.d.):

- *Segurança* (CE-06:500.01) (atualmente em recesso).
- *Bilhetagem* (CE-06:500.02) (atualmente em recesso).
- *Terminologia* (CE-06:500.03) (atualmente em recesso).

7.4 Comentários sobre carga por eixo e gabarito

O contínuo processo de evolução tecnológica das ferrovias, necessário ao atendimento das novas demandas de transporte num ambiente cada vez mais competitivo, tem levado ao constante aumento da capacidade de carga do material rodante, resultando em locomotivas e vagões com maior peso e dimensões.

Essa tendência crescente, forçada pela necessidade de transporte mais competitivo, causa esforços crescentes sobre a via permanente, traduzidos em maior carga por eixo.

Até a década de 1970, os vagões pesados mais comuns em operação no Brasil tinham 25 t/eixo, e então começaram a ser utilizados novos vagões de minério e de cimento com 30 t/eixo, impondo maiores esforços à via permanente.

Atualmente, já existem vagões de minério com peso bruto máximo na faixa entre 144 t e 150 t, correspondendo a uma carga por eixo de 36 t a 37,5 t, e há rumores na indústria sobre a tendência de se atingirem 45 t/eixo (Fig. 7.6).

Em princípio, poderiam ser adotados truques de três eixos para os vagões, que, em tese, atenuariam o problema das altas cargas por eixo. No entanto, o sucesso alcançado desde o século XIX pelos truques de dois eixos, com alto grau de padronização e intercambiabilidade, inibe a utilização pelas ferrovias de outros tipos de solução, mesmo que já existentes. Nos Estados Unidos, por exemplo, são raras as utilizações de truques de carga de três eixos, sendo normalmente restritos aos guindastes e vagões especiais de alta capacidade, nem sempre utilizados em tráfego regular, e esses também com alta carga por eixo.

Fig. 7.6 Vagão-gôndola GDU em uso na E. F. Carajás, com 150 t de peso bruto

Se os projetos de vagões levam em conta os novos esforços, as consequências sobre a via permanente, incluindo as obras de arte, também devem ser consideradas nos projetos de linhas novas e nos reforços das linhas atuais, sobre as quais os vagões pesados irão circular.

Do mesmo modo, as novas locomotivas tendem a ser mais pesadas, já sendo comuns aquelas com 190 t brutas, com seis eixos, correspondendo a quase 32 t/eixo (Fig. 7.7).

Com relação às dimensões, a tendência também é de crescimento, com o máximo aproveitamento do gabarito existente e também sua ampliação em novas linhas ou em linhas atuais a serem modernizadas.

O maior exemplo dessa tendência é a previsão de uso de vagões transportando contêineres empilhados em algumas rotas, que, assim, deverão ter altura de livre passagem compatível. Esse tipo de transporte iniciou-se nos Estados Unidos em 1984 e é conhecido como *double-stack*, tendo se expandido para várias linhas no Canadá e no México e atualmente já em uso também na Austrália, na China, na Índia e no Panamá.

Fig. 7.7 Locomotiva GE AC44i em operação na MRS, com 190 t de peso bruto

Fig. 7.8 Protótipo do vagão *double-stack* de fabricação nacional, já em testes na MRS nas linhas da Baixada Santista
Foto: AmstedMaxion.

No Brasil, já existe a expectativa de utilização dos vagões *double-stack* na Baixada Santista, entre as margens direita e esquerda de Santos, numa primeira fase, e em direção ao interior de São Paulo numa etapa seguinte, dependendo da elevação da rede aérea no trecho de cremalheira da MRS e da construção de linhas segregadas no trecho da CPTM e do Ferroanel Norte (Fig. 7.8).

Com a tendência crescente de utilização de contêineres no transporte mundial, aumentará a demanda pela utilização desse tipo de vagão nas ferrovias brasileiras, especialmente nas novas linhas a serem construídas ou modernizadas.

Os vagões *double-stack* atingem a altura total de 6,20 m sobre o boleto dos trilhos quando carregados com dois contêineres *hi-cube* de 2,9 m.

Mesmo no caso do transporte de passageiros, deve ser considerada a possibilidade de utilização de carros de dois andares em trens convencionais com locomotivas ou em trens-unidade, especialmente no caso de transportes regionais de curta e média distância, bem comuns nos Estados Unidos e no Canadá.

Com certeza, de agora em diante os novos grandes projetos de operação a serem implantados no Brasil levarão em conta a utilização de material rodante de maior peso por eixo e maiores dimensões, buscando maior viabilização do negócio de transporte.

7.5 Locomotivas

As primeiras ideias de utilizar o vapor para movimentar veículos datam do século XVII, mas somente em 1804 foi construído, por Richard Trevithick, no País de Gales, um carro a vapor sobre trilhos. Em 1814, o inglês George Stephenson apresentou a locomotiva Blucher e, em 1825, fundou, com outros sócios, a firma Robert Stephenson & Co., a primeira fábrica de locomotivas do mundo.

Dessa fábrica saíram a locomotiva Locomotion, para a Stockton & Darlington Railway, a primeira ferrovia pública do mundo, e a famosa Rocket, vencedora do concurso de Rainhill para a Liverpool & Manchester Railway, em 1829, que se firmaria, por suas características, como o ponto de partida das futuras locomotivas a vapor.

Daí em diante, vários países seguiram o exemplo construindo ferrovias, inclusive o Brasil, que inaugurou, em 30 de abril de 1854, por iniciativa do empresário Irineu Evangelista de Souza, a Imperial Companhia de Navegação a Vapor - Estrada de Ferro de Petrópolis, mais conhecida como Estrada de Ferro Mauá, sendo utilizada para tracionar o trem inaugural, a locomotiva 2-2-2T número 1, fabricada por William Fairbairn & Sons, na Inglaterra. A locomotiva ganhou o nome de Baroneza, em homenagem à esposa de Irineu, o qual, nessa ocasião, recebeu o título de Barão de Mauá. Atualmente, essa locomotiva está preservada no Museu do Trem, no Rio de Janeiro, sendo sua peça mais importante (Fig. 7.9).

FIG. 7.9 Locomotiva Baroneza, preservada no Museu do Trem, no Rio de Janeiro

7.5.1 Locomotivas a vapor

As locomotivas a vapor utilizam vapor sob pressão para acionar os êmbolos, que transmitem o movimento às rodas por puxavantes e braçagens. A energia para a produção do vapor na caldeira vem da fornalha localizada mais atrás, que queima combustível (carvão, lenha ou óleo) armazenado no tênder, junto com a água para o reabastecimento constante da caldeira.

A caldeira é basicamente um tanque de aço resistente a altas pressões cheio de água e com tubos interligando a fornalha à caixa de fumaça na parte da frente, por onde passa a chama para o aquecimento e a produção do vapor.

Na parte superior, um conjunto de válvulas colhe o vapor e o distribui para os cilindros, onde vai acionar os êmbolos, escapando depois por um tubo Venturi dentro da caixa de fumaça para a chaminé, aumentando com isso a tiragem para manter intensa a chama na fornalha. Sendo a locomotiva equipada com superaquecedor, o vapor, ao sair da caldeira, passa por uma serpentina de tubos em contato com a chama para aumentar sua temperatura e pressão, melhorando o rendimento. A Fig. 7.10 apresenta um esquema típico de uma locomotiva a vapor.

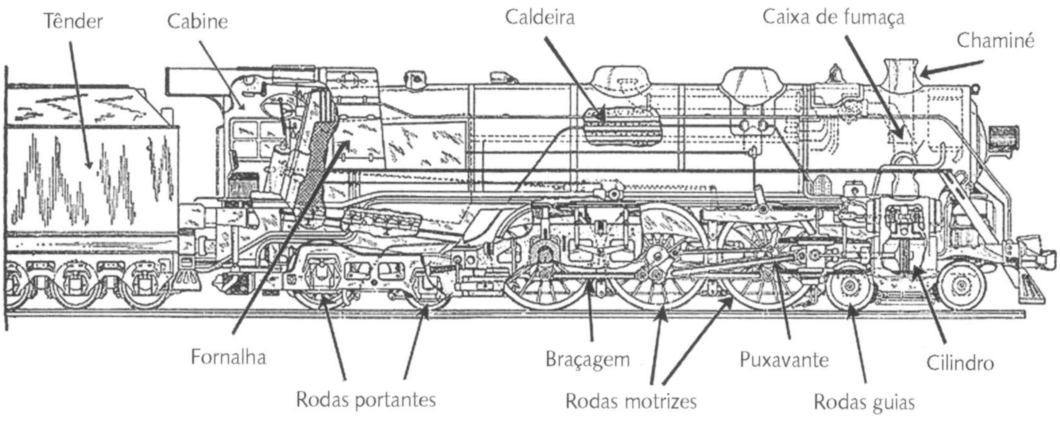

FIG. 7.10 Esquema típico de uma locomotiva a vapor

Nos Estados Unidos e na Europa, outros tipos de locomotiva a vapor também foram desenvolvidos, com a utilização de turbinas para o acionamento das rodas via engrenagens ou geradores e motores elétricos, mas acabaram sendo abandonados devido à complexidade e aos altos custos, principalmente depois do desenvolvimento das modernas locomotivas diesel.

As locomotivas a vapor são classificadas de acordo com o arranjo das rodas guias, motrizes e portantes, sendo mais comum a classificação Whyte, adotada na Inglaterra, nos Estados Unidos e também no Brasil, cujos números representam a quantidade de rodas (Quadro 7.1).

No início do século XIX, as primeiras locomotivas eram inglesas, a exemplo da Baroneza, e em pouco tempo outros fabricantes europeus entraram no mercado, seguidos pelos americanos. O arranjo das rodas era bastante simples, em função do baixo peso e das dimensões das locomotivas, mas logo os fabricantes americanos passaram a fabricar locomotivas mais adequadas às suas linhas de baixa qualidade, com dois pares de rodas motrizes e dois pares de rodas guias com articulação à frente, tornando esse tipo de locomotiva, conhecido como American, bastante popular.

Ao contrário do que se pensa, as locomotivas a vapor continuam em uso nos dias atuais, muito embora em número bem reduzido e concentradas quase exclusivamente em serviços de trens turísticos e culturais, alguns em linhas exclusivas e outros em linhas compartilhadas com o transporte comercial regular (Fig. 7.11).

Fig. 7.11 Locomotiva a vapor da "bitolinha" de 76 cm, em operação turístico-cultural entre São João del-Rei e Tiradentes, em Minas Gerais

7.5.2 Locomotivas elétricas

Durante a realização da Exposição Industrial de Berlim, em 1879, uma locomotiva elétrica circulou pela primeira vez, apresentada pelo engenheiro alemão Werner von Siemens. Rapidamente, várias ferrovias europeias e americanas adotaram a novidade, eletrificando suas principais rotas.

QUADRO 7.1 Principais rodagens de locomotiva a vapor

Esquema de rodas[1]	Classificação Whyte	Nome
oO	2-2-0	Planeta
oOo	2-2-2	Jenny Lind
ooO	4-2-0	Crampton
ooOo	4-2-2	*Single driver*
OO	0-4-0	*Four wheeled switcher*
oOO	2-4-0	*Four wheeler*
oOOo	2-4-2	Columbia
ooOO	4-4-0	American
OOoo	0-4-4	*Fourney 4-Coupled*
ooOOo	4-4-2	Atlantic
ooOOoo	4-4-4	Reading
OOO	0-6-0	Bourbonais
OOOoo	0-6-4	*Fourney 6-Coupled*
oOOO	2-6-0	Mogul
ooOOO	4-6-0	*Ten wheeler*
oOOOo	2-6-2	Prairie
oOOOoo	2-6-4	Adriatic
ooOOOo	4-6-2	Pacific
ooOOOoo	4-6-4	Hudson (ou Baltic)
OOOO	0-8-0	*Eight coupler*
oOOOO	2-8-0	Consolidation
ooOOOO	4-8-0	*Twelve wheeler*
oOOOOo	2-8-2	Mikado
ooOOOOo	4-8-2	Mountain
oOOOOoo	2-8-4	Berkshire
ooOOOOoo	4-8-4	Confederation
OOOOO	0-10-0	*Ten coupler*
oOOOOO	2-10-0	Decapod
oOOOOOo	2-10-2	Santa Fé
oOOOOOoo	2-10-4	Texas
ooOOOOOo	4-10-2	Overland
ooOOOOO	4-10-0	Mastodon
OOOOOO	0-12-0	-
oOOOOOO	2-12-0	Centipede
oOOOOOOo	2-12-2	Javanica
oOOOOOOoo	2-12-4	-
ooOOOOOO	4-12-0	-
ooOOOOOOo	4-12-2	Union Pacific
ooOOOOOOoo	4-12-4	-
OOO OOO	0-6+6-0	Mallet
OOOO OOOO	0-8+8-0	Mallet

Nota: a anotação provém do número de rodas no sistema inglês (ou de eixos no sistema continental) em cada grupo: rodas-guias, rodas motrizes e rodas portantes. É adicionado o sufixo "T" à anotação para indicar que uma locomotiva tem tanques laterais (por exemplo, 0-6-2T), ou "ST", para indicar que o tanque tem forma de sela, envolvendo a caldeira (0-6-2ST).

[1]o = rodas-guias (frente); O = rodas motrizes; O = rodas portantes (traseiras).

No Brasil, a tração elétrica foi empregada pela primeira vez pela Companhia Ferro-Carril do Jardim Botânico, em 1892, e pela E. F. do Corcovado, em 1910, ambas no Rio de Janeiro. Em 1922, iniciou-se a eletrificação da Companhia Paulista de Estradas de Ferro, e, em 1937, a da E. F. Central do Brasil, nas linhas de subúrbios no Rio de Janeiro.

Embora estendida a várias ferrovias brasileiras, a tração elétrica foi aos poucos sendo desativada devido à obsolescência dos equipamentos existentes e aos altos custos de manutenção dos equipamentos fixos, estando restrita atualmente aos sistemas de transporte metropolitano nas principais capitais.

De forma geral, as locomotivas elétricas captam a energia da rede aérea por um pantógrafo ou do terceiro trilho por uma sapata lateral, e, por meio de equipamentos de controle, os motores de tração localizados nos truques são alimentados. O mesmo princípio se aplica aos trens-unidade de passageiros utilizados nos sistemas de transporte metropolitano.

No Brasil, a maioria dos sistemas de eletrificação com rede aérea opera com corrente contínua a 3.000 V, ao passo que os sistemas de eletrificação com terceiro trilho operam com corrente contínua a 750 V. Na E. F. do Corcovado, a corrente é alternada trifásica, a 750 V. Atualmente, são utilizadas locomotivas elétricas exclusivamente no trecho de cremalheira de 8 km de extensão entre Raiz da Serra e Paranapiacaba, em São Paulo, operadas pela MRS (Fig. 7.12).

Fig. 7.12 Locomotivas elétricas de cremalheira da MRS no pátio de Raiz da Serra, em Cubatão (SP)

7.5.3 Locomotivas diesel

Embora inventados no final do século XIX, respectivamente, por Nikolaus A. Otto e Rudolph Diesel, os motores a gasolina e a diesel de início não tiveram aplicação comercial na tração ferroviária, devido principalmente a seu tamanho e peso excessivos e também pela dificuldade de transmissão do movimento e do torque às rodas.

Somente em 1925 foi apresentada pela General Electric, associada à Ingersoll-Rand, uma locomotiva diesel-elétrica de manobras efetivamente viável, fabricada para a Central of New Jersey Railroad. A partir daí, a tração diesel-elétrica se tornou um sucesso, especialmente nas ferrovias de transporte pesado de cargas dos Estados Unidos, praticamente eliminando a utilização de vapor a partir da década de 1950.

No Brasil, a primeira ferrovia a ter locomotivas diesel-elétricas foi a Viação Férrea Federal Leste Brasileiro, na Bahia, que recebeu três locomotivas com rodagem 1-B-B1 fabricadas pela English Electric, em 1938, e a primeira ferrovia a dar início efetivo à dieselização foi a E. F. Central do Brasil, a partir de 1943.

Nas locomotivas diesel-elétricas, o motor diesel aciona um gerador que produz a energia elétrica destinada aos motores de tração localizados nos truques e acoplados às rodas motrizes por engrenagens (Figs. 7.13 a 7.15). Especialmente a partir da década de 1970, passou-se a utilizar o alternador, que produz corrente alternada a ser retificada e enviada aos motores de tração de corrente contínua, sendo amplamente utilizado no Brasil desde então. Uma tecnologia mais recente é a dos motores de tração à corrente alternada, já comum em diversas ferrovias da América do Norte e mais recentemente no Brasil.

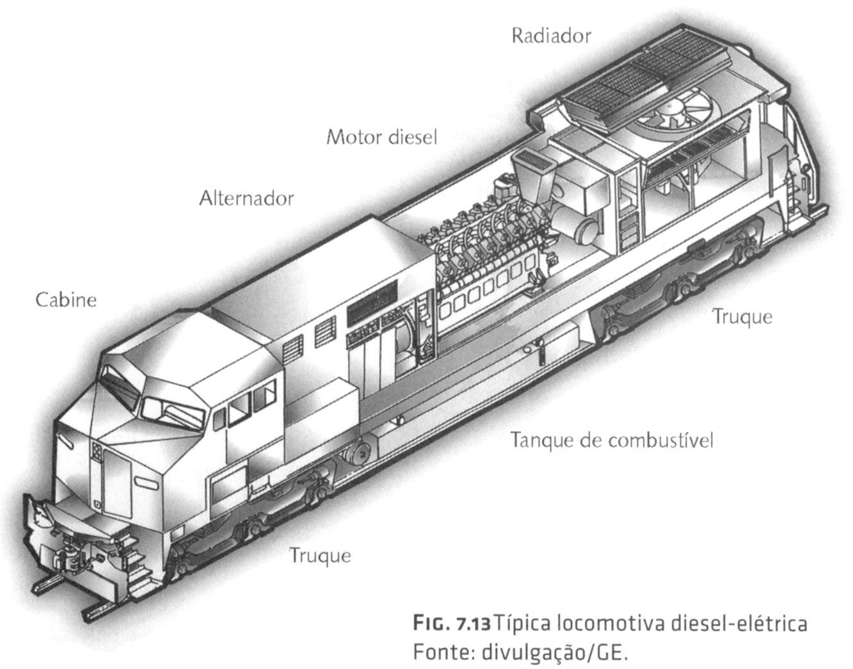

FIG. 7.13 Típica locomotiva diesel-elétrica
Fonte: divulgação/GE.

FIG. 7.14 Locomotiva GE AC44i da Rumo Logística S.A., operada pela ALL, no pátio de Paraitinga, na Praia Grande (SP)

FIG. 7.15 Locomotiva EMD SD70M, operada pela E. F. Carajás, num trem nas proximidades de São Luís (MA)

Quadro 7.2 Principais arranjos de eixos de locomotivas diesel-elétricas

Esquema de eixos[1]	Anotação
OO	B
OO OO	B-B
OoO OoO	A1A-A1A
OOO OOO	C-C
OOOO OOOO	D-D
OO OO OO OO	B+B-B+B
oOOO OOOo	1-C+C-1
ooOOO OOOoo	2-C+C-2
ooOOOO OOOOoo	2-D+D-2
OOOO OOOO	D-D

Nota: [1] **O** = eixos motores (indicados por letra); **o** = eixos livres (indicados por número).

Paralelamente foi sendo desenvolvida, na Europa, especialmente na Alemanha, a tração diesel-hidráulica, em que o motor diesel aciona um conversor de torque hidráulico acoplado aos eixos de cada truque. Principalmente entre as décadas de 1950 e 1970, existiram no Brasil vários exemplos de utilização desse tipo de locomotiva, atualmente limitado a algumas unidades de manobras em indústrias.

As locomotivas diesel-elétricas são classificadas de acordo com o arranjo dos eixos nos truques, atribuindo-se uma letra aos eixos motores e um número aos eixos livres sem acionamento para tração (Quadro 7.2). Os truques são separados por traço, quando comuns, ou por sinal de adição, quando articulados. Essa classificação também se aplica às locomotivas elétricas.

7.6 Automotrizes e trens-unidade

As automotrizes são veículos ferroviários autônomos equipados com tração e um posto de condução em pelo menos uma das extremidades, sendo utilizados principalmente no transporte de passageiros. Por sua vez, os trens-unidade formam um conjunto operacionalmente indivisível e são também equipados com tração em uma das unidades ou em todas, bem como com um posto de condução em pelo menos uma das extremidades. Em todos os casos, podem ser acoplados a outros equivalentes sob um comando único ou a outras unidades rebocadas.

As primeiras automotrizes apareceram no final do século XIX com base em veículos rodoviários, para utilização mais econômica em trechos e ramais de menor movimento, onde era inviável a operação de trens convencionais com locomotiva a vapor e um ou mais carros de passageiros.

Nos Estados Unidos, foi apresentada, em 1934, uma composição articulada de três unidades, equipada de motor diesel de 600 hp e encomendada à firma The Budd Company pela ferrovia Chicago, Burlington & Quincy Railroad. Ela foi batizada de Pioneer Zephyr e era capaz de atingir 185 km/h e percorrer centenas de quilômetros sem paradas para reabastecimento de água ou de combustível, abrindo caminho para o desenvolvimento de muitos projetos de novas automotrizes e trens-unidade.

As modernas automotrizes, em sua maioria, são movidas por um motor diesel e operam somente com um carro, podendo operar em tração múltipla com outras unidades, conhecidas por muitos como *litorinas*. Historicamente, as mais numerosas foram fabricadas em aço inoxidável pela firma americana The Budd Company, que as desenvolveu nos Estados Unidos para linhas de baixa demanda a partir do final da década de 1940.

As automotrizes Budd foram muito usadas em serviços expressos da E. F. Central do Brasil e de outras ferrovias brasileiras, e atualmente algumas de bitola métrica operam na ferrovia turística entre Curitiba e Paranaguá (Fig. 7.16), existindo alguns outros poucos exemplares preservados e utilizados em ocasiões especiais ou em serviços turísticos.

A E. F. Campos do Jordão utiliza automotrizes elétricas, como podem ser assim considerados também os antigos bondes (Fig. 7.17).

Os trens-unidade são classificados, nas ferrovias brasileiras, como TUEs ou TUDs.

Os trens-unidade elétricos (TUEs) são veículos ferroviários formados por dois ou mais carros de passageiros, movidos a eletricidade e permanentemente engatados, sendo alguns carros motores (com tração própria), e os demais, reboques, tendo como sistema de captação de energia pantógrafos em contato com a rede aérea ou sapatas em contato com o terceiro trilho.

Os TUEs utilizados nos sistemas ferroviários metropolitanos das maiores cidades brasileiras apresentam configurações diversas, sendo mais comuns os conjuntos com três carros (um motor e dois reboques) ou quatro carros (dois motores e dois reboques), sempre equipados com pantógrafos.

No caso dos TUEs utilizados nos sistemas de metrô brasileiros, as configurações são mais variadas, indo desde dois carros motores até cinco ou seis, sendo todos motores ou com alguns reboques intercalados, equipados com pantógrafos ou com sapatas para o terceiro trilho, dependendo da cidade ou da linha específica em que operam (Figs. 7.18 e 7.19).

Os trens-unidade diesel (TUDs) equivalem aos TUEs, porém com acionamento por um ou mais motores diesel, com transmissão elétrica ou hidráulica. No caso brasileiro, já existiram alguns importantes exemplos de TUD, mas entre os atualmente em operação destacam-se os trens diesel-elétricos leves fabricados pela empresa Bom

Fig. 7.16 Automotriz Budd de aço inoxidável, em serviço turístico entre Curitiba e Paranaguá, no Paraná

Fig. 7.17 Automotriz elétrica da E. F. Campos do Jordão, entre Pindamonhagaba e Campos do Jordão, em São Paulo
Foto: John A. Kirchner.

Fig. 7.18 TUE do metrô do Rio de Janeiro, formado por carros de aço inoxidável com alimentação por meio de terceiro trilho

Fig. 7.19 TUE da CPTM, em São Paulo, formado por carros de aço inoxidável com alimentação por meio de rede aérea

Fig. 7.20 TUD de fabricação da Bom Sinal, em operação pela CBTU em Maceió (AL)

Fig. 7.21 Carro de madeira preservado em operação pela Associação Brasileira de Preservação Ferroviária, em Jaguariúna (SP)

Sinal (Fig. 7.20) e os trens húngaros remanescentes do Rio Grande do Sul, que atualmente operam no metrô de superfície de Teresina (PI).

Todos os veículos leves sobre trilhos, mais conhecidos como VLTs, podem ser considerados como automotrizes ou trens-unidade, dependendo de sua configuração simples ou múltipla.

7.7 Carros de passageiros

Os carros de passageiros constituem a parcela mais nobre do material rodante rebocado, por suas evidentes características de conforto e segurança, indispensáveis à utilização pelos passageiros, sendo muitas vezes erradamente citados como vagões (Fig. 7.21).

Inicialmente, eram fabricados totalmente em madeira, sendo, ao longo dos anos, adotados carros com estrado de aço e caixa de madeira, e em seguida aqueles totalmente metálicos, podendo ser em aço-carbono, aço inoxidável ou, em alguns casos, alumínio (Figs. 7.22 e 7.23).

Para os serviços de longo percurso, de forma geral, os carros são classificados de acordo com suas características internas de acomodação, como carros-poltrona de primeira ou segunda classe, carros-restaurante, carros-lanchonete, carros-dormitório com cabines, carros-dormitório com poltronas e carros-leito. Alguns são adaptados de um tipo para outro e também há os carros especiais para uso administrativo, como inspeção de trecho, transporte de valores, de bagagens e de correspondência, atendimento médico, entre outros.

Para os serviços de transporte metropolitano, de pequeno percurso, os carros de passageiros têm características específicas para cada local e serviço, em geral com assentos fixos e simples e equipados com várias portas para facilitar o embarque e o desembarque rápido dos passageiros (Fig. 7.24).

Fig. 7.22 Carro de passageiros de aço-carbono operado pela E. F. Vitória a Minas

Fig. 7.23 Carro de administração Budd de aço inoxidável utilizado pela MRS em São Paulo

FIG. 7.24 Carro de aço-carbono utilizado em serviço de subúrbio pela SuperVia, no Rio de Janeiro

Os trens-unidade são também formados por carros tanto motores quanto reboques, no entanto operando permanentemente engatados entre si.

7.8 Vagões

Os vagões constituem a parte do material rodante rebocado destinada ao transporte das cargas, sendo diferenciados pelo serviço específico, pelas condições funcionais ou pelos dispositivos de carga e descarga em terminais desse tipo.

De forma geral, podem ser classificados em vários tipos básicos, cada um subdividido em subtipos de acordo com suas características específicas.

Ao longo dos anos, muitos tipos e subtipos deixaram de ser utilizados devido aos avanços tecnológicos e às mudanças de perfil das cargas transportadas, podendo-se citar como exemplo mais significativo os vagões-gaiola para o transporte de gado em pé, atualmente banidos de todas as ferrovias no Brasil.

No entanto, outros subtipos surgiram, destinados a novos transportes especializados, podendo-se citar o caso dos vagões fechados com cobertura telescópica, destinados a cargas paletizadas, como celulose, cimento ensacado e produtos siderúrgicos.

A seguir são indicados os tipos básicos de vagões, lembrando que também são utilizados vagões adaptados de um tipo para outro, bem como outros antigos ou novos especiais para o transporte de materiais e equipamentos em uso interno não remunerado pelas ferrovias, especialmente no caso de materiais para manutenção da via permanente.

7.8.1 Vagões fechados

São os mais antigos e tradicionais vagões, utilizados desde o início das ferrovias para o transporte de todos os tipos de carga, especialmente as ensacadas. De forma geral, são providos de portas laterais corrediças, os mais antigos em madeira e os mais modernos em aço, existindo alguns com dispositivos internos especiais para a fixação das cargas e outros equipamentos específicos para carga e descarga, inclusive escotilhas. Geralmente, sua quantidade tende a decrescer em relação aos vagões mais especializados (Figs. 7.25 a 7.27).

Fig. 7.25 Vagão fechado convencional utilizado pela MRS

Fig. 7.26 Vagão fechado tipo *all door* utilizado pela ALL

Fig. 7.27 Vagão fechado telescópico utilizado pela ALL

Fig. 7.28 Vagão-gaiola da E. F. Madeira Mamoré preservado em Porto Velho (RO)

7.8.2 Vagões-gaiola

Utilizados originalmente para o transporte de animais vivos, atualmente restam poucos exemplares em operação, utilizados de forma improvisada para outros transportes, como de tijolos e dormentes (Fig. 7.28).

7.8.3 Vagões-gôndola

Diferem dos vagões fechados por não possuírem cobertura, sendo adequados ao transporte de cargas em granel sólidas que podem ficar expostas ao tempo, como minérios, minerais, carvão e produtos siderúrgicos. Possuem diversos subtipos, especialmente no que se refere aos sistemas de descarga, podendo ter o fundo horizontal fixo, móvel ou inclinado, conhecido como lombo de camelo, para facilitar a descarga lateral por gravidade (Figs. 7.29 a 7.32).

7.8.4 Vagões-plataforma

Tal como os fechados, os vagões-plataforma são um dos mais antigos tipos nas ferrovias, sendo destinados às cargas pesadas e de grandes volumes que apresentam dificuldades de carregamento e acondicionamento, como contêineres, grandes caixas, blocos de granito, chapas e perfis laminados siderúrgicos, veículos, equipamentos e toras de madeira (Figs. 7.33 e 7.34).

FIG. 7.29 Vagão-gôndola de borda fixa utilizado pela MRS para transporte de sucata

FIG. 7.30 Vagão-gôndola de descarga em *car-dumper* utilizado pela MRS para transporte de minério

FIG. 7.31 Vagão-gôndola de descarga lateral com fundo em "lombo de camelo", utilizado pela MRS para transporte de areia

FIG. 7.32 Vagão-gôndola de madeira de descarga lateral, com fundo em lombo de camelo, utilizado pela FTC para transporte de carvão

FIG. 7.33 Vagão-plataforma convencional da FCA para transporte de produtos siderúrgicos

FIG. 7.34 Vagão-plataforma da MRS especial para transporte de bobinas de aço

7.8.5 Vagões *hopper*

Vagões destinados ao transporte de granéis sólidos, sendo seu nome derivado da palavra inglesa que significa funil, uma vez que facilita a descarga pelo fundo inclinado, por ação da gravidade, através das tremonhas. A depender do tipo de carga, podem ser abertos ou fechados, possuindo neste caso escotilhas no teto para o carregamento. Alguns vagões *hopper* têm a caixa em forma de tanque, numa conformação própria para facilitar o escoamento da carga (Figs. 7.35 a 7.37).

Fig. 7.35 Vagão *hopper* aberto da MRS para transporte de minério

Fig. 7.36 Vagão *hopper* fechado da ALL para transporte de grãos

Fig. 7.37 Vagão *hopper* fechado, tanque da Transnordestina Logística

Fig. 7.38 Vagão-tanque convencional da E. F. Carajás

7.8.6 Vagões-tanque

Destinados ao transporte de granéis líquidos, como derivados de petróleo, álcool, produtos químicos e mesmo água, existindo alguns específicos para o transporte de gases sob pressão e outros para o transporte de produtos escuros, equipados com serpentinas internas para o aquecimento de líquidos muito viscosos, como óleo combustível (Figs. 7.38 e 7.39). Também há vagões-tanque destinados ao transporte de cargas em pó, como cimento, que para serem descarregados necessitam da insuflação de ar comprimido por tubulação especial, devido ao adensamento da carga durante a viagem (Fig. 7.40).

7.8.7 Vagões isotérmicos

Destinados originalmente ao transporte de produtos sob condições especiais de temperatura, como carnes, sendo equipados ou não com dispositivos mecânicos de resfriamento acionados por motores diesel ou elétricos. Atualmente, não são mais utilizados, devido à existência de contêineres isotérmicos com e sem refrigeração, mais eficientes.

FIG. 7.39 Vagão-tanque da FCA para transporte de produtos escuros

7.8.8 Vagões caboose

Os vagões caboose, ou simplesmente cabooses, também conhecidos por outros nomes, como carros-breque e mesmo *brake-vans*, são raros atualmente, sendo utilizados em alguns trens com cargas especiais, de serviço ou para viagens especiais de inspeção. Antigamente, eram utilizados em praticamente todos os trens de carga, engatados na cauda, nos quais um guarda-freios vigiava os demais vagões em movimento na viagem, podendo acionar um freio de emergência em caso de eventual acidente. Alguns cabooses eram equipados com uma cúpula no teto, para facilitar a visão dos guarda-freios sobre os demais vagões (Fig. 7.41).

FIG. 7.40 Vagão-tanque para transporte de cimento a granel da Tupi operado pela MRS

FIG. 7.41 Vagão caboose da E. F. Vitória a Minas

7.8.9 Vagões especiais

Nesse grupo, são incluídos praticamente todos e quaisquer vagões com características diferentes dos mais comuns já citados, destacando-se aqueles para a utilização em serviço siderúrgico, dentro das usinas, para serviços especializados de via permanente, para o transporte de contêineres empilhados do tipo *double-stack*, para cargas de grandes dimensões, entre outros (Fig. 7.42).

FIG. 7.42 Vagão especial para transporte de escória da Companhia Siderúrgica Nacional, em Volta Redonda (RJ)

7.9 Guindastes

Os guindastes são equipamentos utilizados para a elevação e a movimentação de cargas e materiais pesados, usando o princípio da Física em que uma ou mais máquinas simples criam vantagem mecânica para mover cargas além da capacidade humana. São empregados em serviços de construção, montagem e desmontagem e carga e descarga de mercadorias, bem como em trens de socorro para atendimento a acidentes, sendo estes normalmente os de maior porte e capacidade.

No caso presente, são considerados os guindastes montados sobre estrado ferroviário, pois o rápido desenvolvimento das ferrovias trouxe também novos tipos de acidente, com consequências muito mais graves. Na medida em que se buscavam velocidades cada vez maiores, um mero descarrilamento podia projetar uma locomotiva muitos metros além da linha, geralmente em locais de onde seria necessário puxá-la de alguma forma até o leito da linha, por onde seria levada para reparos.

Algumas ferrovias já destacavam guindastes para esses serviços desde 1850, porém ainda de maneira desorganizada. Os trens de socorro propriamente ditos apareceram logo depois, quando algumas ferrovias passaram a integrar todo o material necessário à desobstrução da linha e à remoção de destroços num único trem especial, sempre pronto para partir em qualquer emergência.

O mecanismo de força dos guindastes era inicialmente manual, e, posteriormente, a vapor ou diesel. Guindastes manuais parecem hoje um anacronismo, mas foram a opção mais barata para muitas ferrovias até quase o início do século XX. No Brasil, a antiga São Paulo Railway (SPR), por exemplo, adquiriu em 1901 um guindaste manual de socorro para 20 t. Guindastes a vapor foram fabricados regularmente até o final dos anos 1940, quando passaram a predominar os modelos com motores diesel (Fig. 7.43).

Fig. 7.43 Guindaste diesel Orton utilizado pela MRS em serviços de socorro e de engenharia

7.10 Máquinas de manutenção e autos de linha

As máquinas de manutenção e os autos de linha são veículos especiais que podem ou não seguir os padrões regulares de material rodante, sendo cada um destinado a utilizações específicas.

Nesse grupo, destacam-se as máquinas destinadas à correção geométrica da via permanente (socadoras niveladoras alinhadoras, reguladoras de lastro, desguarnecedoras de lastro, entre outras) e à manutenção da rede aérea eletrificada (Fig. 7.44).

São comuns também os autos de linha, de menor porte, destinados ao transporte de pessoal, materiais e ferramentas de manutenção e aos serviços de inspeção e medição das condições técnicas da via, como os carros-controle (Figs. 7.45 e 7.46).

7.11 Os projetos de material rodante e seus principais componentes

FIG. 7.44 Socadora niveladora alinhadora Plasser 07-32 utilizada pela E. F. Vitória a Minas

Tornando-se comuns na segunda metade do século XIX, os carros de passageiros e os vagões de carga do tipo americano, equipados com truques de dois eixos, logo demonstraram sua eficiência e economia sobre todas as demais alternativas desenvolvidas, especialmente no caso de linhas de baixa qualidade.

Da mesma forma, tornou-se padrão desde o início da ferrovia o uso de rodas rigidamente fixadas a um eixo, em contraste com a prática anterior das carruagens puxadas por cavalos, em que as rodas giravam de maneira independente num eixo estacionário.

FIG. 7.45 Autos de linha de inspeção utilizados pela E. F. Vitória a Minas

Os projetistas de material rodante sempre se defrontaram com dois objetivos conflitantes: por um lado, a especialização dos veículos visando a um transporte o mais econômico e o mais eficiente possíveis, e, por outro, o máximo possível de padronização com uma variedade mínima de soluções, visando à economia de fabricação e manutenção. Isso resultou na criação, em 1873, nos Estados Unidos, da Master Car Builders (MCB), uma das cinco formadoras da futura AAR.

FIG. 7.46 Carro-controle Plasser EM80 utilizado nas linhas de subúrbios do Rio de Janeiro

Desde então, a intercambiabilidade passou a ser um item de máxima importância com relação ao material rodante, permitindo que qualquer veículo viaje engatado a qualquer outro, numa ou noutra estrada de ferro, e que as peças sujeitas a desgaste ou avaria de um veículo se reduzam ao mínimo, para serem reparadas ou substituídas em qualquer local da rede ferroviária, não importa em qual empresa ferroviária se esteja.

Os objetivos foram alcançados, e mesmo os carros e vagões utilizados em serviço cativo em uma ferrovia, não sujeitos a intercâmbio, têm seus principais componentes fabricados segundo esses mesmos princípios de padronização, segundo as normas, já que os custos de desenvolvimento e fabricação fora do padrão superam outras possíveis vantagens.

A partir da década de 1980, os projetos de material rodante alcançaram um novo padrão tecnológico, com a plena utilização dos recursos da informática. Desde então, métodos de análise de elementos finitos e programas específicos de cálculo de tensões e de dinâmica dos veículos se tornaram rotina.

Por muitos anos, praticamente as únicas especificações para projeto e fabricação de veículos ferroviários, no caso de material rodante seguindo a corrente tecnológica americana, como no caso brasileiro, eram aquelas descritas pela Divisão de Mecânica da AAR.

Mas, como as solicitações de carregamento e de velocidade têm aumentado continuamente, maior atenção passou a ser dada às características estruturais dos veículos, de tal modo que atualmente somente as seções da estrutura principal e os mais importantes componentes intercambiáveis são sujeitos às especificações da AAR, ficando os demais aspectos do projeto por conta de cálculos e estudos especializados.

As técnicas de projeto eram anteriormente baseados em cálculos estáticos e na aplicação de coeficientes de segurança, mas as solicitações modernas levaram à introdução dos cálculos dinâmicos, determinando com máxima aproximação as forças que efetivamente atuam em cada componente.

Os limites máximos de tensões e os critérios mínimos de projeto são especificados pela AAR, assim como as dimensões que atendem aos requisitos de intercambiabilidade do material rodante. Da mesma maneira, os veículos projetados e fabricados para as ferrovias que seguem a corrente tecnológica europeia têm todas as suas especificações definidas pela UIC.

O material mais utilizado em toda a estrutura e nos componentes é o aço, sendo cada vez mais comum a utilização de ligas especiais com maior resistência às tensões e à corrosão, o que resulta em ganho de peso dos veículos, especialmente no caso dos vagões, com melhor aproveitamento para carga útil (Fig. 7.47).

No caso dos carros de passageiros, tanto de longo percurso quanto para serviços metropolitanos, a tendência é de utilização cada vez maior do aço inoxidável, o que também resulta em ganho de peso e resistência à corrosão, gerando, portanto, economia de custos de manutenção.

Outro material com uso crescente tem sido o alumínio, que possibilita a fabricação de carros e vagões mais leves para utilizações específicas, como VLTs e vagões-gôndola e *hopper*, muito comuns nos Estados Unidos para o transporte de carvão e grãos, sendo utilizados inclusive em viradores ou *car-dumpers* (Fig. 7.48). No entanto, no Brasil, os vagões de alumínio não têm grande aceitação, devido à logística de manutenção nas ferrovias, especializada na utilização do aço, incluindo materiais de reposição, ferramental e pessoal qualificado.

Fig. 7.47 Antigo vagão de carga com estrado de aço e caixa de madeira, já desativado pela Transnordestina Logística

Fig. 7.48 Moderno vagão *hopper* com estrado de aço e caixa de alumínio utilizado pela ALL para transporte de grãos

Como principais componentes do material rodante, podem ser destacados os eixos e as rodas, que formam os rodeiros, os truques, os engates e os sistemas de freio.

7.11.1 Eixos, rodas e rodeiros

Praticamente todos os veículos ferroviários se apoiam em rodeiros, tornados padrão desde o início da ferrovia e formados por rodas rigidamente fixadas a um eixo (Figs. 7.49 e 7.50). Uma das principais características dos rodeiros é a bitola, definida pela distância entre as rodas, sendo as mais usadas no Brasil a bitola métrica (1.000 mm) e a bitola larga (1.600 mm), adotando-se, nos demais detalhes, as normas americanas da AAR.

Os eixos ferroviários são forjados conforme as normas da AAR (ou da UIC, se for o caso), passando a seguir por diversos tratamentos térmicos, testes físicos e metalográficos, serra, torneamento, retífica e inspeção final de qualidade. São divididos em vários tipos ou graus, conforme o tipo de tratamento térmico e a faixa de carbono do aço, sendo suas dimensões padronizadas pelas normas da AAR, com uma diferença apenas na distância entre os centros das mangas devido às bitolas adotadas no Brasil, e então designados em função das dimensões das mangas (extremidades onde se apoiam os mancais), de acordo com a carga máxima a ser suportada em serviço.

As rodas ferroviárias são fabricadas em aço, podendo ser forjadas ou fundidas segundo as normas internacionais de fabricação, especialmente AAR e UIC. Originalmente, as rodas eram fabricadas em ferro fundido, mas, devido aos riscos de fratura em serviço, foram retiradas de uso regular.

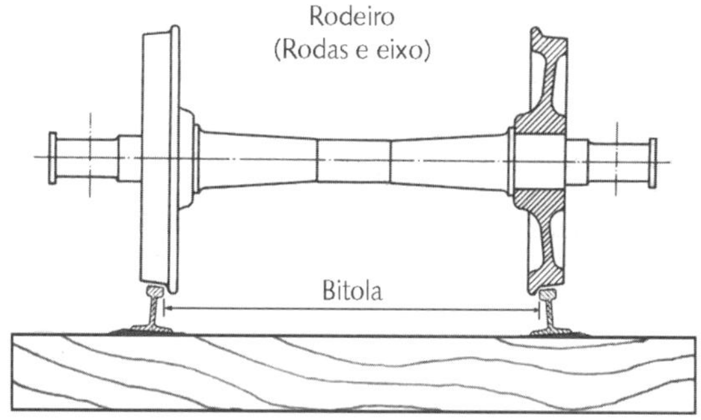

FIG. 7.49 Esquema típico de um rodeiro, formado por um eixo e duas rodas rigidamente fixadas

Conforme as normas da AAR, as rodas são classificadas segundo sua utilização em carros, vagões e locomotivas e segundo as condições de frenagem e velocidade a que estarão submetidas, variando também de diâmetro, normalmente de 28" a 42".

No Brasil, são muito comuns as rodas de 29 ¼" de diâmetro nos vagões de bitola métrica originários da RFFSA e de 30" nos demais vagões de bitola métrica, com peso bruto de até 80 t, utilizando-se rodas de 33" nos vagões com peso bruto de até 100 t a partir da década de 1960, quando a E. F. Vitória a Minas iniciou a utilização dos novos vagões-gôndola MI, atuais GDE.

Na bitola larga, são comuns, há décadas, as rodas de 33" nos vagões de até 100 t, e com a introdução dos vagões de bitola larga de 30 t/eixo, na década de 1970, passaram-se a utilizar em larga escala as rodas de 36". Os mais recentes vagões de minério de bitola larga com 36 a 37,5 t/eixo utilizam rodas de 38".

FIG. 7.50 Rodeiros sobressalentes em uma oficina de vagões

A maioria das locomotivas utiliza rodas de 40", mas as novas locomotivas de corrente alternada utilizam rodas de 42" ou 44", dependendo do modelo.

Para montagem dos rodeiros, as duas rodas são fixadas simultaneamente no eixo por interferência a frio em prensas especiais, de modo que os frisos fiquem do lado de dentro dos trilhos, devendo ter exatamente o mesmo diâmetro e ficar rigorosamente perpendiculares ao eixo.

No caso dos rodeiros de locomotivas, trens-unidade e automotrizes, são fixadas por interferência na parte interna, em processo similar ao das rodas, as engrenagens que recebem o torque dos motores elétricos ou hidráulicos para movimentação. Utilizando-se freio a disco, dependendo do tipo de truque, são fixados por interferência ou por parafusos os discos sobre os quais atuam as pastilhas.

Os rodeiros sustentam os truques através dos mancais, normalmente instalados em suas extremidades, mas em alguns tipos especiais de truques estão localizados na parte interna entre as rodas.

Originalmente, todos os mancais eram de fricção, com as mangas (extremidades) dos eixos girando em contato com uma peça em forma de meia-cana feita em bronze revestido ou não com capa de metal branco ou antifricção (Fig. 7.51). Todo o conjunto era encerrado dentro de uma caixa com uma abertura frontal para inspeção e manutenção e que continha uma almofada feita de fibra vegetal saturada com óleo lubrificante.

Devido às dificuldades de inspeção em viagem e à ineficiência dos sistemas de lubrificação, eram comuns as ocorrências de mancais superaquecidos, o que gerava graves acidentes por quebra de eixo. Por essa razão, essas caixas eram conhecidas por muitos como *caixas quentes*.

Fig. 7.51 Caixa de mancal de fricção em um vagão preservado pela Associação Brasileira de Preservação Ferroviária (ABPF)

Como solução, no início dos anos 1960 os mancais de rolamentos foram aperfeiçoados para adaptação nos vagões de carga, já então utilizados como padrão nos carros de passageiros e locomotivas há alguns anos, a ponto de nos Estados Unidos se tornarem obrigatórios em todos os vagões fabricados a partir de 1963, e pouco tempo depois, obrigatórios em todos os veículos destinados a operar em intercâmbio entre ferrovias. No Brasil, o processo foi mais lento, mas atualmente todos os vagões são fabricados com mancais de rolamentos.

Para adptar as de mancal, foram desenvolvidos rolamentos com dimensões que se alojavam nas mesmas caixas, apenas exigindo-se uma pequena redução do diâmetro por torneamento das mangas dos eixos. Daí surgiram os chamados rolamentos de cartucho, devidamente selados para manter intacto o lubrificante por vários anos entre inspeções e impedir a entrada de poeira, que poderia provocar graves danos (Fig. 7.52).

Fig. 7.52 Detalhe de um típico rolamento de cartucho

O passo seguinte foi a fabricação de truques sem as caixas de mancais, substituídas por colunas ou pedestais para alojar diretamente os rolamentos, sendo os de rolos autocompensadores alojados em caixas de graxacomuns, muito muito utilizados nas ferrovias europeias, apesar de mais caros, e os de cartucho comuns desde o início nas ferrovias americanas.

Fig. 7.53 Montagem de um rolamento de cartucho

Fig. 7.54 Montagem de um rolamento com caixa de graxa

No Brasil, foram utilizados por anos, na maioria dos casos, os rolamentos de cartucho para os truques antigos, em substituição aos mancais de fricção, e os rolamentos de caixa de graxa para os truques novos de pedestal (Figs. 7.53 e 7.54). Recentemente, após o processo de privatização, adotaram-se quase por completo os rolamentos de cartucho, estando os de caixa de graxa em processo de extinção, à medida que sua vida útil em serviço se esgota.

No caso das locomotivas e dos carros de passageiros, incluindo os trens-unidade, sempre houve muita variedade, devido aos mais diferentes projetos, mas nota-se claramente uma tendência crescente do uso dos rolamentos de cartucho, como nos vagões.

Ainda hoje, existe o perigo de ocorrência de mancais superaquecidos, pela possível avaria nos rolamentos, embora com menos frequência do que no tempo dos mancais de fricção. Suas consequências são ainda mais graves, devido ao maior peso e quantidade de vagões e à maior velocidade, daí a importância de inspeção constante e a instalação de dispositivos eletrônicos de detecção térmica ao longo do trecho, conhecidos como *detetores de caixa quente*, em alusão à nomenclatura antiga dos velhos mancais, ou *hotbox detectors*, em inglês.

7.11.2 Truques

Utilizados pelas ferrovias americanas desde o século XIX, os truques de dois eixos e quatro rodas se tornaram praticamente padrão para os carros de passageiros e vagões de carga, possibilitando um eficiente projeto de estrutura dos veículos a partir de uma longarina central.

Os truques mais antigos, amplamente utilizados por décadas, eram do tipo *arch-bar*, constituídos de barras de aço e, por isso, muito conhecidos como *truques de barras*, entre outros apelidos (Fig. 7.55). Possuíam duas estruturas laterais, formadas por barras de aço chato, que prendiam as caixas de mancal, com a travessa central se apoiando sobre molas helicoidais e um prato do pião ao centro para sustentar o vagão, junto com dois apoios laterais, chamados de ampara-balanço. Por exigirem muita manutenção, com as barras se partindo e os parafusos se afrouxando, entraram em desuso.

No início do século XX, apareceram os truques integrais com componentes fundidos, especialmente as laterais já incluindo as caixas de mancal, com maior resistência, até que, em 1931, surgiram os truques *self-aligning*, com um aperfeiçoamento no

Fig. 7.55 Exemplo de truque de barras fabricado na Inglaterra para a E. F. Leopoldina
Fonte: acervo da RFFSA.

Fig. 7.56 Exemplo de truque integral *self-aligning* num vagão de serviço da CPTM, em São Paulo

Fig. 7.57 Exemplo de truque integral de pedestal num vagão-plataforma da MRS

encaixe da lateral com a travessa que permitia pequenos movimentos da lateral em relação à travessa ao realizar curvas, melhorando a inscrição ao sair das curvas e reduzindo os esforços e desgastes (Fig. 7.56).

Com o aumento das cargas por eixo e das velocidades, tornou-se necessário amortecer os movimentos oscilatórios. Surgiram então os truques modernos, o padrão segundo as normas da AAR, com sistemas de amortecedores de vibração conhecidos como cunhas de fricção, sendo bastante conhecidos os truques *ride-control*, muito utilizados no Brasil.

A partir da década de 1960, com a plena introdução dos mancais de rolamentos em substituição aos de fricção, os truques AAR passaram a ser fabricados com pedestais em vez de caixas de mancal, assumindo a forma estética atual, embora os aperfeiçoamentos técnicos continuem a ocorrer, especialmente quanto aos sistemas de amortecedores e ao comportamento com relação à inscrição em curvas (Fig. 7.57).

Uma das vantagens dos truques de carga AAR atuais, mesmo que não sejam ideais para alta velocidade, é a facilidade de desmontagem para a substituição dos rodeiros e dos principais componentes de desgaste, para isso, bastando basicamente soltar algumas poucas travas e levantar o conjunto.

Em paralelo com os truques de carga AAR já consagrados, algumas alternativas têm surgido, destacando-se, por exemplo, os truques com as laterais e a travessa em chapas e perfis soldados e os truques THW desenvolvidos pela empresa Hewitt, de Hortolândia (SP), fabricados em chapa e com sistemas de suspensão baseados nos truques europeus de carga.

No caso dos carros de passageiros, as exigências quanto à absorção de choques e vibrações são ainda maiores, para proporcionar o maior conforto e a maior segurança possíveis aos passageiros no interior dos carros a qualquer velocidade, mesmo em condições desfavoráveis, como trilhos desalinhados e desnivelados.

Os truques convencionais para carros de passageiros, que inicialmente eram de madeira, evoluíram para os de aço em barras laminadas ou fundido, equipados com pedestais, barras de equalização e suspensão bem mais suave, a fim de permitir uma viagem mais confortável. Posteriormente, evoluiu-se para a utilização de dispositivos com bolsas de ar e vários outros recursos, com grande variedade atual de modelos e soluções tecnológicas tanto para longos percursos quanto para transporte metropolitano.

A Fig. 7.58 apresenta um truque com suspensão pneumática para carro de passageiros.

Os truques de locomotivas também evoluíram tecnologicamente, gerando grande variedade de modelos que visam especialmente à melhoria das condições de aderência para o aumento do esforço de tração, no transporte de cargas, e da velocidade e estabilidade, no transporte de passageiros. As Figs. 7.59 a 7.61 apresentam alguns truques de locomotivas.

FIG. 7.58 Moderno truque com suspensão pneumática num TUE da CPTM, em São Paulo

FIG. 7.59 Truque Flexicoil de dois eixos numa locomotiva EMD GP18 da ALL

Fig. 7.60 Truque *hi-ad* de fabricação da GE numa locomotiva AC44i da MRS

Fig. 7.61 Truque HSTC2 de fabricação da EMD numa locomotiva SD70M da E. F. Carajás

7.11.3 Engates

Como nos demais países, as primeiras ferrovias brasileiras utilizavam diferentes sistemas de engate, desde o típico sistema europeu de gancho e para-choques europeus, no caso da bitola larga, até o de pino e manilha, no caso das bitolas estreitas diversas.

Essa era também a situação nos Estados Unidos, até que, em 1893, o Congresso aprovou o Federal Safety Appliance Act, que exigia que todas as ferrovias do país adotassem equipamentos automáticos que dispensassem os manobradores de entrar entre os veículos durante o engate e o desengate. A lei provocou inúmeras invenções e projetos, tendo prevalecido a invenção do major Eli H. Janney, patenteada em 1873.

Depois de muitos aperfeiçoamentos, em 1916 a Master Car Builders (MCB), uma das cinco formadoras da futura AAR, adotou o tipo D, que pela primeira vez teria todas as peças produzidas por todos os fabricantes completamente intercambiáveis, sendo substituído como padrão em 1932 pelo tipo E, utilizado até os dias atuais, embora acompanhado de novos tipos alternativos para aplicações específicas (Fig. 7.62).

A primeira ferrovia brasileira de que se tem notícia de ter adotado os engates automáticos foi a E. F. Central do Brasil, por volta da década de 1930, sendo seguida aos poucos pelas demais, tendo esse processo terminado somente nas décadas de 1950 e 1960, graças a um esforço final de padronização da Rede Ferroviária Federal S.A. (RFFSA).

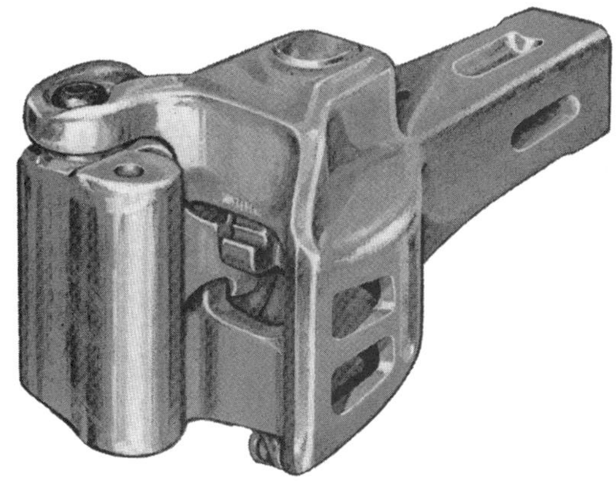

FIG. 7.62 Engate do tipo E

Atualmente, no Brasil, só não utilizam engates automáticos alguns trens turísticos e culturais isolados em trechos de pequena extensão, como os trens da "bitolinha" de 76 cm entre São João del-Rei e Tiradentes.

Como os engates do tipo E deixam livre o movimento relativo na direção vertical, podendo inclusive ocorrer com o trem em movimento, foi desenvolvido o tipo H, conhecido como *tightlock* (Fig. 7.63). Suas superfícies de contato eram usinadas para diminuir a folga e destinava-se a equipar os carros de passageiros, tendo sido adotado como padrão alternativo pela AAR em 1937, como padrão de norma em 1947 e, finalmente, como tipo obrigatório para todos os carros de passageiros fabricados a partir de 1956 nos Estados Unidos, visando aumentar a segurança em caso de acidentes ao restringir o efeito "canivete" e evitar engavetamento entre os carros.

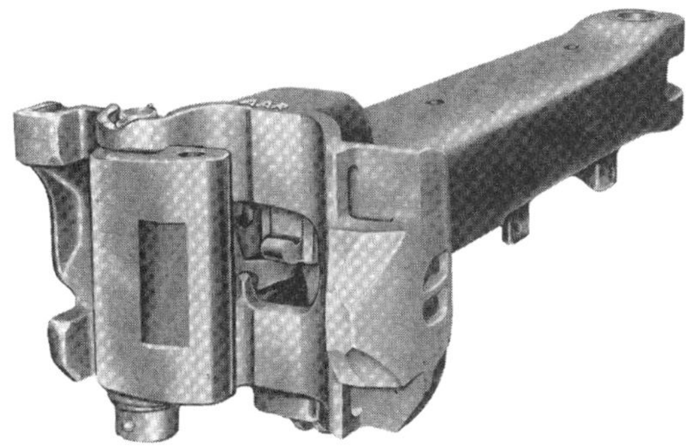

FIG. 7.63 Engate do tipo H, conhecido como *tightlock*

Em 1947, iniciaram-se os testes com os engates do tipo F, conhecidos como *interlocking*, destinados aos serviços de carga e com algumas características semelhantes às do tipo H, como a capacidade de restringir o efeito "canivete" e evitar engavetamento entre os vagões. O tipo F passou a ser adotado como padrão alternativo pela AAR em 1954 para uso em vagões de carga, inclusive daqueles de carga expressa integrantes de trens de passageiros (Fig. 7.64).

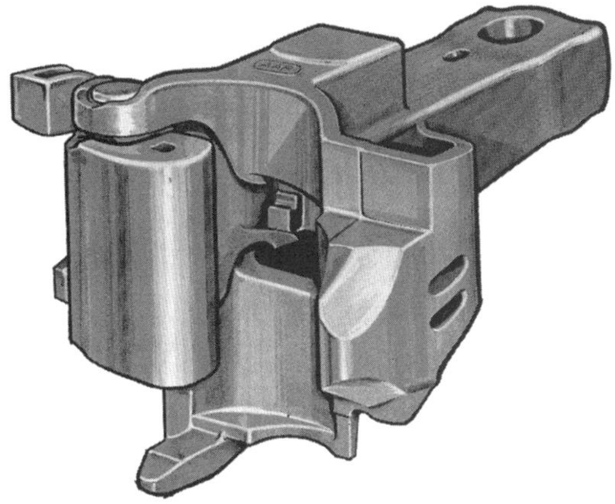

FIG. 7.64 Engate do tipo F, conhecido como *interlocking*

Os engates do tipo F são muito utilizados também em vagões-gôndola destinados a trens unitários com descarga em viradores ou *car-dumpers*, em que são girados quase 180° em relação ao eixo dos engates, devendo, para isso, ser equipados com haste rotativa especial em uma das extremidades (Fig. 7.65).

Como em geral esses vagões raramente são desengatados entre si, costumam-se utilizar alternadamente engates normais do tipo F (sendo sempre um deles rotativo e

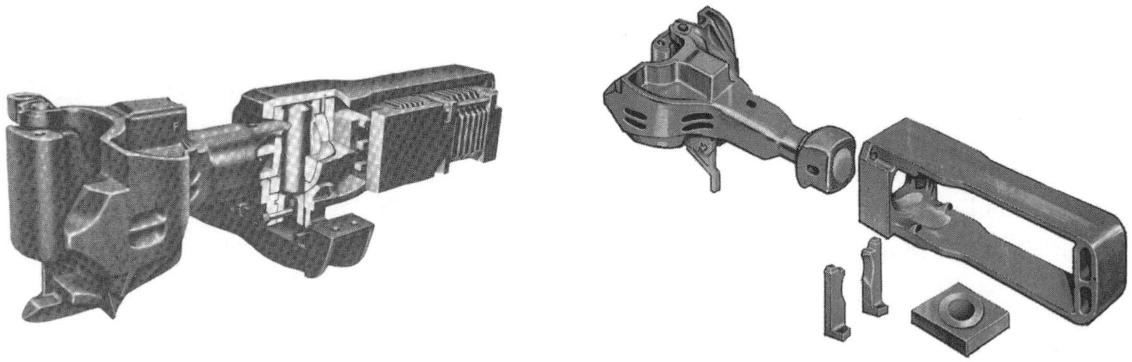

Fig. 7.65 Montagem típica do engate do tipo F com haste rotativa no aparelho de choque e tração, para utilização em *car-dumpers*

o outro normal) e uma barra de tração, sendo constituídos, assim, grupos de vagões geminados permanentemente engatados (Fig. 7.66).

Adotado pela AAR como padrão alternativo de serviço de passageiros em 1956, o tipo CS (*controlled slack*), isto é, com folga controlada, incorporou as características de segurança dos engates de tipo H, sem a necessidade de usinagem dispendiosa de seu contorno, embora com a utilização de placas e pinos móveis especiais e com todas as demais peças de funcionamento interno dos engates de tipo E (Fig. 7.67).

Diversas investigações de acidentes com vagões-tanque de cargas perigosas e testes práticos desenvolvidos pela AAR e pelo Departamento de Transportes dos Estados Unidos resultaram no desenvolvimento dos engates com dupla proteção, ou *double shelf*, para os tipos E e F, que se tornaram obrigatórios em vários tipos de vagão-tanque a partir de 1977 (Figs. 7.68 e 7.69). Com essa proteção, reduziu-se o potencial de destruição quando os vagões descarrilam, pois são mantidos ainda engatados e alinhados, evitando o vazamento da carga.

Fig. 7.66 Barra de tração utilizada entre duas gôndolas geminadas da MRS

Os engates automáticos AAR, apesar do nome, não são totalmente automáticos. Após o acoplamento, um manobreiro ainda deve entrar entre os veículos para ligar as mangueiras de ar, abrir as torneiras do sistema de freios, e, antes do desacoplamento, deve fechar as mesmas torneiras, deixando então que as mangueiras se soltem automaticamente no "estouro" ou "tiro".

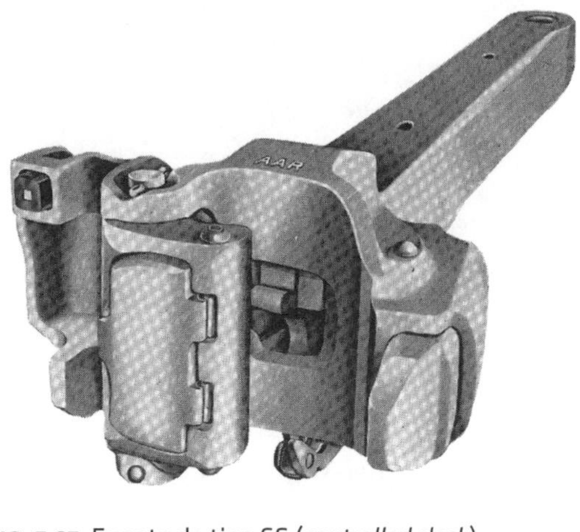

Fig. 7.67 Engate de tipo CS (*controlled slack*)

Engates totalmente automáticos, acoplando simultaneamente os comandos pneumáticos e elétricos, tornaram-se comuns em sistemas cativos de transporte metropolitano, como metrôs e veículos leves sobre trilhos ou bondes, com praticamente um único tipo de veículo a ser engatado. Assim, surgiu uma grande quantidade de fabricantes, cada um oferecendo infinitas opções para atender às necessidades de cada cliente. No entanto, se cada um cria seu próprio padrão, perde-se completamente o sentido da padronização e todos se tornam incompatíveis entre si.

Com o tempo, a utilização dos sistemas de engates expandiu-se para os sistemas ferroviários de transporte de passageiros de longa e curta distância, convivendo com os engates padrão AAR, o que acarretou problemas de incompatibilidade operacional entre diferentes séries de trens e locomotivas e exigiu a utilização de adaptadores manuais nem sempre práticos (Figs. 7.70 e 7.71).

Como os engates dos tipos H e CS utilizados no transporte de passageiros restringem os movimentos verticais relativos, basta equipá-los com as conexões de comandos pneumáticos e elétrico compatíveis para torná-los totalmente automáticos e ainda permitir que sejam compatíveis com os demais engates, a exemplo de alguns trens britânicos atuais.

Os aparelhos de choque e tração, como elementos de ligação entre os engates e os veículos, têm a função de amortecer os picos de energia de impactos e cargas do trem, impedindo que venham a causar danos nos engates e nas estruturas dos veículos.

Nos primeiros modelos, eram utilizadas simples molas robustas. Os aparelhos mais modernos utilizam um conjunto de molas e cunhas de fricção ou então sistemas de cilindros hidráulicos.

Outra antiga função dos aparelhos de choque e tração, juntamente com as folgas dos engates, era a de proporcionar um movimento relativo entre os carros e vagões do trem para ajudar a locomotiva na demarragem. No entanto, por razões de segurança, atualmente se costuma parar os trens com todos os engates esticados, para evitar atos de desengate criminoso. Com as modernas locomotivas com maior capacidade de tração, os trens partem esticados.

O papel dos aparelhos de choque e tração na proteção dos trens tornou-se cada vez mais importante, devido ao aumento do peso e às folgas existentes nos engates, da ordem de ¾" entre cada par de engates do tipo E e metade desse valor entre dois engates do tipo F, tudo isso multiplicado pela quantidade de vagões, o que faz com que a operação correta dos trens pesados de carga seja um grande desafio para a habilidade do maquinista.

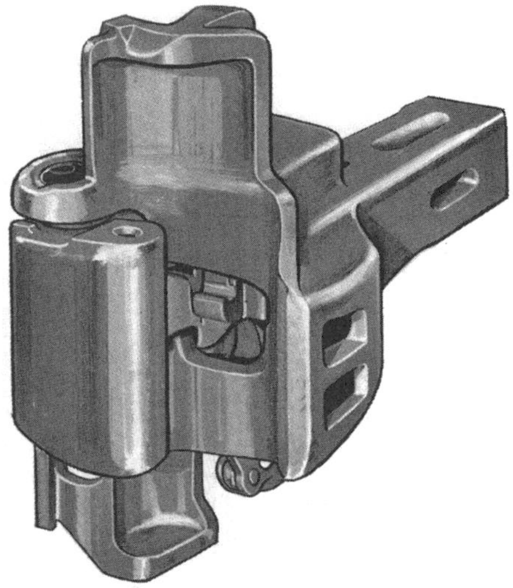

FIG. 7.68 Engate *double shelf* para utilização em vagões com cargas perigosas

FIG. 7.69 Dois vagões da MRS engatados, sendo um engate do tipo F, e outro, *double shelf*

FIG. 7.70 Um dos tipos de engate especial utilizados no Rio de Janeiro, nesse caso, BSI

Fig. 7.71 Típica adaptação de engate especial para o padrão AAR numa locomotiva da CPTM, em São Paulo

7.11.4 Sistemas de freio

O sistema de freio a ar direto, introduzido no final dos anos 1860, foi a primeira forma de controle eficiente acionado diretamente pelo maquinista, em substituição à velha forma do freio a vapor na locomotiva e manual em cada carro ou vagão.

O freio a ar direto era simples: o ar comprimido do reservatório da locomotiva era liberado para o encanamento geral, fazendo com que os cilindros de freio, existentes em cada veículo, fossem acionados. No entanto, esse sistema, além de pouco eficiente para maior número de carros ou vagões na composição, em caso de vazamentos ou quebras no circuito ficava fora de ação, deixando o trem desgovernado.

O freio a ar automático, inventado em 1872 por George Westinghouse, incluía basicamente uma válvula de controle de três vias e um reservatório auxiliar no circuito em cada veículo, e podia ser acionado automaticamente mesmo em caso de separação ou ruptura no encanamento geral do trem (Fig. 7.72).

Cada reservatório auxiliar armazena um volume de ar comprimido suficiente para acionar o cilindro de freio, e quando a pressão no encanamento geral diminui, sob comando do maquinista, a válvula tríplice, como era chamada originalmente, faz o ar sair do reservatório para o cilindro de freio. Voltando a aumentar a pressão no encanamento geral, a válvula tríplice inverte o fluxo, completando o reservatório para uma nova aplicação ao mesmo tempo que libera o ar do cilindro para a atmosfera, aliviando o freio.

Esse princípio básico de diferencial de pressão de operação da primeira válvula tríplice, que é a base de funcionamento de todo o sistema, permanece até hoje. Desde então, os avanços tecnológicos se concentraram na introdução de novas funções para a válvula, incluindo atuação em emergência e aceleração do processo de alívio, proporcionando melhorias na uniformidade e na velocidade da frenagem e tornando possível a operação dos trens longos atuais.

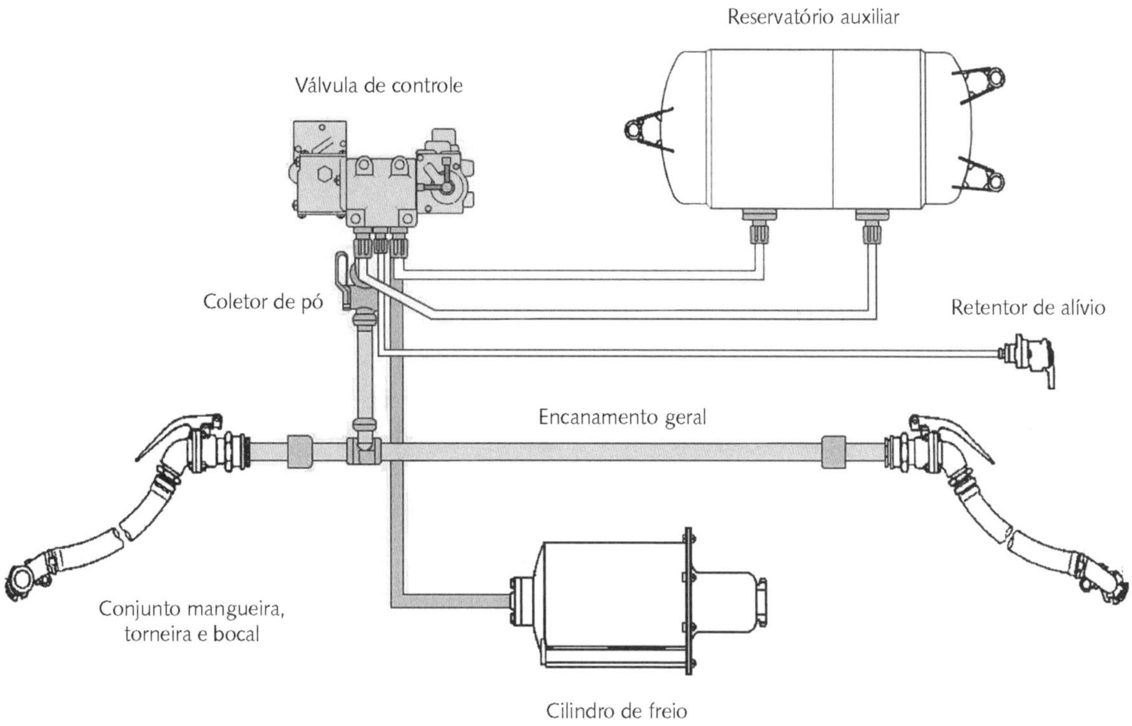

FIG. 7.72 Esquema básico do sistema de freio a ar Westinghouse

As locomotivas também são equipadas com um sistema próprio de freio pneumático, para ser acionado pelo maquinista de forma independente do restante do trem.

Outro importante sistema de freio automático, muito utilizado em tempos passados nas ferrovias brasileiras, era o freio a vácuo, ainda presente em vários países estrangeiros. Seu funcionamento se baseia na exaustão do ar no encanamento geral a partir de uma bomba de vácuo na locomotiva, ficando o freio solto em cada veículo e sendo acionado a partir da entrada de ar.

Embora de funcionamento seguro, o freio a vácuo depende de um pequeno diferencial de pressão e, por isso, é pouco eficiente em grandes altitudes. Além disso, exige cilindros verticais de maior diâmetro na parte inferior dos veículos, ficando limitado em termos de comprimento dos trens.

Além do sistema de freio a ar, todos as locomotivas, carros e vagões são equipados com freio manual, utilizado apenas em caso de estacionamento.

capítulo 8

Manutenção

José Antônio Duba (8.1 e 8.2) e *João Bosco Setti* (8.3)

8.1 Noções gerais sobre a manutenção da via férrea

> A manutenção começa muito antes do dia da primeira pane (parada de emergência) de uma máquina. De fato, ela começa desde sua concepção, predeterminando-se a sua mantenabilidade (aptidão de ser conservada), a sua confiabilidade e sua disponibilidade (aptidão de ser "operacional") e sua durabilidade (duração de vida prevista) (Monchy, 1989, p. 3).

Este capítulo pretende mostrar a complexidade do programa de manutenção da via férrea, considerada aqui como a superestrutura ferroviária, que alguns autores propõem como parte do pavimento ferroviário.

Pode-se dizer que a superestrutura é formada por várias camadas: trilhos, fixações, dormentes e lastro e sublastro. Cada camada é constituída de materiais com propriedades e funções diversas, e todas formam um conjunto com a função de suportar o tráfego de trens, promovendo a absorção e a distribuição dos esforços gerados e mantendo, pelo maior tempo possível, a integridade de seus componentes e da geometria da via.

8.1.1 Definição de manutenção

Adotamos a definição dada pela TB 116 (ABNT, 1994a), que diz que manutenção são "todas as ações necessárias para que um item seja conservado ou restaurado de modo a poder permanecer de acordo com uma condição especificada" (Branco Filho, 1996).

A ABNT define ainda os conceitos de defeito e falha, importantes para o entendimento da manutenção. São considerados defeitos as "ocorrências nos equipamentos que não impedem seu funcionamento, todavia possam, a curto ou longo prazo, acarretar sua indisponibilidade" (Branco Filho, 1996). Já as falhas são as "ocorrências nos equipamentos que impedem seu funcionamento" (Branco Filho, 1996).

Como se vê, os conceitos básicos são bastante claros, mas flexíveis, uma vez que podem se adaptar à condição esperada de funcionamento de um equipamento. Assim, tome-se um exemplo ferroviário para exemplificar falha e defeito. Numa via montada com dormentes de concreto em que alguns deles estão fissurados, o conceito de defeito se aplicaria imediatamente, enquanto o de falha dependeria da quantidade e concentração dos dormentes fissurados, o que impediria a passagem segura de trens.

Tipos de manutenção

Além das definições dadas anteriormente, deve-se considerar o tipo de manutenção a adotar para uma via férrea, que transcende a terminologia usada sem, claro, menosprezá-la. Comumente a manutenção é subdividida em manutenção corretiva e manutenção preventiva, porém ambas coexistem (Quadros 8.1 e 8.2).

Como se vê, são conceitos aplicados aos equipamentos em geral, mas também podem ser adotados para a manutenção da via permanente.

Deve-se chamar a atenção para o fato de que termos e definições como manutenção preditiva ou previsiva, diferida, produtiva, programada, entre outros, são variações mais ou menos elaboradas, adequadas ou evoluídas dos termos utilizados neste capítulo, que não pretende ser um compêndio de definições da manutenção.

Quadro 8.1 Manutenção segundo a ABNT

Preventiva	Inspeções; Ajustes e conservação; Eliminação de defeitos.
Corretiva	Reparo de falhas

Quadro 8.2 Manutenção segundo a ONU

Planejada	Preventiva	Equipamento operando; Equipamento não operando.
	Corretiva	Equipamento não operando; Reparo por fadiga.
Não planejada	-	Quebra

Fonte: Tavares (1997).

Ao considerar cada componente da superestrutura como um equipamento e não como uma peça, é possível desenvolver/adotar uma filosofia de manutenção mais adequada. A razão é que, como será visto mais adiante, cada um desses componentes, ou melhor, equipamentos, recebe tratamentos de manutenção próprios e exclusivos. Assim, têm-se a manutenção dos trilhos, das fixações, das ligações dos trilhos, dos dormentes, do lastro, dos AMVs, da geometria do eixo (nesse caso, imaterial) etc.

Vale lembrar que peça é a parte constituinte de um componente (elemento); componente é a parte funcional de uma unidade, instalação ou equipamento e que é essencial ao seu funcionamento; e equipamento é o conjunto unitário, completo e distinto que exerce uma ou mais funções determinadas quando em funcionamento ou uso.

Um pouco de história como exemplo de modelo de manutenção da via

O exemplo vem da extinta Rede Ferroviária Federal S.A. (RFFSA), que administrava a maior extensão ferroviária no Brasil.

A RFFSA adotou, a partir dos anos 1970, a metodologia da conserva cíclica programada (CCP), que considerava em seu programa um conjunto de informações sobre a ferrovia a manter de modo a estabelecer as atividades de manutenção, subdivididas em trabalhos de revisão total (RT) e trabalhos de fora de revisão total (FRT). Para tanto, considerava a utilização da via em função das toneladas transportadas pela ferrovia (ou seus ramais ou trechos), e, a partir dessa informação, estabelecida a classificação da via, definiam-se os ciclos de manutenção RT e FRT e daí a divisão dos trechos pelo número de anos estabelecidos pela classificação e pelas características da via.

Esse método tinha natureza preventiva e corretiva, posto que todas as ações eram quantificadas e programadas anualmente.

É importante lembrar que outros modelos também foram adotados nas empresas ferroviárias então existentes.

Evolução da manutenção

Há muito, no entanto, técnicos das ferrovias de maior intensidade de tráfego, frequência de trens, peso por eixo, entre outros, observaram que componentes da via como trilhos, por exemplo, prescindiam de controle particular e acurado devido a seu alto custo de aquisição e da logística envolvida em sua substituição/manutenção, o que também ocorria com a geometria do eixo e a granulometria do lastro, entre outros.

Dessa forma, foram adotadas metodologias de manutenção adequadas a cada ferrovia em função de sua utilização, muitas vezes sob uma filosofia comum, mas levando em conta suas características e necessidades.

Com a intensificação do uso de computadores, as tomadas de decisão sobre as ações de manutenção e investimento necessárias puderam considerar um maior número de informações e produzir um maior número de acertos técnicos e econômicos, além de sofisticar os enfoques nas ações de manter a via férrea.

Decorre daí que hoje há várias propostas para a elaboração dos planos de manutenção que extrapolam uma visão reduzida da manutenção preventiva da via, assunto que povoa positivamente dissertações e teses acadêmicas voltadas à aplicação em campo. Esses estudos e pesquisas foram desenvolvidos, em geral, por pessoas ligadas diretamente às ferrovias, mostrando e propondo novas visões e enfoques para tratar a manutenção.

As propostas passam pela análise de falhas, avaliação de desempenho, procedimentos, modelos e técnicas de alocação de recursos, produção, meio ambiente, pessoas, até chegar à estruturação de um modelo de manutenção.

Alocação de recursos para a manutenção

Esse assunto é da maior importância para o sucesso de uma empresa ferroviária. A conhecida fórmula produção = operação + manutenção continua bem atual, razão pela qual se destacam, no caso da manutenção, Rodrigues (1983, 2001) e Sucena (2002, 2007), que proporam formas originais de fazer a manutenção ferroviária e a alocação de recursos em sistemas sobre trilhos.

Rodrigues (1983, 2001) estabelece um método de planejamento da superestrutura ferroviária com base na monitoração da degradação de sua geometria, medida diretamente por meio do carro-controle, que possibilite às ferrovias nacionais evoluir do atual modelo de manutenção preventiva da via para um modelo preditivo.

Por sua vez, Sucena (2002, 2007) propõe a utilização da lógica *fuzzy* para alocar os recursos para a manutenção dos sistemas ferroviários, de modo a atendê-los adequadamente. O princípio é de determinar o número de prioridade de risco (*risk priority number*, RPN) para cada sistema, e assim sucessivamente. Para isso, são levantados acuradamente a severidade de cada falha, a probabilidade de sua ocorrência e a probabilidade de sua detecção, e utilizam-se os RPNs na alocação dos recursos necessários.

Vale lembrar que implementações da lógica *fuzzy* ou difusa permitem que estados indeterminados possam ser tratados por dispositivos de controle. Desse modo, é possível avaliar conceitos não quantificáveis. Seu objetivo é gerar uma saída lógica com base em um conjunto de entradas não precisas, com ruídos ou até mesmo faltantes. Por exemplo: entre os valores verdadeiros e falsos da lógica clássica, é possível atribuir valores intermediários.

Frequência da manutenção

O termo "manter" remete não só aos momentos de manutenção, mas também ao que e quanto manter, pois a frequência das intervenções é fator que envolve custos, logística e métodos. Na CCP, estabeleciam-se ciclos de três a cinco anos para a execução de uma RT em trechos com dormentes de madeira e de seis a oito anos para aqueles com dormentes de concreto, o que não significa que elementos como trilhos e AMVs não tivessem acompanhamento e ações fora do ciclo.

Numa ferrovia de baixa carga por eixo e baixa frequência de trens, a manutenção da via não é tão solicitada, pois os esforços na superestrutura não são tão intensos quanto numa ferrovia de alta carga por eixo e/ou alta frequência de trens. Nesse caso, as solicitações na superestrutura causam, ao longo do tempo, deformações, desgastes, defeitos e falhas que demandam ações específicas com procedimentos definidos, com a utilização de equipamentos, instrumentos, ferramentas e pessoal treinado/especializado em sua utilização.

O tempo para a manutenção, devido ao número de trens em circulação, é reduzido cada vez que a demanda pela capacidade da via aumenta, obrigando as empresas a mecanizarem a manutenção, de modo a obterem maior produção e qualidade dessa atividade e consequente redução do número de ocorrências que impeçam a circulação de seus trens e mercadorias.

Portanto, a frequência das atividades de manutenção não é um número geral, que se adota para essa ou aquela ferrovia, mas um número em função da solicitação da via, da equipe que a mantém e de seu preparo, do grau de mecanização existente e dos recursos disponíveis para a reposição de materiais.

Como se vê, definir a frequência da manutenção é tarefa dos programas de acompanhamento e controle dos componentes da via e de seus equipamentos, como sugerido inicialmente, em função da solicitação feita à via permanente e da qualidade para ela projetada.

Note-se que não é tratada aqui a manutenção da infraestrutura, que, não raro, apresenta problemas tão graves em certas regiões que, por vezes, sobrepujam as ações na via férrea em si.

8.1.2 Meio ambiente

A consciência mundial sobre os impactos que as atividades humanas produzem no meio ambiente faz com que elas sejam cada vez mais conhecidas e preocupem todos os governos, mas, em geral, as ações preventivas e corretivas ficam limitadas pelo impacto econômico que geram, principalmente quando afetam grandes interesses e a economia do país ou região.

No caso da manutenção, esse assunto deve ser seriamente considerado, pois há leis e procedimentos já regulamentados e estabelecidos nos vários níveis governamentais que, se não cumpridos, impõem severas penas ao responsável pela não ação de proteção ao meio ambiente.

A gestão da manutenção da ferrovia, aliada à área interna voltada ao meio ambiente (se existente), deve fazer prévia e regularmente o levantamento dos pontos e locais observando:

- assoreamento de cursos d'água e de sistemas de drenagem (bueiros, valetas, sarjetas, escadas d'água etc.);
- desmoronamentos, escorregamento de taludes;
- erosões de todo tipo;
- ravinamentos;
- voçorocas;
- perda de proteção vegetal ou outras nos taludes; a utilização de proteção vegetal da região, evitando espécies exóticas não permitidas pelos órgãos de proteção ao meio ambiente;
- condição das cercas, muros e outros meios de limitação da faixa ou do terreno ferroviário, mantendo-as funcionais para evitar atropelamentos e acidentes;
- estatística de atropelamentos de animais na ferrovia (gado e animais silvestres);
- consequências de tombamentos de vagões com carga perigosa ou contaminante;
- quantidade de material sólido proveniente de solos da faixa ferroviária nos cursos d'água, o que exige o controle de suas características hídricas naturais ou estabelecidas pelos órgãos afins;
- controle químico da vegetação (capina e roçada química).

A gerência da manutenção deve fazer o levantamento, o controle e o acompanhamento dos itens citados e planejar as ações necessárias, desenvolvendo um plano de ações ao longo do tempo e outro de ações imediatas, considerando aquilo que possa gerar danos irreversíveis ao meio ambiente ou mesmo a interrupção do tráfego ferroviário e suas consequências.

O controle químico da vegetação que afeta diretamente a plataforma e a via pode afetar seriamente o meio ambiente quando aplicado de forma inadequada, razão pela qual demanda licença ambiental, que autoriza sua utilização para esse fim (seletivos desfolhantes ou de ação total, ou não seletivos de pré ou pós-emergência).

Atualmente, considera-se que toda ferrovia possua uma área responsável pela gestão do meio ambiente, que interaja com outras áreas da ferrovia e atue como sua interface com os órgãos governamentais de meio ambiente.

8.1.3 Indicadores de manutenção

Ferramentas indispensáveis à gerência da manutenção, os indicadores abrangem todas as áreas aí envolvidas:

- indicadores de desempenho de cada equipamento;
- indicadores de desempenho de cada equipe de manutenção e de seu pessoal;
- indicadores de cumprimento de programas;
- indicadores de falhas de equipamentos, componentes e peças;
- indicadores de custos;
- indicadores de pessoal (mão de obra); etc.

Os indicadores ajudam o gerenciamento quando estabelecidos seus valores e os comparam aos índices alcançados em cada atividade a gerir. Assim, é possível elencar vários indicadores, voltados para a via, seus componentes, sua geometria, seus equipamentos de manutenção, suas turmas de manutenção, a utilização de materiais, suas intervenções preventivas, suas falhas (como fraturas de trilhos, de soldas, entre outros).

A análise dos indicadores e de sua evolução faz o gestor da manutenção ter uma visão do comportamento abrangente e específico da manutenção, auxiliando-o nas decisões por meio de estatísticas, previsões e relatórios de acompanhamento do todo e de cada parte a considerar, além de orientar todos os envolvidos nessas atividades, permitir um relacionamento bem argumentado com outras áreas da ferrovia e informar adequadamente os níveis superiores da ferrovia. Enfim, a análise do desempenho e do comportamento da manutenção por meio de indicadores bem elaborados favorece uma melhor gestão do negócio.

Os relatórios baseados em fatos ocorridos, decisões tomadas e programas previstos e realizados, associados aos seus indicadores, permitem uma visão gerencial ampla e mais real da execução de seus programas, de seu pessoal, de seus equipamentos e de seus custos, bem como previsões mais acertadas, servindo ainda de alerta para as decisões a tomar de imediato e no futuro, como reprogramação da manutenção, de utilização de equipamentos ou da segurança para o tráfego e previsões da necessidade de ferramentas, instrumentos, equipamentos, materiais, serviços e pessoal, entre outros.

É importante, portanto, que cada ferrovia escolha, elabore e estabeleça os indicadores necessários em níveis de prioridade; estabeleça seus *benchmarks*, adotando os referidos em publicações ou mesmo os de outras ferrovias até confirmar os seus próprios; utilize indicadores dos fabricantes de equipamentos, materiais e de mão de obra de literatura, ajustando-os ao seu caso específico; e os relacione com a produção da ferrovia, o que mostrará a relação da ação da manutenção com os resultados da empresa.

Exemplos de indicadores

De produtividade de substituição de dormentes, de trilhos, de socaria, nivelamento e alinhamento mecanizado, de limpeza de sistemas de drenagem, entre outros:

- Hh/dormente substituído (de acordo com o tipo de dormente, por exemplo);
- Hh/m de trilho substituído (por tipo de trilho, fixação, entre outros);
- Hh/m de valeta limpa.

De desempenho de serviços mecanizados e manuais e de avançamento de serviços, entre outros:

- horas de utilização do equipamento/horas disponíveis do equipamento;
- extensão de linha nivelada/h (indicando o tipo de equipamento utilizado);
- volume de entulho carregado/h.

De mão de obra ou de pessoal, como resultados por equipe, treinamentos, absenteísmo, acidentados, entre outros:

- Hh em manutenção programada/Hh disponíveis;
- Hh em afastamento por licença médica (Hh e % de Hh sobre o total da equipe);
- Hh em férias/Hh totais;
- Hh disponíveis/Hh totais.

De custos para cada serviço realizado por pessoal próprio e terceirizado; de custo da manutenção por serviço e total; de custo da manutenção pela produção da ferrovia, pelo investimento realizado, entre outros:

- R$ gastos em manutenção/Hh (totais, próprios e terceirizados);
- R$ gastos em manutenção/TKU ou TKB (custos de manutenção pela produção em tonelada-quilômetro útil e bruta);
- custo total da manutenção/custo total da produção.

Como se vê, há uma infinidade de indicadores, entre os quais vários são utilizados por todas as ferrovias e outros são específicos de cada caso.

8.1.4 Manutenção dos componentes da infraestrutura ferroviária

A infraestrutura ferroviária é tratada neste capítulo como o conjunto de terraplenos, taludes, banquetas, faixa de domínio da estrada, plataforma da ferrovia e seus sistemas de drenagem, estruturas de transposição de fluxos d'água, vias e obstáculos e estruturas de contenção de solos. As pontes e viadutos, tratados no Cap. 4, são apenas citados aqui.

O gestor da manutenção deve dispor do histórico do regime de chuvas da região e das cheias e vazantes dos rios para poder antecipar problemas concomitantes de desbarrancamentos, problemas ambientais, assoreamentos e erosões de toda ordem.

O conhecimento desses dados, se não existentes oficialmente, deve ser providenciado por meio de medições constantes ao longo de todo o tempo, devendo-se também lançar mão do conhecimento de moradores locais.

São listados a seguir os serviços de manutenção a serem providenciados.

- *Serviços de manutenção periódica dos sistemas de drenagem*
  - desobstrução de seus canais, retirando todo o material que possa impedir o livre fluxo da água;
  - reconstrução e reparação das descontinuidades das valetas, sarjetas, dissipadores de energia e bueiros, mantendo sua função íntegra.
- *Serviços de manutenção periódica dos terraplenos, taludes e banquetas, entre outros*
  - reconstituição da capa de proteção vegetal ou outra dos taludes sempre que detectada sua eliminação. A omissão desse serviço pode levar a consequências graves e de difícil solução numa ferrovia em operação;
  - eliminação das causas e consequências de ravinamentos, voçorocas e outras erosões. Muitas vezes, é necessário reprojetar os sistemas de drenagem e de proteção de superfícies. Inspeções e levantamentos periódicos, acrescidos do conhecimento do regime de chuvas e de cheias, permitem reduzir muito os danos causados por meio de ações programadas nos períodos de estiagem.
- *Serviços de manutenção dos sistemas de contenção de solos*
  - vistoria periódica das condições dos muros de arrimo de todo tipo, das contenções com sacos de areia e demais, com dormentes e trilhos, entre outros;
  - providenciar o monitoramento ou o reparo de estruturas com fissuras e rachaduras. Nesses casos, a contratação de consultoria específica pode ajudar muito, principalmente em obras de grande importância ou mesmo

onde haja um grande número de obras. A partir daí, se for o caso, e se os custos assim indicarem, a ferrovia pode optar por desenvolver uma área própria de geotecnia e estruturas;
- providenciar a limpeza periódica dos barbacãs e de outros dispositivos de alívio de empuxo dos muros deles dotados.

- *Serviços de manutenção da plataforma ferroviária*
  - manutenção da regularidade aparente da plataforma, livrando-a de material terroso carreado por deslizamentos ou água, de lixo, de retenção de água formando poças, para garantir acesso e passagem livre para qualquer ação necessária;
  - manter a plataforma plana, livre de vegetação, limpa e com as inclinações necessárias ao escoamento da a água para as valetas e sarjetas;
  - promover a substituição de parte da plataforma sob a via ou adotar métodos de reforço quando da presença de afundamento da via férrea, como os causados pela deformação dela e pela ascensão de finos para o lastro (normalmente e erroneamente chamado de bolsão de lama ou *mud pumping*); recomendar ou elaborar estudo técnico para a solução do problema, caso ocorra com muita frequência, pois a consequência é a imediata redução da velocidade do trecho ou mesmo sua interrupção.

8.1.5 Manutenção dos componentes da superestrutura ferroviária

A superestrutura ferroviária definida neste capítulo é composta dos trilhos, fixações, acessórios diversos, dormentes e lastro. Trata-se, portanto, de uma via convencional, mesmo que seja constituída de fixações elásticas, trilhos soldados continuamente ou dormentes de concreto, plástico ou outro material. Não se trata ainda de vias sem lastro e sem dormentes transversais, que já vêm sendo utilizadas, por exemplo, na África do Sul (*tubular track*) e no Japão (*slab track*), entre outros sistemas utilizados definitiva ou experimentalmente em vários países.

A manutenção é precedida do levantamento das condições de cada componente da superestrutura. Algumas ferrovias denominam essa operação de prospecção, termo muito utilizado pela extinta RFFSA. Dessa maneira, quantifica-se cada material e cada serviço necessário e estabelecem-se os programas de manutenção, seus cronogramas, suas prioridades, os recursos materiais, de pessoal, de máquinas e os equipamentos envolvidos, além de ser possível o cálculo de seus custos parciais e total.

Dormentes

A manutenção de dormentes prima principalmente por suas condições (estado), posição (enquadramento e espaçamento) e inserções de fixação. Essas três condições se prestam a qualquer dormente, de madeira, aço, concreto, mistos, entre outros.

- *Avaliação do estado dos dormentes (algumas verificações prestam-se apenas aos dormentes de madeira)*
  - verificação da existência de trincas, fendas, rachaduras e destacamento de material;

- muitas vezes, são encontrados dormentes queimados;
- dormentes partidos;
- falta de dormentes;
- verificação da existência de fungos e partes putrefeitas e da extensão e região afetada (junto às fixações, por exemplo);
- verificação de marcas profundas, como as causadas por descarrilamentos, arrastamento de ferragens, entre outros.

Ação: substituir e complementar os dormentes mantendo sua taxa por quilômetro adequada e segura ao uso feito da via.

- *Avaliação da posição dos dormentes*
  - verificação do espaçamento entre os dormentes, de modo a corrigi-lo ou complementar a taxa de dormentação;
  - verificação da ortogonalidade dos dormentes em relação ao eixo da via, caso contrário pode haver danos às fixações e ao dormente e danos em equipamentos de correção geométrica, dificuldade na correção geométrica mecanizada quando da inserção das ferramentas vibratórias de socaria, entre outros.

Ação: enquadrar os dormentes, restituindo-os à sua posição original e correta.

- *Avaliação da região das fixações insertas nos dormentes*
  - verificar se as placas de apoio têm sua fixação comprometida pelo estado ou posição do dormente; no caso de não haver placas de apoio, verificar as fixações diretas (pregos ou *tirefonds*);
  - verificar a causa da pouca qualidade da inserção da fixação (danos, putrefação, falta de fixação, deformação da placa ou da fixação, entre outros).

Ação: fixar, complementar ou substituir o material danificado (dormente, placa e fixação, entre outros) quando necessário.

Trilhos: desgaste e defeitos

Pode-se dizer que, na grande maioria dos casos, os trilhos são o equipamento de maior custo das ferrovias. Em algumas, o percentual de seu custo material é de tamanha significância sobre todos os demais materiais utilizados (em todas as áreas da empresa ferroviária) que há equipes técnicas apenas para seu acompanhamento e controle de seu estado, desde sua instalação, o desgaste sofrido e a geometria a que se submete até o carregamento do tráfego de trens que suporta, entre outros.

A instalação, a substituição, a manutenção, o tratamento de recuperação de seu boleto, sua soldagem e suas ligações, os serviços de alívio de tensões e a correção de flambagens verticais e horizontais e fraturas de origem térmica, por si só, mostram a quantidade de cuidados e serviços necessários à sua manutenção.

Substituição de trilhos ou parte de trilhos

As causas que levam à substituição dos trilhos são:

- desgaste do boleto, que pode ser horizontal, vertical ou a combinação de ambos;
- deformação causada por flambagem do trilho;
- deformação ou fraturas causadas por acidentes;
- fratura quando o trilho é parcialmente substituído;
- fraturas sucessivas, indicando problemas internos, fadiga do material ou inadequação do trilho à sua utilização;
- deformações e defeitos de sua superfície, prejudicando o rolamento normal e o contato roda-trilho;
- defeitos internos detectados por meio de inspeção com equipamentos e que possam vir a comprometer a função do trilho, por exemplo, uma fratura previsível.

Essas causas são desenvolvidas nas seções a seguir.

Desgaste do trilho

O desgaste do boleto dos trilhos é gerado pelo contato das rodas e pelos altos esforços daí desenvolvidos na forma de tensões concentradas. Decorre desse fato o desgaste vertical e horizontal do boleto, prevalecendo um ou outro de acordo com a geometria da via (pode-se, em geral, dizer que o desgaste lateral é inversamente proporcional ao raio da via).

Algumas ferrovias estabeleceram, dentro de sua prática e pesquisa, limites para o desgaste do boleto. Por exemplo, 20% a 25% de redução da área total do boleto indicariam o momento de substituição do trilho, pois o momento de inércia do perfil utilizado desenvolveria, a partir daí, tensões além das admissíveis, o que poderia causar a fratura do trilho.

Há que se convir, no entanto, que tais regras não devem ser generalizadas, pois poderiam estar antecipando ou postergando a substituição de trilhos. Cada ferrovia, consideradas suas características de tráfego, de geometria plana e de perfil, composição e estado da superestrutura e do perfil de trilho utilizado, entre outros, deveria desenvolver controles e estudos do comportamento de seus trilhos em cada trecho e, a partir dessas informações, estabelecer critérios próprios e específicos para a substituição de seus trilhos. O investimento nesse sentido evitará surpresas à operação e gastos excessivos na manutenção da via.

Estudos diversos podem ser adaptados ou conduzir uma linha de ação para o acompanhamento criterioso do desgaste dos trilhos. Um deles, que chama a atenção justamente para o critério do percentual de desgaste do boleto, é o de Semprebone (2005). Nesse estudo, o desgaste do boleto mostra que algumas ferrovias não descartam os trilhos que alcançam determinado desgaste, mas reutilizam-nos em desvios e linhas secundárias ou mesmo os destinam das curvas para as retas, o que reduz bastante os custos materiais da manutenção, sem causar riscos para a circulação dos trens.

Além do desgaste do boleto, o trilho sofre também alterações em sua alma e em seu patim, principalmente quando a via passa por locais com ambientes quimicamente agressivos, devido a produtos, condições locais, proximidade do mar, entre outros. Embora, normalmente, ocorra em menor proporção, a observação dessas partes pela manutenção também deve ser considerada.

Portanto, é crucial que a gerência, ou engenharia de manutenção, faça o acompanhamento do desgaste de seus trilhos.

Deformação causada por flambagem térmica

No jargão ferroviário, diz-se também que "a linha ensarilhou". Para o técnico, isso significa que a linha flambou, pois os esforços longitudinais foram tão grandes que o confinamento do dormente pelo lastro, o peso da grade, a retenção dos trilhos pelas fixações, entre outros, não foram suficientes para conter a dilatação dos trilhos. Realmente, são esforços tamanhos, desenvolvidos pela diferença entre a temperatura num momento inicial (quando da fixação dos trilhos) e em outro momento qualquer. Essas forças ao longo dos trilhos chegam a dezenas de toneladas, e podem ser de dilatação, que causam as flambagens, ou de contração, que geralmente causam fraturas nos trilhos e nas soldas e o cisalhamento de parafusos das talas de junção.

As forças de dilatação e de contração, quando não controladas e fora dos limites técnicos calculados para a instalação ou a substituição dos trilhos, podem causar fratura e deformação elástica ou permanente nos trilhos e danos aos parafusos de talas de junção, ao espaçamento e enquadramento dos dormentes, à geometria do eixo da via, e, entre outros problemas, impedir a circulação de trens até que sejam restabelecidas a geometria e as condições dos materiais, podendo causar até mesmo sérios acidentes.

Em alguns países, onde as variações de temperatura alcançam grande diferença entre suas temperaturas mínima e máxima, variando, por exemplo, de –10°C a 60°C, o manuseio dos trilhos exige cuidados especiais, como seu prévio aquecimento antes de sua fixação, soldagem ou substituição. Isso porque é necessário que os trilhos sejam fixados numa faixa tal de temperatura (temperatura de assentamento) de modo que, ao ocorrer a máxima ou a mínima temperatura, menor seja a diferença considerada sua temperatura de assentamento. Isso significa uma menor variação de temperatura (ΔT), logo, menores tensões de tração ou de contração. Para isso, nesses países, são utilizadas calhas com vários bicos de gás, que são deslocadas sobre os trilhos de modo a aquecê-los até uma temperatura adequada para sua fixação aos dormentes, minimizando as tensões que então se desenvolvem.

São utilizados, independentemente de temperaturas extremas, equipamentos denominados tensores hidráulicos de trilhos, que tracionam os trilhos até a tensão que teriam naquele momento se aplicados na faixa de temperatura de assentamento. Assim, as tensões de trabalho se adéquam à que teria o trilho se assentado num outro momento.

Portanto, a área de manutenção da ferrovia deve manter a medição constante das temperaturas ambiente e dos trilhos, para estabelecer a temperatura neutra (média entre a máxima e a mínima) e sua faixa de temperatura de assentamento (temperatura neutra + ou –5°C, segundo a prática de algumas ferrovias). Só dessa forma será possível definir o comprimento mínimo do trilho longo para suas vias (caso já não esteja determinado em projeto ou mesmo estejam ocorrendo flambagens de trilhos com frequência).

Os cuidados na manutenção dos trilhos longos soldados são bastante conhecidos e geralmente as ferrovias têm seu manual com as recomendações e procedimentos para substituição e para soldagem de trilhos na via, temperaturas de assentamento a considerar, folgas de juntas, entre outros.

Finalmente, no caso de vias que apresentam flambagens frequentes, sofreram substituição de trilhos, de fixações ou de dormentes ou tiveram soldagens a eito, é imprescindível realizar o alívio de tensões nos trilhos, prevenindo a ocorrência de flambagens ou de fraturas constantes, que interferem negativamente nos custos de manutenção, na circulação dos trens e na segurança de pessoas e de bens.

Deformações e fraturas causadas por acidentes ferroviários

O óbvio ululante: o peso dos vagões, das locomotivas e dos carros de passageiros ao descarrilarem gera um enorme impacto e é capaz de causar danos vitais à superestrutura e suas partes. Normalmente, os trilhos, contendo as rodas durante um descarrilamento, são submetidos a esforços que, por vezes, os deslocam, quebram e/ou os deformam. Por outras, pouco acontece e a via continua operante. Os demais materiais associados aos trilhos têm o mesmo destino.

Deformações e defeitos superficiais

O rolamento normal, o conforto (caso de trens de passageiros), os trilhos e as rodas são prejudicados de forma cumulativa, desenvolvendo deformações e vibrações indesejadas. A depender da quantidade, extensão e dimensão desses defeitos, a integridade, o funcionamento e a segurança da via e dos veículos são seriamente prejudicados.

O tratamento da superfície com máquinas ou equipamentos pesados de esmerilhamento ou de fresamento restabelecem as condição do boleto dos trilhos, mantendo sua utilização.

Descrição geral dos defeitos nos trilhos

Utilizados os procedimentos de inspeção visual ou equipamentos de pequeno ou grande porte (inspeção a eito de trilhos) e feita a análise dos dados obtidos, toma-se a decisão: substituir os trilhos afetados e potencialmente inseguros ou estabelecer o monitoramento do defeito de forma a utilizá-los por mais tempo sob esse controle, pois, em vários casos, marcas externas, bolhas de gás ou inclusões, por exemplo, na massa do trilho não são suficientes para condená-lo. Nesse caso, o acompanhamento e o controle devem ser feitos.

De modo geral, os defeitos em trilhos são classificados como internos ou externos, pois assim se manifestam.

- *Defeitos internos*
  Sua detecção é feita por aparelhos de ultrassom, de raios X, correntes parasitas, partículas magnéticas, líquidos penetrantes, por percussão, entre outros.

Alguns desses defeitos progridem e, quando alcançam maiores dimensões, manifestam-se externamente, o que pode significar uma fratura iminente.

A ocorrência dos defeitos internos origina-se de defeitos metalúrgicos oriundos da fabricação dos trilhos e das soldagens dos trilhos. Ocorrem isolada ou seguidamente, em geral são de pequenas dimensões e podem comprometer um ou mais trilhos.

Os tipos de defeitos internos são os seguintes:

- trinca horizontal;
- trinca vertical;
- bolhas de gás;
- vazios (cavidades formadas durante a laminação);
- inclusões de materiais;
- defeitos nas soldas.

■ *Defeitos externos*

Sua detecção, ao contrário dos defeitos internos, é visual, o que não impede que inspeções a eito sejam feitas por aparelhos.

Os tipos de defeitos externos são os seguintes:

- longitudinais;
- transversais;
- superficiais;
- desgastes;
- defeitos em soldas;
- defeitos em juntas;
- fraturas.

Termos específicos são utilizados para especificar defeitos internos e externos. Alguns exemplos são:

- fissuração do canto de bitola ou *head check*;
- escamação do boleto ou *flacking*;
- estilhamento do canto de bitola ou *spalling*;
- despedaçamento do canto de bitola ou *shelling*;
- *shelling* na superfície do boleto;
- patinagem;
- escoamento;
- esmagamento do boleto;
- sulco no boleto.

Para um entendimento melhor do assunto, há literatura publicada por entidades e empresas ferroviárias e pesquisadores. As referências tomadas aqui são CVRD (1992), UIC (1979) e Branco e Batist (1990).

Ainda quanto aos defeitos em trilhos, uma recomendação redundante, mas necessária, é que se faça a inspeção, catalogação e acompanhamento detalhado do estado dos trilhos pela área de manutenção ou de engenharia de manutenção, pois apenas com esses dados as ações poderão ser planejadas, os custos envolvidos, reduzidos, e a segurança, aumentada.

Acessórios

Os chamados acessórios são o conjunto de todos os elementos de fixação e ligação utilizados nos trilhos e dormentes, como placas, pregos, *tirefonds*, grampos, retensores, talas e parafusos.

Fixações

São diversas as concepções de fixações de trilhos. Rígidas ou elásticas, prestam-se à mesma função, mas variam em eficiência. Alguns exemplos são: pregos, *tirefonds*, RN, Pandrol, Fist, SKL, KPO e Dennik.

Sua manutenção inclui as seguintes operações:

- rebatimento dos pregos, muitas vezes exigindo nova furação para sua inserção segura;
- reaperto dos *tirefonds*, de modo a eliminar folgas entre sua aba e o patim do trilho (ou a superfície da placa de apoio). Deve-se complementar os faltantes ou danificados, o que pode exigir nova furação;
- *tirefonds* e pregos, quando utilizados como fixação de trilhos longos soldados, por não desenvolverem força de atrito suficiente sobre os patins não desenvolvem uma boa consolidação do conjunto, e exigem a utilização de retensores, acessório que é aplicado sob o patim dos trilhos e ficam encostados aos dormentes para ajudar na contenção longitudinal dos trilhos. Demandam periódico rebatimento para manter seu contato com os dormentes;
- os *tirefonds*, quando utilizados apenas para a fixação de placas de apoio, são guarnecidos de arruelas de pressão, o que confere maior absorção de vibrações ao conjunto da fixação;
- RN: essa fixação elástica, composta por parafuso, porca, arruela, *crapaud* (lâmina em aço-mola que aplica uma força adequada sobre o patim do trilho), coxim amortecedor e palmilha de material resiliente, merece cuidado especial no torque aplicado na porca, regulando a força aplicada pelo *crapaud*, que é deformado apenas elasticamente. Havendo aperto excessivo, a função da fixação é anulada e perde-se a qualidade de fixação elástica;
- Pandrol: fixação elástica que demanda pouca manutenção, pois é composta apenas de um grampo elástico que se apoia num olhal e sobre o patim do trilho, que se apoia sobre uma palmilha resiliente. O olhal está disposto soldado, fundido ou estampado em placas de apoio ou, no caso de dormentes de concreto ou de aço, fixado no próprio dormente. A força aplicada pela fixação elástica mantém-se praticamente constante sobre o patim do trilho e promove sua solidariedade ao conjunto placa-dormente ou placa amortecedora-dormente. A força de atrito aplicada pelas fixações elásticas é bastante eficiente para a utilização de trilhos longos soldados. Sua manutenção consiste em reposicioná-la quando se desloca, mesmo pouco, dos olhais, com o uso de ferramenta própria ou rebatimento com marretas.

Enfim, a manutenção das fixações exige tarefas de reaperto, reposicionamento, complementação e substituição, quando deformadas ou fraturadas, e reposição, quando faltantes. Além disso, é conveniente adequar-se às recomendações do fabricante, para manter as garantias dadas.

Ligações de trilhos

Talas, parafusos e arruelas de pressão formam o conjunto de ligação mecânica dos trilhos.

Sua manutenção obedece, além do reaperto, complementação e substituição de peças desgastadas ou deformadas, à observância das folgas de junta (espaço entre os topos dos trilhos). Também o desgaste da alma e do patim do trilho, quando ultrapassa limites determinados, pode ser compensado com o uso de chapas de espessura adequada que preenchem o espaço criado pelo desgaste e mantêm a consolidação da junta de união dos trilhos.

As juntas isolantes, assim chamadas nas vias com circuito de sinalização integrado aos trilhos, permitem o isolamento de seções ou trechos bem determinados de circuitos de via. Por sua vez, os circuitos de via indicam remotamente onde cada trem está num determinado momento, e, assim, permitem comandar os sinais adequadamente. Sua manutenção inclui, além das já citadas inicialmente, a substituição do material utilizado (capas metálicas, capas, topos e buchas isolantes utilizados em juntas do tipo Armored, por exemplo).

As juntas isoladas coladas são montadas em estaleiros ou oficinas com pedaços de trilhos e formam, com estes, um conjunto com cerca de 4 m de comprimento. São preferencialmente soldadas aos trilhos da via, mas apenas emergencialmente unidas a eles com talas de junção comuns. Por sua forte consolidação, não sofrem manutenção no campo, mas podem ser recondicionadas por pessoal especializado em oficinas. Portanto, esse tipo de junta é substituído integralmente.

Tecnicamente, a instalação de juntas de qualquer tipo deve ser feita respeitando-se as folgas e o torque adequado dos parafusos, sendo, em alguns casos, recomendada a utilização de tensor hidráulico para sua montagem, devido à variação térmica a que os trilhos estão submetidos.

Outro aspecto crucial na manutenção da qualidade das juntas não é de montagem mecânica e integridade das partes, mas de seu nivelamento e socaria, que, se não realizados, aceleram e comprometem a degradação mecânica e a condição de segurança e rolamento nas juntas.

Juntas de dilatação

São equipamentos utilizados para compensar as forças longitudinais desenvolvidas durante a dilatação e a contração dos trilhos e estão normalmente dispostos junto às obras de arte especiais, o que reduz a transmissão dos esforços nos trilhos (longitudinais decorrentes da variação térmica) às estruturas. Sua manutenção segue as recomendações do fabricante; quanto ao nivelamento, alinhamento e socaria, a dormentação e a fixação seguem os procedimentos adotados para a via.

Soldagem de trilhos

A soldagem dos trilhos traz vantagens excepcionais ao rolamento, reduzindo impactos nas juntas de trilhos, amassamentos das pontas dos trilhos e transmissão de esforços excessivos aos dormentes e contribuindo para a segurança, qualidade da via e redução de intervenções de manutenção. Sua execução pode ser feita:

- no campo, diretamente na via, unindo trilhos curtos ou longos de soldagens de trilhos;
- ao longo da via, soldando os trilhos antes de instalá-los;
- em estaleiros de soldagem, formando trilhos com comprimento tal que a logística disponível permita seu transporte.

As tecnologias para sua soldagem são várias, sendo as mais comuns:

- soldagem termítica ou aluminotérmica, que preenche o espaço entre os topos dos trilhos, preaquecidos por maçarico, com o material (aço) contido na composição da própria solda, fundido pela alta temperatura desenvolvida no processo exotérmico;
- soldagem com eletrodos revestidos, tubulares ou contínuos, que também utiliza o material de composição do eletrodo para a soldagem dos trilhos;
- soldagem *flash butt*, ou por caldeamento, que utiliza equipamento próprio composto de tensor hidráulico, gerador diesel ou alimentação externa e indutor de corrente elétrica, que aquece as extremidades dos trilhos a cerca de 1.100°C e os recalca um contra outro, unindo-os. Esse equipamento pode ser estaleirado, instalado num veículo ferroviário ou rodoferroviário.

As vantagens, no entanto, de cada um dos métodos são função da qualidade da soldagem, da quantidade de soldas a realizar e da logística necessária, pois os tipos diferentes de soldagem demandam equipamentos, métodos e procedimentos próprios. De qualquer modo, pode-se dizer que soldagem elétrica apresenta melhores resultados quanto à qualidade final da solda. No entanto, numa ferrovia, em geral, considerados os custos e benefícios, mais de um método é utilizado. Um exemplo: para a eliminação de uma fratura de trilho e o deslocamento de um equipamento pesado para fazer duas soldas, em função da distância, interrupção de produção em outra frente de serviços, entre outros, adota-se, sem qualquer problema, uma soldagem termítica ou com eletrodos quando não se faz a nova união com talas de junção.

8.1.6 Aparelhos de mudança de via (AMVs)

A manutenção de AMVs e aparelhos de transposição de via (ATVs) demanda conhecimentos e procedimentos específicos. As considerações a fazer são, no mínimo:

- o pessoal que se responsabiliza por sua montagem e/ou manutenção deve estar bem preparado e treinado para tal;
- a engenharia ou a área de manutenção deve ter esquematizados os AMVs de cada pátio e desvio de cruzamento, identificando suas posições nos pátios e desvios e suas características:
  - desenho de referência para utilização no campo;
  - tipo de aparelho (Area ou Arema, UIC, AMVM, entre outros);

- fabricantes das partes do aparelho;
- códigos internos de todos os materiais utilizados;
- velocidades máxima e de operação no AMV;
- conformação do aparelho (AMV simples, travessão simples, travessão duplo, transposição reta, oblíqua, em curva, com pulo simples, com pulo duplo, pombinho, entre outros);
- se é chave à direita, à esquerda, equilateral ou assimétrica;
- bitola do aparelho (bitola única ou mista);
- se é aparelho otimizado ou não;
- tipo de chave (graduada, uniforme, com ponta removível, se é chave isolada ou não, entre outros);
- geometria da chave ou das agulhas (reta, curva; tangente, secante);
- comprimento de agulhas (5,029 m, 6,706 m, 9,144 m etc.);
- tipo e aberturas dos jacarés (reto, curvo; n° 5, 8, 10, 12, 14, 16, 20);
- geometria do jacaré (reto, curvo);
- dados dos contratrilhos (comprimento, posição);
- perfil do trilho;
- se os trilhos são ligados por talas de junção ou soldados;
- tipo do aparelho de manobra ou da máquina de chave (comando local ou remoto, mecânico ou eletromecânico);
- tipo de dormente (madeira, concreto, aço).

■ os aparelhos utilizados, normalmente padronizados nas ferrovias, devem ter o esquema de sua dormentação (e indicar a quantidade de cada dormente), da posição e da quantidade das placas de deslizamento e comuns, das distâncias corretas entre os pontos notáveis das partes do aparelho (pontas teórica e real da agulha, pontas teórica e material do jacaré, das pernas do jacaré, comprimentos e posição dos contratrilhos, entre outros);

■ as cotas de salvaguarda (LP = livre passagem e PP = proteção de ponta) estabelecidas para agulhas e para os cruzamentos devem sempre estar definidas nos cadastros individuais de cada aparelho;

■ as flechas dos trilhos de ligação devem ser determinadas e registradas no cadastro do AMV.

Registro atualizado do estado das partes do aparelho:

■ registro das cotas de salvaguarda;

■ registro dos desgastes dos trilhos e contratrilhos;

■ registro dos desgastes na ponta do diamante do jacaré e em suas abas;

■ levantamento da bitola na entrada e ao longo do aparelho;

■ estado da dormentação ou vigamento (dos dormentes de madeira, dos dormentes de concreto, entre outros);

■ verificação e anotação dos espaçamentos do vigamento, pois os aparelhos não são iguais em toda sua extensão;

■ levantamento do estado das fixações dos trilhos;

■ levantamento dos isolamentos, caso existentes;

- observação e anotação dos desgastes de ponta de agulha, dos trilhos, dos contratrilhos, dos núcleos dos jacarés, das abas dos jacarés;
- observação e anotação sobre os acessórios do aparelho: placas de deslizamento, de apoio, das escoras, das barras de conjugação, das placas gêmeas, das placas bitoladoras, dos punhos, das ligações dos trilhos, das fixações das máquinas de chave ou aparelhos de manobra;
- verificação do fechamento das agulhas e do funcionamento dos aparelhos de manobra ou máquinas de chave (esta, feita em conjunto com pessoal da área específica ou da sinalização);
- geometria do aparelho: bitolas, cotas de salvaguarda, flechas, nivelamento, alinhamento, tolerâncias;
- verificação e anotação sobre a condição do lastro ao longo de todo o aparelho;
- verificação de obstruções com pedras ou objetos junto às partes móveis do AMV, tirantes, trilho de encosto-agulha (contra-agulha), canoas dos jacarés, contratrilhos, entre outros.

Com base nesses levantamentos e observações, pode-se atuar corretiva e preventivamente na manutenção do aparelho, planejada por meio do dimensionamento dos serviços, do pessoal, do tempo e dos materiais, ferramentas e equipamentos necessários, o que evitará ações mais custosas de reparação emergencial, além de garantir maior segurança para a circulação dos trens.

No caso dos tirantes das chaves, há dormentes especiais, em forma de calha, que abrigam os tirantes de modo a evitar qualquer impedimento por objetos e garantir por mais tempo sua regulagem.

Quanto aos desgastes nos AMVs, a mera substituição de peças pode ser muito onerosa, assim, a recuperação por soldagem de núcleos de jacarés e até de pontas das agulhas pode ser bastante adequada. No entanto, é necessário que sejam estabelecidos os procedimentos, o equipamento de soldagem e os eletrodos a utilizar para evitar que haja destacamento do material depositado, o que eliminaria toda a vantagem da soldagem de recuperação. A recuperação de jacarés por soldagem semiautomática com eletrodo contínuo tubular mostrou, nas vias dos subúrbios do Rio de Janeiro, resultados positivos, tanto econômicos como técnicos, após testes com equipamentos para soldagem com varetas e para eletrodos tubulares; composições de eletrodos também foram testadas para a utilização de material de base e material de acabamento (Queiroz, 1983).

Um pouco sobre a geometria do AMV

Embora citados de forma indireta anteriormente, destacam-se os seguintes dados sobre a geometria do AMV, que aqui não se limita à sua locação no campo, mas diz respeito aos parâmetros a considerar em sua manutenção:

- bitola na chave, nos trilhos de ligação, na região dos cruzamentos e contratrilhos, enfim, ao longo de todo o aparelho, na sua entrada e na sua saída;
- cotas de salvaguarda de livre passagem e de proteção de ponta nas agulhas e nos cruzamentos e contratrilhos;

- flechas das agulhas e dos trilhos de ligação (manutenção dos raios de curvatura);
- alinhamento das vias do AMV (direta e desviada);
- nivelamento do AMV (ponta de agulha, chave, coice da agulha, trilhos de ligação, juntas, jacarés). Considere-se aqui a socaria do lastro na manutenção do nivelamento.

8.1.7 Lastro

O lastro comumente é um material granular utilizado para dar ou manter a estabilidade, dar mais peso a algo, como a uma embarcação ou um balão, utilizando-se água ou sacos de areia.

O lastro ferroviário, por sua vez, tem funções mais específicas, como:

- mecanicamente, tem a função de receber, absorver e distribuir os esforços transmitidos pelos veículos ferroviários ao sublastro, se existente, ou diretamente à plataforma;
- manter os dormentes estáveis: reduzir os deslocamentos dos dormentes vertical, longitudinal e horizontalmente;
- suportar de forma elástica e atenuar as vibrações provocadas pela circulação do material rodante;
- suprimir as irregularidades da plataforma;
- permitir a drenagem das águas das chuvas que caiam sobre a via.

Altura do lastro

A altura do lastro sob os dormentes obedece às recomendações de projeto e a normas. Essa dimensão varia de acordo com a solicitação da via e sua importância (é comum classificar as vias em classes, discriminando-as pela utilização, frequência e carregamento), dando a cada uma delas uma altura de lastro. Também a qualidade do material da plataforma (de concreto ou de rocha estável, por exemplo) influi na determinação da altura do lastro, que em alguns casos não é utilizado, sendo aplicadas placas amortecedoras ou outro dispositivo.

A velocidade dos trens determina a espessura do lastro, pois o impacto lhe é diretamente proporcional. Assim, em desvios de estacionamento ou de manobras, tecnicamente e de acordo com procedimentos de algumas ferrovias, a altura do lastro pode ser menor que a da linha corrida.

O ombro de lastro, a largura da faixa de lastro nos topos dos dormentes e a inclinação do talude formado também são definidos por projeto e normas, de forma a garantir a contenção de topo dos dormentes e garantir a estabilidade do ombro sob a passagem de pessoas e animais (o que ocorre em muitos trechos ferroviários).

Nos pátios e postos ferroviários, normalmente se recomenda preencher os vãos formados entre os corpos de lastro de pedra de cada via com material pétreo de granulometria menos rigorosa, normalmente subproduto da britagem do lastro, por ser mais barato. O preenchimento dos vãos, além de facilitar a movimentação das pessoas ligadas aos trens e à manutenção, evita a limpeza constante da vegetação na faixa entre as linhas, se não coberta pelas pedras.

A disposição do lastro em relação à face superior dos dormentes, dos tirantes dos aparelhos de manobra e das máquinas de chave também obedece a recomendações de projeto e normas, de modo a evitar excesso de material e a livre movimentação de partes móveis de um AMV.

Normalmente, as vias de maior frequência e solicitação têm uma altura de lastro de 30 cm e um ombro de lastro de 30 cm, principalmente quando utilizados trilhos longos. Alturas de 20 cm são utilizadas em vias de menor solicitação e frequência de trens e em desvios, e em alguns destes chega-se a usar 15 cm de altura de lastro.

Tipos de lastro

Para o lastro ferroviário, prevalece o lastro de pedra britada, posto que as rochas pétreas respondem melhor às normas e especificações para o lastro ferroviário. Porém, outros materiais também são utilizados, seja por sua abundância e disponibilidade locais, seja pelo custo da aquisição e transporte de pedra britada até a ferrovia. Alguns exemplos de lastro são:

- pedra britada (diversas rochas);
- outros minerais (por exemplo, laterita);
- agregados siderúrgicos (subproduto siderúrgico), escória de alto forno;
- "terra", solos arenosos;
- piçarra, xisto e outros.

Manutenção do lastro

As intervenções da manutenção no lastro são cada vez mais mecanizadas, pois são grandes as extensões a tratar, o que não elimina as intervenções manuais. Os serviços mecanizados ou manuais mais comuns são:

- regularização do lastro, manual ou mecanizada, para restabelecer as condições geométricas da seção de lastro (banqueta, inclinação das rampas). Esse serviço muitas vezes é necessário numa programação de correção geométrica da via, pois levantamentos e deslocamentos da via podem necessitar complementar ou ajustar o perfil de lastro;
- restabelecer o volume de lastro, acrescentando (reforço do lastro) ou retirando o excesso de lastro existente ou descarregado numa operação. Esse serviço, obviamente, pode envolver a imediata ou posterior regularização do perfil de lastro;
- limpeza do lastro. Essa operação pode ser local ou extensa, profunda ou superficial. Quando há uma grande contaminação do lastro por finos oriundos de sua degradação ou por acúmulo de material terroso (chuvas, erosão e carreamento de solos), suas funções de drenagem, absorção e transmissão de esforços ficam prejudicadas e recomenda-se sua substituição total ou parcial. Por serem, nesses casos, os serviços manuais muito onerosos e demorados, pode-se utilizar a máquina desguarnecedora de lastro, equipamento que retira o lastro em sua totalidade, recicla (alguns modelos dessas máquinas) e reutiliza o material com granulometria adequada na mesma via, reduzindo os gastos com o material, seu transporte, tempo da intervenção, além do carregamento e transporte

do material retirado ou refugado. A utilização de equipamentos desse tipo é decidida pelos custos envolvidos, pelas extensões a tratar, pessoal e pelo material necessário, entre outros. Considere-se também que os serviços manuais em pequenas extensões ou localizados são perfeitamente recomendados para a limpeza do lastro.

8.1.8 Sublastro

O sublastro é a camada granular, de menor granulometria que o lastro, aplicada abaixo deste e sobre a plataforma.

São utilizados materiais diversos, tais como solos arenosos, misturas de solos e material pétreo, todos obedecendo a especificações necessárias ao sublastro quanto à granulometria e à compactação. Tem como funções:

- absorver os esforços transmitidos pelo lastro;
- transferir de forma distribuída os esforços para a plataforma;
- impedir a penetração do lastro na plataforma;
- isolar o lastro dos finos da plataforma;
- reduzir a altura de lastro (função das cargas projetadas, da plataforma).

8.1.9 Contratrilhos internos

São os contratrilhos utilizados nas vias sobre obras de arte especiais, em certas condições em túneis e junto às obras e edifícios importantes junto à via.

Sua função é proteger tais obras no caso de descarrilamentos e reduzir os danos que porventura possam causar, uma vez que sua utilização tende a conduzir as rodas descarriladas.

Sua instalação obedece a normas e tolerâncias e sua manutenção é, principalmente, garantir sua posição correta e sua fixação segura nos dormentes.

São utilizados trilhos usados (nem sempre de mesmo perfil) ou outros perfis e dispositivos (biqueiras metálicas) colocados nas extremidades para formar um ângulo adequado no início e no final dos contratrilhos. Nem sempre, no entanto, há biqueiras nos contratrilhos, mas uma aproximação das extremidades dos trilhos por dobramento e um ajuste à guisa de ponta, respeitando um ângulo especificado.

A substituição desses trilhos ou de outros perfis é feita sempre que alguma ocorrência os tenha deformado o bastante para impedir sua reutilização.

8.1.10 Geometria da via

A associação das condições da geometria do eixo ferroviário, dos materiais componentes da via férrea e das condições da plataforma determina o adequado rolamento dos veículos, a durabilidade dos materiais e, principalmente, a segurança da circulação dos trens. Portanto, o desequilíbrio de qualquer parte dessa associação é suficiente para comprometer a utilização da via férrea.

A geometria da via tem a função de garantir segurança no rolamento e na inscrição dos veículos nas velocidades projetadas. Além disso, uma boa geometria traz menores desgastes aos materiais, mormente aos trilhos e às rodas dos veículos, e reduz as vibrações e suas consequências.

Além dessas considerações, o conjunto formado por uma geometria adequada, associada ao bom estado do material da superestrutura, à correta operação e ao bom estado dos veículos ferroviários, evita os chamados movimentos parasitas, como o galope, o balanço (*roulis*), o serpenteamento (*lacet*) e a trepidação, entre outros.

A geometria aqui considerada prende-se à planimetria, uma vez que a altimetria está menos sujeita à manutenção por estar materializada na construção das rampas e curvas verticais das plataformas.

Componentes da geometria da via (dados planimétricos):

- raios de curvatura;
- curvas de transição horizontal;
- tangentes.

A manutenção da geometria da via considera os seguintes parâmetros:

- alinhamento;
- nivelamento;
- empeno (empenamento ou torção da via);
- bitola da via.

A obtenção desses parâmetros pode ser feita de forma:

- manual (uso de cordas, níveis de bolha, nível óptico de trilho, réguas de bitola);
- topográfica (níveis e teodolitos);
- equipamentos de medição conjunta e contínua (carros-controle).

O levantamento manual é feito principalmente quando da realização de correções imediatas ou após trabalhos na via que afetem a geometria, tais como substituição a eito de dormentes, puxamentos de linha e limpeza manual do lastro. São utilizadas ferramentas como alavancas, socas, socas vibratórias tipo Jackson e macacos pé de pato para o nivelamento, alinhamento e socaria das vias, seja em tangente, seja em curvas.

Para uma geometria de curva mais elaborada, utilizava-se, no escritório, o aparelho Bienfait, para o qual eram transferidos os valores de flechas encontrados e a partir de seu manuseio eram obtidas as correções das flechas a transpor para a via.

Hoje, o Bienfait e outros métodos de cálculo talvez ainda sejam utilizados, mas imagina-se que a utilização de programas de computador possa tê-los substituído em boa parte dos casos.

O levantamento topográfico normalmente é aplicado às relocações de eixo, aos levantamentos de dados geométricos para cadastro, à locação de pontos notáveis da via de apoio, à correção geométrica manual ou mecanizada e, certamente, à correção geométrica de manutenção em si. Considere-se também que as máquinas de correção geométrica realizam serviços de correção relativa, quando reduzem os defeitos encontrados no nivelamento e no alinhamento, e de correção absoluta, quando são apoiados em dados topográficos da via.

O registro e a análise de dados geométricos colhidos por meio de equipamentos de medição como carros-controle são utilizados por inúmeras ferrovias, que possuem seu próprio equipamento ou os alugam de empresas especializadas que realizam esse serviço. Há desde carros complexos, formando trens de monitoramento das condições da via (geometria, desgaste de trilhos, defeitos em trilhos, situação da rede aérea de tração, entre outros), até equipamentos sofisticados embarcados num veículo rodoferroviário (caminhonetes, por exemplo).

Por meio de programas de análise durante a passagem de um carro-controle, obtém-se instantâneo conhecimento dos parâmetros que merecem tratamento e correção imediatos por afetarem a segurança da circulação. Outros relatórios são emitidos e analisados de forma a programar a correção geométrica mecanizada, alocando as equipes, equipamentos e materiais necessários para tal, além de gerar o histórico evolutivo da geometria de cada trecho, quilômetro ou local. A possibilidade de relacionar dados geométricos com os demais dados relativos à via (sua solicitação e o estado do lastro, dos dormentes, trilhos, entre outros) permite que correlações sejam feitas e daí sejam obtidos dados, resultados, indicadores e estatísticas para tomada de decisões para a manutenção, investimentos em materiais, equipamentos, pessoal, treinamentos, entre outros.

Ferrovias extensas e de alta produção não podem prescindir de uma engenharia de manutenção da via que considere a utilização de equipamentos desse tipo para alcançarem melhores resultados no custo de seu fim, que é transportar.

Tolerâncias geométricas

Os parâmetros geométricos permitem variações dentro de certas faixas de tolerância em função da classificação da via. Essas tolerâncias são determinadas em função de sua utilização (classe da via), do carregamento e da frequência de trens de passageiros ou de carga, da velocidade de circulação, de seus raios de curvatura, de sua bitola.

Por meio desses valores, pode-se, comparando-os com os medidos na via, programar adequadamente as correções, priorizando as ações pela gravidade das medidas dos parâmetros geométricos: as imediatas ou emergenciais, em geral pontuais, e as planejadas. Por exemplo, bitolas além ou aquém do permitido; torção da via com alta variação da superelevação; desníveis, desalinhamentos e flechas fora das faixas de tolerâncias admitidas.

Consideram-se desde as tolerâncias de fabricação de cada componente (trilhos, dormentes, fixações, placas) até as tolerâncias relativas à construção de novas ferrovias (materiais novos, logo maior proximidade dos parâmetros exatos), à velocidade (consideradas as velocidades máximas em função da geometria da via e dos veículos utilizados), à segurança (valores-limite acima dos quais não haveria, por exemplo, a possibilidade de estabilidade do veículo, como bitola aberta e superelevação máxima, provocando o tombamento do vagão numa certa velocidade), entre outros.

A seguir, é apresentado um exemplo de classificação de tolerâncias utilizada de forma adaptada ou não pelas ferrovias:

- *de projeto*: tolerâncias adotadas ao projeto da ferrovia, envolvendo as faixas admissíveis para a planimetria e a altimetria do eixo;
- *de construção*: tolerâncias admitidas na construção, remodelação ou renovação da ferrovia, que limitam a faixa de variação dos parâmetros geométricos de

forma a garantir a qualidade desejada para a circulação dos trens. São definidas as variações máximas para a entrega do trecho à ferrovia;

- *de conforto*: tolerâncias que restringem, por exemplo, a variação das acelerações vertical e horizontal de um veículo, o que afetaria diretamente os passageiros e a tripulação ou mesmo o equilíbrio das cargas;
- *de economia*: tolerâncias que, uma vez ultrapassadas, comprometem a qualidade da via e aceleram sua degradação;
- *ótima*: normalmente, é a classificação que atenderia ao conforto e à economia, alcançando o padrão desejado por cada ferrovia.

O Quadro 8.3 apresenta as classes de tolerâncias utilizadas na extinta RFFSA.

Enfim, cada ferrovia deve estabelecer, segundo suas expectativas de resultados e de garantia de segurança da circulação, o conjunto de tolerâncias para parâmetros da geometria da via de acordo com seu traçado; as condições da superestrutura; a utilização das vias quanto aos carregamentos (carga, passageiros, misto); velocidades e frequência de operação; veículos circulantes; entre outros.

A engenharia de manutenção, definidas as tolerâncias e sua classificação, deve divulgá-las de modo claro, por meio de treinamento de seu pessoal responsável pela geometria da via, entre os quais técnicos, topógrafos, niveladores e supervisores que aí atuem.

QUADRO 8.3 Classes de tolerâncias da extinta RFFSA

Parâmetro geométrico	Bitola larga (1.600 mm)		Bitola estreita (1.000 mm)	
	Segurança	Manutenção	Segurança	Manutenção
Alinhamento	+-15	+-8	+-15	+-8
Nivelamento	+-18	+-12,5	+-18	+-12,5
Empeno	+-15	+-10	+-15	+-10
Bitola	-5; +25	-5; +20	-5; +15	-5; +10
Superelevação nas curvas de concordância	4 mm/m	3 mm/m	3 mm/m	2 mm/m
Superelevação	160 mm		100 mm	

Fonte: Adaptado de RFFSA (1978).

8.1.11 Gabaritos

Uma observação importante é a preocupação da manutenção da via permanente com os gabaritos estáticos e dinâmicos existentes.

Após a passagem do carro-controle (caso da rede aérea de tração), as comunicações de maquinistas sobre esbarros em algum ponto da ferrovia e, principalmente, após o levantamento do carro-gabarito ou vagão-gabarito, a gerência da manutenção deve corrigir imediatamente os pontos indicados fora ou próximos dos limites estabelecidos.

Um exemplo: o posicionamento horizontal e vertical da rede aérea de tração é limitador dos trabalhos de correção geométrica e do levante da linha. Nesse caso, o levantamento prévio das condições geométricas com o setor de manutenção da rede aérea é importante para evitar estrangulamento da altura mínima e/ou deslocamento da rede aérea fora da área de trabalho do pantógrafo, entre outras consequências.

Outros exemplos, mais comuns, são os gabaritos para as estruturas fixas: túneis, pontes, plataformas de passageiros, tulhas, pilares de viadutos, entre outros.

8.1.12 Passagens em nível

A manutenção das PNs refere-se à sua condição geométrica (nivelamento e alinhamento); às condições da grade (estado dos dormentes, fixação, trilhos, contratrilhos), pois normalmente está encoberta pelo pavimento; e ao estado da pavimentação (dormentes, concreto, asfalto, placas pré-moldadas, pedra britada, pedrisco).

Outro aspecto a ser considerado é a condição e o posicionamento das placas de sinalização e dispositivos existentes (placas de atenção, de "pare", de velocidade, cruz de S. André, cancelas, sinalização sonora e/ou luminosa). Normalmente, é responsabilidade de outra área que não a de via permanente, mas detectada facilmente por seu pessoal, principalmente a sinalização com placas, devendo ser comunicada de imediato qualquer anomalia às partes interessadas.

8.1.13 Máquinas e equipamentos de manutenção

A manutenção da via permanente dispõe de enorme variedade de máquinas e equipamentos, que mecanizam a maioria das intervenções, reduzindo a intervenção direta de pessoas em tarefas pesadas e árduas quando realizadas manualmente.

A produção de uma ferrovia, num mercado competitivo, busca resultados imediatos que lhe permitam participar do negócio do transporte. Assim, a mecanização de serviços é uma solução, pela produtividade que acrescenta à manutenção.

Entre as máquinas e equipamentos utilizados estão aqueles que auxiliam parcialmente nas tarefas da manutenção da via e aqueles que realizam integralmente essas tarefas ou serviços sob o comando de operador(es). Assim, têm-se:

- *Máquinas leves de manutenção da via (deslocadas pelo operador)*
  - máquinas tirefonadoras;
  - máquinas de bater prego;
  - máquinas parafusadoras (utilizadas nas juntas de trilhos);
  - máquinas de inserir ou de retirar clipes elásticos;
  - máquinas de serrar trilhos (com lâmina ou serra rotativa);
  - máquinas de furar trilhos;
  - máquinas de esmerilhar (de boleto, de topo, lateral, mista, com ou sem chicote);
  - máquinas de rebarbar soldas (hidráulicas);
  - máquinas de dobrar trilhos (hidráulicas);
  - máquinas de tracionar trilhos (tensor hidráulico de trilhos);
  - máquinas para aquecer trilhos (para alcançar temperatura de assentamento); etc.

- *Máquinas pesadas de manutenção da via (autopropelidas)*
  - socadoras niveladoras alinhadoras (algumas exercem apenas uma ou duas funções);
  - reguladoras e perfiladoras de lastro com ou sem correias transportadoras;
  - alinhadoras de via (com registradores de nivelamento e alinhamento);
  - desguarnecedoras de lastro (com ou sem conjunto de separadores de lastro);
  - máquinas soldadoras de trilhos (ferroviárias e rodoferroviárias);
  - máquinas de substituição de dormentes (de substituição unitária ou a eito);

  - máquinas e pórticos de substituição de trilhos;
  - trens de renovação da via (dormentes, trilhos e lastro); etc.
- *Máquinas complementares*
  - carro-controle (de medição e registro dos parâmetros geométricos);
  - guindastes ferroviários e rodoferroviários com implementos para carga e descarga de trilhos e dormentes, eletroímã, entre outros;
  - máquinas de reperfilamento do boleto ou de fresagem do boleto (utilizam ferramentas cortantes, *bits*) e máquinas esmerilhadoras do boleto para, por exemplo, eliminar desgastes ondulatórios (utiliza esmeris) (há equipamentos que combinam as duas); etc.
- *Equipamentos de transporte*
  - autos de linha com ou sem guindaste hidráulico (tipo Munck); com cabine para transporte de pessoal e caçamba para materiais e máquinas leves ou outra combinação de uso; com vagonetes rebocadas ou não;
  - autos de inspeção (apenas para pessoas);
  - caminhões rodoferroviários com ou sem cabines para pessoas e caçambas com guindaste hidráulico ou não; etc.
- *Máquinas diversas de terraplenagem*

8.1.14 Obras de arte especiais

A manutenção de pontes, viadutos, túneis, muros de contenção e cortinas, entre outros, é assunto em geral tratado com contratação de terceiros especializados, pois muitas estruturas que demandam serviços especiais de recuperação, revestimento, substituição de aparelhos de apoio e recuperação estrutural de maior ou menor porte, entre outros, demandam esses serviços com pequena frequência.

Empresas mantêm um pequeno grupo de manutenção para pequenas intervenções (limpeza, desobstrução, reparos de menor porte) e uma equipe técnica de engenharia com a função de monitorar as OAEs e elaborar os termos de referência técnica para a contratação de serviços de maior porte junto a terceiros.

Quanto à manutenção por parte da via permanente, é importante lembrar que nas cabeceiras de pontes, justamente na transição da via férrea sobre plataforma terrosa para a plataforma, por exemplo, em concreto de uma ponte, há uma variação brusca da elasticidade da via, onde o nivelamento é rapidamente comprometido. Esse é um ponto importante tanto para a passagem de trens de carga como para a passagem de indivíduos. O impacto gerado compromete os materiais (abrasão e quebra do lastro) e o nivelamento e causa desconforto e insegurança. Há técnicas que minimizam esses problemas: a utilização de camadas de solos diferentes da plataforma normal numa determinada extensão antes e depois da ponte ou a utilização de geotêxteis envelopando solos nessas regiões. Enfim, meios para produzir um gradiente que não permita a mudança abrupta da elasticidade nas entradas e saídas das pontes.

Outro ponto importante é o lastro sobre uma plataforma de concreto de uma ponte. Nesse caso, com o tempo, há a fratura e a abrasão excessiva das pedras de lastro, o que altera sua condição original e prejudica toda a superestrutura, além da própria ponte. Para evitar esse mal, há várias técnicas:

- utilizar material mais fino (sublastro) sob o lastro;
- utilizar maior espessura para a camada de lastro;
- utilizar manta elastomérica sob o lastro.

Essas técnicas, se bem aplicadas, reduzem as cargas sobre a plataforma da ponte, diminuem a abrasão do lastro e da superfície da plataforma de concreto, garantem mais função do lastro e promovem uma melhor transição do veículo sobre a ponte.

8.1.15 Edificações

Em algumas ferrovias, cabe à área de manutenção de via também a manutenção das edificações ao longo de seu trecho, com a formação de turmas próprias formadas de pedreiros, pintores, marceneiros, carpinteiros, serralheiros e eletricistas, entre outros, possuindo oficinas de apoio.

Atualmente, são mantidas turmas menores de manutenção predial para pequenas obras e reparos, contratando-se terceiros para serviços de maior vulto, de menor ocorrência.

Não se pode prescindir de pessoal de obra nem de seus serviços, cabendo a cada empresa dimensionar e avaliar os custos e retornos desejados e possíveis com essa atividade, pois em grandes extensões ferroviárias, com edificações esparsas, os deslocamentos de pessoal e de equipamentos e a necessidade de alojamentos são fatores preponderantes na decisão sobre a proporção de turmas próprias e de terceiros.

8.1.16 Considerações gerais

Este capítulo trata das noções gerais sobre a manutenção da via férrea, pois não pretende explorar e desenvolver cada atividade de manutenção, mas mostrar a amplitude dos assuntos a considerar.

Discorrer, por exemplo, sobre os procedimentos para a substituição de TLS, sobre o alívio de tensões, sobre o levantamento e controle de defeitos em trilhos e todas as outras atividades tornaria o texto volumoso e pretensioso, além de fugir de seu objetivo de fazer considerações sobre a manutenção da via férrea.

Essa motivação nos leva à literatura disponível aos técnicos de manutenção da via permanente ferroviária. Os livros mais conhecidos em língua portuguesa são de Brina (1979, 1982), citado invariavelmente nos trabalhos ferroviários, os de Schramm (1974, 1977), traduzidos do alemão, mas não adaptados para as bitolas brasileiras, e alguns outros poucos. No entanto, a preocupação das ferrovias e do meio acadêmico tem gerado muitos trabalhos, dissertações e teses ferroviárias. Muitas estão disponíveis na internet, e são, para os técnicos, fontes ricas de informação e de troca de experiências, mas não substituem a necessidade de publicações organizadas para a formação básica e continuada em ferrovias. Por essa demanda, empresas e universidades, em conjunto ou separadamente, têm preparado cursos próprios para a formação de pessoal nas várias áreas da ferrovia.

Pode-se dizer que o gerenciamento, planejamento e execução da manutenção da via permanente devem considerar sempre:

- o cadastro técnico detalhado de todos os trechos e os componentes instalados sob sua responsabilidade;
- a gestão constante e atual das programações da manutenção e de seus resultados por meio de metodologia adequada às necessidades da empresa e garantia de segurança da circulação, das pessoas e das instalações;
- o acompanhamento dos equipamentos e materiais aplicados nas vias, dos parâmetros recomendados e das medidas adequadas à sua utilização (AMVs, geometria, lastro, desgastes dos trilhos, temperaturas nos trilhos, entre outros);
- a influência das ações da manutenção no entorno da ferrovia e no meio ambiente;
- o treinamento intenso de seu pessoal para manter esse grupo de pessoas capaz de intervir na manutenção de forma segura, eficaz e econômica;
- uma especial atenção aos custos da manutenção, discriminando-os regularmente nos relatórios. Para isso, há variados indicadores de resultado ou desempenho que podem ser utilizados;
- a interface com os demais sistemas ferroviários, como sinalização, telecomunicações, rede aérea de tração, entre outros, deve ser considerada a cada programação de manutenção e a cada interferência no campo. Os gabaritos, os cabeamentos, a posição dos equipamentos de campo, a disposição dos materiais descarregados para substituição na via: toda ação deve ser acompanhada de alertas e procedimentos para as turmas de manutenção. Trata-se de atividade que envolve todos os sistemas, sejam fixos, sejam rodantes.

Entende-se que essas ações de organização das empresas e preparação de seu pessoal, às vezes complexas, são imprescindíveis e que aos poucos vêm sendo consolidadas nas empresas, escolas técnicas, universidades e na consciência dos demais envolvidos, o que significa um futuro de maior profissionalismo para as ferrovias e maior dignidade para o ferroviário em todo o país. É o que ele merece.

8.2 Manutenção de sistemas (equipamentos eletromecânicos e eletroeletrônicos)

Deve-se considerar a complexidade dos equipamentos mais modernos quanto à tecnologia embarcada, computadorizada, cuja manutenção é fornecida ou sugerida pelo fabricante e deve ser adotada para que as garantias sejam cumpridas.

8.2.1 Sistemas considerados

Os sistemas a que esta seção se refere, embora tratados de forma genérica e abrangente, são:

- sistema de controle;
- sistema de sinalização;
- sistema telecomunicações;
- sistema de energia;
- sistema de rede aérea de tração.

Não houve preocupação em descrever ou definir cada um deles, considerados de conhecimento essencial do leitor.

8.2.2 Tipos de manutenção

Inicialmente, pode-se, de forma geral, dizer que a manutenção dos equipamentos utilizados pelos sistemas é feita das seguintes maneiras:

- *própria*: baseada na história e na experiência das ferrovias já há muito instaladas, cuja organização da manutenção pode ter evoluído ou não, e que utilizam equipamentos mais antigos, de modo que valem as práticas experimentadas por todo o tempo, recomendações iniciais dos fabricantes e fornecedores, modificações realizadas por pessoal próprio, entre outros. Assim, os controles, as ocorrências e solicitações, os atendimentos e programações de manutenção, entre outros, estão de tal forma consolidados que têm resultados da manutenção em níveis satisfatórios e aceitos por todos;
- *adquirida ou desenvolvida externamente*: o corpo técnico utiliza metodologia de manutenção fornecida ou recomendada pelo fabricante, pelo fornecedor ou desenvolvida por especialistas, que a adaptam aos tipos de equipamento existentes, metas, resultados e custos desejados, indicando as atividades e também o dimensionamento das equipes de manutenção, seus equipamentos, instrumentos e materiais, por exemplo;
- *desenvolvida internamente*: a mesma do item anterior, mas desenvolvida internamente, sem descartar possível apoio de consultoria. Vale aqui a observação sobre o aproveitamento da história e a experiência intrínseca ao grupo interno da ferrovia.

No caso específico do desenvolvimento de uma metodologia de manutenção, pode-se afirmar que o conhecimento dos equipamentos existentes e da expectativa de seu desempenho é primordial para a elaboração de um plano de engenharia de manutenção que dê resultados positivos para a empresa.

8.2.3 Conceitos básicos

A manutenção tratada aqui é a preventiva. Por isso, colocam-se as definições a seguir para um entendimento único da engenharia de manutenção a ser descrita mais adiante:

- *manutenção preventiva*: "manutenção efetuada em intervalos predeterminados, ou de acordo com critérios prescritos, destinada a reduzir a probabilidade de falha ou de degradação do funcionamento de um item" (ABNT, 1994b).

  Observe que essa definição não exclui o conceito de manutenção preditiva:
- *manutenção preditiva ou previsiva*: "manutenção que permite garantir uma qualidade de serviço desejada, com base na aplicação sistemática de técnicas de análise, utilizando-se de meios de supervisão centralizados ou de amostragem, para reduzir ao mínimo a manutenção preventiva e diminuir a manutenção corretiva" (ABNT, 1994b).

Outros conceitos importantes são os de equipamentos, itens e peças:

- equipamento é aqui definido como um "conjunto unitário, completo e distinto, que exerce uma ou mais funções determinadas quando em funcionamento" (Branco Filho, 1996), ou ainda o todo ou a menor parte de um equipamento a sofrer manutenção. Assim, um AMV é um equipamento, como sua máquina de chave, e também seu motor, pois podem sofrer intervenções isoladas nos seus contatos e mecanismos de acionamento, por exemplo. Outros exemplos: disjuntores, transformadores, rádios, entre outros. Equipamentos podem ser denominados também, quando for o caso, como máquinas: guindaste, retroescavadeira, entre outros;

- item é definido como "qualquer parte, componente, dispositivo, subsistema, unidade funcional, equipamento ou sistema que possa ser considerado individualmente" (ABNT, 1994b);
- peça ou elemento é definido como "parte constituinte de um componente". Por exemplo: buchas, juntas, parafusos, diodos, resistores, entre outros. Pode-se dizer que são elementos que não sofrem manutenção em si, são verificados e, quando fora de especificação de serviço, substituídos.

8.2.4 Desenvolvimento de um plano de manutenção

Para o desenvolvimento de um plano de manutenção, esta seção se baseia, fundamentalmente, nas recomendações vindas de propostas e trabalhos desenvolvidos por Azeddine e Ferreira (1986), voltados à engenharia de manutenção, organização e métodos e aprovisionamento da manutenção; e pelos engenheiros Wanderley Fernandes Abud e José Paulo Grecco Ferreira, voltados à sistematização e informatização da manutenção. Todos, então, aplicados na CBTU/STU-RJ.

Apresenta-se a seguir uma sequência esquemática de atividades e resultados delas advindos na elaboração de um plano de manutenção (Fig. 8.1).

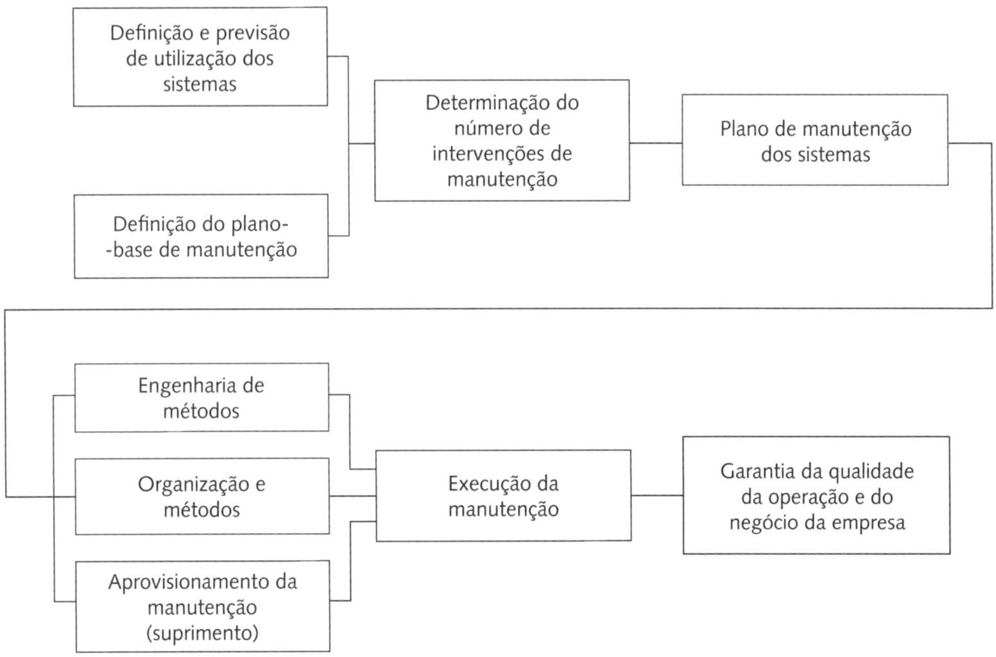

FIG. 8.1 Plano de manutenção – esquema geral

Engenharia de métodos

A lista a seguir dá uma sequência de atividades a desenvolver para a engenharia de métodos (Fig. 8.2).

- arborização física dos equipamentos: explosão dos equipamentos até sua menor parte a ser mantida;
- seleção dos equipamentos ou unidades rotativas (equipamentos-parte de outros equipamentos: amplificador, transformador, fonte de energia, entre outros, que podem ser substituídos por outros enquanto são reparados em oficina ou laboratório);
- esboço dos roteiros de manutenção: lista de todas as atividades executáveis de manutenção independentemente de sua frequência;
- conjunto dos instrumentos e ferramentas necessários a cada manutenção;
- estimativa dos equipamentos ou unidades rotativas para as intervenções corretivas;
- quantificação das unidades rotativas por local de trabalho e por intervenção;
- medição dos tempos de cada tarefa de manutenção;
- conceituação e elaboração técnica dos documentos, forma de distribuição e controle da documentação: roteiros, rotinas e procedimentos de manutenção;
- elaboração do PERT das atividades de manutenção;
- elaboração detalhada dos roteiros, rotinas e procedimentos de manutenção;
- elaboração dos fluxos de atividades e layouts da manutenção;
- estudo e adequação dos locais de trabalho;
- levantamento das unidades rotativas existentes para reparo;
- estimativa das unidades rotativas sobressalentes;
- estudo para estruturar e posicionar o almoxarifado de trânsito das unidades rotativas;
- definição do local do centro de controle da manutenção;
- organização e implantação do treinamento;
- execução de intervenções-piloto;
- implantação gradativa do plano de manutenção.

Organização e métodos

O&M refere-se à organização e ordenação de todos os documentos da manutenção, de modo que estejam disponíveis desde o que fazer, o como fazer, com o que e com quem fazer, o porquê fazer e o quando fazer, além de registrar tudo o que for realizado, formando históricos e base de dados para decisões da manutenção.

Aprovisionamento (suprimento da manutenção)

É o dimensionamento do suprimento de peças, componentes, ferramentas, instrumentos e demais materiais para a manutenção.

Proporciona à manutenção uma quantificação real de suas necessidades, dando-lhe segurança e argumentação sobre o que será possível executar. Tanto os custos como um cronograma de suprimento poderão, se necessários e vantajosos, ser realizados.

O esquema da Fig. 8.3 resume o que advém do planejamento da manutenção quanto ao aprovisionamento/suprimento da manutenção.

As consequências de uma programação de manutenção bem planejada resultam em melhores resultados quanto à qualidade dos materiais, dos fornecedores, dos serviços contratados, dos fabricantes e, portanto, em economia para a empresa, na forma de confiabilidade aumentada e menores riscos de acidentes por falha material.

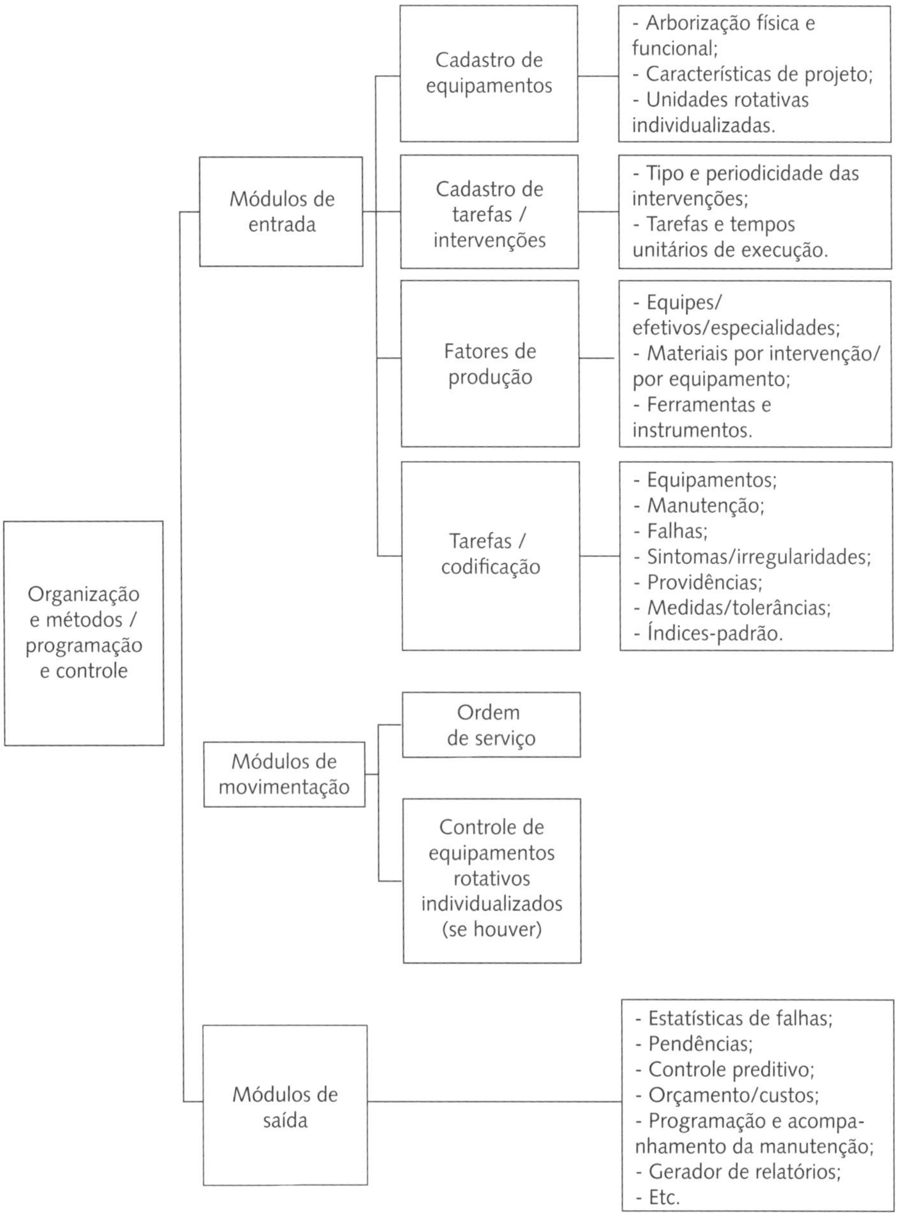

FIG. 8.2 Esquema da sequência de atividades a desenvolver para a engenharia de métodos

De maneira geral, pode-se esperar como resultado:

- a quantificação das necessidades materiais por programa de manutenção;
- a codificação adequada de todo material, componente, ferramenta, entre outros;
- a consolidação e a especificação dos conjuntos (*kits*) de manutenção (*kits* de peças, de ferramentas, de materiais de consumo, entre outros);
- a qualificação dos fornecedores;
- a priorização das aquisições.

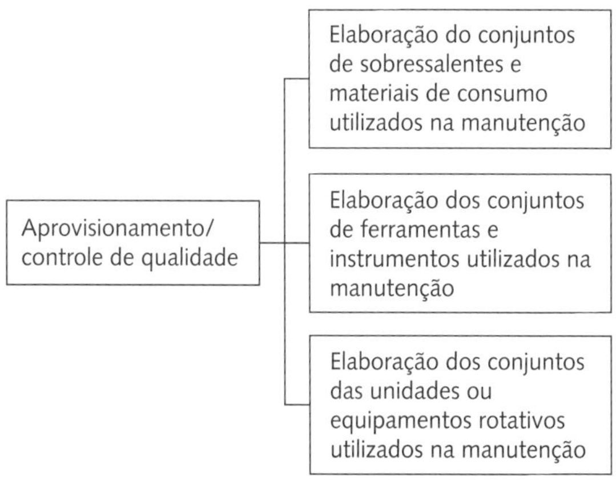

FIG. 8.3 Planejamento da manutenção quanto ao aprovisionamento/suprimento da manutenção

8.2.5 Interfaces com outras disciplinas

Ao se atuar na manutenção dos equipamentos e dos componentes, no todo ou em partes, dos subsistemas integrantes dos sistemas de eletrificação, subestações, seccionadoras, rede aérea de tração, sistema auxiliar de energia, linhas de transmissão de sinalização de campo e sistemas embarcados nos veículos ferroviários em geral, inclusive locomotivas, e de telecomunicações, especial atenção deve ser tida na interferência dos ajustes individuais sobre o comportamento dos sistemas como um todo.

Assim, por exemplo, os ajustes na rede aérea de tração devem estar harmonizados com os parâmetros da via permanente, e também o deslizamento sob o fio de contato deve ser compatível com o perfil de canoa do pantógrafo das unidades de tração e locomotivas assim equipadas.

Da mesma maneira, ao se alterar o diâmetro das rodas das locomotivas, esse fato deve ser levado ao conhecimento das equipes de sinalização no caso de se ter instalado a bordo das locomotivas sistemas do tipo ATC ou outros de captação de sinais sob o trem.

Quadro 8.4 Conceitos vigentes × conceitos inovadores

Conceito vigente		Conceito inovador
Autoridade	×	Liderança
Centralização	×	Delegação
Passividade	×	Participação
Proteção	×	Valorização
Controle de frequência	×	Controle de resultados
Estrutura organizacional	×	Equipes de processo
Manutenção corretiva	×	Manutenção preventiva
Automação de rotinas	×	Tecnologia da informação

8.2.6 Conclusão

Como já dito, para o desenvolvimento da metodologia de manutenção, o conhecimento dos equipamentos existentes e da expectativa de seu desempenho são básicos para que sejam alcançados resultados positivos para a empresa.

Para isso, arrisca-se a dizer que a substituição de paradigmas quase sempre é condição necessária. No caso, não só a empresa, mas a engenharia de manutenção deve considerar novos conceitos, contrapondo-os aos porventura ainda existentes (Quadro 8.4).

Recomenda-se também a utilização das ferramentas da qualidade, principalmente aquelas voltadas para:

- a melhoria contínua e constante, caso do Ciclo PDCA;
- a disseminação da informação através de documentação;
- a análise causa e efeito das falhas e dos resultados, exemplificado pelos fatores 6M (materiais, máquinas, mão de obra, medida, métodos e meio ambiente);
- o acompanhamento rotineiro dos custos envolvidos na manutenção.

O que não significa deixar de utilizar outros métodos de controle e de gestão, entre outros, experimentais ou já consagrados, pois o espírito a prevalecer é o de constante evolução ou preparação para tal, pois a cada dia surgem novas oportunidades.

Finalmente, é preciso dar ênfase especial à utilização da tecnologia da informação integrada na gestão da manutenção em geral, considerados os riscos e custos envolvidos com paralisações de tráfego devidas às avarias de sistemas; a complexidade dos sistemas eletroeletrônicos e eletromecânicos instalados nas ferrovias; as distâncias envolvidas, principalmente nas linhas de carga; e a importância da eficiência e eficácia demandadas pela produção, razão da existência de uma ferrovia.

8.3 Alguns aspectos da manutenção do material rodante

Todas as técnicas, procedimentos e até mesmo instalações para a manutenção de material rodante têm sofrido grandes mudanças desde o final da Segunda Guerra Mundial, destacando-se a implantação da tração diesel em substituição às locomotivas a vapor.

O desenvolvimento tecnológico em outros itens, como a implantação dos mancais de rolamentos e a utilização de aços especiais, novos materiais plásticos e equipamentos eletrônicos, entre outros, também contribuiu para essas mudanças, em conjunto com os novos desafios provocados pela forte concorrência dos outros modos de transporte.

As instalações de manutenção de locomotivas tiveram significativa redução de número e mudança de características, não apenas pela maior autonomia de viagem das novas máquinas em relação às antigas locomotivas a vapor, mas também por sua maior confiabilidade, levando as grandes ferrovias a concentrar praticamente toda a manutenção pesada em uma ou duas oficinas. A possibilidade de contratação de terceiros para a recuperação ou modernização de componentes e de unidades danificadas também contribuiu para as mudanças.

A evolução tecnológica das locomotivas diesel, iniciada no final da década de 1960, permitiu a redução das unidades para a realização dos mesmos níveis de transporte e uma padronização das frotas, com um pequeno número de modelos atendendo a todas as necessidades em qualquer ferrovia. Assim, ocorreu outra tendência nos procedimentos e instalações de manutenção, com a adoção das técnicas de linha de produção nas oficinas em todas as ferrovias mais avançadas, especialmente nos Estados Unidos, também se estendendo à manutenção dos carros e vagões.

Todos esses fatores fizeram a manutenção evoluir do modo simplesmente corretivo para o moderno preditivo, principalmente com a utilização da informática a partir da década de 1980.

Para cumprir todas as novas missões, as oficinas e postos de inspeção e manutenção de material rodante devem ter localização, disposição interna e equipamentos dimensionados para atender adequadamente à frota existente, já considerando as previsões de crescimento e os veículos de outras ferrovias operando em intercâmbio.

Um dos fatores-chave para obter uma eficiente manutenção do material rodante é a padronização e a intercambiabilidade no maior grau possível, de modo que qualquer locomotiva, carro ou vagão em tráfego na ferrovia local, em outras ferrovias ou de clientes em intercâmbio possa ser atendido com a mesma eficiência, definindo-se regras eficazes de compensação dos custos de materiais e serviços envolvidos.

As ferrovias americanas dão um interessante exemplo desses procedimentos: sua grande frota de material rodante opera em intercâmbio entre todas as ferrovias e é atendida em uma ampla rede de oficinas e postos de inspeção e reparação leve. Todos os procedimentos básicos são apresentados no *Field manual of the AAR interchange rules* (*Manual de campo da AAR com regras de intercâmbio*), um livro de regras de bolso considerado uma verdadeira "bíblia" da indústria ferroviária, com procedimentos de inspeção de veículos e peças de reposição, procedimentos burocráticos e regras de responsabilidade entre as partes envolvidas, com os preços de todas as peças e reparos determinados pelo *AAR office manual* (*Manual de escritório da AAR*).

As Figs. 8.4 e 8.5 apresentam oficinas de material rodante.

Fig. 8.4 Moderna oficina de locomotivas da E. F. Carajás, em São Luís (MA)

Fig. 8.5 Típica oficina particular prestando serviços de manutenção terceirizada de vagões para uma ferrovia

Referências bibliográficas

ABNT - ASSOCIAÇÃO BRASILEIRA DE NORMAS TÉCNICAS. *NBR 7641*: Via permanente ferroviária. Rio de Janeiro, 1980.

ABNT - ASSOCIAÇÃO BRASILEIRA DE NORMAS TÉCNICAS. *NBR 7189*: Cargas móveis para projeto estrutural de obras ferroviárias. Rio de Janeiro, 1985.

ABNT - ASSOCIAÇÃO BRASILEIRA DE NORMAS TÉCNICAS. *NBR 5462*: Confiabilidade e mantenabilidade. Rio de Janeiro, 1992.

ABNT - ASSOCIAÇÃO BRASILEIRA DE NORMAS TÉCNICAS. *TB 116/NBR 5462*: Confiabilidade e mantenabilidade. Rio de Janeiro, 1994a.

ABNT - ASSOCIAÇÃO BRASILEIRA DE NORMAS TÉCNICAS. *TB 138/NBR 6966*: Dormente. Rio de Janeiro, 1994b.

ABNT - ASSOCIAÇÃO BRASILEIRA DE NORMAS TÉCNICAS. *NB 11/NBR 7190*: Projeto de estruturas de madeira. Rio de Janeiro, 1997.

ABNT - ASSOCIAÇÃO BRASILEIRA DE NORMAS TÉCNICAS. *NBR 7187*: Projeto de pontes de concreto armado e de concreto protendido. Rio de Janeiro, 2003a.

ABNT - ASSOCIAÇÃO BRASILEIRA DE NORMAS TÉCNICAS. *NBR 8681*: Ações e segurança nas estruturas. Rio de Janeiro, 2003b.

ABNT - ASSOCIAÇÃO BRASILEIRA DE NORMAS TÉCNICAS. *NBR 12553*: Geossintéticos – Terminologia. Rio de Janeiro, 2003c.

ABNT - ASSOCIAÇÃO BRASILEIRA DE NORMAS TÉCNICAS. *NBR 6118*: Projeto de estruturas de concreto. Rio de Janeiro, 2007.

ABNT - ASSOCIAÇÃO BRASILEIRA DE NORMAS TÉCNICAS. *NBR 7189*: Cargas móveis para projeto estrutural de obras ferroviárias. Rio de Janeiro, 2008.

ABNT - ASSOCIAÇÃO BRASILEIRA DE NORMAS TÉCNICAS. *NBR 6123*: Forças devidas ao vento. Rio de Janeiro, 2009a.

ABNT - ASSOCIAÇÃO BRASILEIRA DE NORMAS TÉCNICAS. *NBR 15680*: Via férrea - Travessia rodoviária - Passagem em nível pública - Requisitos de projeto. Rio de Janeiro, 2009b.

ABNT - ASSOCIAÇÃO BRASILEIRA DE NORMAS TÉCNICAS. *NBR NM 26*: Agregados - Amostragem. Rio de Janeiro, 2009c.

ABNT - ASSOCIAÇÃO BRASILEIRA DE NORMAS TÉCNICAS. *NBR 6122*: Projeto e execução de fundações. Rio de Janeiro, 2010a.

ABNT - ASSOCIAÇÃO BRASILEIRA DE NORMAS TÉCNICAS. *MB 8/NBR 7218*: Agregados – Determinação do teor de argila em torrões e materiais friáveis. Rio de Janeiro, 2010b.

ABNT - ASSOCIAÇÃO BRASILEIRA DE NORMAS TÉCNICAS. *NBR 11709*: Dormente de concreto – Projeto, materiais e componentes. Rio de Janeiro, 2010c.

ABNT - ASSOCIAÇÃO BRASILEIRA DE NORMAS TÉCNICAS. *NBR 7007*: Aço-carbono e microligados para barras e perfis laminados a quente para uso estrutural. Rio de Janeiro, 2011.

ABNT - ASSOCIAÇÃO BRASILEIRA DE NORMAS TÉCNICAS. *NBR 7188*: Cargas móveis em pontes rodoviárias e passarelas de pedestres. Rio de Janeiro, 2013.

ASTM - AMERICAN SOCIETY FOR TESTING AND MATERIALS. *ASTM A36*: Standard Specification for Carbon Structural Steel. 1997.

AZZEDINE, A; FERREIRA, J. P. G. *Proposta de um plano de trabalho para a implantação da manutenção preventiva dos trens da STU do Rio de Janeiro*. STU-RJ/CBTU, 1986.

BAILLOT, R. T. Televisamento 360° das paredes de furos de sondagem. *ABGE em Revista*, n. 92, jan., fev. e mar. 2012.

BELLIA, V. et al. *Introdução à gestão ambiental de estradas*. Rio de Janeiro: Instituto Militar de Engenharia: Fundação Ricardo Franco, 2004. (Coleção Disseminar).

BRANCO, J. E. C. *Dicionário inglês-português de termos ferroviários*. CVRD, [s.d.]. Disponível em: <www.brastan.com.br/downloads/RR_Dict.pdf>. Acesso em: 13 out. 2012.

BRANCO, J. E. C.; BATIST, M. *Normas e instruções gerais de via permanente*: defeitos dos trilhos. v. IX. Rio de Janeiro, 1990.

BRANCO FILHO, G. *Dicionário de termos de manutenção, confiabilidade e qualidade*. Rio de Janeiro: Abraman, 1996.

BRASIL. Decreto n° 641, de 26 de junho de 1852, que autoriza o governo para conceder a uma ou mais companhias a construção total ou parcial de um caminho de ferro que, partindo do município da Corte, vá terminar nos pontos das províncias de Minas Gerais e São Paulo que mais convenientes forem. 1852.

BRASIL. Lei n° 4.771, de 15 de setembro de 1965, que institui o novo código florestal. 1965.

BRASIL. Lei n° 8.666, de 21 de junho de 1993, que regulamenta o art. 37, inciso XXI, da Constituição Federal, institui normas para licitações e contratos da Administração Pública e dá outras providências. 1993.

BRASIL. Lei n° 9.605, de 12 de fevereiro de 1998, que dispõe sobre as sanções penais e administrativas derivadas de condutas e atividades lesivas ao meio ambiente, e dá outras providências. 1998.

BRASIL. Ministério do Planejamento, Orçamento e Gestão. *Manual de apresentação de estudos de viabilidade de projetos de grande vulto*: versão 2.0, aprovada na quinta reunião ordinária da Comissão de Monitoramento e Avaliação do Plano Plurianual 2008-2011 (CMA) – Resolução CMA/MP n° 5, de 17 de setembro de 2009. Brasília, 2009.

BRINA, H. L. *Estradas de ferro*: via permanente. Rio de Janeiro: Livros Técnicos e Científicos, 1979. v. 1.

BRINA, H. L. *Estradas de ferro*: tração, frenagem, material rodante, circulação de trens. Rio de Janeiro: Livros Técnicos e Científicos, 1982. v. 2.

CONAMA - CONSELHO NACIONAL DO MEIO AMBIENTE. Resolução n° 1, de 23 de janeiro de 1986, que dispõe sobre critérios básicos e diretrizes gerais para a avaliação de impacto ambiental. *DOU*, p. 2548-2549, 17 fev. 1986.

CONAMA - CONSELHO NACIONAL DO MEIO AMBIENTE. Resolução n° 9, de 3 de dezembro de 1987, que dispõe sobre a questão de audiências públicas. *DOU*, p. 12945, 5 jul. 1990.

CONAMA - CONSELHO NACIONAL DO MEIO AMBIENTE. Resolução n° 237, de 19 de dezembro de 1997, que dispõe sobre a revisão e complementação dos procedimentos e critérios utilizados para o licenciamento ambiental. *DOU*, n. 247, p. 30841-30843, 22 dez. 1997.

CONMETRO - CONSELHO NACIONAL DE METROLOGIA, NORMALIZAÇÃO E QUALIDADE INDUSTRIAL. Resolução n° 7, de 24 de agosto de 1992.

CVRD - COMPANHIA VALE DO RIO DOCE. *Manual de defeitos em trilhos*. 1992.

DER/SP. DEPARTAMENTO DE ESTRADAS DE RODAGEM DE SÃO PAULO. *Instrução de Projeto de Túnel IP-DE-C00/002*. jun. 2005.

DIOGO, F. J. A.; SCIAMMARELLA, J. C. *Manual de pavimentação urbana* - drenagem: manual de projeto. Rio de Janeiro: ABPv, 2008. v. 2.

DNIT - DEPARTAMENTO NACIONAL DE INFRAESTRUTURA DE TRANSPORTES. *Glossário setor ferroviário*. [s.n.t.]. Disponível em: <www.dnit.gov.br/aplweb/sis_glossario/Intro>. Acesso em: 17 out. 2012.

DNIT - DEPARTAMENTO NACIONAL DE INFRAESTRUTURA DE TRANSPORTES. *Manual de sinalização rodoviária do DNIT*. Publicação IPR 705. 1999a.

DNIT - DEPARTAMENTO NACIONAL DE INFRAESTRUTURA DE TRANSPORTES. *Manual de projeto geométrico de rodovias rurais*. Publicação IPR 706. 1999b.

DNIT - DEPARTAMENTO NACIONAL DE INFRAESTRUTURA DE TRANSPORTES. *Manual rodoviário de conservação, monitoramento e controle ambientais*. Publicação IPR 711. 2005a.

DNIT - DEPARTAMENTO NACIONAL DE INFRAESTRUTURA DE TRANSPORTES. *Manual de hidrologia básica para estruturas de drenagem*. Publicação IPR 715. 2005b.

DNIT - DEPARTAMENTO NACIONAL DE INFRAESTRUTURA DE TRANSPORTES. *Glossário de termos técnicos ambientais rodoviários*. Publicação IPR 721. 2006a.

DNIT - DEPARTAMENTO NACIONAL DE INFRAESTRUTURA DE TRANSPORTES. *Manual de drenagem de rodovias*. Publicação IPR 724. 2006b.

DNIT - DEPARTAMENTO NACIONAL DE INFRAESTRUTURA DE TRANSPORTES. *Diretrizes básicas para elaboração de estudos e projetos rodoviários*: escopos básicos/instruções de serviços. Publicação IPR 726. 2006c.

DNIT - DEPARTAMENTO NACIONAL DE INFRAESTRUTURA DE TRANSPORTES. *Manual de custos de infra-estrutura de transportes*: custos unitários de referência para obras ferroviárias. Sicro 3. 2008. v. 5.

DNIT - DEPARTAMENTO NACIONAL DE INFRAESTRUTURA DE TRANSPORTES. *Álbum de projetos-tipo de dispositivos de drenagem*. Publicação IPR 736. 2010.

DOU - DIÁRIO OFICIAL DA UNIÃO. Portaria n° 545, de 11 de junho de 2012. Brasília, 12 jun. 2012.

GOBEL, C. H.; WEISEMANN, U. C.; KIRSCHNER, R. A. Effectiveness of a reinforcing geogrid in a railway subbase under dynamic loads. *Geotextiles and Geomembranes*, v. 13, n. 2, p. 91-99, 1994.

INDRARATNA, B. et al. *Advanced rail geotechnology*: ballasted track. London: CRC Press, 2011.

JEWELL, R. A. *Soil reinforcement with geotextiles*. London: CIRIA: Thomas Telford, 1996.

KOERNER, R. M. *Designing with geosynthetics*. 5. ed. Englewood Cliffs: Prentice Hall, 2004.

KUO, C. et al. Geosynthetics applications for heavy load railway mitigation. In: KUWANO, J.; KOSEKI, J. *Geosynthetics*. Rotterdam, 2006.

MAIA, K. C. A. P. et al. Geossintéticos em ferrovia. *Boletim técnico do IGS Brasil (Associação Brasileira de Geossintéticos)*, 2012. Disponível em: <http://www.igsbrasil.org.br/>. Acesso em: 15 maio 2012.

MEDEIROS, B. G. *Utilização do potencial comercial de estações ferroviárias*. Dissertação (M.Sc.) – Instituto Militar de Engenharia, Rio de Janeiro, 1987.

MONCHY, F. *A função manutenção*. São Paulo: Ebras/Durban, 1989.

NABAIS, R. J. S. *Critérios e procedimentos para avaliação da potencialidade da integração de estações ferroviárias*. Dissertação (M.Sc.) – Coppe, Universidade Federal do Rio de Janeiro, Rio de Janeiro, 2005.

PINTO, A. E. S. *Aplicação de geossintéticos em linhas-férreas*: estudo laboratorial dos fenômenos de danificação durante a instalação e abrasão nos materiais. Dissertação (Mestrado) – Faculdade de Engenharia da Universidade do Porto, Porto, 2005.

QUEIROZ, J. A. T. *Recuperação de jacarés por soldagem semiautomática com eletrodo contínuo tubular*. Rio de Janeiro: RFFSA, 1983.

RFFSA – REDE FERROVIÁRIA FEDERAL S. A. *Normas e instruções gerais da via permanente*. Registro do Estado das linhas (IRV4). Rio de Janeiro, 1978.

RODRIGUES, C. A. *Avaliação da carga por eixo dos veículos ferroviários*. Dissertação (Mestrado em Ciências em Engenharia de Transportes) – Instituto Militar de Engenharia, Rio de Janeiro, 1983.

RODRIGUES, C. A. *Contribuição ao planejamento da manutenção preditiva da superestrutura ferroviária*. Tese (Doutorado em Ciências em Engenharia de Transportes) – Coppe, Universidade Federal do Rio de Janeiro, Rio de Janeiro, 2001.

SCHRAMM, G. *A geometria da via permanente*. Tradução de Rudy A. Volkmann. Porto Alegre: Meridional, 1974. 231 p.

SCHRAMM, G. *Técnica e economia na via permanente*. Tradução de Rudy A. Volkmann, Porto Alegre: Meridional, 1977. 297 p.

SEMPREBONE, P. S. *Desgastes em trilhos ferroviários*: um estudo teórico. Dissertação (Mestrado) – Faculdade de Engenharia Civil, Arquitetura e Urbanismo da Universidade Estadual de Campinas, Campinas, 2005.

SIMEFRE - SINDICATO INTERESTADUAL DA INDÚSTRIA DE MATERIAIS E EQUIPAMENTOS FERROVIÁRIOS E RODOVIÁRIOS. CB-06 *Comitê Brasileiro de Normas Metroferroviárias*. [s.d.]. Disponível em: <http://www.simefre.org.br/abnt>. Acesso em: 20 maio 2014.

STOPATTO, S. *Via permanente ferroviária*: conceitos e aplicações. São Paulo: Edusp, 1987.

SUCENA, M. P. *Subsídios para a alocação de recursos financeiros em sistemas de transportes urbanos sobre trilhos baseado em critérios técnicos*. Dissertação (Mestrado em Engenharia de Transportes) – Instituto Militar de Engenharia, Rio de Janeiro, 2002.

SUCENA, M. P. *Modelo fuzzy para subsidiar a alocação de recursos financeiros em sistemas de transporte sobre trilhos*. Tese (Doutorado em Engenharia de Transportes) – Coppe, Universidade Federal do Rio de Janeiro, Rio de Janeiro, 2007.

TAVARES, L. A. PCM: planejamento e controle da manutenção. Rio de Janeiro: Cetta, 1997.

TCU - TRIBUNAL DE CONTAS DA UNIÃO. *Cartilha de licenciamento ambiental*. 2. ed. Brasília, 2007. Com colaboração do Instituto Brasileiro do Meio Ambiente e dos Recursos Naturais Renováveis.

UIC - UNION INTERNATIONALE DES CHEMINS DE FER/INTERNATIONAL UNION OF RAILWAYS. *Catalogue of rail defects*. 1979.

UIC - UNION INTERNATIONALE DES CHEMINS DE FER/INTERNATIONAL UNION OF RAILWAYS. *UIC mission and objectives*. 2013. Disponível em: <http://www.uic.org/spip.php?article528>. Acesso em: 20 maio 2014.

VERTEMATTI, J. C. *Manual brasileiro de geossintéticos*. São Paulo: Edgard Blucher, 2004.

Sobre os autores

Carlos Serman

Engenheiro civil pelo Instituto Militar de Engenharia (1977), mestre em Engenharia Civil pela Coppe/UFRJ (1984) e doutor em Engenharia de Transportes pela Coppe/UFRJ (2008). Atuou como engenheiro na Engefer fiscalizando e acompanhando o projeto e a construção dos túneis da Ferrovia do Aço (101 túneis, com total de 72 km de extensão); na RFFSA (ocupando vários cargos até superintendente de Engenharia); na ANTT (superintendente da Superintendência de Exploração da Infraestrutura); na Inventariança da RFFSA (coordenador da Comissão de Encontros de Contas com as Concessionárias Ferroviárias).

Cássio Alberto Teoro do Carmo

Engenheiro civil pela Universidade de Uberaba (1994), mestre em Engenharia de Transportes pela EESC/USP (1998), MBA em gestão empresarial pela FGV-RJ (2005) e coordenador técnico-comercial da empresa Huesker Ltda.

Claudio Cesar de Freitas Delorenci

Arqueólogo (1987) e especialista (*lato sensu*) em Avaliação, Planejamento e Gerenciamento Ambiental pela UERJ (1992). Realizou trabalhos de levantamento e salvamento arqueológico nos estados de Mato Grosso e Tocantins, participando de escavações arqueológicas acadêmicas nos estados de São Paulo e Mato Grosso, além de ter trabalhado na área de consultoria socioambiental para empreendimentos hidrelétricos, rodoviários e ferroviários. É diretor da OIKOS Pesquisa Aplicada, atuando como coordenador adjunto e gerente de projeto no Apoio ao Gerenciamento Ambiental e de Execução e na supervisão do acompanhamento e controle das atividades e compromissos associados aos licenciamentos ambientais da implantação e operação da Ferrovia Norte-Sul e da Ferrovia de Integração Oeste-Leste (Valec). Coautor do livro *Introdução à gestão ambiental de estradas* (2005) e autor do artigo "Estrutura de combustão" (p. 185-190), presente no livro *Pré-História do Mato Grosso - volume 2: cidade de pedra* (2006), organizado pela arqueóloga Águeda Vilhena Vialou.

Hélio Suêvo Rodrigues

Engenheiro civil pela UGF (1975), especialista em Engenharia Ferroviária pela UFRJ (1976), autor do livro *A formação das estradas de ferro no Rio de Janeiro: o resgate da sua memória* (2004) e engenheiro da RFFSA (1975-1984, chefe do Departamento de Via Permanente e Obras Civis), da CBTU (coordenador de Engenharia), Flumitrens (gerente de Engenharia da Via Permanente), Central (coordenador de Projetos Especiais) e Valec (assessor técnico da Superintendência de Projetos e da Diretoria de Engenharia/Via Permanente).

João Bosco Setti

Engenheiro de operação (modalidade fabricação mecânica) pela Escola Técnica Federal Celso Suckow da Fonseca (1976), engenheiro civil pela Associação Educacional Veiga de Almeida (1980), especialista em engenharia ferroviária pela Escola Técnica Federal Celso Suckow da Fonseca (1977), diretor-presidente da Sociedade de Pesquisa para a Memória do Trem, autor/coautor dos livros *Ferrovias do Brasil: um século e meio de evolução* (2008), *Ferrovia Centro-Atlântica: uma ferrovia e suas raízes* (2001), *A E. F. Vitória a Minas e suas locomotivas desde 1904* (2000), *A ferrovia de Minas, Rio e São Paulo* (2002) e *A era diesel na Estrada de Ferro Central do Brasil* (1993). Engenheiro da Plasser do Brasil de 1981 a 1985 e da RFFSA de 1985 a 1996 e consultor em ferrovias nas áreas de via permanente, material rodante, operação e preservação histórica.

Jorge de Oliveira Cunha

Engenheiro civil pelo Instituto Militar de Engenharia (1977) e MBA em Transporte Urbano pela Coppe/UFRJ (2001), atuou como engenheiro nas áreas de projeto de pontes e edificações da Engefer (Ferrovia do Aço – 420 km de via, com 124 pontes e viadutos; Ferroviária Araguari-Celso Bueno – 68 km de via, com 13 pontes e viadutos), da RFFSA (Plano de Pontes – cadastramento, avaliação estrutural e priorização das intervenções necessárias – 147 obras cadastradas) e da Valec (análise de projetos de OAEs para a Ferrovia Norte-Sul, trecho Ouro Verde de Goiás/GO-Estrela do Oeste/SP – com 69 OAEs, e para a Ferrovia de Integração Oeste-Leste, trecho Figueirópolis/TO-Ilhéus/BA – com 119 OAEs) e como superintendente de Planejamento da CBTU nos projetos de implantação/modernização dos sistemas de metrôs e trens de BH, REC, FOR, SAL, NAT, JOP e MAC.

José Antônio Duba

Engenheiro civil pela Escola de Engenharia de Taubaté (1975) e especialista em via permanente e instalações fixas pelo IME (1976), em manutenção e melhoramentos em via permanente pela Jica (1986) e em manutenção pela UFRJ (1995-1996). Engenheiro na RFFSA, na CBTU e na Flumitrens como residente, titular da unidade de conservação da via, titular de departamento de via permanente e obras, titular da engenharia de manutenção e assessoria de produção. Atuou na Valec no acompanhamento de contrato de subconcessão da Ferrovia Norte-Sul S.A.

Rui José da Silva Nabais

Engenheiro civil pela Univ. Luanda (1972), especialista (*lato sensu*) em Gestão Estratégica e Qualidade pela UCAM-RJ (2002) e mestre em Engenharia de Transportes pela Coppe/UFRJ (2005). Apresentou trabalhos sobre integração multimodal de passageiros nos congressos Pan-Americano de Engenharia de Transportes (Las Palmas, 2006) e Luso-Brasileiro de Planeamento Urbano (Braga, 2006), e nos últimos 18 anos foi engenheiro consultor dos projetos de implantação da FIOL, da Ferrovia Norte-Sul a Ilhéus (Valec), da restauração e complementação da ferrovia Nacala-Moatize e Beira--Moatize (Vale, Moçambique e Malawi) e da expansão do metrô de Recife (CBTU).

Wilson Tadashi Shimura

Engenheiro civil pela Escola Politécnica da USP (1974) e MBA em Regulação, Defesa da Concorrência e Concessões pela Fundação Getúlio Vargas (1998). Atuou por mais de 38 anos em transporte ferroviário, sendo 16 anos em consultoria e 22 anos na Rede Ferroviária Federal S.A. (RFFSA). Realizou projetos e estudos de transporte de carga e de passageiros, planejamento, gerenciamento e sistemas de gestão da operação ferroviária. Foi consultor na Valec e participou de diversos estudos e projetos como consultor independente. Foi professor de cursos de especialização em Engenharia Ferroviária no IME/Academia MRS e na Cepefer/UNIALL.

autoria dos capítulos

Cap. 1 – Hélio Suêvo Rodrigues (1.1 a 1.3) e Rui José da Silva Nabais (1.4 e 1.5)

Cap. 2 – Wilson Tadashi Shimura

Cap. 3 – Rui José da Silva Nabais (3.1 a 3.4, 3.6 a 3.8), Claudio Cesar de Freitas Delorenci (3.5) e Cássio Alberto Teoro do Carmo (3.9)

Cap. 4 – Jorge de Oliveira Cunha (4.1 a 4.6) e Carlos Serman (4.7)

Cap. 5 – Hélio Suêvo Rodrigues

Cap. 6 – Hélio Suêvo Rodrigues (6.1) e Rui José da Silva Nabais (6.2 a 6.6)

Cap. 7 – João Bosco Setti

Cap. 8 – José Antônio Duba (8.1 e 8.2) e João Bosco Setti (8.3)